工厂供电设备应用与维护

◎主　编　刘　娟
◎副主编　范大鸣
◎主　审　庄福余

北京理工大学出版社
BEIJING INSTITUTE OF TECHNOLOGY PRESS

内容简介

本书是以工厂供电设备应用与维护项目任务为主体，根据高等教育电气自动化和电气专业培养目标编写的。全书共分8个学习项目，23个学习任务。具体项目包括：供配电系统认识、电力负荷确定、供配电系统电气设备运行与选择、供配电系统保护、工厂电力线路敷设与维护、工厂变电所运行维护、电气安全与防雷保护、船舶电力系统组成与继电保护。每个项目后配有项目考核。

本书可作为高等院校电气自动化和电气技术及相关专业教材，也可供相关专业其他院校以及船舶企业的工程技术人员使用。

图书在版编目（CIP）数据

工厂供电设备应用与维护/刘娟主编．—北京：北京理工大学出版社，2014.6
ISBN 978-7-5640-9026-5

Ⅰ.①工…　Ⅱ.①刘…　Ⅲ.①工厂-供电-电气设备-高等学校-教材
Ⅳ.①TM727.3

中国版本图书馆CIP数据核字（2014）第056851号

出版发行／北京理工大学出版社有限责任公司
社　　址／北京市海淀区中关村南大街5号
邮　　编／100081
电　　话／（010）68914775（总编室）
　　　　　82562903（教材售后服务热线）
　　　　　68948351（其他图书服务热线）
网　　址／http：//www.bitpress.com.cn
经　　销／全国各地新华书店
印　　刷／三河市天利华印刷装订有限公司
开　　本／787毫米×1092毫米　1/16
印　　张／20
字　　数／470千字
版　　次／2014年6月第1版　2014年6月第1次印刷
定　　价／55.00元

责任编辑／陈莉华
文案编辑／陈莉华
责任校对／周瑞红
责任印制／马振武

图书出现印装质量问题，请拨打售后服务热线，本社负责调换

前 言

工厂供配电系统相当于人的心血管系统，其设计、装配、调试的合理性与可靠性直接影响到工厂电力系统的运行，对工厂安全生产和经济运行具有重要意义。在编写过程中，编者多次深入工厂、造船企业调查研究，收集信息和有关资料。本书以必备的理论为基础，以突出实用、实践、培养技能为教学重点，按照项目导向、任务驱动式结构展开，便于实施“教、学、做”一体化教学模式，在学做结合中培养学生的技能，以适应供电企业及现代船舶企业等对高素质技能型专门人才的需求。

本书共分 8 个学习项目，23 个学习任务。具体项目包括：供配电系统认识、电力负荷确定、供配电系统电气设备运行与选择、供配电系统保护、工厂电力线路敷设与维护、工厂变电所运行维护、电气安全与防雷保护、船舶电力系统组成与继电保护，每个项目根据供配电系统工作分解为若干个任务，每项任务都以“任务描述→知识链接→任务实施”的逻辑思路来加以详细阐述，项目后配有相应的项目考核。为便于学生学习，对每个项目进行了项目描述，每项任务前列有学习任务单。

本书的编写任务为：刘娟副教授编写项目五、项目六、项目七，范大鸣讲师编写项目三、项目四，庄福余教授编写项目八，冯海侠讲师编写项目一及附录，李天娇技师编写项目二中任务 1、任务 2，王占文高级技师编写项目二中任务 3。本书在编写过程中得到了渤海船舶重工有限责任公司变电所、渤海船舶重工有限责任公司电装分厂、大连船舶工程技术研究中心有限公司和兄弟院校有关教师的大力支持，在此表示衷心感谢！同时也感谢众多参考文献的作者！全书由刘娟统稿，庄福余担任主审。

由于编者水平有限，书中难免存在不足，敬请各位读者批评指正。

编　者

目 录

目 录

目 录

目 录

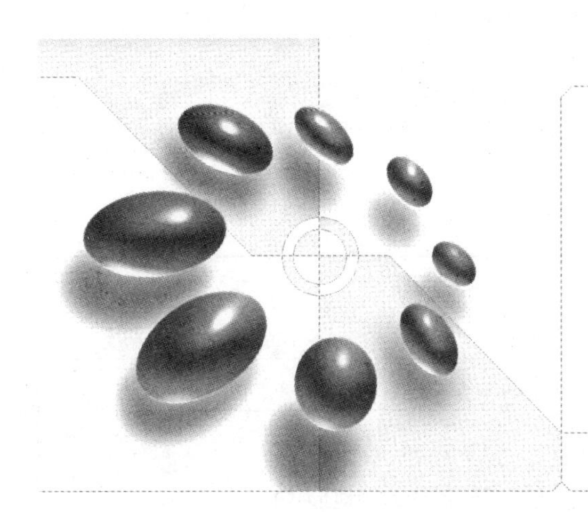

项目一　供配电系统认识

【项目描述】

本项目概述供配电技术有关基本知识，为学习本课程奠定基础。简要说明供配电工作的意义、要求；介绍供配电系统及发电厂、电力系统的基本知识以及电力系统的中性点运行方式、低压配电系统的接地形式；最后讲述供配电质量的要求和电力用户供配电电压的选择。通过本项目的学习，学生具体应达到以下要求：

一、知识要求

(1) 熟悉电力的生产和输送过程；

(2) 掌握电力系统中性点运行及低压系统的接地形式；

(3) 掌握供电电压偏差及调整。

二、能力要求

(1) 掌握工厂电力系统的组成；

(2) 能正确进行低压配电系统的接线；

(3) 熟悉电力系统额定电压选择规则。

三、素质要求

(1) 具有规范操作、安全操作、环保意识；

(2) 具有爱岗敬业、实事求是、团结协作的优秀品质；

(3) 具有分析问题、解决实际问题的能力；

(4) 具有创新意识、获取新知识、新技能的学习能力。

任务　供配电系统认识

【学习任务单】

<table>
<tr><td>学习领域</td><td colspan="2">工厂供电设备应用与维护</td></tr>
<tr><td>项目一</td><td>供配电系统认识</td><td>学时</td></tr>
<tr><td>学习任务</td><td>供配电系统认识</td><td>10</td></tr>
<tr><td>学习目标</td><td colspan="2">1. 知识目标
（1）熟悉电力的生产和输送方式；
（2）掌握电力系统中性点运行方式及低压系统的接地形式；
（3）熟悉频率偏差产生的原因及调整方法；
（4）掌握电压偏差产生的原因及调整方法。
2. 能力目标
（1）能够识读电力系统及中性点接线图；
（2）能够正确进行低压配电系统的接线；
（3）能够正确进行电力系统额定电压选择。
3. 素质目标
（1）培养学生在电力线路接线过程中具有安全用电、文明操作意识；
（2）培养学生在安装操作过程中具有团队协作意识和吃苦耐劳的精神。</td></tr>
<tr><td colspan="3">一、任务描述
识读电力系统接线图及接地方式，熟悉电力用户供配电电压选择规则。
二、任务实施
（1）学生分组，每小组 4 ~5 人；
（2）小组按任务单进行分析和资料学习；
（3）小组经过讨论确定任务结果，每小组由中心发言人陈述，经过全体同学讨论，确定正确结果；
（4）检查总结。
三、相关资源
（1）教材；
（2）教学课件；
（3）图片。
四、教学要求
（1）认真进行课前预习，充分利用教学资源；
（2）充分发挥团队合作精神，正确完成工作任务；
（3）团队之间相互学习，相互借鉴，提高学习效率。</td></tr>
</table>

【知识链接】

一、工厂电力系统认识

（一）电力系统基础知识

电力，是现代工业生产的主要能源和动力，是人类现代文明的物质技术基础。没有电力，就没有工业现代化，就没有整个国民经济的现代化。现代社会的信息化和网络化，都是建立在电气化的基础之上的。工业生产只有电气化以后，才能大大增加产量，提高产品质量，提高劳动生产率，降低生产成本，减轻工人的劳动强度，改善工人的劳动条件，有利于实现生产过程的自动化。如果电力供应突然中断，则将对企业生产和社会生活造成严重的后果，不仅会打乱生产和生活秩序，有时甚至可能发生重大的设备损坏事故或人身伤亡事故。因此做好供配电工作，对于保证企业生产和社会生活的正常进行和实现整个国民经济的现代化具有十分重要的意义。

供配电工作要很好地为企业生产和国民经济服务，切实保证企业生产和整个国民经济生活的需要，切实搞好安全用电、节约用电、计划用电工作必须达到以下基本要求：

（1）安全：在电力的供应、分配和使用中，应避免发生人身事故和设备事故。

（2）可靠：应满足电力用户对供电可靠性即连续供电的要求。

（3）优质：应满足电力用户对电压质量和频率质量等方面的要求。

（4）经济：在满足安全、可靠和电能质量的前提下，应使供配电系统的投资少，运行费用低，并尽可能地节约电能和减少有色金属消耗量。

此外，在供配电工作中，应合理地处理局部与全局、当前与长远的关系。

1. 电力的生产和输送过程

电力的生产和输送过程如图 1－1 所示。

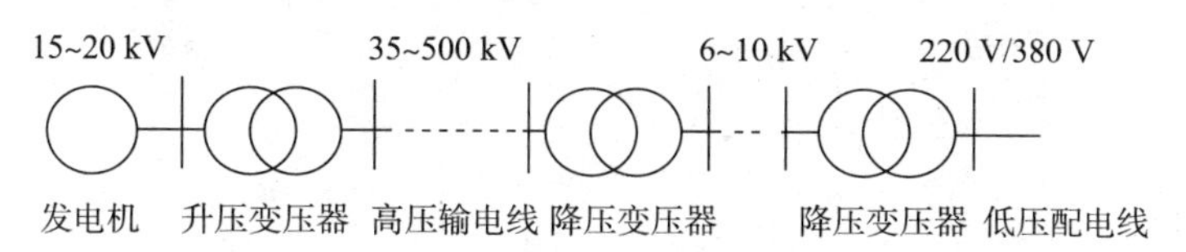

图 1－1 电力的生产与输送

电力用户所需电力是由发电厂生产的，发电厂大多建在能源基地附近，往往离用户很远。为了减少电力输送的线路损耗，发电厂生产的电力一般要经升压变压器升高电压，送到用户附近后，又经降压变压器降低电压，给用户供电。电力生产具有不同于一般商品的下列特点：

（1）同时性：电力的生产、输送、分配以及转换为其他形态能量的过程，几乎是同时进行的。电能不能大量储存。电能的发、供、用始终是同步的。

（2）集中性：电力的生产必须集中统一，有统一的质量标准，统一的调度管理，统一生产和销售。在一个供电区域内只能独家经营。

（3）快速性：电力系统中各元件（包括设备、线路等）的投入或切除，几乎在瞬间就能完成，系统运行方式的改变过程也极其短暂。

（4）先行性：电力生产在国民经济发展中具有先行性。全国的发电装机容量和发电量的增长速度应大于工业总产值及国民经济总产值的增长速度，否则必然制约国民经济的发展。

2. 电力系统、电力网及动力系统

通过各级电压的电力线路，将发电厂、变配电所和电力用户连接起来的一个发电、输电、变电、配电和用电的整体，称为电力系统。发电厂与电力用户之间的输电、变电和配电的整体，包括所有变配电所和各级电压的线路，称为电力网，简称电网。电网或系统又往往以电压等级来区分。例如说 10 kV 电网或 10 kV 系统，这实际上是指 10 kV 电压级的整个电力线路。电力系统加上发电厂的动力部分以及热能系统和热能用户，则称为动力系统。由此可见，发电厂与电力用户之间是通过电网联系起来的。发电厂生产的电力先要送入电网，然后由电网送给电力用户。

建立大型电力系统（联合电网）有下列优越性：

（1）可以更经济合理地利用动力资源，例如利用水力资源和其他清洁、价廉、可再生的能源。

（2）可以减少电能损耗，降低发电和输配电成本，大大提高经济效益。

（3）可以更好地保证电能质量，提高供电可靠性。

（二）发电厂认识

1. 水力发电厂

水力发电厂，简称水电厂或水电站（见图 1－2），它利用水流的位能来生产电能。当控制水流的闸门打开时，水流就沿着进水管进入水轮机蜗壳室，冲动水轮机，带动发电机发电。其能量转换过程是：

图 1－2　水电站

水流位能 $\xrightarrow{\text{水轮机}}$ 机械能 $\xrightarrow{\text{发电机}}$ 电能

水电站出力 P（容量，kW）的计算公式为：

$$P = 9.81QH\eta = KQH \tag{1-1}$$

式中，Q 为通过水电站的流量（m^3/s）；H 为水电站上下游的水位差，通常称为水头或落差（m）；η 为水电站的效率；K 为水电站的出力系数，一般为 8.0～8.5。

由于水电站的出力与上下游的水位差成正比，所以建造水电站必须用人工的办法来提高水位。最常用的办法，是在河流上建筑一座很高的拦河坝，提高上游水位，形成水库，使坝的上下游形成尽可能大的落差，水电站就建在坝的后边。这类水电站，称为坝后式水电站。我国一些大型水电站包括三峡水电站都属于这种类型。另一种提高水位的办法，是在具有相当坡度的弯曲河道上游，筑一低坝，拦住河水，然后利用沟渠或隧道，将上游水流直接引至建在河段末端的水电站。这类水电站，称为引水式水电站。还有一类水电站，是上述两种提高水位方式的综合，由高坝和引水渠道分别提高一部分水位。这类水电站，称为混合式水电站。

水电站建设的初期投资较大，但是发电成本低，仅为火力发电成本的1/3～1/4，而且水属清洁的、可再生的能源，有利于环境保护，同时水电站建设不只用于发电，通常还兼有防洪、灌溉、航运、水产养殖和旅游等多种功能，因此其综合效益好。

2. 火力发电厂

火力发电厂，简称火电厂或火电站（见图1－3），它利用燃料的化学能来生产电能。火电厂按其使用的燃料类别分，有燃煤式、燃油式、燃气式和废热式（利用工业余热、废料或城市垃圾等来发电）等多种类型，但是我国的火电厂仍以燃煤为主。

图1－3　火电站

为了提高燃料的效率，现在的火电厂都将煤块粉碎成煤粉燃烧。煤粉在锅炉的炉膛内充分燃烧，将锅炉内的水烧成高温高压的蒸汽，推动汽轮机转动，带动发电机发电，其能量转换过程是：

燃料化学能 $\xrightarrow{\text{锅炉}}$ 热能 $\xrightarrow{\text{汽轮机}}$ 机械能 $\xrightarrow{\text{发电机}}$ 电能

现代火电厂一般都考虑了“三废”（废渣、废水、废气）的综合利用；有的火电厂不仅发电，而且供热。兼供热能的火电厂，称为热电厂。

火电建设的重点是煤炭基地的坑口电厂的建设。对于远离煤炭产地的火电厂，宜采用高热值的动力煤。对位于酸雨控制区和二氧化硫控制区特别是大城市附近的火电厂，应采用低硫煤，或对原煤先进行脱硫处理。对严重污染环境的低效小型火电厂，应按照国家“节能减排”的要求予以关停。

现在国外已研究成功将煤先转化为气体再送入锅炉内燃烧发电的新技术，从而大大减少了直接燃煤而产生的废气、废渣对环境的污染，这称之为洁净煤发电新技术。

3. 核能发电厂

核能发电厂，又称为原子能发电厂，通称核电站（见图1－4），它是利用某些核燃料的原子核裂变能来生产电能，其生产过程与火电厂大体相同，只是以核反应堆（俗称原子锅炉）代替了燃煤锅炉，以少量的核燃料代替了大量的煤炭。其能量转换过程是：

核裂变能 $\xrightarrow{\text{核反应堆}}$ 热能 $\xrightarrow{\text{汽轮机}}$ 机械能 $\xrightarrow{\text{发电机}}$ 电能

核电站的反应堆类型主要有：

（1）石墨慢化反应堆：它采用石墨作慢化剂，又分气冷堆型和水冷堆型。新型的高温气冷堆型，采用2.5% ~3%的低浓缩铀作燃料，以石墨作慢化剂，氦气作冷却剂。石墨水冷堆型以石墨作慢化剂，轻水作冷却剂。1986 年 4 月发生严重核泄漏事故的苏联切尔诺贝利核电站就采用这种堆型。

（2）轻水反应堆：它用2% ~3%的低浓缩铀作燃料，高压轻水（即普通水）作慢化剂和冷却剂。它又分沸水堆型和压水堆型。沸水堆型的水在反应堆内直接沸腾变为蒸汽，推动汽轮机带动发电机发电。压水堆型的水在反应堆内不沸腾。它有两个回路，其中一个回路的水流经反应堆，将堆内的热量带往蒸汽发生器，与通过蒸汽发生器的二回路中的水交换热量，使二回路的水加热变为高压蒸汽，推动汽轮机带动发电机发电。目前世界上的核电站，85%以上为轻水堆型。

（3）重水反应堆：它用重水作慢化剂和冷却剂，用天然铀作燃料。它的燃料成本低，但重水较贵，而且设备比较复杂，投资较大。我国于2002 年 11 月投入并网发电的秦山核电站三期工程扩建的 2 台 70 万千瓦反应堆就是这种重水堆型。

（4）快中子增殖反应堆：简称快堆，它是利用快中子来实现可控链式裂变反应和核燃料增殖的反应堆。这种反应堆不用慢化剂。反应堆内绝大部分都是快中子，容易为反应堆周围的铀 238 所吸收，使铀 238 转变为可裂变的钚 239。这种反应堆可在 10 年左右使核燃料钚239 比初装入量增殖 20%以上，但是初投资较大。我国已建有一座热功率 65 MW、发电功率20 MW 的实验性快堆。

由于核能是巨大的能源，而且核电具有安全、清洁和经济的特点，所以世界上很多国家都很重视核电建设，核电在整个发电量中占的比重逐年增长。我国在 20 世纪 80 年代就确定了“要适当发展核电”的电力建设方针，并已兴建了浙江秦山、广东大亚湾、广东岭澳等多座大型核电站。

图 1-4　核电站

4. 其他类型发电厂

（1）风力发电站：如图 1-5 所示。

风力发电是利用风力的动能来生产电能，它建在有丰富风力资源的地方。风能是一种取之不尽的清洁、价廉和可再生能源。但其能量密度较小，因此风轮机的体积较大，造价较高，且单机容量不可能做得很大。风能又是一种具有随机性和不稳定性的能源，因此利用风能发电必须与一定的蓄能方式相结合，才能实现连续供电。风力发电的能量转换过程是：

图 1－5　风力发电站

（2）地热发电站：如图 1－6 所示。

图 1－6　地热发电站

地热发电是利用地球内部蕴藏的大量地热能来生产电能。它建在有足够地热资源的地方。地热是地表下面 10 km 以内储存的天然热源，主要来源于地壳内的放射性元素蜕变过程所产生的热量。地热发电的热效率不高，但不消耗燃料，运行费用低。它不像火力发电那样，要排出大量灰尘和烟雾，因此地热还是属于比较清洁的能源。但地下热水和蒸汽中大多含有硫化氢、氨、砷等有害物质，因此对排出的热水要妥善处理，以免污染环境。地热发电

的能量转换过程是：

$$\boxed{地热能}\xrightarrow{汽轮机}\boxed{机械能}\xrightarrow{发电机}\boxed{电能}$$

（3）太阳能发电站：如图1－7所示。

图1－7　太阳能发电站

太阳能发电就是利用太阳的光能或热能来生产电能。利用太阳的光能发电，是通过光电转换元件如光电池等直接将太阳的光能转换为电能。这已广泛应用在人造地球卫星和宇航装置上。利用太阳的热能发电，可分直接转换和间接转换两种方式。温差发电、热离子发电和磁流体发电，都属于热电直接转换。太阳能通过集热装置和热交换器，给水加热，使之变为蒸汽，推动汽轮发电机组发电，与火力发电原理相同，属于间接转换发电。

太阳能是一种十分安全、经济、无污染而且是取之不尽的能源。太阳能发电装置建在常年日照时间长的地方。我国的太阳能资源也相当丰富，特别是我国的西藏、新疆、内蒙古等地区，常年日照时间达250～300天，属于太阳能丰富区。

二、电力系统中性点运行及低压系统的接地形式

（一）电力系统的中性点运行

我国电力系统中电源（包括发电机和电力变压器）的中性点有下列三种运行方式：一种是中性点不接地的运行方式；一种是中性点经阻抗（通常是经消弧线圈）接地的运行方式；另一种是中性点直接接地或经低电阻接地的运行方式。前两种系统在发生单相接地故障时的接地电流较小，因此又统称为小接地电流系统；后一种系统在发生单相接地故障时形成单相接地短路，电流较大，因此称为大接地电流系统。电力系统中性点运行方式对电力系统的运行特别是在系统发生单相接地故障时有明显的影响，而且还影响到系统二次侧保护装置及监视、测量系统的选择与运行，因此有必要予以充分的重视和研究。

1. 中性点不接地的电力系统

中性点不接地的电力系统正常时的电路图和相量图如图1－8所示。图中三相交流的相序代号统一采用A、B、C。由电工基础知，三相线路的相间及相与地间都存在着分布电容。但相间电容与这里讨论的问题无关，因此不予考虑，只考虑相与地间的分布电容，且用集中

电容 C 来表示，如图 1－8（a）所示。系统正常运行时，三相的相电压 $\dot{U}$ 是对称的，$\dot{U}_C$ 也是对称的，三相的对地电容电流 $\dot{I}_C$ 也完全对称，如图 1－8（b）所示。这时三个相的对地电容电流的相量和为零，因此没有电流在地中流过。

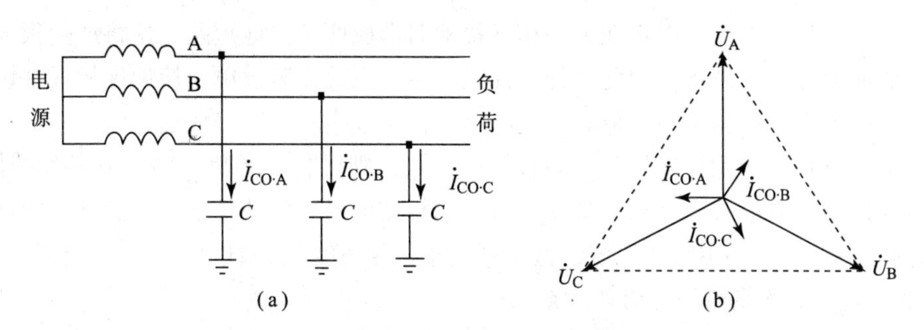

图 1－8　正常运行时的中性点不接地系统

（a）电路图；（b）相量图

当系统发生单相接地故障时，假设 C 相接地，如图 1－9（a）所示。这时 C 相对地电压为零，而 A 相对地电压 $\dot{U}_A' = \dot{U}_A + (-\dot{U}_C) = \dot{U}_{AC}$，B 相对地电压 $\dot{U}_B' = \dot{U}_B + (-\dot{U}_C) = \dot{U}_{BC}$，如图 1－9（b）所示。由此可见，C 相接地时，完好的 A、B 两相对地电压均由原来的相电压升高到线电压，即升高为原对地电压的 $\sqrt{3}$ 倍。因此这种系统中设备的相绝缘，不能只按相电压来考虑，而要按线电压来考虑。

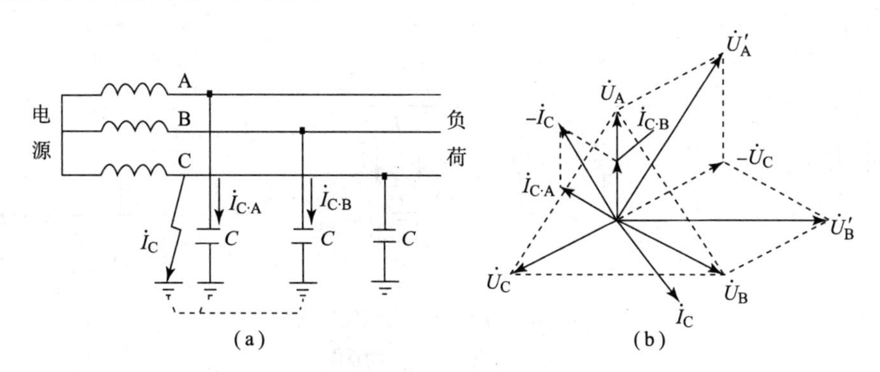

图 1－9　发生单相接地故障时的中性点不接地系统

（a）电路图；（b）相量图

C 相接地时，系统的接地电流（接地电容电流）$\dot{I}_C$ 为 A、B 两相对地电容电流之和，即：

$$\dot{I}_C = -(\dot{I}_{C \cdot A} + \dot{I}_{C \cdot B}) \tag{1-2}$$

由于线路对地电容 C 难于准确确定，所以 I_{CO} 和 I_C 也不好根据 C 来准确计算。在工程中，通常采用下列经验公式来计算：

$$I_C = \frac{U_N(l_{oh} + 35 l_{cab})}{350} \tag{1-3}$$

式中，I_C 为中性点不接地系统的单相接地电容电流（A）；U_N 为系统的额定电压（kV）；l_{oh}

为同一电压 U_N 的具有电气联系的架空线路总长度；l_{cab} 为同一电压 U_N 的具有电气联系的电缆线路总长度（km）。

必须指出：当中性点不接地的电力系统发生单相接地时，由图 1－9（b）的相量图看出，系统的三个线电压其相位和量值都没有改变，因此系统中的所有设备仍可照常运行。但是这种状态不能长此下去，以免在另一相又接地时形成两相接地短路，这将产生很大的短路电流，可能损坏线路和设备。因此这种中性点不接地系统需装设单相接地保护或装设绝缘监视装置。当系统发生单相接地故障时，发出报警信号或指示，以提醒运行值班人员注意，及时采取措施，查找和消除接地故障；如有备用线路，则可将重要负荷转移到备用线路上去。当发生单相接地故障危及人身和设备安全时，单相接地保护应动作于跳闸。这种中性点不接地系统，高压多用于 3～10 kV 系统，低压则用于三相三线制的 IT 系统。

2. 中性点经消弧线圈接地的电力系统

在上述中性点不接地的系统中，有一种情况相当危险，即在发生单相接地时，如果接地电流较大，将在接地点产生断续电弧，这将使线路有可能发生谐振过电压现象。由于线路既有电阻和电感，又有对地电容，因此在系统发生单相弧光接地时，可形成一个 R、L、C 的串联谐振电路，线路上出现危险的过电压，过电压值可达相电压的 2.5～3 倍，这就有可能导致线路上绝缘薄弱处的绝缘击穿。因此在单相接地电容电流大于一定值时（3～10 kV 系统 $I_C \geqslant 30$ A，20 kV 及以上系统 $I_C \geqslant 10$ A 时），电力系统中性点宜改为经消弧线圈接地的运行方式，如图 1－10 所示。

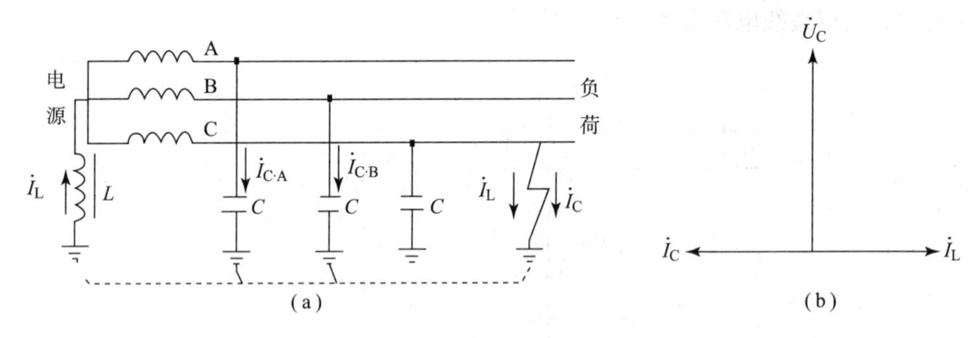

图 1－10　中性点经消弧线圈接地

（a）电路图；（b）相量图

消弧线圈实际上就是一种带有铁芯的电感线圈，其电阻很小，感抗很大，而且可以调节。当此中性点经消弧线圈接地的系统发生单相接地时，流过接地点的总电流是接地电容电流 $\dot{I}_C$ 与流过消弧线圈的电感电流 $\dot{I}_L$ 的相量和。由于 $\dot{I}_C$ 超前 $\dot{U}_C$ 90°，而 $\dot{I}_L$ 滞后 $\dot{U}_C$ 90°［参看图 1－10（b）］，所以 $\dot{I}_C$ 与 $\dot{I}_L$ 在接地点互相补偿，可使接地电流小于最小生弧电流，从而消除接地点的电弧，这样也就不致出现危险的谐振过电压现象了。

中性点经消弧线圈接地的系统中发生单相接地时，与中性点不接地的系统中发生单相接地时一样，相间电压的相位和量值关系均未改变，因此三相设备仍可照常运行。但也不能长期运行，必须装设单相接地保护或绝缘监视装置，在出现单相接地故障时发出报警信号或指示，以便运行值班人员及时处理。这种中性点经消弧线圈接地的运行方式，主要用于 35～66 kV 的电力系统。

3. 中性点直接接地或经低电阻接地的电力系统

中性点直接接地的电力系统发生单相接地时即形成单相接地短路，如图 1－11 所示。单相短路用符号 $k^{(1)}$ 表示。单相短路电流 $I_k^{(1)}$ 比线路正常负荷电流大得多，对系统危害很大。因此这种系统中装设的短路保护装置动作，切断线路，切除接地故障部分，使系统的其他部分恢复正常运行。

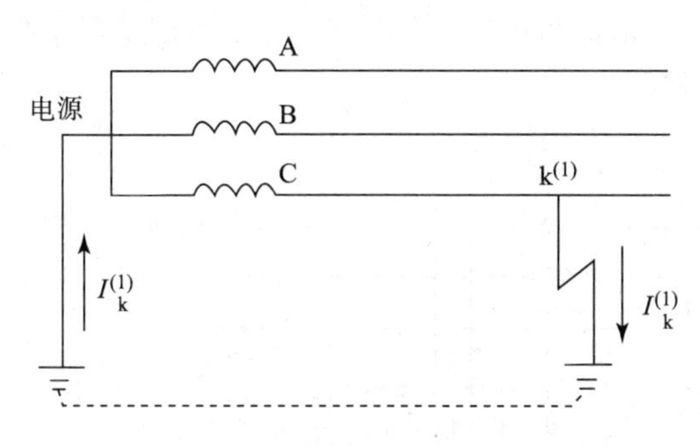

图 1－11　中性点直接接地

中性点直接接地的电力系统发生单相接地时，相间电压的对称关系被破坏，但未接地的另两个完好相的对地电压不会升高，仍维持相电压。因此中性点直接接地的系统中的供用电设备，其相绝缘只需按相电压来考虑，不用按相电压的 $\sqrt{3}$ 倍即线电压来考虑。这对 110 kV 及以上的超高压系统来说，具有显著的经济技术价值，因为高压电器特别是超高压电器，其绝缘问题是影响电器设计制造的关键问题。电器绝缘要求的降低，直接降低了电器的造价，同时改善了电器的性能。因此 110 kV 及以上的电力系统通常都采用中性点直接接地的运行方式。

在低压配电系统中，三相四线制的 TN 系统和 TT 系统也都采用中性点直接接地的运行方式，这主要是考虑到同时接用三相设备和单相设备的需要，另外也考虑到在它发生单相接地故障时相对地电压不致升高，从而有利于人身安全的保障。由于现代化大、中城市逐渐以电缆线路取代架空线路，而电缆线路的单相接地电容电流远比架空线路的大，因此这类城市电网不仅不能采取中性点不接地的运行方式，而且采取中性点经消弧线圈接地的运行方式也达不到抑制单相接地电流的要求，因此我国有的城市例如北京市的 10 kV 电网采取中性点经低电阻接地的运行方式，近似于中性点直接接地。在发生单相接地故障时，系统中装设的单相接地保护，迅速动作于跳闸，切除故障线路；同时，系统的备用电源投入装置动作，投入备用电源，恢复对重要负荷的供电。必须指出，这类城市电网通常都采用环网结构，而且保护完善，因此供电可靠性是相当高的。

（二）低压配电系统的接地运行

按其中电气设备的外露可导电部分保护接地的形式不同，分为 TN 系统、TT 系统和 IT 系统。

1. TN 系统

如图 1－12 所示，TN 系统的电源中性点直接接地，并从中性点引出有中性线（N 线）、保护线（PE 线）或将 N 线与 PE 线合而为一的保护中性线（PEN 线），而该系统中电气设备的外露可导电部分则接PE线或PEN线。具有N线或PEN线的三相系统，统称为“三相四线制”系统。没有N线或PEN线的三相系统，则称为“三相三线制”系统。TN系统属于三相四线制系统。中性线（N线）的功能：

①用来接额定电压为系统相电压的单相用电设备，如照明灯等。

②用来传导三相系统中的不平衡电流和单相电流。

③用来减小负荷中性点的电位偏移。保护线（PE线）是为了保障人身安全、防止触电事故的公共接地线。

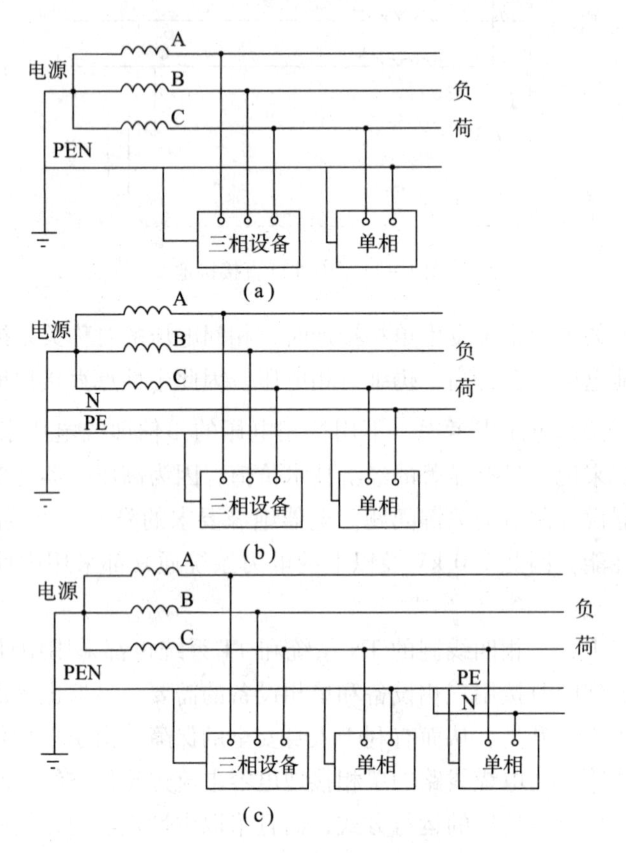

图1-12　低压配电系统的接地

(a) TN-C系统；(b) TN-S系统；(c) TN-C-S系统

系统中的设备外露可导电部分通过PE线接地，可使设备在发生接地（壳）故障时降低触电危险。保护中性线（PEN线），是N线与PE线合而为一的导体，兼有N线和PE线的功能。PEN线在我国电工界习惯上称为“零线”。因此设备外露可导电部分接PEN线（包括接PE线）的这种接地形式也称为“接零”。

（1）TN-C系统［见图1-12（a）］：TN-C系统的电源中性点引出一根PEN线，其中设备的外露可导电部分均接至PEN线。此种系统由于N线与PE线合而为一，从而可节约导线材料，比较经济。但由于PEN线中可有电流通过，会对接PEN线的某些设备产生电磁干扰，因此这种系统不适用于对抗电磁干扰要求高的场所。此外，如果PEN线断线，可使接PEN线的设备外露可导电部分带电而造成人身触电危险。因此TN-C系统也不适用于安全要求较高的场所，包括住宅建筑。

必须注意：PEN 线断线，不仅会造成人身触电危险，而且会造成有的相电压大大升高而烧毁单相用电设备。因此 PEN 线一定要连接牢固、可靠，而且 PEN 线上不得装设开关和熔断器，以免 PEN 线断开而造成事故。

（2）TN－S 系统［见图 1－12（b）］：TN－S 系统的电源中性点分别引出 N 线和 PE 线，其中设备的外露可导电部分接至 PE 线。由于此种系统的 PE 线与 N 线分开，PE 线中没有电流通过，因此所有接 PE 线的设备之间不会产生电磁干扰，所以这种系统适用于对抗电磁干扰要求较高的数据处理、电磁检测等实验场所。又由于 PE 线与 N 线分开，PE 线断线时不会使接 PE 线的设备外露可导电部分带电，因此比较安全。所以这种系统也适用于安全要求较高的场所，如潮湿易触电的浴池等地及居民住宅内。但由于 PE 线与 N 线分开，导线材料耗用较多，因此其建造投资比 TN－C 系统稍多。

（3）TN－C－S 系统［见图 1－12（c）］：TN－C－S 系统是在 TN－C 系统的后面，部分地或全部采用 TN－S 系统，设备的外露可导电部分接 PEN 线或接 PE 线。显然，此系统为 TN－C 系统与 TN－S 系统的组合，对安全要求较高及对抗电磁干扰要求较高的场所，采用 TN－S 系统，而其他场所则采用 TN－C 系统。因此这种系统比较灵活，兼有 TN－C 系统和 TN－S 系统的优越性，经济实用，这种系统在现代企业和民用建筑中应用日益广泛。

2. TT 系统

TT 系统如图 1－13 所示。TT 系统的电源中性点，与 TN 系统一样，也直接接地，并从中性点引出一根中性线（N 线），以通过三相不平衡电流和单相电流，但该系统中电气设备的外露可导电部分均经各自的 PE 线单独接地。由于各设备的 PE 线之间没有直接的电气联系，互相之间不会发生电磁干扰，因此这种系统适用于对抗电磁干扰要求较高的场所。但是这种系统中若有设备因绝缘不良或损坏使其外露可导电部分带电时，由于其漏电电流一般很小往往不足以使线路上的过电流保护装置（熔断器或低压断路器）动作，从而增加了触电危险。因此为保障人身安全，这种系统中必须装设灵敏的漏电保护装置。

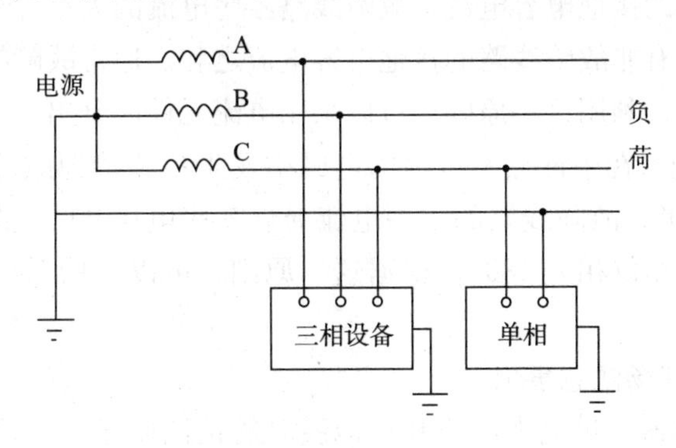

图 1－13 TT 系统

3. IT 系统

IT 系统如图 1－14 所示。IT 系统的电源中性点不接地，或经高阻抗（约 1 000 Ω）接地，没有中性线（N 线），而系统中设备的外露可导电部分，与 TT 系统一样，均经各自的 PE 线单独接地。此系统中各设备之间也不会发生电磁干扰，而且在发生单相接地故障时，仍可短时继续运行，但需装设单相接地保护，以便在发生单相接地故障时发出报警信号。这种 IT 系统主要用于对连续供电要求较高或对抗电磁干扰要求较高及有易燃易爆危险的场所，如矿山、井下等地。

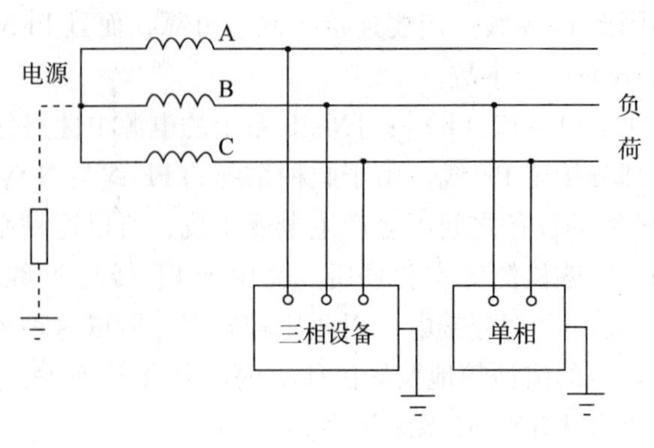

图 1－14　IT 系统

4. 消弧线圈接地系统小电流接地选线

1）选线原理

（1）绝缘监察装置。绝缘监察装置利用接于公用母线的三相五柱式电压互感器，其一次线圈均接成星形，附加二次线圈接成开口三角形。接成星形的二次线圈供给绝缘监察用的电压表、保护及测量仪表。接成开口三角形的二次线圈供给绝缘监察继电器。系统正常时，三相电压正常，三相电压之和为零，开口三角形的二次线圈电压为零，绝缘监察继电器不动作。当发生单相接地故障时，开口三角形的二次端出现零序电压，电压继电器动作，发出系统接地故障的预告信号。其优点是投资小，接线简单、操作及维护方便。其缺点是只发出系统接地的无选择预告信号，不能准确判断发生接地的故障线路，运行人员需要通过推拉分割电网的试验方法才能进一步判定故障线路，影响了非故障线路的连续供电。

（2）零序电流原理。在中性点不接地的电网中发生单相接地故障时，非故障线路零序电流的大小等于本线路的接地电容电流。故障线路零序电流的大小等于所有非故障线路的零序电流之和，也就是所有非故障线路的接地电容电流之和。通常故障线路的零序电流比非故障线路零序电流大得多，利用这一原则，可以采用电流元件区分出接地故障线路。

（3）零序功率原理。在中性点不接地的电网中发生单相接地故障时，非故障线路的零序电流超前零序电压 90°，故障线路的零序电流滞后零序电压 90°，故障线路的零序电流与非故障线路的零序电流相位相差 180°。根据这一原则，可以利用零序方向元件区分出接地故障线路。

2）接地选线装置现场注意事项

（1）零序电流互感器穿过电力电缆和接地线时的接法问题。不论零序电流互感器与电缆头接地线的相对位置如何，零序电流互感器与接地线的关系应掌握一个原则：电缆两端端部接地线与电缆金属护层、大地形成的闭合回路不得与零序电流互感器匝链。即当电缆接地点在零序电流互感器以下时，接地线应直接接地；接地点在零序电流互感器以上时，接地线应穿过零序电流互感器接地。同时，由电缆头至零序电流互感器的一段电缆金属护层和接地线应对地绝缘，对地绝缘电阻值应不低于 50 kΩ。以上做法是为了防止电缆接地时的零序电流在零序电流互感器前面泄漏，造成误判断；经电缆金属护层流动的杂散电流由接地线流入大地，也不与零序电流互感器匝链，杂散电流也不会影响正确判断。

（2）接入选线装置的线路数量问题。一般来说，线路路数至少不少于 3 路才能保证正确判断，一般变电所都能满足此要求。当出线路数少，母线有防止电压互感器铁磁谐振或防止过电压的接地电容时，接地选线判断比较准确。另外，凡是接在母线上的各馈电线路包括补偿无功功率的电容器等的电缆都必须经过零序电流互感器接入选线装置，否则未接入选线装置的线路接地时采用幅值比较法的装置可能误判断，采用方向比较法的则可能判为母线接地。

（3）零序电流互感器型号统一问题。幅值比较的前提是变电所各出线的零序电流互感器的特性必须一致，否则可能因特性不一致而造成误判断，这一点，尤其在变电所扩容新增加配电线路时一定要注意。新增线路的零序电流互感器必须与原有其他线路的零序电流互感器型号、生产厂家保持一致。对于开合式零序电流互感器，开合接触面应无灰尘，确保面接触。对有架空出线的线路，虽然可以用三只测量用电流互感器滤出零序电流，但由于与电缆出线零序电流互感器特性不一致，架空出线也应改为一段电缆出线，以便于用同型号零序互感器。

（4）零序电流互感器的极性问题。各配电线路的零序电流互感器的极性必须一致，并满足厂家要求（一般沿配电盘柜向线路方向流出为正）。

（5）某些线路出线为双电缆时。为保证线路零序电流的准确测量，每条出线电缆应尽可能采用一根电缆，对负荷较大的线路可采用大截面铜芯电缆，不得不采用双电缆并列时，应尽可能选用内径较大的零序电流互感器，将两根电缆同时穿入零序互感器。

三、供电电压、电压偏差及调整

供电质量包括电能质量和供电可靠性两方面。电能质量是指电压、频率和波形的质量。电能质量的主要指标有：频率偏差、电压偏差、电压波动和闪变、电压波形畸变引起的高次谐波及三相电压不平衡度等。

供电可靠性可用供电企业对电力用户全年实际供电小时数与全年总小时数（8 760 h）的百分比值来衡量，也可用全年的停电次数和停电持续时间来衡量。原电力工业部 1996 年发布施行的《供电营业规则》规定：供电企业应不断提高供电可靠性，减少设备检修和电力系统事故对用户的停电次数及每次停电持续时间，供电设备计划检修应做到统一安排。供电设备计划检修时，对 35 kV 及以上电压供电的用户的停电次数，每年不应超过 1 次；对 10 kV 供电的用户，每年停电不应超过 3 次。

（一）供电频率、频率偏差及其改善措施

1. 供电频率及其允许偏差

《供电营业规则》规定：供电企业供电的额定频率为交流 50 Hz。此 50 Hz 频率通称“工频”。在电力系统正常状况下，供电频率的允许偏差为：电网装机容量在 300 万 kW 及以上的，为 ±0.2 Hz；电网装机容量在 300 万 kW 以下的，为 ±0.5 Hz。在电力系统非正常状况下，供电频率的允许偏差不应超过 ±1.0 Hz。

2. 频率偏差的影响及其改善措施

电力设备只有在额定频率下运行才能获得最佳的经济效果。以感应电动机为例，如频率偏低，将使电动机转速下降，不仅影响产品产量，而且会影响产品质量；如果频率偏高，将

使电动机转速升高，可能损坏所拖动的设备，并将使铁芯损耗增加，使电动机发热，缩短使用寿命，甚至造成电动机烧毁。对整个系统来说，频率偏差过大，还可影响广播、电视的质量和一些自动装置的正常运行；如果频率过低，还可影响系统运行的稳定性，甚至可导致系统解裂。改善供电频率偏差可采取下列措施：

（1）加速电力建设，增加系统的装机容量和调节负荷高峰的能力；

（2）做好计划用电工作，搞好负荷调整，移峰填谷，并采取技术措施来降低冲击性负荷的影响；

（3）装设低周减载自动装置及排定低周停限电序次，以便在电网频率降低时适时地切除部分非重要负荷，以保证重要负荷的稳定连续供电。

3. 供电电网和电力设备的额定电压

我国的三相交流电网和电力设备（包括发电机、电力变压器和用电设备等）的额定电压，按 GB 156—2003《标准电压》规定，如表 1－1 所示。表中低压，指 1 000 V 及以下的电压；高压，指 1 000 V 以上的电压。但也有下列分类：安全特低电压 50 V 及以下；低压，1 000 V 及以下；中压，3～35 kV；高压，66～220 kV；超高压，330～500 kV；特高压，500 kV 以上。但电压分类标准并不完全一致，也有的将 35 kV 归入高压，将 220 kV 归入超高压。另外须说明，GB 156—2003 中规定的“电网和用电设备额定电压”尚有 1 000（1 140）V，但此电压级只限于矿井下使用。下面就表 1－1 规定的额定电压做些说明。

表 1－1　我国三相交流电力设备的额定电压（据 GB 156—2003）

分类	电网和用电设备额定电压/kV	发电机额定电压/kV	电力系统变压器额定电压/kV	
			一次绕组	二次绕组
低压	0.38	0.40	0.38	0.40
	0.66	0.69	0.66	0.69
高压	3	3.15	3，3.15	3.15，3，3
	6	6.3	6，6.3	6.3，6.6
	10	10.5	10，10.5	10.5，11
	—	13.8，15.75，18，20，22，24，26	13.8，15.75，18，20，22，24，26	—
	35	—	35	38.5
	66	—	66	72.5
	110	—	110	121
	220	—	220	242
	330	—	330	362
	500	—	500	550
	750	—	750	825（800）

1）电网额定电压

电网的额定电压（标称电压）等级是国家根据国民经济的发展需要和电力工业的发展水平，经全面技术经济分析后确定的。它是确定其他电力设备额定电压的基本依据。

2）用电设备额定电压

由于用电设备运行时要在送电线路中产生电压损耗，因而造成线路上各点的电压略有不同。但是成批生产的用电设备，其额定电压不可能按其装设地点的实际电压来制造，而只能按线路首端电压与末端电压的平均值即电网的额定电压 U_N 来制造，所以用电设备的额定电压规定与电网额定电压相同，如表 1－1 所示。

3）发电机额定电压

由于电力线路一般允许电压偏差为 ±5%，即整个线路允许有 10% 的电压损耗，因此为维持线路首端电压与末端电压的平均值在额定值，处于线路首端的发电机额定电压应高于电网（线路）额定电压 5%。

4）电力变压器一次绕组的额定电压

如图 1－15 所示，确定用电设备、发电机和电力变压器一次绕组额定电压分两种情况：

（1）变压器一次绕组与发电机直接相连，如图 1－15 中的变压器 T_1，其一次绕组额定电压应与发电机额定电压相同。

（2）变压器一次绕组不与发电机直接相连，如图 1－15 中的变压器 T_2，则应将变压器看作电网的用电设备，其一次绕组额定电压应与电网额定电压相同。

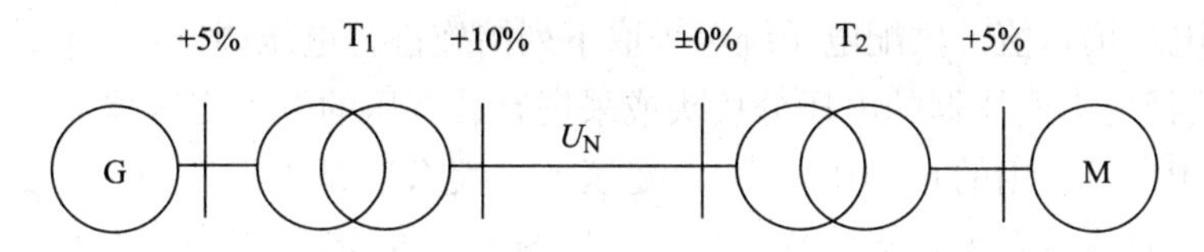

图 1－15　确定电力变压器一、二次绕组额定电压

5）电力变压器二次绕组额定电压

首先必须明白，变压器二次绕组额定电压是指变压器在其一次绕组加上额定电压时的二次绕组开路（空载）电压，而变压器满载（额定负荷）运行时，二次绕组内有 5% 的阻抗电压降。因此变压器二次绕组额定电压的确定必须考虑上述因素，也分两种情况变压：

（1）变压器二次侧的出线较长，例如为较大的高压电网，如图 1－15 中变压器 T_1，其二次侧出线为较长的高压线路，则变压器二次绕组额定电压一方面要考虑补偿绕组本身 5% 的电压降，另一方面要考虑变压器满载运行对其二次绕组额定电压仍需高于二次侧电网额定电压 5%，因此变压器二次绕组额定电压应高于其二次侧电网额定电压 10%。

（2）如变压器二次侧的出线不长，例如二次侧为低压电网或者直接供电给高低压用电设备，如图 1－15 中变压器 T_2，则变压器二次绕组额定电压只需高于其二次侧电网额定电压 5%，仅考虑补偿变压器绕组内 5% 的电压损耗。

（二）电压偏差及其调整措施

1. 电压偏差的定义

用电设备端子处的电压偏差 ΔU 的百分值按下式定义：

$$\Delta U(\%)=\frac{U-U_N}{U_N}\times 100\% \qquad (1-4)$$

式中，U_N 为用电设备额定电压；U 为用电设备端电压。

2. 电压偏差允许值

GB 50052—1995《供配电系统设计规范》规定：正常运行情况下，用电设备端子处的电压偏差允许值（以 U_N 的百分值表示）宜符合下列要求：

（1）电动机：规定为 ±5%。

（2）电气照明：在一般工作场所为 ±5%；对于远离变电所的小面积一般工作场所、难以满足上述要求时，可为 +5%、-10%；应急照明、道路照明和警卫照明等为 +5%、-10%。

3. 电压偏差的影响及其调整措施

电力设备也只有在额定电压下运行才能获得最佳的经济效果。例如，感应电动机，端电压偏低，则其转矩将按端电压平方成比例地减小，而在负载转矩不变的情况下，电动机电流必然增大，从而使电动机绕组绝缘过热受损，使电动机寿命缩短；如果端电压偏高，电动机转矩按其端电压平方成比例地增大，但同时电流也要增大，同样会使电动机绕组绝缘过热受损，缩短电动机寿命。又如白炽灯，如果电压偏低，则照度明显降低；如果电压偏高，则灯的使用寿命将大大缩短，由此可见，电压偏差过大，是不经济、不合理的。

为了减小电压偏差值，供配电系统可采取下列措施进行电压调整：

1）正确选择电力变压器的电压分接头或采用有载调压的电力变压器

我国电力用户所使用的 6～10 kV 配电变压器，大多数是无载调压型，其高压绕组有五个电压分接头，并装设有无载调压分接开关，如图 1-16 所示。如果用电设备端电压偏高，则应将分接开关换接到 +5% U_{1N} 的分接头，以降低设备端电压。如果用电设备端电压偏低，

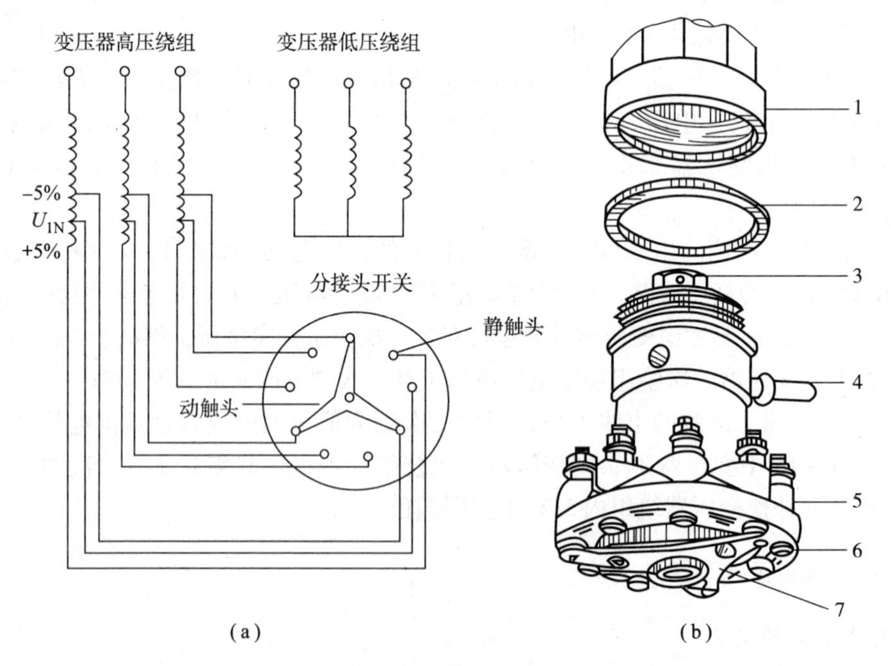

图 1-16 电力变压器的分接头和分接开关

（a）分接头的接线；（b）分接开关外形

1—帽；2—密封垫圈；3—操动螺母；4—定位钉；5—绝缘座；6—静触头；7—动触头

则应将分接开关换接到 $-5\%\ U_{1N}$ 的分接头，以升高设备端电压。但是必须注意，换接电压分接头，应停电进行，因此不能频繁操作，也就不能适时地按用电设备端电压的变动进行电压调整。如果用电负荷中某些设备对电压水平要求较高，可采用有载调压型变压器，使之在正常运行过程中自动地带负荷调整电压，保证用电设备端电压的相对稳定。

2）降低供配电系统的阻抗

供配电系统中各元件的电压降是与各元件的阻抗成正比的。因此在技术经济合理时，减少供配电系统的变压级数，以铜线代换铝线，或增大导线截面，或以电缆代换架空线，都能有效地降低系统阻抗，减少电压降，从而缩小电压偏差范围。

3）尽量使三相系统的负荷均衡

在低压三相四线制配电系统中，如果三相负荷分布不均衡，将使负荷中性点的电位偏移，造成有的相电位升高，从而增大线路的电压偏差。为此，应使三相负荷尽可能地均衡。

4）合理地调整系统的运行方式

在工作为一班制或两班制的企业中，在工作班的时间内负荷重，往往电压偏低，因而需要将变压器高压绕组的分接头调在 $-5\%\ U_{1N}$ 的位置。但这样一来，到非工作班时间，负荷轻，电压就会过高。这时可切除此变压器，改用低压联络线供电。操作时，应先投入低压联络线，再切除变压器，以免造成负荷的短时停电。如果有两台变压器并列运行的变电所，则可在负荷轻时切除一台变压器，而在负荷重时则两台变压器并列运行。上述调整系统运行方式的措施，不仅能达到电压调整的目的，而且能取得降低电能损耗的效果。

5）采用无功功率补偿装置

由于供配电系统中存在大量的感性负荷，如感应电动机、高频电炉、气体放电灯等，加上系统中感抗很大的电力变压器，线路中的感抗一般也大于电阻，从而使系统中产生大量相位滞后的无功功率，降低功率因数，增加系统的电压降。为了提高系统的功率因数，减小电压降，可采用并联电容器或同步补偿机，使之产生相位超前的无功功率，以补偿一部分相位滞后的无功功率。由于采用并联电容器补偿较之采用同步补偿机更为简单经济和便于运行维护，因此并联电容器在供配电系统中应用最为广泛。不过采用专门的无功补偿设备，需额外投资，因此在进行电压调整时，应优先考虑前面所述的各项措施，以提高供配电系统的经济效果。

4. 电压波动、闪变的概念及危害

电压波动（Voltage Fluctuation）是指电网电压的快速变动或电压包络线的周期性快速变动。

电压变动值，以电力系统中多个用户公共连接点的相邻最大与最小电压方均根值 U_{max} 与 U_{min} 之差对电网额定电压 U_N 的百分值来表示，即：

$$\Delta U(\%) = \frac{U_{max} - U_{min}}{U_N} \times 100\% \tag{1-5}$$

电压波动是由于电网中存在急剧变动的冲击性负荷而引起的。负荷的急剧变动，使电网的电压损耗相应变动，从而使用户公共连接点的电压出现波动现象。例如电动机的启动、电焊机的工作，特别是大型电弧炉和大型轧钢机等冲击性负荷的工作，均会引起电网电压波动。电压波动可影响电动机的正常启动，甚至可使电动机无法启动。电压波动对同步电动机还可引起转子振动；对电子设备和计算机，可使之无法正常工作；对照明灯，可使之发生明显的闪烁，严重影响视觉，使人无法正常工作和学习。

闪变是指人眼对灯闪的主观感觉。闪变是由于照明灯端电压出现电压波动而产生的。电压闪变对人眼有明显的刺激作用，可引起心悸，甚至使人无法正常工作和学习。

5. 电压波动和闪变的抑制措施

1）采用专线或专用变压器供电

对大容量的冲击性负荷如电弧炉、轧钢机等，采用专线或专用变压器供电，是降低电压波动对其他用电设备运行影响的最简便有效的办法。

2）减小线路阻抗

当冲击性负荷与其他负荷共用供电线路时，应设法减小线路的阻抗，例如将单回路改为双回路，或者将架空线路改为电缆线路，或者将铝线改为铜线，从而减小由冲击性负荷引起的电压波动。

3）选用短路容量较大或电压等级较高的电网供电

对大型电弧炉的炉用变压器，应尽量由短路容量较大或电压等级较高的电网供电，这是减小电网电压波动的一项有效措施。

4）采用静止补偿装置

对大容量电弧炉及其他大容量冲击性负荷，在采取上述措施尚达不到要求时，可装设能吸收冲击性无功功率的静止补偿装置 SVC。SVC 的型式有多种，而以自饱和电抗器型（SR 型）的效能最好，其电子元件少，可靠性高，维修方便，我国一般变压器制造厂均能制造，是值得推广应用的一种 SVC。但总的来说，SVC 的投资较大，因此首先应考虑前几项措施。

6. 电网谐波及其抑制措施

1）谐波的含义

谐波（Harmonic），是指对周期性非正弦交流量进行傅里叶级数（Fourier Series）分解所得到的大于基波频率整数倍次的各次分量，通常称为“高次谐波”。而基波，即其频率与工频（50 Hz）相同的交流分量。电力系统中的三相交流发电机发出的三相交流电压，一般可认为是 50 Hz 的正弦波。但由于系统中存在各种非线性元件，因而在系统中和用户处的线路内出现了谐波，使电压或电流波形发生畸变。系统中产生谐波的非线性元件很多，例如各种气体放电灯、电动机、电焊机、变压器和感应电炉等，都要产生谐波，特别是大型硅整流设备和大型电弧炉等所产生的谐波最为突出，严重影响系统的电能质量。

2）谐波的危害性

谐波对电气设备的危害很大。谐波电流通过变压器，可使变压器的铁芯损耗明显增加，从而使变压器铁芯过热，缩短使用寿命。谐波电流通过交流电动机，不仅会使电动机的铁芯损耗明显增加，而且还会使电动机转子发生振动，严重影响机械加工的产品质量，同时噪声增大。谐波对电容器的影响更为突出。谐波电压加在电容器两极时，由于电容器对谐波的阻抗很小，因此电容器很容易发生过负荷甚至烧毁。此外，谐波电流可使电力线路的电能损耗和电压损耗增加；使计量电能的感应式电能表计量不准确；可使电力系统发生电压谐振，从而在线路上引起过电压，有可能击穿线路设备的绝缘，造成事故；还可能造成系统的继电保护和自动装置误动作，并可对电力线路附近的通信线路和通信设备产生信号干扰。由此可见，谐波的危害是十分严重的，值得高度重视。

3）谐波的抑制措施

抑制电网谐波，可采用下列措施：

（1）三相整流变压器采用 Yd 或 Dy 接线。由于 3 次及其整数倍次的谐波电流在三角形连接的绕组内形成环流，而星形连接的绕组内不可能出现 3 次及其整数倍次的谐波电流，因此采用 Yd 或 Dy 接线的三相整流变压器，能使注入电网的谐波电流消除 3 次及其整数倍次的谐波电流。又由于电力系统中的非正弦交流电压或电流波形，其正、负两半波对时间轴是对称的，不含直流和偶次谐波分量，因此采用 Yd 或 Dy 接线的整流变压器，可使注入电网的谐波电流只有 5、7、11 等次谐波了。这是抑制电网谐波的最基本的方法之一。

（2）增加整流变压器二次侧的相数。整流变压器二次侧的相数越多，整流波形的脉波数越多，其次数低的谐波被消去的也越多。例如整流相数为 6 相时，出现的 5 次谐波电流为基波电流的 18.5%，7 次谐波电流为基波电流的 12%。如果整流相数增加到 12 相时，则出现的 5 次谐波电流降为基波电流的 4.5%，7 次谐波电流降为基波电流的 3%，都差不多是原来的 1/4。由此可见，增加整流变压器二次侧的相数对高次谐波的抑制效果相当显著。

（3）使各台并列运行的整流变压器二次侧互有相位差。多台相数相同的整流装置并列运行时，使其整流变压器二次侧互有适当的相位差。这与增加整流变压器二次侧的相数有类似的效果，也能大大减少注入电网的高次谐波。

（4）装设分流滤波器。在大容量静止“波源”（如大型晶闸管整流器）与电网连接处，装设分流滤波器，如图 1－17 所示，滤波器的各组 *RLC* 回路分别对需要消除的 5、7、11 等次谐波进行调谐，使之发生串联谐振。由于串联谐振时阻抗很小，从而使这些谐波电流被它分流吸收而不致注入网中去。

（5）选用 Dyn11 连接组别的三相配电变压器。由于 Dyn11 连接的变压器高压绕组为三角形接线，3 次及其整数倍次的高次谐波可在其中成环流而不致注入高压电网中去，从而有利于抑制系统的高次谐波。

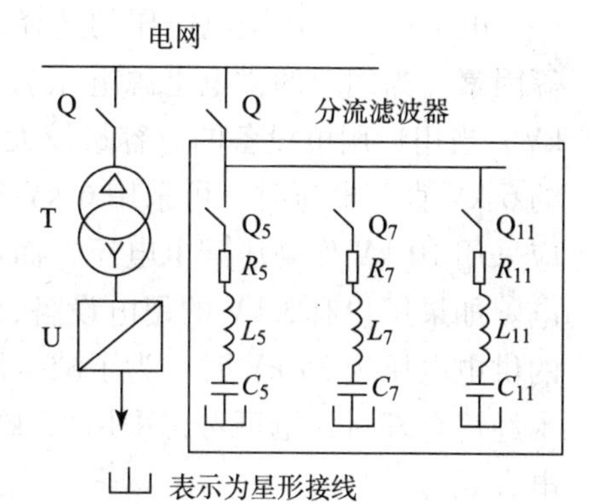

图 1－17　装设分流滤波器

（6）抑制谐波的其他措施。例如在图 1－17 装设分流滤波器吸收高次谐波电力系统中接入的变流设备及交流调压装置等的容量，或提高对大容量非线性设备的供电电压，或将谐波源与不能受谐波干扰的负荷电路从电网的接线上分开，均能有助于谐波的抑制或消除。

【任务实施】

（一）某市电力系统及接地方式认识

电力系统接线见图 1－1。

电力系统接地方式以某市 6.3 kV 变电站为例，其由发电厂通过高压 66 kV 输出电能到变电站变压器一次侧，通过变压器使电压变成6.3 kV，再通过变电站各个配出线路输送到各个供电区域。由各个供电区域变压器使电压从6.3 kV变为380 V/220 V，再到用户。

（1）6.3 kV变电站变压器应用何种方式接地系统？为什么用该系统？

（2）由6.3 kV变为380 V/220 V变压器用何种接地系统？为什么？

（二）电力用户供配电电压选择规则认识

1. 电力用户供电电压的选择

电力用户供电电压的选择，主要取决于当地供电企业供电的电压等级，同时也要考虑用户用电设备的电压、容量及供电距离等因素。《供电营业规则》规定：供电企业供电的额定电压，低压有单相220 V，三相380 V；高压有10 kV、35 kV、66 kV、110 kV、220 kV等。并规定：除发电厂直接配电，采用3 kV或6 kV外，其他等级的电压应逐步过渡到上述额定电压。如用户需要的电压等级不在上列范围时，应自行采取变压措施解决。用户需要的电压等级在110 kV及以上时，其受电装置应作为终端变电所设计，其方案需经省电网经营企业审批。电力用户的用电设备容量在100 kW及以下，或需用变压器容量在50 kV·A及以下时，一般宜采用低压三相四线制供电；但特殊情况（例如供电点距离用户太远时）也可采用高压供电。

2. 电力用户高压配电电压的选择

电力用户高压配电电压的选择，主要取决于该用户高压用电设备的电压、容量和数量等因素。当用户的供电电源电压为10 kV及以上时，用户的高压配电电压一般应采用10 kV。当用户用电设备的总容量较大，且选用6 kV经济合理时，特别是可取得附近发电厂的6 kV直配电压时，可采用6 kV作高压配电电压。如果用户6 kV用电设备不多，则仍应采用10 kV作高压配电电压，而对6 kV设备则通过专用的10 kV/6.3 kV变压器单独供电。如果用户有3 kV的用电设备，则应通过专用的10 kV/3.15 kV变压器供电。当用户的供电电压为35 kV时，为了减少用户供配电系统的变压级数，如果安全要求允许，且技术经济合理时，也可考虑采用35 kV作为用户的高压配电电压，即高压深入负荷中心的配电方式。

3. 电力用户低压配电电压的选择

电力用户的低压配电电压，通常采用220 V/380 V，其中线电压380 V用来接用三相电力设备及额定电压为380 V的单相设备，而相电压220 V用来接额定电压为220 V的单相设备和照明灯具。但某些场合它采用660 V甚至更高的1 140 V作为低压配电电压。例如，在矿井下，因负荷往往离变电所较远，为保证远端负荷的电压水平，宜采用660 V或1 140 V的电压。采用较高的电压配电，不仅可减少线路的电压损耗，保证远端负荷的电压水平，而且能减小导线截面和线路投资，增大供电半径，减少变电点，简化供配电系统，因此提高低压配电电压的经济价值，也是节电的一项有效措施。但是将380 V升压为660 V，需电器制造部门全面配合，我国目前尚有困难。

【项目考核】

项目考核单

<table>
<tr><td>学生姓名</td><td>班级</td><td>学号</td><td>教师姓名</td><td colspan="3">项目一</td></tr>
<tr><td></td><td></td><td></td><td></td><td colspan="3">供配电系统认识</td></tr>
<tr><td colspan="4" rowspan="2">技能训练考核内容（60分）</td><td colspan="3">考核标准</td></tr>
<tr><td>优</td><td>良</td><td>及格</td></tr>
<tr><td>1. 工厂电力系统组成图识读（15分）</td><td colspan="3">电力的生产与输送（图1－1）</td><td>能够正确识图，对相关知识点的掌握牢固、准确</td><td>能够正确识图，对相关知识点的掌握一般</td><td>能够识图，但对电路的理解不够清晰</td></tr>
<tr><td rowspan="2">2. 低压配电系统的接线（15分）</td><td colspan="3">低压配电系统的接线（图1－12～图1－14）</td><td rowspan="2">能快速准确识别低压配电系统的接线图；准确说出元器件的功能</td><td rowspan="2">能正确识别低压配电系统的接线图；比较准确说出元器件的功能</td><td rowspan="2">能比较准确识别低压配电系统的接线图</td></tr>
<tr><td colspan="3">接地选线装置现场注意事项</td></tr>
<tr><td rowspan="3">3. 电力系统额定电压选择（20分）</td><td colspan="3">确定电力变压器一、二次绕组额定电压（图1－15）</td><td rowspan="3">能够正确进行系统额定电压选择；能正确使用仪器仪表，掌握电路的测量方法</td><td rowspan="3">能进行系统额定电压选择；能正确使用仪器仪表，掌握电路的测量方法</td><td rowspan="3">能使用仪器仪表完成系统额定电压选择</td></tr>
<tr><td colspan="3">电压偏差的影响</td></tr>
<tr><td colspan="3">电力变压器分接头的选择</td></tr>
<tr><td colspan="4">4. 项目报告（10分）</td><td>格式标准，内容完整、清晰，有详细记录的任务分析、实施过程，并进行了归纳总结</td><td>格式标准，内容清晰，记录了任务分析、实施过程，并进行了归纳总结</td><td>内容清晰，记录的任务分析、实施过程比较详细，并进行了归纳总结</td></tr>
<tr><td colspan="4">知识巩固测试（40分）</td><td rowspan="7">遵守工作纪律，遵守安全操作规程，对相关知识点掌握牢固、准确，能正确理解电路的工作原理</td><td rowspan="7">遵守工作纪律，遵守安全操作规程，对相关知识点掌握一般，基本能正确理解电路的工作原理</td><td rowspan="7">遵守工作纪律，遵守安全操作规程，对相关知识点掌握牢固，但对电路的理解不够清晰</td></tr>
<tr><td colspan="4">1. 供配电工作的基本要求</td></tr>
<tr><td colspan="4">2. 电力系统的电源中性点运行方式</td></tr>
<tr><td colspan="4">3. 低压配电系统的接地形式</td></tr>
<tr><td colspan="4">4. 我国规定的三相交流电网的额定电压等级</td></tr>
<tr><td colspan="4">5. 三相电压不平衡的原因</td></tr>
<tr><td colspan="4">6. 产生电网谐波的主要原因</td></tr>
<tr><td>完成日期</td><td colspan="3">年　　月　　日</td><td>总　成　绩</td><td colspan="2"></td></tr>
</table>

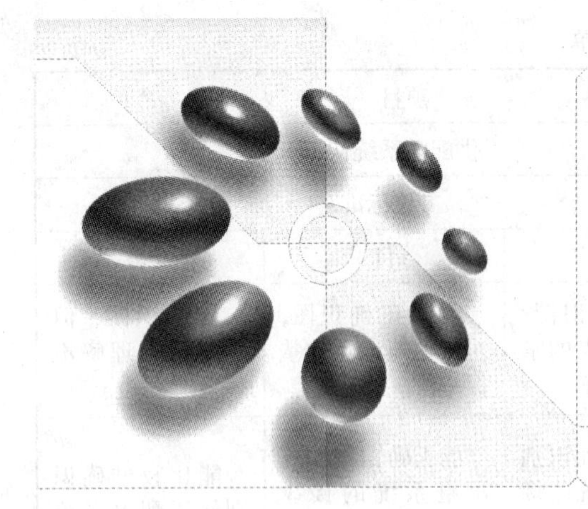

项目二　电力负荷确定

【项目描述】

本项目通过对电力负荷的分级及对供电电源的要求的认识，在熟悉用电设备的工作制及负荷曲线和有关物理量的基础上，进行用电设备组计算负荷和尖峰电流的计算。通过本项目的学习，学生具体应达到以下要求：

一、知识要求

(1) 能分析工厂电力负荷的类型及分类；

(2) 能进行三相用电设备组计算负荷的确定。

二、能力要求

(1) 准确进行用电设备组计算负荷的确定；

(2) 能正确进行用电设备尖峰电流的确定。

三、素质要求

(1) 具有规范操作、安全操作、环保意识；

(2) 具有爱岗敬业、实事求是、团结协作的优秀品质；

(3) 具有分析问题、解决实际问题的能力；

(4) 具有创新意识、获取新知识、新技能的学习能力。

任务1　电力负荷分类与负荷曲线绘制

【学习任务单】

<table>
<tr><td>学习领域</td><td colspan="2">工厂供电设备应用与维护</td></tr>
<tr><td>项目二</td><td>电力负荷确定</td><td>学时</td></tr>
<tr><td>学习任务1</td><td>电力负荷分类与负荷曲线绘制</td><td>2</td></tr>
<tr><td>学习目标</td><td colspan="2">1. 知识目标
（1）熟悉电力负荷分类；
（2）掌握负荷曲线绘制；
2. 能力目标
（1）准确识别负荷级别；
（2）能够正确绘制负荷曲线。
3. 素质目标
（1）培养学生准确绘制负荷曲线；
（2）培养学生在学习过程中具有团队协作意识和吃苦耐劳的精神。</td></tr>
<tr><td colspan="3">一、任务描述
按照电力负荷对供电可靠性的要求，能够分析电力负荷的等级，准确绘制负荷曲线图。
二、任务实施
（1）学生分组，每小组4～5人；
（2）小组按任务单进行分析和资料学习；
（3）小组经过讨论确定任务结果，每小组由中心发言人陈述，经过全体同学讨论，确定正确结果；
（4）检查总结。
三、相关资源
（1）教材；
（2）教学课件；
（3）图片。
四、教学要求
（1）认真进行课前预习，充分利用教学资源；
（2）充分发挥团队合作精神，正确完成工作任务；
（3）团队之间相互学习，相互借鉴，提高学习效率。</td></tr>
</table>

【知识链接】

一、电力负荷的分级、分类及其对供电电源的要求

电力负荷，既可指用电设备或用电单位（用户），也可指用电设备或用电单位所耗用的电功率或电流。这里指用电单位（用户）或用电设备。

（一）电力负荷的分级

电力负荷根据其对供电可靠性的要求及中断供电在政治、经济上所造成损失或影响的程度，分为以下三级。

1. 一级负荷

一级负荷：中断供电将造成人身伤亡者；在政治、经济上造成重大损失者，例如重大设备损坏、大量产品报废、用重要原料生产的产品大量报废、国民经济中重点企业的连续生产过程被打乱需要长时间才能恢复等；中断供电将影响有重大政治、经济意义的用电单位的正常工作，例如重要交通枢纽、重要通信枢纽、重要宾馆、大型体育场馆、经常用于国际活动的大量人员集中的公共场所等用电单位中的重要电力负荷。在一级负荷中，当中断供电将发生中毒、爆炸和火灾等情况时的负荷，以及特别重要场所的不允许中断供电的负荷，应视为特别重要的负荷。

一级负荷对供电电源的要求：一级负荷属重要负荷，应由两个独立电源供电，当一个电源发生故障时，另一个电源不应同时受到损坏；一级负荷中特别重要的负荷，除由两个电源供电外，还应增设应急电源，并严禁将其他负荷接入应急供电系统。可作为应急电源的有：

（1）独立于正常电源的发电机组；

（2）供电网络中独立于正常电源的专用馈电线路；

（3）蓄电池；

（4）干电池。

2. 二级负荷

二级负荷：中断供电将在政治、经济上造成较大损失者，例如主要设备损坏、大量产品报废、连续生产过程被打乱需较长时间才能恢复、重点企业大量减产等；中断供电将影响重要用电单位的正常工作，例如交通枢纽、通信枢纽等用电单位中的重要电力负荷，以及中断供电将造成大型影剧院、大型商场等较多人员集中的重要的公共场所秩序混乱者。

二级负荷对供电电源的要求：二级负荷也属重要负荷，但其重要程度次于一级负荷。二级负荷宜由两回线路供电，供电变压器一般也应有两台。在负荷较小或地区供电条件困难时，二级负荷可由一回 6 kV 及以上专用的架空线路或电缆供电；当采用架空线时，可为一回架空线供电；当采用电缆线路时，应采用两根电缆组成的线路供电，其每根电缆应能承受100%的二级负荷。

3. 三级负荷

所有不属于一级和二级负荷者，应为三级负荷。

三级负荷对供电电源的要求：三级负荷属不重要负荷，对供电电源无特殊要求。

在工业和民用建筑部分重要电力负荷的级别，其中工业负荷级别为 JBJ 6—1996《机械工厂电力设计规范》所规定，民用建筑负荷级别为 JGJ/T 16—1992《民用建筑电气设计规范》所规定。可查有关规定。

（二）电力负荷的类别

1. 电力负荷按用途的分类

电力负荷按用途分，有照明负荷和动力负荷。照明负荷为单相负荷，在三相系统中很难做到三相平衡。而动力负荷一般可视为三相平衡负荷。电力负荷按行业分，有工业负荷、非工业负荷和居民生活负荷等。

2. 电力负荷（设备）按工作制的分类

（1）长期连续工作制。这类设备长期连续运行，负荷比较稳定，例如通风机、空气压缩机、电动发电机组、电炉和照明灯等。机床电动机的负荷虽然变动一般较大，但大多也是长期连续工作的。

（2）短时工作制。这类设备的工作时间较短，而停歇时间相对较长，例如机床上的某些辅助电动机（如进给电动机、升降电动机等）。

（3）断续周期工作制。这类设备周期性地工作 - 停歇 - 工作，如此反复运行，而工作周期一般不超过 10 min，例如电焊机和起重机械。

电能转换成光主要通过辐射过程，以电磁波的形式，辐射和传播能量。在波长为 380 ~ 760 nm 的范围内，它可以使人的眼睛产生光亮的感觉。照明负荷的主要形式有白炽灯、荧光灯、各种气体放电灯及其他光源。它是将电能转换成光供人们照明使用的负荷。

对电力系统来说，照明负荷的光源本身主要取用的是有功功率，光源的辅助设备取用一部分无功功率。因此照明负荷有较高的功率因数。照明负荷的电压特性较软，这是指随着供电电压的变化所取用的功率有较大变化。对白炽灯来说，电压的升高将使灯的使用寿命明显降低，因此要求供电电压大体维持额定。从负荷曲线来看，除大建筑物采用人工采光，白天也需照明外，大部分的照明负荷集中在 18：00 ~ 22：00 时。此外，照明负荷的大小受天气影响较大。

电热负荷是将电能转换成热能的负荷。由于电加热能得到 2 000 ℃以上的高温，能进行彻体加热，加热温度易于控制，清洁而无废气及残余物，因而广泛用于冶炼、熔化、热处理、食品加工、纤维制品及油漆干燥等工业领域，也广泛用于民用炊事、取暖、空调等方面。电加热方式主要有电阻加热、电弧加热、感应加热、介质加热、红外线加热及其他特殊加热方法。

除电阻加热、红外线加热主要取用有功功率外，电弧加热、感应加热等都要取用无功功率。电弧加热取用的无功功率随弧电流的大小有较大的变化。炼钢电弧炉由于电弧长度不断变动，电弧电流的大小也随时间不断发生不规则的变动，这将引起供电电压较大的不规则变动。如果由同一变电所母线同时供电弧炉和一般用户的照明用电，则将引起照明的闪变，必须采取补偿措施。

食品加工、民用取暖和电热水器等大都采用单相电源。三相负荷分配不均匀时将对电力系统引起不均衡负荷。用电加热水耗电量大，但可以储存，一般用电价政策鼓励人们在系统低谷负荷（见系统综合负荷曲线）时使用。

电解负荷是用电解化学反应方法进行工业生产所需的负荷。电解水能得到纯氧及氢，氢的最大用途是作为合成氨的原料；电解食盐水是制造氯、氢及碱的重要方法；干式冶炼所得的粗金属纯度较差，经电解后可得到高纯度的金属与贵金属；铝、镁、钠等金属的生产也主要靠电解。所以电解是工业生产的一个不可缺少的方面。

电解工业是耗电量极大的工业。电能消耗的费用占产品成本的很大比重。电解槽本身的能量转换效率较低，往往只有 25% ~50%。因此使用廉价的电能是发展电解工业的关键问题。世界各国的电解工业平均有 50% 以上是依靠廉价的水力资源发出的电能。因此电解工业的布局也应尽量靠近水力资源，以避免大容量长距离输电，减少输电线路投资。还要尽量利用水力资源的季节性电能，在丰水期多生产，在枯水期少生产甚至停产。

电力系统中各类电力负荷随时间变化的曲线是调度电力系统的电力和进行电力系统规划的依据。电力系统的负荷涉及广大地区的各类用户，每个用户的用电情况很不相同，且事先无法确知在什么时间、什么地点、增加哪一类负荷。因此，电力系统的负荷变化带有随机性。人们用负荷曲线记述负荷随时间变化的情况，并据此研究负荷变化的规律性。

分析电力负荷的等级，绘出照明负荷曲线图并分析图中各参数的具体意义。

（三）用电设备的额定容量、负荷持续率及负荷系数

1. 用电设备的额定容量

用电设备的额定容量，是指用电设备在额定电压下、在规定的使用寿命内能连续输出或耗用的最大功率。对电动机，其额定容量是指其轴上正常输出的最大功率。因此其耗用的功率即从电网吸取的功率，应为其额定容量除以其本身的效率。对电灯和电炉等，其额定容量是指其在额定电压下耗用的功率，而不是指其输出的功率。

（1）电机、电炉和电灯等设备的额定容量，均用有功功率 P_N 表示，单位为瓦（W）或千瓦（kW）。

（2）变压器、互感器和电焊机等设备的额定容量，一般用视在功率 S_N 表示，单位为伏安（V·A）或千伏安（kV·A）。

（3）电容器类设备的额定容量，则用无功功率 Q_C 表示，单位为乏（var）或千乏（kvar）。

必须指出：对断续周期工作制的设备（如电焊机、吊车等）来说，其额定容量是对应于一定的负荷持续率的。

2. 负荷持续率

负荷持续率，又称暂载率或相对工作时间，符号为 ε，其定义为一个工作周期 T 内工作时间 t 与 T 的百分比，即：

$$\varepsilon=\frac{t}{T}\times100\%=\frac{t}{t_0+t}\times100\% \tag{2-1}$$

式中，t_0 为工作周期 T 内的停歇时间。T、t 和 t_0 的单位均为秒（s）。

同一设备，在不同负荷持续率下运行时，其输出的功率是不同的。例如某设备在 ε_1 下的设备容量为 P_1，那么该设备在 ε_2 下的设备容量 P_2 该是多少呢？这应该进行“等效”换算。即按在同一周期内不同负荷（P_1 或 P_2）下造成相同的热损耗条件来进行换算。假设设备的内阻为 R，则电流 I 通过该设备在 t 时间内产生的热量为 I^2Rt，因此在 R 不变且产生的热量相同的条件下，$I\propto1/\sqrt{t}$。又电压相同时，设备容量 $P\propto I$，因此 $P\propto1/\sqrt{t}$。而由前面式（2-1）可知，同一周期的负荷持续率 $\varepsilon\propto t$。由此可知 $P\propto1/\sqrt{t}$，即设备容量与负荷持续率的二次方根成反比关系，因此：

$$P_2=P_1\sqrt{\frac{\varepsilon_1}{\varepsilon_2}} \tag{2-2}$$

3. 用电设备的负荷系数

用电设备的负荷系数 K_L，为设备在最大负荷时输出或耗用的功率 P 与设备额定容量 P_N 的比值：

$$K_L = \frac{P}{P_N} \tag{2-3}$$

表征了设备容量的利用程度。负荷系数的符号有时也用 β 表示。

二、负荷曲线绘制

（一）负荷曲线的绘制与类型

负荷曲线是表征电力负荷随时间变动情况的一种图形。它绘制在直角坐标上，纵坐标轴表示负荷功率（一般用有功功率），横坐标轴表示负荷变动所对应的时间。

负荷曲线按负荷对象分，有工厂（企业）的、车间的或某台设备的负荷曲线。按负荷的功率性质分，有有功和无功负荷曲线。按所表示的负荷变动时间分，有年的、月的、日的和工作班的负荷曲线。按绘制方式分，有依点连成的负荷曲线［见图 2-1（a）］和梯形负荷曲线［见图 2-1（b）］。

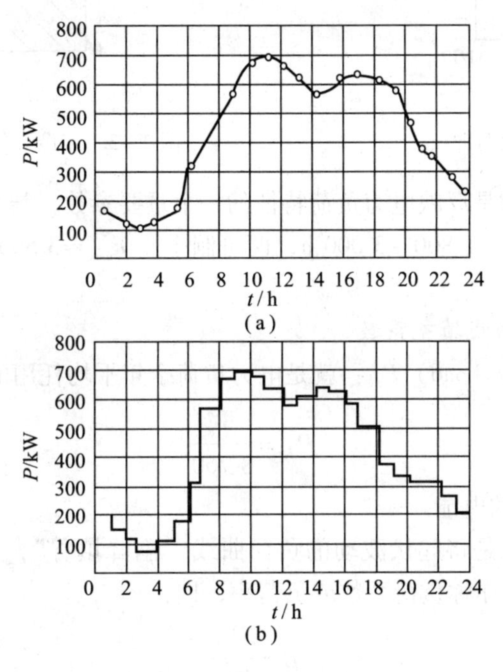

图 2-1　日有功负荷曲线

（a）依点连成的负荷曲线；（b）梯形负荷曲线

年负荷曲线，通常绘成负荷持续时间曲线，按负荷大小依次排列。另一种形式的年负荷曲线，是按全年每日的最大负荷（通常取每日最大负荷的半小时平均值）绘制的，称为年每日最大负荷曲线（见图 2-2）。

年最大负荷曲线，可用来确定拥有多台电力变压器的变电所在一年的不同时期宜于投入几台运行，即所谓“经济运行方式”，以降低电能损耗，提高供配电系统运行的经济性。

(二) 与负荷曲线有关的物理量

1. 年最大负荷和年最大负荷利用小时

年最大负荷 P_{30}，是指全年中负荷最大的工作班内（该工作班的最大负荷不是偶然出现的，而是在负荷最大的月份内至少出现过2~3次）消耗电能最多的半小时平均负荷。年最大负荷利用小时 T_{max}，是假设电力负荷按年最大负荷 P_{max}（亦即 P_{30}）持续运行时，在此 T_{max} 时间内电力负荷所耗用的电能，恰与该电力负荷全年实际耗用的电能相等，如图2-3所示。因此年最大负荷利用小时是一个假想时间，按下式计算：

$$T_{max}=\frac{W_a}{P_{max}} \tag{2-4}$$

式中，W_a 为电力负荷全年实际耗用的电能。

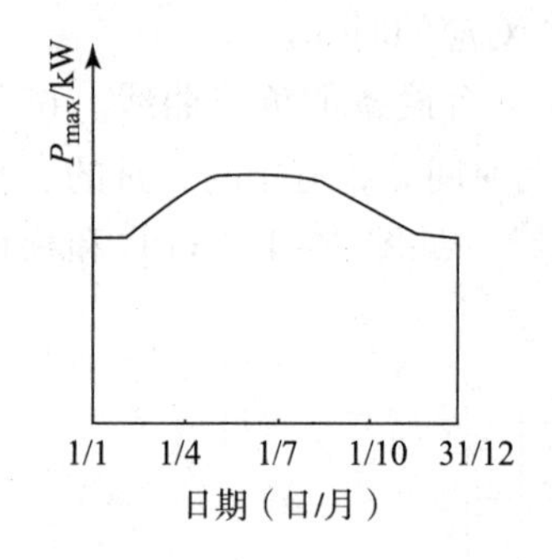

图2-2 年每日最大负荷曲线

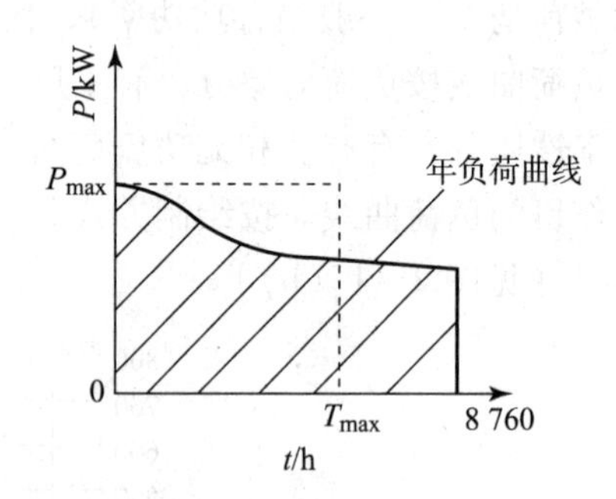

图2-3 年最大负荷和年最大负荷利用小时

年最大负荷利用小时是反映电力负荷特征的一个重要参数，与企业的工作制有明显的关系。例如一班制企业 $T_{max}\approx 1\ 800\sim 3\ 000$ h，两班制企业 $T_{max}\approx 3\ 500\sim 4\ 800$ h，三班制企业，$T_{max}\approx 5\ 000\sim 7\ 000$ h。

2. 平均负荷和负荷曲线填充系数

年平均负荷（Average Load）P_{av}：就是电力负荷全年平均耗用的功率，即

$$P_{av}=\frac{W_a}{8\ 760} \tag{2-5}$$

式中，W_a 为全年所耗用的电能。

负荷曲线填充系数就是将起伏波动的负荷曲线“削峰填谷”，由此求出的平均负荷 P_{av} 与最大负荷 P_{max} 的比值，亦称负荷系数或负荷率，即：

$$\beta=\frac{P_{av}}{P_{max}} \tag{2-6}$$

负荷曲线填充系数表征了负荷曲线不平坦的程度，亦即负荷变动的程度。从发挥整个电力系统效能来说，应尽量设法提高 β 值，因此供配电系统在运行中必须实行负荷调整。

【任务实施】

负荷曲线的绘制：

任选一种负荷（如：工厂电机负荷、学校照明负荷等），每小时记录负荷（可以记录电

流，也可以记录功率），并且绘制日负荷曲线，判断负荷类别及等级。

若采用工厂用电设备，按长期连续工作制、短期工作制和断续周期工作制三类进行：

（1）长期工作制：这类设备长期连续运行，负荷比较稳定，如通风机、水泵、空气压缩机、电动发电机、照明等。

（2）短时工作制：设备工作时间短，而停歇时间较长，如升降电动机等。

（3）断续周期工作制：设备周期性地时而工作，时而停歇，如此反复运行，而工作周期一般不超过 10 min，如电焊机和吊车电动机。

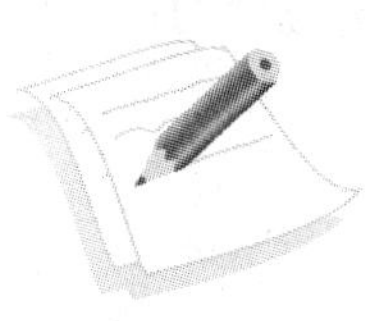

任务2 三相用电设备组计算负荷与尖峰电流确定

【学习任务单】

<table>
<tr><td>学习领域</td><td colspan="2">工厂供电设备应用与维护</td></tr>
<tr><td>项目二</td><td>电力负荷确定</td><td>学时</td></tr>
<tr><td>学习任务 2</td><td>三相用电设备组计算负荷与尖峰电流确定</td><td>6</td></tr>
<tr><td>学习目标</td><td colspan="2">1. 知识目标
（1）熟悉用电设备尖峰电流的确定；
（2）掌握三相用电设备组计算负荷的确定。
2. 能力目标
（1）准确确定三相用电设备组计算负荷；
（2）能够确定尖峰电流。
3. 素质目标
（1）培养学生准确计算三相用电设备组计算负荷；
（2）培养学生在学习过程中具有团队协作意识和吃苦耐劳的精神。</td></tr>
<tr><td colspan="3">一、任务描述
计算负荷是供配电设计计算的基本依据。能够确定三相用电设备组计算负荷，准确绘制计算负荷图。
二、任务实施
（1）学生分组，每小组 4～5 人；
（2）小组按任务单进行分析和资料学习；
（3）小组经过讨论确定任务结果，每小组由中心发言人陈述，经过全体同学讨论，确定正确结果；
（4）检查总结。
三、相关资源
（1）教材；
（2）教学课件；
（3）图片。
四、教学要求
（1）认真进行课前预习，充分利用教学资源；
（2）充分发挥团队合作精神，正确完成工作任务；
（3）团队之间相互学习，相互借鉴，提高学习效率。</td></tr>
</table>

【知识链接】

一、三相用电设备组计算负荷确定

（一）计算负荷

我国目前普遍采用的确定用电设备组计算负荷的方法，有需要系数法和二项式法。需要系数法是世界各国普遍采用的确定计算负荷的基本方法，简单方便。二项式法应用的局限性较大，但在确定设备台数较少而设备容量差别很大的分支干线的计算负荷时，采用二项式法较之采用需要系数法更为合理，且计算也较简化。

（二）需要系数法的基本计算公式及其应用

用电设备组的计算负荷，是指用电设备组从供电系统中取用的半小时最大负荷 P_{30}，如图 2-4 所示。用电设备组的设备容量 P_e，是指用电设备组所有设备（不包括备用设备）的额定容量 P_N 之和，即 $P_e = \sum P_N$。而设备的额定容量，是设备在额定条件下的最大输出功率。

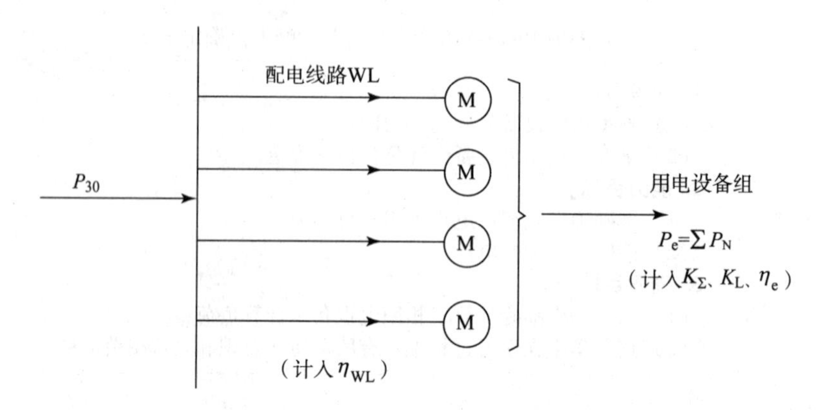

图 2-4　用电设备组的计算负荷

但实际上，用电设备组的设备不一定都同时运行，运行的设备也不太可能都是满负荷，同时设备和线路在运行中都有功率损耗，因此用电设备组进线上的有功计算负荷应为：

$$P_{30} = \frac{K_\Sigma K_L}{\eta_e \eta_{WL}} P_e \tag{2-7}$$

式中，K_Σ 为设备组的同时系数，即设备组在最大负荷时运行的设备容量与全部（不含备用）设备容量之比；K_L 为设备组的负荷系数，即设备组在最大负荷时的输出功率与运行的设备容量之比，η_e 为设备组的平均效率，即设备组在最大负荷时的输出功率与其取用功率之比；η_{WL}为配电线路的平均效率，即配电线路在最大负荷时的末端功率（亦即设备组的取用功率）与其首端功率（亦即计算负荷）之比。

令上式中的 $K_\Sigma K_L/(\eta_e \eta_{WL}) = K_d$，这里的 K_d 即"需要系数"。由此可得需要系数的定义式为：

$$K_d = \frac{P_{30}}{P_e} \tag{2-8}$$

即电设备组的需要系数 K_d，是用电设备组在最大负荷时需要的有功功率与其设备容量的比值。实际上，用电设备组的需要系数 K_d 不仅与其工作性质、设备台数、设备效率及线路损耗等因素有关，而且与其操作人员的技能水平和生产组织等多种因素有关，因此需要系数值宜尽可能实测分析确定，使之尽量接近实际。

由式（2-8）可得按需要系数法确定三相用电设备组有功计算负荷 P_{30} 的基本公式为：

$$P_{30} = K_d P_e \tag{2-9}$$

式中，P_e 为用电设备组所有设备（不含备用设备）的额定容量之和。

这里必须指出，对断续周期工作制的用电设备组，其设备容量应为各设备在不同负荷持续率下的铭牌容量换算到一个统一的负荷持续率下的容量之和。断续周期工作制的用电设备常用的有电焊机和吊车电动机，它们的容量换算要求如下。

1. 电焊机组的容量换算

要求统一换算到 $\varepsilon = 100\%$，因此由式 $P_2 = P_1\sqrt{\frac{\varepsilon_1}{\varepsilon_2}}$ 可得换算后的设备容量为：

$$P_e = P_N\sqrt{\frac{\varepsilon_N}{\varepsilon_{100}}} = S_N\cos\varphi\sqrt{\frac{\varepsilon_N}{\varepsilon_{100}}} \tag{2-10}$$

即：

$$P_e = P_N\sqrt{\varepsilon_N} = S_N\cos\varphi\sqrt{\varepsilon_N} \tag{2-11}$$

式中，P_N、S_N 为电焊机的铭牌容量（P_N 为有功容量，S_N 为视在容量）；ε_N 为与 P_N、S_N 对应的负荷持续率（计算中用小数）；ε_{100} 为其值为 100% 的负荷持续率（计算中用 1）；$\cos\varphi$ 为铭牌规定的功率因数。

2. 吊车电动机组的容量换算

要求统一换算到 $\varepsilon = 25\%$，因此由式 $P_2 = P_1\sqrt{\frac{\varepsilon_1}{\varepsilon_2}}$ 可得换算后的设备容量为：

$$P_e = P_N\sqrt{\frac{\varepsilon_N}{\varepsilon_{25}}} = 2P_N\sqrt{\varepsilon_N} \tag{2-12}$$

式中，P_N 为吊车电动机的铭牌容量；ε_N 为与 P_N 对应的负荷持续率（计算中用小数）；ε_{25} 为其值为 25% 的负荷持续率（计算中用 0.25）。

注意：电葫芦、起重机、吊车等均按吊车类考虑。

3. 照明灯具设备容量的计算

照明灯具按其光源类别分，有热辐射光源和气体放电光源两大类。热辐射光源包括白炽灯和碘钨灯等，其容量就按其铭牌容量 P_N 计算。而气体放电电源如荧光灯等，由于它还采用有镇流器（实际为铁芯线圈），它也要额外消耗一定功率（除电子镇流器外），因此在计算其设备容量时，宜按其光源容量乘以 1.1～1.2 的系数，一般对荧光灯，乘以 1.2 系数，对其他气体放电光源如高压汞灯、钠灯等，乘以 1.1 系数。

4. 确定其余的计算负荷

无功计算负荷：

$$Q_{30}=P_{30}\tan\varphi \tag{2-13}$$

视在计算负荷：

$$S_{30}=\frac{P_{30}}{\cos\varphi} \tag{2-14}$$

计算电流：

$$I_{30}=\frac{S_{30}}{\sqrt{3}U_{\mathrm{N}}} \tag{2-15}$$

以上式中，$\cos\varphi$ 为用电设备组的平均功率因数；$\tan\varphi$ 为对应于 $\cos\varphi$ 的正切值；U_{N} 为用电设备组的额定电压。

例 2-1 已知某车间的金属切削机床组，拥有电压为 380 V 的三相电动机 11 kW 的 1 台，7.5 kW 的 3 台，4 kW 的 12 台，1.5 kW 的 8 台，0.75 kW 的 10 台。试求其计算负荷。

解：此机床组电动机的总容量为：

$$P_{\mathrm{e}}=11\times1+7.5\times3+4\times12+1.5\times8+0.75\times10=101\ (\mathrm{kW})$$

查附表 1 中"小批生产的金属冷加工机床电动机"项，得 $K_{\mathrm{d}}=0.16\sim0.2$（取 0.2），$\cos\varphi=0.5$，$\tan\varphi=1.73$，因此可得：

有功计算负荷　$P_{30}=0.2\times101=20.2\ (\mathrm{kW})$

无功计算负荷　$Q_{30}=20.2\times1.73=34.95\ (\mathrm{kvar})$

视在计算负荷　$S_{30}=20.2/0.5=40.4\ (\mathrm{kV\cdot A})$

计算电流　$I_{30}=40.4/(\sqrt{3}\times380\times10^{-3})=61.4\ (\mathrm{A})$

例 2-2 某配车间 380 V 线路，供电给 3 台吊车电动机，其中 1 台 7.5 kW（$\varepsilon=60\%$），2 台 3 kW（$\varepsilon=15\%$）。试求该线路的计算负荷。

解：按规定，吊车电动机容量统一换算到 $\varepsilon=25\%$，因此题示 3 台吊车电动机总容量为：

$$P_{\mathrm{e}}=7.5\times2\times\sqrt{0.6}+3\times2\times2\times\sqrt{0.15}=16.3\ (\mathrm{kW})$$

查附表 1 得 $K_{\mathrm{d}}=0.1\sim0.15$（取 0.15），$\cos\varphi=0.5$，$\tan\varphi=1.73$，因此可得：

有功计算负荷　$P_{30}=0.15\times16.3=2.45\ (\mathrm{kW})$

无功计算负荷　$Q_{30}=2.45\times1.73=4.24\ (\mathrm{kvar})$

视在计算负荷　$S_{30}=2.45/0.5=4.9\ (\mathrm{kV\cdot A})$

计算电流　$I_{30}=4.9/(\sqrt{3}\times380\times10^{-3})=7.44\ (\mathrm{A})$

（三）按二项式法确定三相用电设备组的计算负荷

二项式法确定有功计算负荷的基本公式为：

$$P_{30}=bP_{\mathrm{e}}+cP_{x} \tag{2-16}$$

式中，bP_{e} 为用电设备组的平均负荷，其中 P_{e} 为用电设备组的设备总容量，其计算方法与需要系数法相同；cP_{x} 为用电设备组中 x 台容量最大的设备增加的附加负荷，其中 P_{x} 是 x 台最大设备的设备容量；b、c 为二项式系数。其余的计算负荷 Q_{30}、S_{30} 和 I_{30} 的计算公式与前述需要系数法相同。

例 2-3　试用二项式法确定例 2-1 所述机修车间金属切削机床组的计算负荷。

解： 由附表 1 得 $b=0.14$，$c=0.4$，$x=5$，$\cos\varphi=0.5$，$\tan\varphi=1.73$。而设备总容量为：$P_e=101$ kW（见例题 2-1）。

x 台最大容量设备的容量为：

$$P_x=P_5=11\times1+7.5\times3+4\times1=37.5\ (\text{kW})$$

因此可求得其有功计算负荷为：

$$P_{30}=0.14\times101+0.4\times37.5=29.14\ (\text{kW})$$

同理按公式可求得其无功功率计算负荷为：

$$Q_{30}=29.14\times1.73=50.4\ (\text{kvar})$$

可求得其视在功率计算负荷为：

$$S_{30}=29.14/0.5=58.3\ (\text{kV}\cdot\text{A})$$

可求得其计算电流为：

$$I_{30}=58.3/(\sqrt{3}\times380\times10^{-3})=88.6\ (\text{A})$$

比较例 2-1 和例 2-3 的计算结果可以看出，按二项式法计算的结果比按需要系数法计算的结果稍大，特别是在设备台数较少的情况下。供电设计的经验说明，选择低压分支干线或支路时，特别是用电设备台数少而各台设备容量相差悬殊时，宜采用二项式法计算。

（四）多组用电设备计算负荷的确定

1. 用需要系数法确定多组用电设备计算负荷

确定多组用电设备的干线上或车间变电所低压母线上的计算负荷时，应考虑各组用电设备的最大负荷不同时出现的因素。因此在确定多组用电设备的计算负荷时，应结合具体情况对其有功负荷和无功负荷分别计入一个综合系数（又称同时系数或参差系数）$K_{\sum p}$ 和 $K_{\sum q}$。

总的有功计算负荷：

$$P_{30}=K_{\sum p}\sum P_{30,i} \tag{2-17}$$

总的无功计算负荷：

$$Q_{30}=K_{\sum q}\sum Q_{30,i} \tag{2-18}$$

以上两式中 $\sum P_{30,i}$ 和 $\sum Q_{30,i}$ 分别为各组设备的有功和无功计算负荷之和。

总的视在计算负荷：

$$S_{30}=\sqrt{P_{30}^2+Q_{30}^2} \tag{2-19}$$

总的计算电流：

$$I_{30}=\frac{S_{30}}{\sqrt{3}U_N} \tag{2-20}$$

例 2-4　某机工车间 380 V 线路上，接有流水作业的金属切削机床电动机 30 台共 85 kW，其中较大容量电动机有 11 kW 的 1 台；7.5 kW 的 3 台，4 kW 的 6 台，其他为更小容量的电动机。另有通风机 3 台，共 5 kW；电葫芦 1 个，3 kW（$\varepsilon=40\%$）。试确定各组的和总的计算负荷。

解： 先求各组的计算负荷：

（1）机床组。查附表 1 得 $K_d = 0.18 \sim 0.25$（取 0.25），$\cos\varphi = 0.5$，$\tan\varphi = 1.73$，因此：

$$P_{30(1)} = 0.25 \times 85 = 21.3 \text{ (kW)}$$

$$Q_{30(1)} = 21.3 \times 1.73 = 36.8 \text{ (kvar)}$$

$$S_{30(1)} = 21.3/0.5 = 42.6 \text{ (kV·A)}$$

$$I_{30(1)} = 42.6/(\sqrt{3} \times 380 \times 10^{-3}) = 64.7 \text{ (A)}$$

（2）通风机组。查附表 1 得 $K_d = 0.7 \sim 0.8$（取 0.8），$\cos\varphi = 0.8$，$\tan\varphi = 0.75$，因此：

$$P_{30(2)} = 0.8 \times 5 = 4 \text{ (kW)}$$

$$Q_{30(2)} = 4 \times 0.75 = 3 \text{ (kvar)}$$

$$S_{30(2)} = 4/0.8 = 5 \text{ (kV·A)}$$

$$I_{30(2)} = 5/(\sqrt{3} \times 380 \times 10^{-3}) = 7.6 \text{ (A)}$$

（3）电葫芦。查附表 1 得 $K_d = 0.1 \sim 0.15$（取 0.15），$\cos\varphi = 0.5$，$\tan\varphi = 1.73$，而 $\varepsilon = 25\%$，故此设备为：

$$P_{e(3)} = 3 \times 2\sqrt{0.4} = 3.79 \text{ (kW)}$$

因此：

$$P_{30(3)} = 0.15 \times 3.79 = 0.569 \text{ (kW)}$$

$$Q_{30(3)} = 0.569 \times 1.73 = 0.984 \text{ (kvar)}$$

$$S_{30(3)} = 0.569/0.5 = 1.138 \text{ (kV·A)}$$

$$I_{30(3)} = 1.138/(\sqrt{3} \times 380 \times 10^{-3}) = 1.73 \text{ (A)}$$

以上三组设备总的计算负荷（取 $K_{\sum p} = 0.95, K_{\sum q} = 0.97$）为：

$$P_{30} = 0.95 \times (21.3 + 4 + 0.596) = 24.6 \text{ (kW)}$$

$$Q_{30} = 0.97 \times (36.8 + 3 + 0.984) = 39.6 \text{ (kvar)}$$

$$S_{30} = \sqrt{24.6^2 + 39.6^2} = 46.6 \text{ (kV·A)}$$

$$I_{30} = 46.6/(\sqrt{3} \times 380 \times 10^{-3}) = 70.8 \text{ (A)}$$

2. *采用二项式法确定多组用电设备总的计算负荷*

，应考虑各组设备的最大负荷不同出现的因素。但不是计入一个小于 1 的综合系数 $K_{\sum}$。而是在各组设备中取其中一组最大的附加负荷 $(cP_x)_{max}$，再加上各组的平均负荷 bP_e。由此可得总的有功计算负荷为：

$$P_{30} = \sum (bP_e)_i + (cP_x)_{max} \tag{2-21}$$

总的无功计算负荷为：

$$Q_{30} = \sum (bP_e \tan\varphi)_i + (cP_x)_{max} (\tan\varphi)_{max} \tag{2-22}$$

式中，$\tan\varphi$ 为最大附加负荷 $(cP_x)_{max}$ 的设备组的平均功率因数角的正切值。

总的视在计算负荷：

$$S_{30} = \sqrt{P_{30}^2 + Q_{30}^2} \tag{2-23}$$

总的计算电流：

$$I_{30} = \frac{S_{30}}{\sqrt{3} U_N} \tag{2-24}$$

为了简化和统一，按二项式法计算多组设备总的计算负荷时，与前述按需要系数法计算一样，也不论各台设备台数多少，各组的计算负荷 b、c、x 和 $\cos\varphi$、$\tan\varphi$ 等均按附表 1 所列数据。

例 2-5　试用二项式法确定例 2-4 所述机工车间 380 V 线路上各组设备的和总的计算负荷。

解：先求各组的平均负荷、附加负荷和计算负荷。

（1）机床组。查附表 1 得 $b=0.14$，$c=0.5$，$x=5$，$\cos\varphi=0.5$，$\tan\varphi=1.73$，

因此：

$$bP_{e(1)}=0.14\times85=11.9\ (\text{kW})$$

$$cP_{x(1)}=0.5\times(11\times1+7.5\times3+4\times1)=18.8\ (\text{kW})$$

故：

$$P_{30(1)}=11.9+18.8=30.7\ (\text{kW})$$

$$Q_{30(1)}=30.7\times1.73=53.1\ (\text{kvar})$$

$$S_{30(1)}=30.7/0.5=61.4\ (\text{kV}\cdot\text{A})$$

$$I_{30(1)}=61.4/(\sqrt{3}\times380\times10^{-3})=93.3\ (\text{A})$$

（2）通风机组。查附表 1 得 $b=0.65$，$c=0.25$，$x=5$，$\cos\varphi=0.8$，$\tan\varphi=0.75$，

因此：

$$bP_{e(2)}=0.65\times5=3.25\ (\text{kW})$$

$$cP_{x(2)}=0.25\times5=1.25\ (\text{kW})$$

故：

$$P_{30(2)}=3.25+1.25=4.5\ (\text{kW})$$

$$Q_{30(2)}=4.5\times0.75=3.38\ (\text{kvar})$$

$$S_{30(2)}=4.5/0.8=5.63\ (\text{kV}\cdot\text{A})$$

$$I_{30(2)}=5.63/(\sqrt{3}\times380\times10^{-3})=8.55\ (\text{A})$$

（3）电葫芦。查附表 1 得 $b=0.06$，$c=0.2$，$x=3$，$\cos\varphi=0.5$，$\tan\varphi=1.73$。电葫芦在 $\varepsilon=40\%$ 时 $P_N=3$ kW，换算到 $\varepsilon=25\%$ 时 $P_e=3.79$ kW（见例 2-4）。

因此：

$$bP_{e(3)}=0.06\times3.79=0.227\ (\text{kW})$$

$$cP_{x(3)}=0.2\times3.79=0.758\ (\text{kW})$$

故：

$$P_{30(3)}=0.227+0.758=0.985\ (\text{kW})$$

$$Q_{30(3)}=0.985\times1.73=1.70\ (\text{kvar})$$

$$S_{30(3)}=0.985/0.5=1.97\ (\text{kvar})$$

$$I_{30(3)}=1.97/(\sqrt{3}\times380\times10^{-3})=2.99\ (\text{A})$$

比较以上各组的附加负荷 cP_x 可知，机床组的 $cP_{x(1)}=18.8$ kW 最大。因此总计算负荷为：

$P_{30}=(11.9+3.25+0.227)+18.8=34.2$ (kW)

$Q_{30}=(11.9\times1.73+3.25\times0.75+0.227\times1.73)+18.8\times1.73=55.9$ (kvar)

$S_{30}=\sqrt{34.2^2+55.9^2}=65.5$ (kV·A)

$I_{30}=65.5/(\sqrt{3}\times380\times10^{-3})=99.5$ (A)

（五）用户无功功率补偿及补偿后的用户计算负荷

按《供电营业规则》规定：用户在当地供电企业规定的电网高峰负荷时的功率因数，100 kV·A及以上的高压供电用户，不得低于0.90；其他电力用户，不得低于0.85。因此用户必须在充分发挥设备潜力，改善设备运行性能，提高自然功率因数的情况下，如果达不到要求，需要无功功率补偿。

补偿的一般方法是采用静态电容器组补偿。

要使功率因数 $\cos\varphi$ 提高到 $\cos\varphi'$，必须装设的无功功率补偿容量为：

$$Q_C=Q_{30}-Q'_{30}=P_{30}(\tan\varphi-\tan\varphi') \quad (2-25)$$

$$Q_C=\Delta q_c P_{30} \quad (2-26)$$

式中，Δq_c 称为无功功率补偿率，是表示要使1 kW的有功功率由 $\cos\varphi$ 提高到 $\cos\varphi'$ 所需要的无功功率补偿的kvar值。

在确定了总的补偿容量后，即可根据所选的并联电容器的单个容量来确定电容器的个数 n，即：$n=Q_C/q_c$，对于单相电容器，应取3的倍数，以便三相平衡。用户装设了无功装置以后，则在确定补偿装置装设地点以前的总负荷应扣除无功补偿容量 Q_C，即总的计算负荷：

$$Q'_{30}=Q_{30}-Q_C \quad (2-27)$$

无功补偿后的视在计算负荷：

$$S_{30}=\sqrt{P_{30}^2+(Q_{30}-Q_C)^2} \quad (2-28)$$

二、尖峰电流确定

（一）尖峰电流的有关概念

尖峰电流是指持续时间为1～3 s的短时最大负荷电流，例如电动机的启动电流等。

尖峰电流主要用来选择熔断器和低压断路器，整定继电器保护和检测电动机自启动条件等。

（二）单台用电设备尖峰电流的确定

单台用电设备的尖峰电流就是其启动电流，因而尖峰电流为：

$$I_{pk}=I_{st}=K_{st}I_N$$

式中，I_N 为用电设备的额定电流；I_{st} 为用电设备的启动电流；K_{st} 为用电设备的启动电流倍数，对笼型电动机 $K_{st}=5\sim7$，绕线转子电动机 $K_{st}=2\sim3$，直流电动机 $K_{st}=1.7$，电焊变压器 $K_{st}=3$ 或稍大。

（三）多台用电设备尖峰电流的确定

引至多台用电设备线路上的尖峰电流按下式计算：

$$I_{pk} = K_{\Sigma} \sum_{i=1}^{n-1} I_{N.i} + I_{st.max}$$

或

$$I_{pk} = I_{30} + (I_{st} - I_N)_{max}$$

式中，$I_{st.max}$和（$I_{st} - I_N$）$_{max}$分别为用电设备中启动电流与额定电流之差最大的那台用电设备的启动电流和它的启动电流与额定电流之差；$\sum_{i=1}^{n-1} I_{N.i}$ 为将 $I_{st} - I_N$ 为最大的设备除外的其他 $n-1$ 台设备的额定电流之和；K_{Σ} 为上述 $n-1$ 台设备的综合系数（又称同时系数），按台数多少选取，一般为0.7～1；I_{30}为全部用电设备投入运行时线路的计算电流。

例2－6　有一条380 V三相线路，供电给如表2－1所示的5台电动机。该线路的计算电流为50 A。试求该线路的尖峰电流。

解：由表2－1可知，M4的 $I_{st} - I_N = 58\ A - 10\ A = 48\ A$ 在所有电动机中为最大，因此按式

$I_{pk} = I_{30} + (I_{st} - I_N)_{max}$可得线路的尖峰电流为：

$$I_{pk} = 50 + (58 - 10) = 98\ (A)$$

表2－1　负荷资料

参数	电动机				
	M1	M2	M3	M4	M5
额定电流/A	8	18	25	10	15
启动电流/A	40	65	46	58	36

【任务实施】

车间的计算负荷确定：

某金工车间三相负荷有：车、铣、刨床22台，额定容量共166 kW；镗、磨、钻床9台，额定容量共44 kW；砂轮机2台，额定容量共2.2 kW；暖风机2台，额定容量共1.2 kW；起重机1台，额定容量8.2 kW（$\varepsilon = 25\%$）；电焊机2台，额定容量共44 kV·A、$\cos\varphi = 0.5$（$\varepsilon = 60\%$）。试用需要系数法确定出该车间的计算负荷。

用电设备名称	台数 n	K_d	$\cos\varphi$	$\tan\varphi$
机　床	33	0.2	0.5	1.73
通风机	2	0.8	0.8	0.75
起重机	1	0.15	0.5	1.73
电焊机	2	0.35	0.35	2.68
$K_{\Sigma p} = 0.80$，$K_{\Sigma q} = 0.85$				

任务3　工厂供电系统的功率损耗和电能损耗确定

【学习任务单】

学习领域	工厂供电设备应用与维护	
项目二	电力负荷确定	学时
学习任务3	工厂供电系统的功率损耗和电能损耗确定	4
学习目标	**1. 知识目标** （1）熟悉工厂供电系统电能损耗的确定； （2）掌握工厂供电系统功率损耗的确定。 **2. 能力目标** （1）准确确定工厂供电系统功率损耗； （2）能够确定工厂供电系统电能损耗。 **3. 素质目标** （1）培养学生准确计算功率损耗和电能损耗； （2）培养学生在学习过程中具有团队协作意识和吃苦耐劳的精神。	
一、任务描述 熟悉线路及变压器功率损耗种类，确定工厂供电系统功率损耗和电能损耗。 **二、任务实施** （1）学生分组，每小组4～5人； （2）小组按任务单进行分析和资料学习； （3）小组经过讨论确定任务结果，每小组由中心发言人陈述，经过全体同学讨论，确定正确结果； （4）检查总结。 **三、相关资源** （1）教材； （2）教学课件； （3）图片。 **四、教学要求** （1）认真进行课前预习，充分利用教学资源； （2）充分发挥团队合作精神，正确完成工作任务； （3）团队之间相互学习，相互借鉴，提高学习效率。		

【知识链接】

一、工厂供电系统的功率损耗

在确定各用电设备组的计算负荷后，如果要确定车间或工厂的计算负荷，就需要逐级计入有关线路和变压器的功率损耗，如图2－5所示。例如要确定车间变电所低压配电线WL2首端的计算负荷$P_{30(4)}$，就应将其末端计算负荷$P_{30(5)}$加上线路损耗ΔP_{WL2}（无功计算负荷则应加上无功损耗）。如果要确定高压配电线WL1首端的计算负荷$P_{30(2)}$，就应将车间变电所

低压侧计算负荷 $P_{30(3)}$ 加上变压器 T 的损耗 ΔP_{T}，再加上高压配电线 WL1 的功率损耗 ΔP_{WL1}。为此，下面要讲述线路和变压器功率损耗的计算。

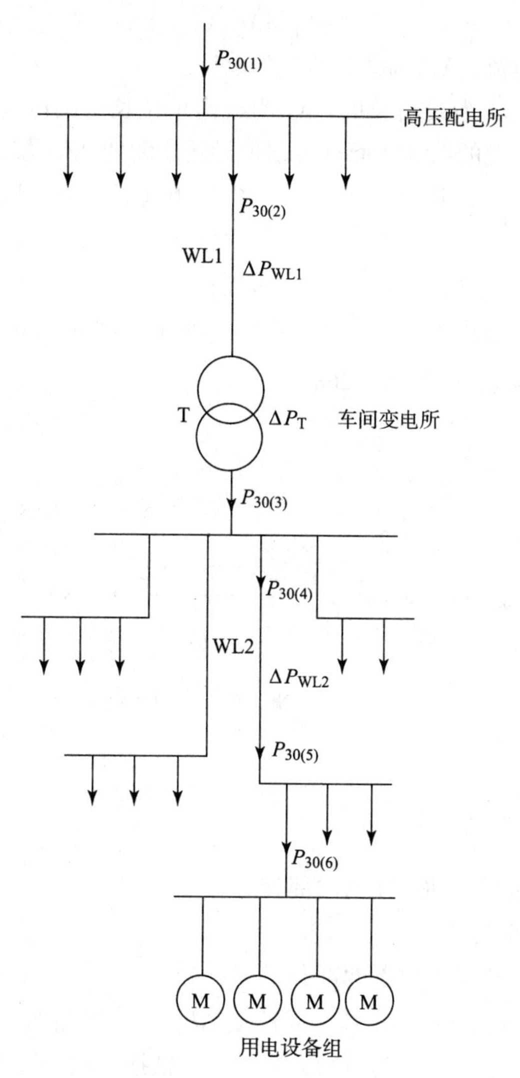

图 2-5　工厂供电系统中各部分的计算负荷和功率损耗（只示出有功部分）

（一）线路功率损耗的计算

线路功率损耗包括有功和无功两部分。

1. 线路的有功功率损耗

线路的有功功率损耗是电流通过线路电阻所产生的，按下式计算：

$$\Delta P_{\mathrm{WL}} = 3I_{30}^2 R_{\mathrm{WL}} \tag{2-29}$$

式中，I_{30} 为线路的计算电流；R_{WL} 为线路每相的电阻。

电阻

$$R_{\mathrm{WL}} = R_0 l$$

这里 l 为线路长度，R_0 为线路单位长度的电阻值，可查有关手册或产品样本。

2. 线路的无功功率损耗

线路的无功功率损耗是电流通过线路电抗所产生的，按下式计算：

$$\Delta Q_{WL}=3I_{30}^2X_{WL} \tag{2-30}$$

式中，I_{30}为线路的计算电流；X_{WL}为线路每相的电抗。

电抗 $X_{WL}=X_0 l$，这里 l 为线路长度，X_0 为线路单位长度的电抗值，也可查表。但是查 X_0，不仅要根据导线或电缆的截面，而且要根据导线之间的几何均距。所谓几何均距，是指三相线路各相导线之间距离的几何平均值。如图 2-6（a）所示 A、B、C 三相线路，其线间几何均距为

$$a_{av}=\sqrt[3]{a_1a_2a_3} \tag{2-31}$$

如果导线为等边三角形排列，如图 2-6（b）所示，则 $a_{av}=a$。如果导线为水平排列，如图 2-6（c）所示，则 $a_{av}=\sqrt[3]{2}a=1.26a$。

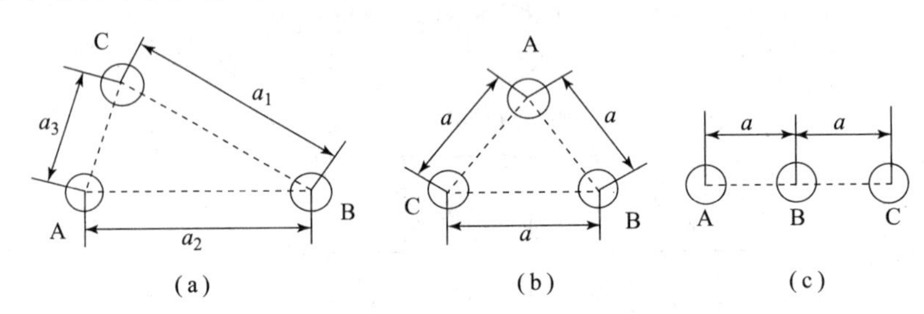

图 2-6　三相线路的线间距离

（a）一般情况；（b）等边三角形排列；（c）水平等距排列

（二）变压器功率损耗的计算

变压器功率损耗也包括有功和无功两部分。

1. 变压器的有功功率损耗

变压器的有功功率损耗又由以下两部分组成：

（1）变压器铁芯中的有功功率损耗，即铁损 ΔP_{Fe}。铁损在变压器一次绕组外施电压和频率恒定的条件下是固定不变的，与负荷大小无关。铁损可由变压器空载实验测定。变压器的空载损耗 ΔP_0 可认为就是铁损，因为变压器的空载电流 I_0很小，在其一次绕组中产生的有功损耗可略去不计。

（2）变压器有负荷时其一、二次绕组中的有功功率损耗，即铜损 ΔP_{Cu}。铜损与负荷电流（或功率）的平方成正比。铜损可由变压器短路实验测定。变压器的短路损耗 ΔP_k（亦称负载损耗）可认为就是铜损，因为变压器二次侧短路时一次侧短路电压 U_k 很小，在铁芯中产生的有功损耗可略去不计。

因此，变压器的有功功率损耗为：

$$\Delta P_T=\Delta P_{Fe}+\Delta P_{Cu}\left(\frac{S_{30}}{S_N}\right)^2\approx\Delta P_0+\Delta P_k\left(\frac{S_{30}}{S_N}\right)^2 \tag{2-32}$$

或：

$$\Delta P_T\approx\Delta P_0+\Delta P_k\beta^2$$

式中，S_N 为变压器额定容量；S_{30}为变压器计算负荷；$\beta = S_{30}/S_N$，称为变压器的负荷率。

2. 变压器的无功功率损耗

变压器的无功功率损耗也由两部分组成：

（1）用来产生主磁通即产生励磁电流的一部分无功功率，用 ΔQ_0 表示。它只与绕组电压有关，与负荷无关。它与励磁电流（或近似地与空载电流）成正比，即：

$$\Delta Q_0 \approx \frac{I_0(\%)}{100} S_N \tag{2-33}$$

式中，$I_0(\%)$ 为变压器空载电流占额定电流的百分值。

（2）消耗在变压器一、二次绕组电抗上的无功功率。额定负荷下的这部分无功功率损耗用 ΔQ_N 表示。由于变压器绕组的电抗远大于电阻，因此 ΔQ_N 近似地与短路电压（即阻抗电压）成正比，即：

$$\Delta Q_N \approx \frac{U_k(\%)}{100} S_N \tag{2-34}$$

式中，$U_k(\%)$ 为变压器短路电压占额定电压的百分值。

因此，变压器的无功损耗为：

$$\Delta Q_T = \Delta Q_0 + \Delta Q_N \left(\frac{S_{30}}{S_N}\right)^2 \approx S_N \left[\frac{I_0(\%)}{100} + \frac{U_k(\%)}{100}\left(\frac{S_{30}}{S_N}\right)^2\right] \tag{2-35}$$

或：

$$\Delta Q_T \approx S_N \left(\frac{I_0(\%)}{100} + \frac{U_k(\%)}{100}\beta^2\right) \tag{2-36}$$

以上各式中的 ΔP_0、ΔP_k、$I_0(\%)$ 和 $U_k(\%)$（或 $U_Z(\%)$）等均可从有关手册或产品样本中查得。

在负荷计算中，对 S9、SC9 等新系列低损耗电力变压器，可按下列简化公式计算。

有功功率损耗：

$$\Delta P_T \approx 0.01 S_{30} \tag{2-37}$$

无功功率损耗：

$$\Delta Q_T \approx 0.05 S_{30} \tag{2-38}$$

二、工厂供电系统的电能损耗

工厂供电系统中的线路和变压器由于常年持续运行，其电能损耗相当可观，直接关系到供电系统的经济效益。作为供电人员，应设法降低供电系统的电能损耗。

（一）线路的电能损耗

电线、电缆的阻抗大小决定电压损失的大小，阻抗大小主要与导体材料、截面大小、线路长度有关，即电流通过导线所产生的电压损失由上面的三种因素决定。导线的材料选择确定后，另外两个因素与电压损失的关系是：若线路长度一样，导线截面选择越小，阻抗就越大，电流通过导线所产生的电压损失也越大。当线路电压损失超过一定范围后，将会影响用电设备的正常运行。同理若导线截面一定，长度越长，电流通过导体产生的电压损失也越大。

现阶段低压电网多为单端树干形供电方式，线路各段上电流分布不同，差异较大，线路等效电阻较大，线损和电压降随之增大，若靠加大导线截面来减少线路电阻，以降低线路损耗，这样要耗费大量资金和大量的金属材料，而且实施起来也不容易。为了解决上述的问题，若采用将电源进网点移至负载中心处，即负载中心供电，就能大大地改善线路上的电流分布，这样就相当于加大导线截面及缩短线路长，从而减少线路的等效电阻，达到降损节电和改善供电质量的目的。在选择变电所地址时，要使变电所的位置处于用电负荷的中心。

当电能沿供电系统中的导线输送时，在其中会产生有功功率和无功功率损耗。各个供电线路的首端和末端，计算负荷的差别就是线路上的功率损耗。用计算负荷求得的功率损耗，显然不是实际的功率损耗，计算它的意义在于：在同等条件下，对供电系统进行技术经济分析，以确定方案的可行性。

线路上全年的电能损耗 ΔW_a 可按下式计算：

$$\Delta W_a = 3I_{30}^2 R_{WL}\tau \tag{2-39}$$

式中，I_{30}为通过线路的计算电流；R_{WL}为线路每相的电阻；τ 为年最大负荷损耗小时。

年最大负荷损耗小时 T_{max}是一个假想时间，在此时间内，系统中的元件（含线路）持续通过计算电流 I_{30}所产生的电能损耗，恰好等于实际负荷电流全年在元件（含线路）上产生的电能损耗。年最大负荷损耗小时 τ 与年最大负荷利用小时 T_{max}有一定的关系，如下所述。

$$W_a = P_{max}T_{max} = P_{30}\times 8\ 760$$

在 $\cos\varphi=1$，且线路电压不变时，$P_{max}=P_{30}\propto I_{30}$，$P_{av}\propto I_{av}$，因此：

$$I_{30}T_{max} = I_{av}\times 8\ 760$$

$$I_{av} = I_{30}T_{max}/8\ 760$$

因此全年电能损耗为：

$$\Delta W_a = 3I_{av}^2 R\times 8\ 760 = 3I_{30}^2 RT_{max}^2/8\ 760 \tag{2-40}$$

τ 与 T_{max}的关系式（在 $\cos\varphi=1$ 时）为：

$$\tau = \frac{T_{max}^2}{8\ 760} \tag{2-41}$$

不同 $\cos\varphi$ 下的 $\tau-T_{max}$关系曲线，如图 2－11 所示。如果已知 T_{max}和 $\cos\varphi$ 时，即可由曲线查得 τ。

（二）变压器的电能损耗

变压器的电能损耗包括以下两部分。

1. 变压器铁损 ΔP_{Fe}引起的电能损耗

只要外施电压和频率不变，它就是固定不变的。ΔP_{Fe}近似地等于其空载损耗 ΔP_0，因此其全年电能损耗为：

$$\Delta W_{a1} = \Delta P_{Fe}\times 8\ 760 \approx \Delta P_0\times 8\ 760 \tag{2-42}$$

2. 变压器铜损 ΔP_{Cu}引起的电能损耗

它与负荷电流（或功率）的平方成正比，即与变压器负荷率 β 的平方成正比。而 ΔP_{Cu}近似地等于其短路损耗 ΔP_k，因此其全年电能损耗为：

$$\Delta W_{a2}=\Delta P_{Cu}\beta^2\tau\approx\Delta P_k\beta^2\tau \tag{2-43}$$

式中，τ 为变压器的年最大负荷损耗小时，可查图 2－7 曲线获得。

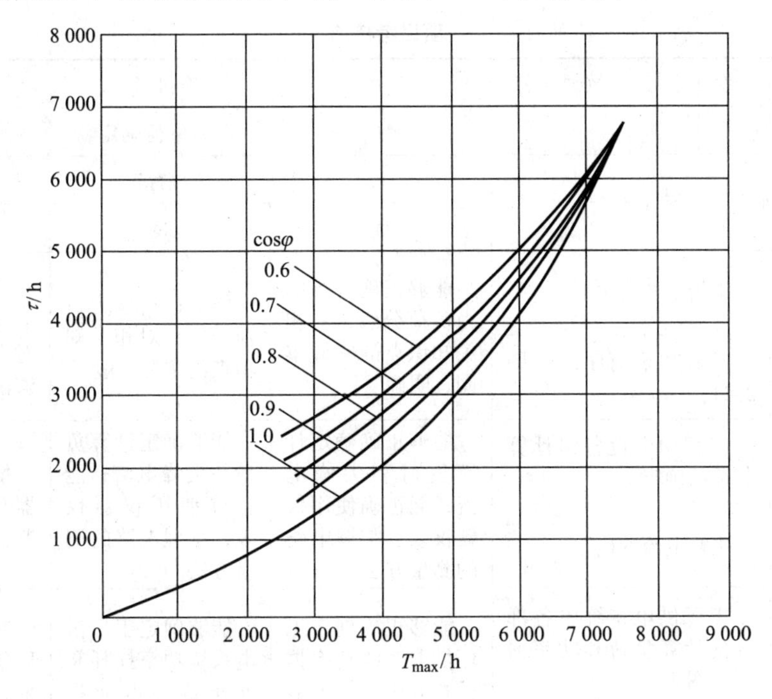

图 2－7　$\tau-T_{max}$ 关系曲线

由此可得变压器全年的电能损耗为：

$$\Delta W_a=\Delta W_{a1}+\Delta W_{a2}\approx\Delta P_0\times 8\ 760+\Delta P_k\beta^2\tau \tag{2-44}$$

【任务实施】

工厂供电系统的电能损耗确定：

某金工车间三相负荷有：车、铣、刨床 22 台，额定容量共 166 kW；镗、磨、钻床 9 台，额定容量共 44 kW；砂轮机 2 台，额定容量共 2.2 kW；暖风机 2 台，额定容量共 1.2 kW；起重机 1 台，额定容量 8.2 kW（$\varepsilon=25\%$）；电焊机 2 台，额定容量共 44 kV·A、$\cos\varphi=0.5$（$\varepsilon=60\%$）。确定该车间的电能损耗。

用电设备名称	台数 n	K_d	$\cos\varphi$	$\tan\varphi$
机　床	33	0.2	0.5	1.73
通风机	2	0.8	0.8	0.75
起重机	1	0.15	0.5	1.73
电焊机	2	0.35	0.35	2.68
$K_{\sum p}=0.80$，$K_{\sum q}=0.85$				

【项目考核】

项目考核单

<table>
<tr><td>学生姓名</td><td>班级</td><td>学号</td><td>教师姓名</td><td colspan="3">项目二</td></tr>
<tr><td></td><td></td><td></td><td></td><td colspan="3">电力负荷确定</td></tr>
<tr><td colspan="4" rowspan="2">技能训练考核内容（60 分）</td><td colspan="3">考核标准</td></tr>
<tr><td>优</td><td>良</td><td>及格</td></tr>
<tr><td rowspan="2">1. 电力负荷分类（15 分）</td><td colspan="3">电力负荷分级</td><td rowspan="2">能够正确进行电力负荷分级，对相关知识点的掌握牢固、明确</td><td rowspan="2">能够进行电力负荷分级，对相关知识点的掌握一般</td><td rowspan="2">对相关知识点的掌握牢固，但对电路的理解不够清晰</td></tr>
<tr><td colspan="3">日有功负荷曲线（图 2－1）</td></tr>
<tr><td rowspan="2">2. 三相用电设备组计算负荷（15 分）</td><td colspan="3">三相用电设备组计算负荷的确定</td><td rowspan="2">能够正确确定计算负荷和尖峰电流；能正确使用仪器仪表，掌握电路的测量方法</td><td rowspan="2">能够确定计算负荷和尖峰电流；能正确使用仪器仪表，掌握电路的测量方法</td><td rowspan="2">能正确使用仪器仪表，掌握电路的测量方法</td></tr>
<tr><td colspan="3">尖峰电流的确定</td></tr>
<tr><td rowspan="2">3. 工厂供电系统的功率损耗（20 分）</td><td colspan="3">工厂供电系统中各部分的计算负荷和功率损耗（图 2－5）</td><td rowspan="2">能够正确确定工厂供电系统功率损耗和变压器的电能损耗，能正确使用仪器仪表</td><td rowspan="2">能够确定工厂供电系统功率损耗和变压器的电能损耗；能正确使用仪器仪表</td><td rowspan="2">基本能确定工厂供电系统功率损耗和变压器的电能损耗；能正确使用仪器仪表</td></tr>
<tr><td colspan="3">变压器的电能损耗计算</td></tr>
<tr><td colspan="4">4. 项目报告（10 分）</td><td>格式标准，内容完整、清晰，有详细记录的任务分析、实施过程，并进行了归纳总结</td><td>格式标准，内容清晰，记录了任务分析、实施过程，并进行了归纳总结</td><td>内容清晰，记录的任务分析、实施过程比较详细，并进行了归纳总结</td></tr>
<tr><td colspan="4">知识巩固测试（40 分）</td><td rowspan="6">遵守工作纪律，遵守安全操作规程，对相关知识点掌握牢固、准确，能正确理解电路的工作原理</td><td rowspan="6">遵守工作纪律，遵守安全操作规程，对相关知识点掌握一般，基本能正确理解电路的工作原理</td><td rowspan="6">遵守工作纪律，遵守安全操作规程，对相关知识点掌握牢固，但对电路的理解不够清晰</td></tr>
<tr><td colspan="4">1. 电力负荷分级</td></tr>
<tr><td colspan="4">2. 负荷持续率与设备容量之间的关系</td></tr>
<tr><td colspan="4">3. 年最大负荷利用小时概念</td></tr>
<tr><td colspan="4">4. 用电设备组计算负荷的需要系数法和二项式法各自特点</td></tr>
<tr><td colspan="4">5. 计算多台设备的尖峰电流</td></tr>
<tr><td>完成日期</td><td colspan="3">年　月　日</td><td colspan="2">总　成　绩</td><td></td></tr>
</table>

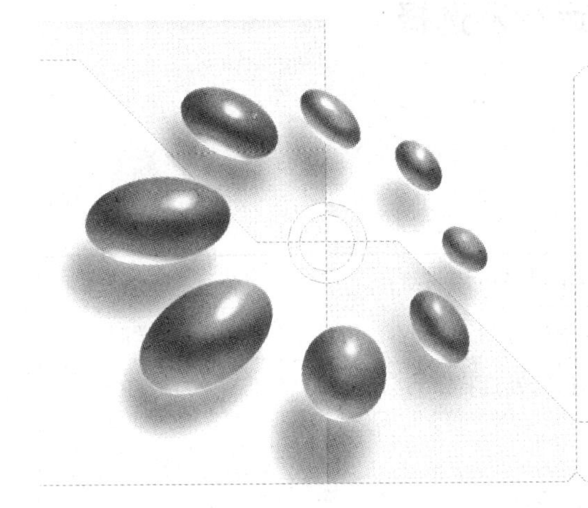

项目三　供配电系统电气设备运行与选择

【项目描述】

本项目首先讲述电气设备运行中的电弧问题及灭弧方法，由此提出对电气触头的基本要求。接着分别介绍高低压一次设备、电力变压器、互感器的结构、性能及运行，最后介绍工厂变配电所的主接线图及其布置、结构和安装图。通过本项目的学习，学生具体应达到以下要求：

一、知识要求

(1) 能分析电弧的产生及熄灭；

(2) 能进行高压隔离开关、低压刀开关的运行与维护；

(3) 能进行高、低压负荷开关的运行与维护；

(4) 能进行高、低压断路器的运行与维护。

二、能力要求

(1) 准确识读开关设备结构图；

(2) 能正确进行电气设备的运行与维护。

三、素质要求

(1) 具有规范操作、安全操作、环保意识；

(2) 具有爱岗敬业、实事求是、团结协作的优秀品质；

(3) 具有分析问题、解决实际问题的能力；

(4) 具有创新意识、获取新知识、新技能的学习能力。

任务 1　高压一次设备的运行及选择

【学习任务单】

学习领域	工厂供电设备应用与维护	
项目三	供配电系统电气设备运行与选择	学时
学习任务 1	高压一次设备的运行及选择	4
学习目标	**1. 知识目标** （1）熟悉电弧的熄灭； （2）掌握高压一次设备运行及其选择。 **2. 能力目标** （1）准确识读设备结构图； （2）能够正确进行高压一次设备选择与安装。 **3. 素质目标** （1）培养学生在高压一次设备运行操作过程中具有安全用电、文明操作意识； （2）培养学生在安装操作过程中具有团队协作意识和吃苦耐劳的精神。	
一、任务描述 根据高压一次设备的选择条件。能够分析高压一次设备的运行及其选择，能够进行高压一次设备的安装。 **二、任务实施** （1）学生分组，每小组 4 ~ 5 人； （2）小组按任务单进行分析和资料学习； （3）小组经过讨论确定任务结果，每小组由中心发言人陈述，经过全体同学讨论，确定正确结果； （4）检查总结。 **三、相关资源** （1）教材； （2）教学课件； （3）图片； （4）电力线路接线图纸。 **四、教学要求** （1）认真进行课前预习，充分利用教学资源； （2）充分发挥团队合作精神，正确完成工作任务； （3）团队之间相互学习，相互借鉴，提高学习效率。		

【知识链接】

电弧是电气设备运行中经常发生的一种物理现象，其特点是光亮很强和温度很高。电弧的产生对供电系统的安全运行有很大影响。首先，电弧延长了电路开断的时间。在开关分断短路电流时，开关触头上的电弧就延长了短路电流通过电路的时间，使短路电流危害的时间延长，可能对电路设备造成更大的损坏。同时，电弧的高温可能烧损开关的

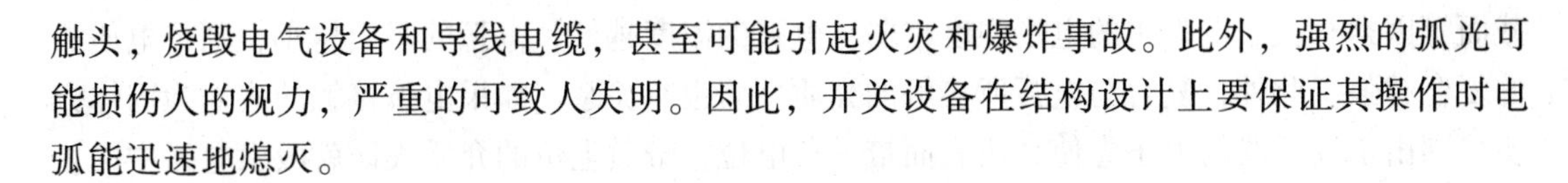

触头，烧毁电气设备和导线电缆，甚至可能引起火灾和爆炸事故。此外，强烈的弧光可能损伤人的视力，严重的可致人失明。因此，开关设备在结构设计上要保证其操作时电弧能迅速地熄灭。

一、电气设备运行中电弧的产生及熄灭

（一）电弧的产生

开关触头在分断电流时之所以会产生电弧，根本的原因在于触头本身及触头周围的介质中含有大量可被游离的电子。这样，当分断的触头之间存在足够大的外施电压的条件下，这些电子就有可能强烈电离而产生电弧。

（二）产生电弧的游离方式

1. 热电发射

当开关触头分断电流时，阴极表面由于大电流逐渐收缩集中而出现炽热的光斑，温度很高，因而使触头表面分子中外层电子吸收足够的热能而发射到触头的间隙中去，形成自由电子。

2. 高电场发射

开关触头分断之初，电场强度很大。在这种高电场的作用下，触头表面的电子可能被强拉出来，使之进入触头间隙，也形成自由电子。

3. 碰撞游离

当触头间隙存在着足够大的电场强度时，其中的自由电子以相当大的动能向阳极移动。在高速移动中碰撞到中性质点，就可能使中性质点中的电子游离出来，从而使中性质点变为带电的正离子和自由电子。这些被碰撞游离出来的带电质点在电场力的作用下，继续参加碰撞游离，结果使触头间介质中的离子数越来越多，形成“雪崩”现象。当离子浓度足够大时，介质击穿而发生电弧。

4. 高温游离

电弧的温度很高，表面温度达3 000 ℃ ~4 000 ℃，弧心温度可高达10 000 ℃ 。在这样的高温下，电弧中的中性质点可游离为正离子和自由电子（据研究，一般气体在9 000 ℃ ~10 000 ℃时发生游离，而金属蒸气在4 000 ℃左右即发生游离），从而进一步加强了电弧中的游离。触头越分开，电弧越大，高温游离也越显著。

由于以上几种游离方式的综合作用，使得触头在带电开断时产生的电弧得以维持。

（三）电弧的熄灭

1. 电弧熄灭的条件

要使电弧熄灭，必须使触头间电弧中的去游离率大于游离率，即其中离子消失的速率大于离子产生的速率。

2. 电弧熄灭的去游离方式

1）正负带电质点的“复合”

复合就是正负带电质点重新结合为中性质点。这与电弧中的电场强度、电弧温度及电弧

截面等因素有关。电弧中的电场强度越弱，电弧的温度越低，电弧的截面越小，则带电质点的复合越强。此外，复合与电弧所接触的介质性质也有关系。如果电弧接触的表面为固体介质，则由于较活泼的电子先使介质表面带一负电位，带负电位的介质表面就吸引电弧中的正离子而造成强烈的复合。

2）正负带电质点的“扩散”

扩散就是电弧中的带电质点向周围介质中扩散开去，从而使电弧中的带电质点减少。扩散的原因，一是由于电弧与周围介质的温度差，另一是由于电弧与周围介质的离子浓度差。扩散也与电弧截面有关。电弧截面越小，离子扩散也越强。

上述带电质点的复合与扩散，都使电弧中的离子数减少，使去游离增强，从而有助于电弧的熄灭。

（四）开关电器中常用的灭弧方法

1. 速拉灭弧法

迅速拉长电弧，使弧隙的电场强度骤降，使离子的复合迅速增强，从而加速灭弧。这是开关电器最基本的一种灭弧法。

2. 冷却灭弧法

降低电弧温度，可使电弧中的热游离减弱，正负离子的复合增强，从而有助于电弧熄灭。

3. 吹弧或吸弧灭弧法

利用外力（如气流、油流或电磁力）来吹动或吸动电弧，使电弧加速冷却，同时拉长电弧从而加速灭弧。

4. 长弧切短灭弧法

由于电弧的电压降主要降落在阴极和阳极上，其中阴极电压降又比阳极电压降大得多，而电弧的中间部分（弧柱）的电压降是很小的。因此如果利用若干金属片（栅片）将长弧切割成若干短弧，则电弧的电压降相当于近似地增大若干倍。当外施电压小于电弧上的电压降时，电弧就不能维持而迅速熄灭。

5. 粗弧分细灭弧法

将粗大的电弧分散成若干平行的细小电弧，使电弧与周围介质的接触面增大，改善电弧的散热条件，降低电弧的温度，从而使电弧中离子的复合和扩散都得到增强，加速电弧的熄灭。

6. 狭沟灭弧法

使电弧在固体介质所形成的狭沟中燃烧，由于电弧的冷却条件改善，从而使去游离增强，同时固体介质表面的复合也比较强烈，从而有利于加速灭弧。

7. 真空灭弧法

真空具有相当高的绝缘强度。装在真空容器内的触头分断时，在交流电流过零时即能熄灭电弧而不致复燃。真空断路器就是利用真空灭弧原理制成的。

8. 六氟化硫（SF_6）灭弧法

SF_6 气体具有优良的绝缘性能和灭弧性能，其绝缘强度约为空气的 3 倍，其绝缘恢复的速度约为空气的100倍，因此它能快速灭弧。

在现代的电气开关电器中，常常根据具体情况综合利用上述某几种灭弧方法来实现快速灭弧的目的。

（五）对电气触头的基本要求

电气触头是开关电器中极其重要的部件。开关电器工作的可靠程度，与触头的结构和状况有着密切的关系。为保证开关电器可靠工作，电器触头必须满足下列基本要求。

1. 满足正常负荷的发热要求

正常负荷电流（包括过负荷电流）长期通过触头时，触头的发热温度不应超过允许值。为此，触头必须接触紧密良好，尽量减小或消除触头表面的氧化层，尽量降低接触电阻。

2. 具有足够的机械强度

触头要能经受规定的通断次数而不致发生机械故障或损坏。

3. 具有足够的动稳定度和热稳定度

在可能发生的最大短路冲击电流通过时，触头不致因电动力作用而损坏；并在可能最长的短路时间内通过短路电流时，触头不致被其产生的热量过度烧损或熔焊。

4. 具有足够的断流能力

在开断所规定的最大负荷电流或短路电流时，触头不应被电弧过度烧损，更不应发生熔焊现象。为了保证触头在闭合时尽量降低触头电阻，而在通断时又使触头能经受电弧高温的作用，因此有些开关触头分为工作触头和灭弧触头两部分。工作触头采用导电性好的铜或镀银铜触头，而灭弧触头采用耐高温的铜钨等合金触头。通路时，电流主要通过工作触头；而通断电流时，电弧在灭弧触头之间产生，不致使工作触头烧损。

二、高压熔断器

熔断器（Fuse，文字符号为FU）是一种当所在电路的电流超过规定值并经一定时间后，使其熔体（Fuse-element）熔化而分断电流、断开电路的一种保护电器。熔断器的功能主要是对电路和设备进行短路保护，但有的也具有过负荷保护的功能。工厂供电系统中，室内广泛采用RN1型、RN2型等高压管式限流熔断器；室外则广泛采用RW4－10型、RW10－10F型等高压跌开式熔断器，也有的采用RW10－35型高压限流熔断器等。

高压熔断器型号的表示和含义如下：

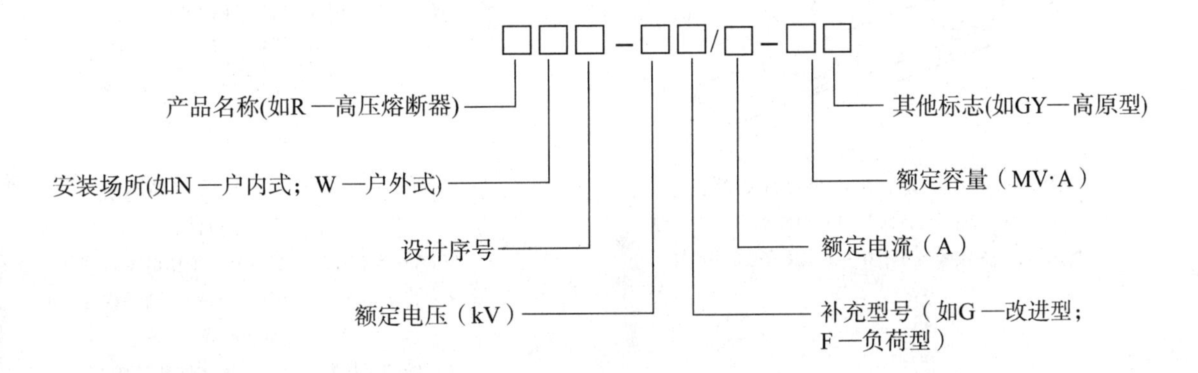

（一）RN1 型和 RN2 型户内高压管式熔断器

RN1 型和 RN2 型的结构基本相同，都是瓷质熔管内充填石英砂的密闭管式熔断器。RN1 型主要用于高压线路和设备的短路保护，也能起过负荷保护的作用，其熔体要通过主电路的电流，因此其结构尺寸较大，额定电流可达 100 A。而 RN2 型只用作高压电压互感器一次侧的短路保护。由于电压互感器二次侧连接的都是阻抗很大的电压线圈，致使它接近于空载工作，其一次侧电流很小，因此 RN2 型的结构尺寸较小，其熔体额定电流一般为 0.5 A。图 3-1 是 RN1 型、RN2 型高压管式熔断器的外形结构，图 3-2 是其熔管的剖面示意图。

由图 3-2 可见，熔断器的工作熔体（铜熔丝）上焊有小锡球。锡是低熔点金属，过负荷时锡球受热熔化，包围铜熔丝。铜锡的分子相互渗透而形成熔点较铜的熔点低的铜锡合金，使铜熔丝能在较低的温度下熔断，这就是所谓“冶金效应”。它使得熔断器能在过负荷电流和较小的短路电流下动作，提高了保护灵敏度。又由该图可见，该熔断器采用几根熔丝并联以便它们熔断时产生几根并行的电弧，利用“粗弧分细灭弧法”来加速电弧的熄灭。而且其熔管内充填有石英砂，熔丝熔断时产生的电弧完全在石英砂内燃烧，又利用了“狭沟灭弧法”，因此其灭弧能力很强，能在短路后不到半个周期即短路电流未达冲击值之前就能完全熄灭电弧，切断短路电流，从而使熔断器本身及其所保护的电路和设备，不必考虑短路冲击电流的影响，因此这种熔断器属于“限流”熔断器。

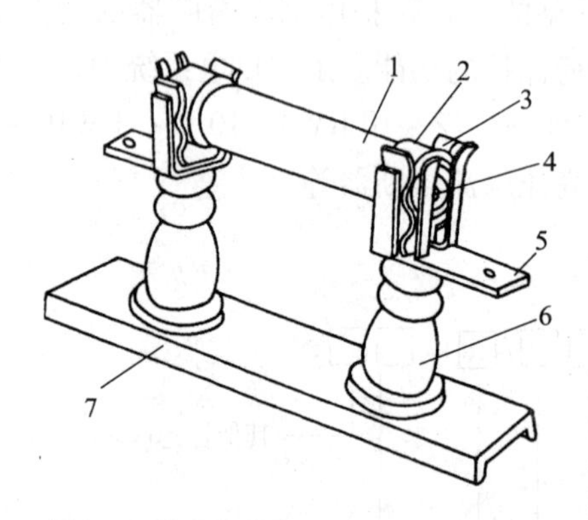

图 3-1　RN1 型、RN2 型高压熔断器

1—瓷质熔管；2—金属管帽；3—弹性触座；4—熔断指示器；5—接线端子；6—瓷绝缘子；7—底座

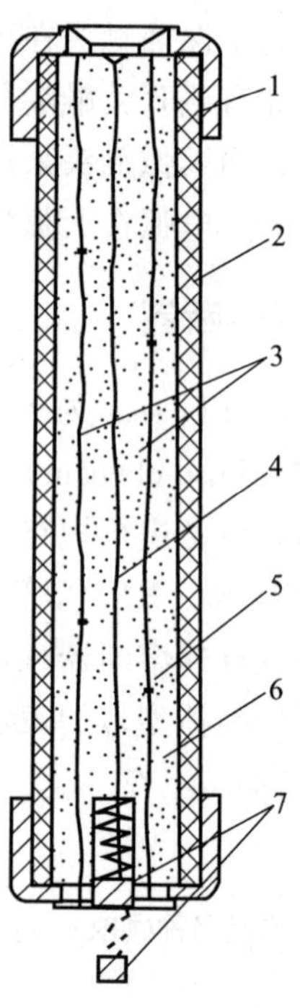

图 3-2　RN1 型、RN2 型高压熔断器的熔管剖面图

1—管帽；2—瓷管；3—工作熔体；4—指示熔体；5—锡球；6—石英砂填料；7—熔断指示器

（虚线表示熔断指示器在熔体熔断时弹出）

当短路电流或过负荷电流通过熔体时，工作熔体熔断后，指示熔体也相继熔断，其红色指示器弹出，如图 3－2 中虚线所示，给出熔体熔断的指示信号。

（二）RW4－10 型和 RW10－10F 型户外高压跌开式熔断器

跌开式熔断器（Drop-out Fuse，文字符号一般为 FD，负荷型为 FDL），又称跌落式熔断器，广泛应用于环境正常的室外场所。其功能是：既可作 6～10 kV 线路和设备的短路保护，又可在一定条件下，直接用高压绝缘操作棒（俗称令克棒）来操作熔管的分合。一般的跌开式熔断器如 RW4－10G 型等，只能在无负荷下操作，或通断小容量的空载变压器和空载线路等，其操作要求与下面将要介绍的高压隔离开关相同。而负荷型跌开式熔断器如 RW10－10F 型，则能带负荷操作，其操作要求与下面将要介绍的负荷开关相同。

图 3－3 是 RW4－10G 型跌开式熔断器的基本结构。它串接在线路上。正常运行时，其熔管上端的动触头借熔丝张力拉紧后，利用绝缘操作棒将此动触头推入上静触头内锁紧，同时下动触头与下静触头也相互压紧，从而使电路接通。当线路上发生短路时，短路电流使熔丝熔断，形成电弧。消弧管（熔管）由于电弧烧灼而分解出大量气体，使管内压力剧增，并沿管道形成强烈的气流纵向吹弧，使电弧迅速熄灭。熔管的上动触头因熔丝熔断后失去张力而下翻，使锁紧机构释放熔管，在触头弹力及熔管自重作用下，回转跌开，造成明显可见的断开间隙，兼起隔离开关的作用。

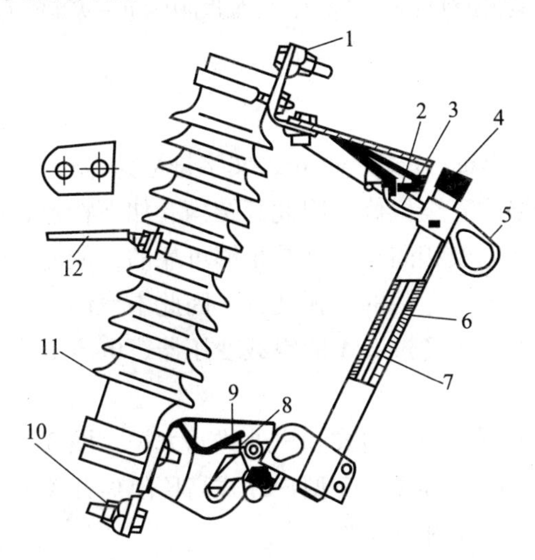

图 3－3　RW4－10G 型跌开式熔断器

1—上接线端子；2—上静触头；3—上动触头；4—管帽（带薄膜）；5—操作环；6—熔管（外层为酚醛纸管或环氧玻璃布管，内套纤维质消弧管）；7—铜熔丝；8—下动触头；9—下静触头；10—下接线端子；11—绝缘瓷瓶；12—固定安装板

这种跌开式熔断器还采用了"逐级排气"的结构。由图 3－3 可以看出，其熔管上端在正常运行时是被一薄膜封闭的，可以防止雨水浸入。在分断小的短路电流时，由于上端封闭而形成单端排气，使管内保持足够大的压力，这有利于熄灭小的短路电流产生的电弧。而在分断大的短路电流时，由于管内产生的气压大，使上端薄膜冲开而形成两端排气，这有利于防止分断大的短路电流可能造成的熔管爆破，从而有效地解决了自产气熔断器分断大小故障电流的矛盾。

RW10－10F 型跌开式熔断器（负荷型）是在一般跌开式熔断器的上静触头上加装了简单

的灭弧室，如图 3 - 4 所示，因而能带负荷操作。跌开式熔断器依靠电弧燃烧使产气的消弧管分解产生的气体来熄灭电弧，即使是负荷型加装有简单的灭弧室，其灭弧能力也不是很强的，灭弧速度都不快，都不能在短路电流达到冲击值之前熄灭电弧，因此属于“非限流”熔断器。

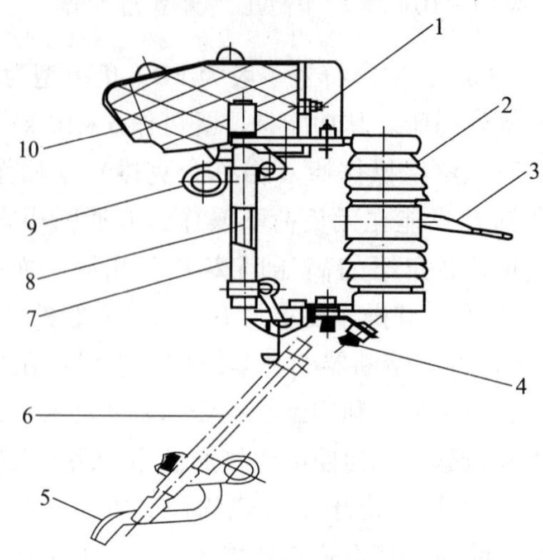

图 3 - 4　RW10 - 10F 负荷型跌开式熔断器

1—上接线端子；2—绝缘瓷瓶；3—固定安装板；4—下接线端子；5—动触头；
6，7—熔管（内消弧管）；8—铜熔丝；9—操作扣环；10—灭弧罩（内有静触头）

三、高压隔离开关

高压隔离开关（High-voltage Disconnector，文字符号为 QS）的功能，主要是隔离高压电源，以保证其他设备和线路的安全检修。因此其结构有如下特点，即断开后有明显可见的断开间隙，而且断开间隙的绝缘及相间绝缘都是足够可靠的，能充分保证设备和线路检修人员的人身安全。但是隔离开关没有专门的灭弧装置，因此不允许带负荷操作。然而它可用来通断一定的小电流，如励磁电流不超过 2 A 的空载变压器、电容电流不超过 5 A 的空载线路以及电压互感器和避雷器等。

高压隔离开关按安装地点，分户内式和户外式两大类。图 3 - 5 是 GN8 - 10 型户内式高压隔离开关的外形；图 3 - 6 是 GW2 - 35 型户外式高压隔离开关的外形。

高压隔离开关全型号的表示和含义如下：

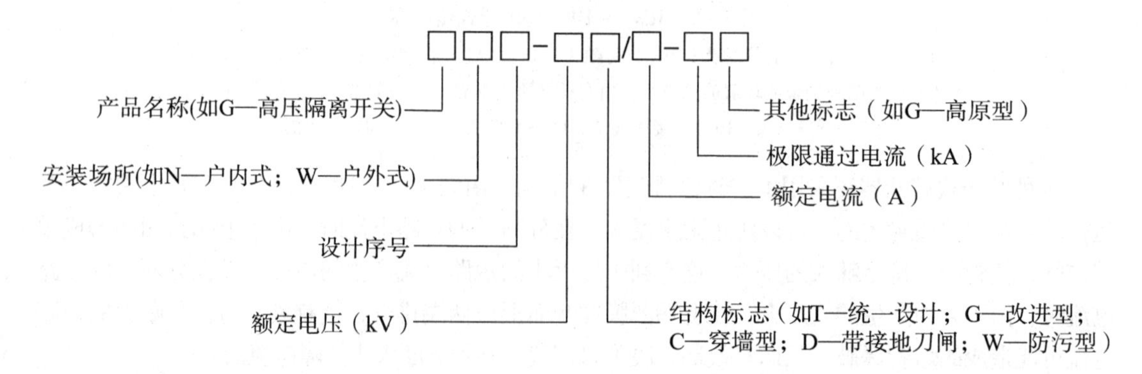

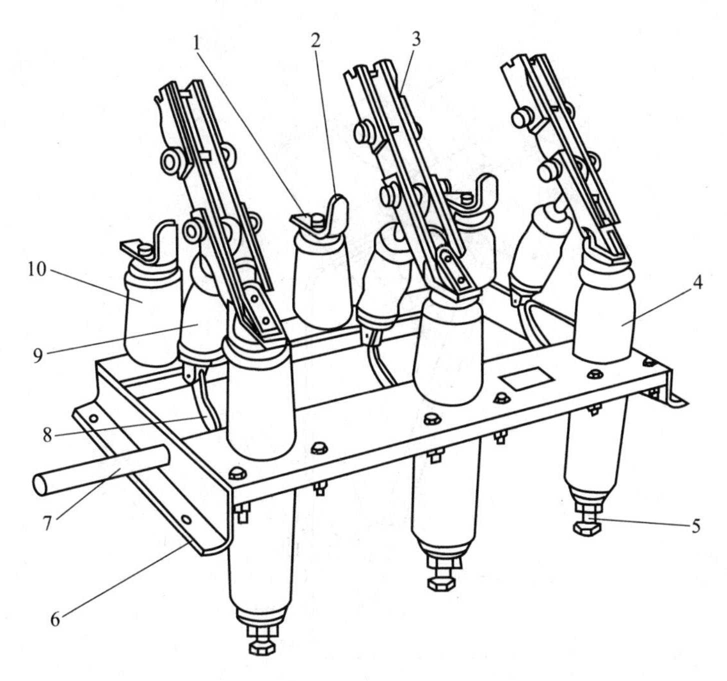

图 3－5　GN8－10 型户内式高压隔离开关

1—上接线端子；2—静触头；3—闸刀；4—套管瓷瓶；5—下接线端子；6—框架；7—转轴；8—拐臂；9—升降瓷瓶；10—支柱瓷瓶

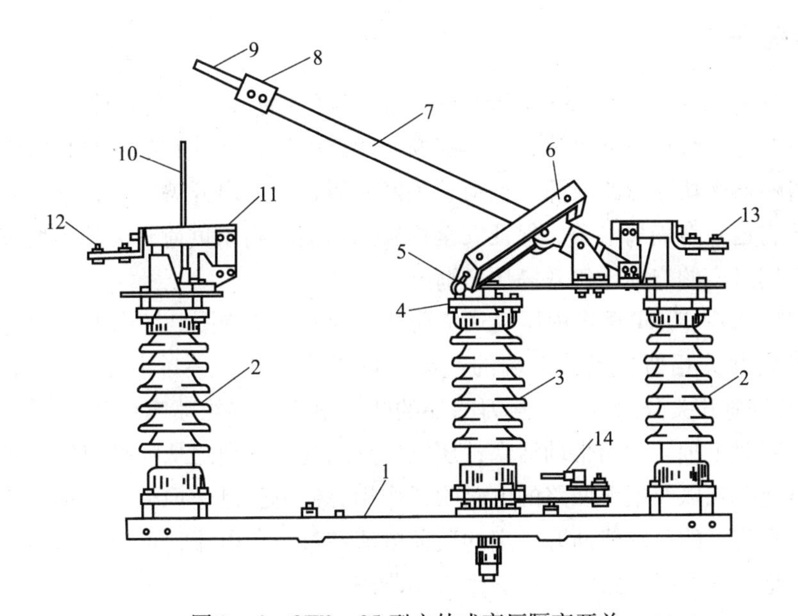

图 3－6　GW2－35 型户外式高压隔离开关

1—角钢架；2—支柱瓷瓶；3—旋转瓷瓶；4—曲柄；5—轴套；6—传动框架；7—管型闸刀；8—工作动触头；9，10—灭弧角条；11—插座；12，13—接线端子；14—曲柄传动机构

户内式高压隔离开关通常采用 CS6 型（C—操作机构，S—手动，6—设计序号）手动操作机构进行操作，而户外式则大多采用高压绝缘操作棒操作，也有的通过杠杆传动的手动操作机构进行操作。图 3－7 是 CS6 型手动操作机构与 GN8 型隔离开关配合的一种安装方式。

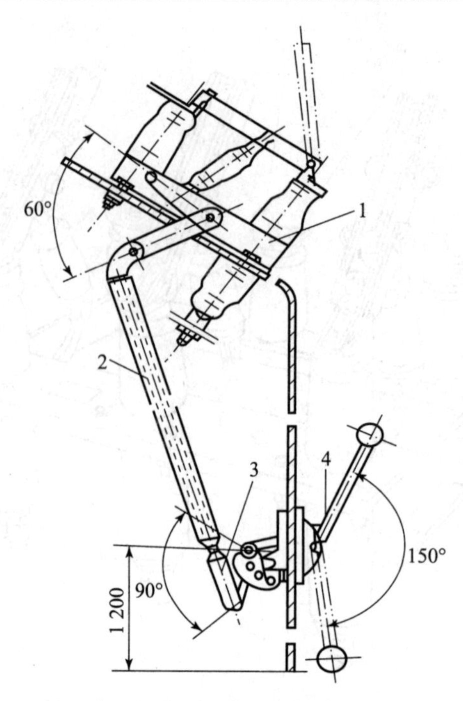

图 3 - 7　CS6 型手动操作机构与 GN8 型隔离开关配合的一种安装方式

1—CN8 型隔离开关；2—ϕ20 mm 焊接钢管；3—调节杆；4—CS6 型手动操作机构

四、高压负荷开关

高压负荷开关（High-voltage Load Switch，文字符号为 QL），具有简单的灭弧装置，能通断一定的负荷电流和过负荷电流，但不能断开短路电流，因此它必须与高压熔断器串联使用，以借助熔断器来切除短路故障。负荷开关断开后，与隔离开关一样，具有明显可见的断开间隙，因此它也具有隔离电源、保证安全检修的功能。高压负荷开关的类型较多，这里主要介绍一种应用最广的户内压气式高压负荷开关。

图 3 - 8 是 FN3 - 10RT 型户内压气式负荷开关的外形结构图。图中上半部为负荷开关本身，外形与隔离开关相似，但其上端的绝缘子内部实际上是一个压气式灭弧装置，如图 3 - 9 所示。当负荷开关分闸时，在闸刀一端的弧动触头与绝缘喷嘴内的弧静触头之间产生电弧。由于分闸时主轴转动而带动活塞，压缩气缸内的空气使之从喷嘴向外吹弧，加之断路弹簧使电弧迅速拉长以及电流回路的电磁吹弧作用，使电弧迅速熄灭。但是，负荷开关的灭弧断流能力是很有限的，只能断开一定的负荷电流和过负荷电流，可以装设热脱扣器用于过负荷保护，但绝不能配以短路继电保护来自动跳闸。

高压负荷开关全型号的表示和含义如下：

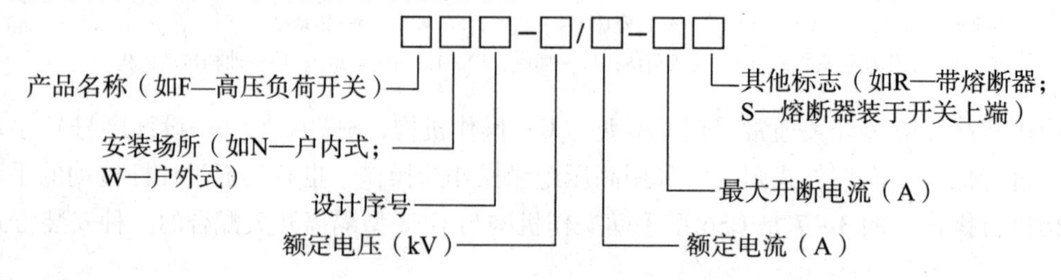

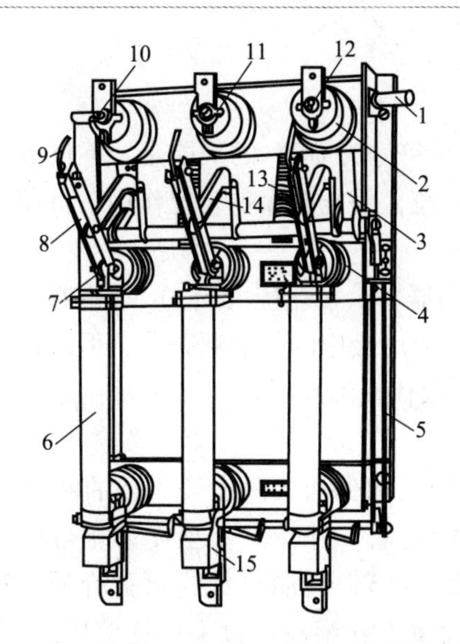

图 3－8　FN3－10RT 型高压负荷开关

1—主轴；2—上绝缘子（内为气缸）；3—连杆；4—下绝缘子；5—框架；6—RN1 型熔断器；7—下触座；8—闸刀；9—弧动触头；10—绝缘喷嘴；11—主静触头；12—上触座；13—断路弹簧；14—绝缘拉杆；15—热脱扣器

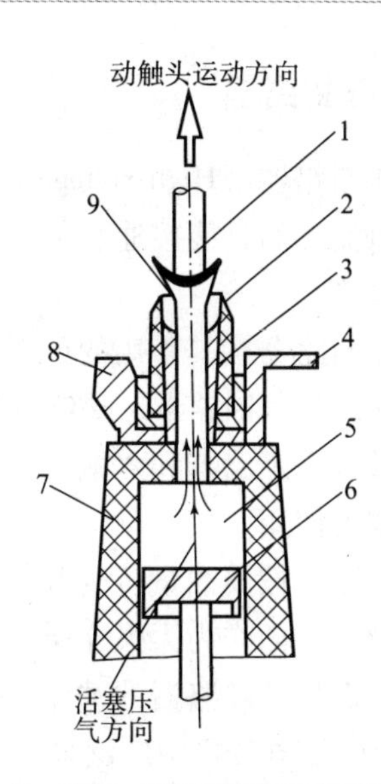

图 3－9　FN3－10RT 型高压负荷开关压气式灭弧装置工作示意图

1—弧动触头；2—绝缘喷嘴；3—弧静触头；4—接线端子；5—气缸；6—活塞；7—上绝缘子；8—主静触头；9—电弧

高压负荷开关一般配用如图 3－10 所示 CS2 型等手动操作机构进行操作。

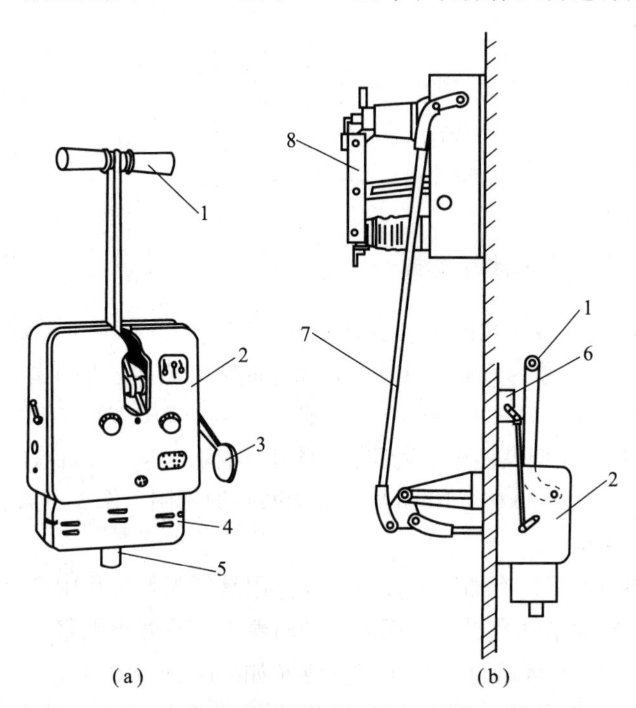

图 3－10　CS2 型手动操作机构的外形及其与 FN3 型负荷开关配合的一种安装方式

（a）CS2 型操作机构外形；（b）CS2 型与负荷开关配合安装

1—操作手柄；2—操作机构外壳；3—分闸指示牌（掉牌）；4—脱扣器盒；5—分闸铁芯；6—辅助开关（联动触头）；7—传动连杆；8—负荷开关

五、高压断路器

高压断路器（High-voltage Circuit-breaker，文字符号为 QF）的功能是，不仅能通断正常的负荷电流，而且能接通和承受一定时间的短路电流，并能在保护装置作用下自动跳闸，切除短路故障。

高压断路器按其采用的灭弧介质分，有油断路器、六氟化硫（SF_6）断路器、真空断路器以及压缩空气断路器、磁吹断路器等，其中过去应用最广的是油断路器，但现在它已在很多场所被真空断路器和六氟化硫（SF_6）断路器所取代。油断路器现在主要在原有的老配电装置中继续使用。

油断路器按其油量多少和油的功能，又分多油式和少油式两大类。多油断路器的油量多，其油一方面作为灭弧介质，另一方面又作为相对地（外壳）甚至作为相与相之间的绝缘介质。而少油断路器的油量很少（一般只有几千克），其油只作为灭弧介质。过去 3 ~ 10 kV 户内配电装置中广泛采用少油断路器。下面重点介绍我国过去广泛应用的 SN10 - 10 型户内少油断路器及现在广泛应用的六氟化硫（SF_6）断路器和真空断路器。

高压断路器全型号的表示和含义如下：

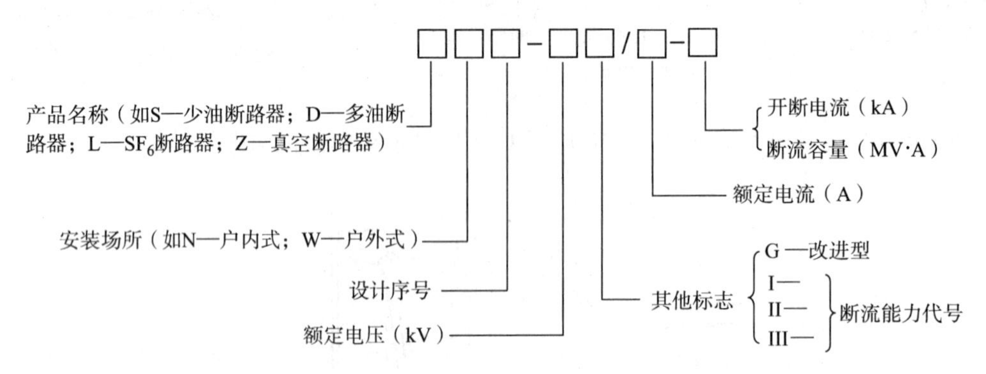

（一）SN10 - 10 型高压少油断路器

SN10 - 10 型少油断路器是我国统一设计、推广应用的一种少油断路器。按其断流容量（Open-circuit Capacity，符号为 Soc）分，有Ⅰ、Ⅱ、Ⅲ型。SN10 - 10 Ⅰ型，Soc = 300 MV · A；SN10 - 10 Ⅱ型，Soc = 500 MV · A；SN10 - 10 Ⅲ型，Soc = 750 MV · A。

图 3 - 11 是 SN10 - 10 型高压少油断路器的外形结构，其一相油箱内部结构的剖面图如图 3 - 12 所示，图 3 - 13 为 SN10 - 10 型高压少油断路原理图，图 3 - 14 为 SN10 - 10 型高压少油断路器的灭弧室结构。

这种断路器的油箱上部设有油气分离室，其作用是使灭弧过程中产生的油气混合物旋转分离，气体从油箱顶部的排气孔排出，而油滴则附着内壁流回灭弧室。

SN10 - 10 型等少油断路器可配用 CD□型（如 CD10、CD14 等型）电磁操作机构或 CT□型（如 CT7 型、CT8 型等）弹簧储能操作机构（型号中 C—操作机构，D—电磁式，T—弹簧式，□—设计序号）。过去还有配用 CS2 型手动操作机构的，它可手动和远距离分闸，但只能手动合闸。它结构简单，价格低廉，且交流操作，但因操作速度所限，其所操作的断路器开断的短路容量不宜大于 100 MV · A；因此除原有供电设备的油断路器上尚采用外，

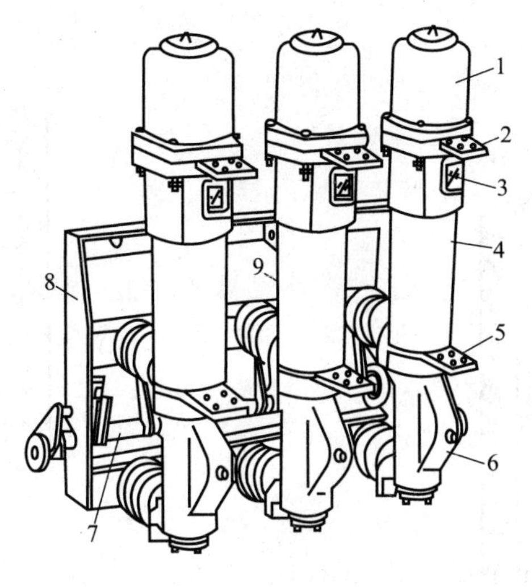

图 3－11　SN10－10 型高压少油断路器

1—铝帽；2—上接线端子；3—油标；4—绝缘筒；5—下接线端子；6—基座；7—主轴；8—框架；9—断路弹簧

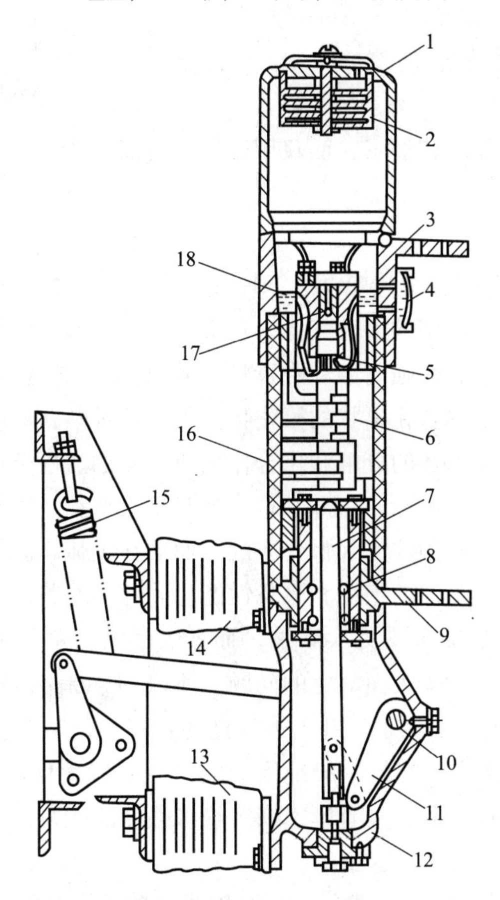

图 3－12　SN10－10 型高压少油断路器的一相油箱内部结构

1—铝帽；2—油气分离器；3—上接线端子；4—油标；5—插座式静触头；6—灭弧室；7—动触头（导电杆）；8—中间滚动触头；9—下接线端子；10—转轴；11—拐臂（曲柄）；12—基座；13—下支柱瓷瓶；14—上支柱瓷瓶；15—断路弹簧；16—绝缘筒；17—逆止阀；18—绝缘油

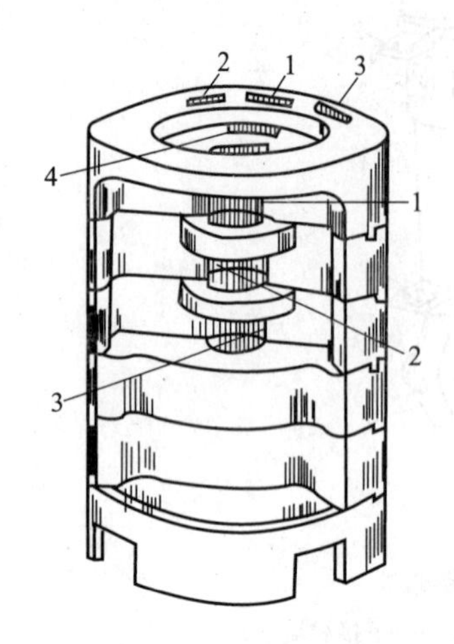

图 3-13　SN10-10 型高压少油断路原理图

1—第一道灭弧沟；2—第二道灭弧沟；
3—第三道灭弧沟；4—吸弧铁片器

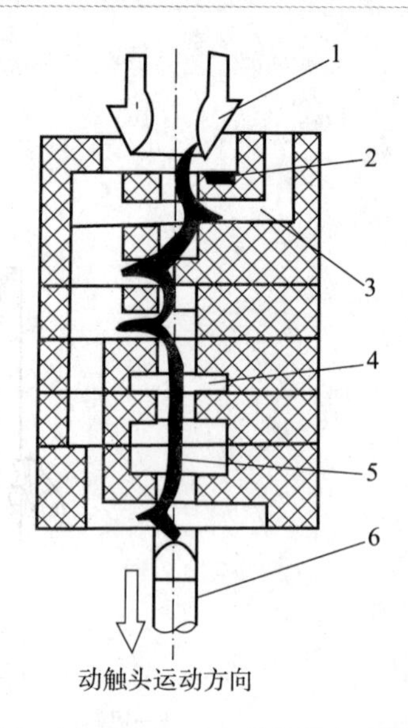

图 3-14　SN10-10 型高压少油断路器的灭弧室工作示意图

1—静触头；2—吸弧铁片；3—横吹灭弧沟；
4—纵吹油囊；5—电弧；6—动触头

现在它基本上不再用于操作断路器了，而只用于高压负荷开关的操作。

（二）高压六氟化硫断路器

六氟化硫（SF_6）断路器，是利用 SF_6 气体作灭弧和绝缘介质的一种断路器。SF_6 是一种无色、无味、无毒且不易燃烧的惰性气体。在 150 ℃以下时，其化学性能相当稳定。但它在电弧高温作用下要分解出有较强腐蚀性和毒性的氟（F_2），且氟能与触头表面的金属离子化合为一种具有绝缘性能的白色粉末状的氟化物。因此这种断路器的触头一般都设计成具有自动净化的功能。然而由于上述的分解和化合作用所产生的活性杂质，大部分能在几个微秒的极短时间内自动还原。SF_6 不含碳元素（C），这对于灭弧和绝缘介质来说，是极为优越的特性。前面介绍的油断路器是用油作灭弧介质的，而油在电弧高温作用下要分解出碳，使油中的含碳量增高，从而降低了油的绝缘和灭弧性能。因此油断路器在运行过程中需要经常监视油色，适时分析油样，必要时要更换新油，而 SF_6 断路器就无此麻烦。SF_6 又不含氧元素，因此它也不存在使金属触头表面氧化的问题。所以 SF_6 断路器较之油断路器，其触头的磨损较少，使用寿命增长。SF_6 除了具有上述优良的物理、化学性能外还具有优良的电绝缘性能。在 300 kPa 下，其绝缘强度与一般绝缘油的绝缘强度大体相当，特别优越的是，SF_6 在电流过零时，电弧暂时熄灭后，具有迅速恢复绝缘强度的能力，从而使电弧难以复燃而很快熄灭。

SF_6 断路器的结构，按其灭弧方式分，有双压式和单压式两类。双压式具有两个气压系统，压力低的作为绝缘，压力高的作为灭弧。单压式只有一个气压系统，灭弧时，SF_6 的气流靠压气活塞产生。单压式的结构简单，我国现在生产的 LN1、LN2 型 SF_6 型断路器均为单压式。LN2-10 型高压六氟化硫断路器的外形结构如图 3-15 所示。

SF_6 断路器灭弧室的工作示意图如图 3－16 所示。断路器的静触头和灭弧室中的压气活塞是相对不动的。跳闸时，装有动触头和绝缘喷嘴的气缸由断路器操作机构通过连杆带动，离开静触头，造成气缸与活塞的相对运动，压缩 SF_6，使之通过喷嘴吹弧，从而使电弧迅速熄灭。

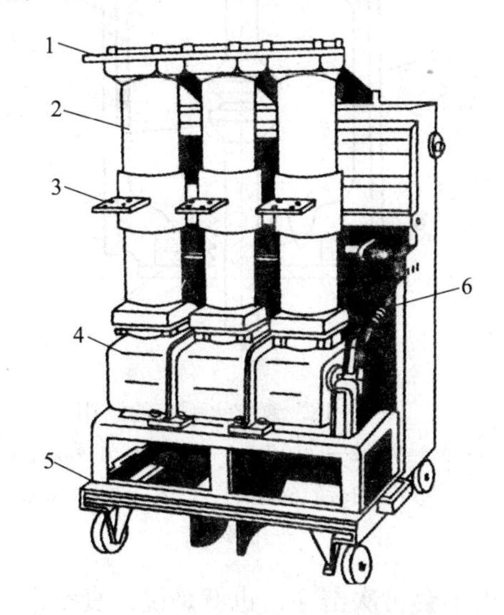

图 3－15　LN2－10 型高压六氟化硫断路器

1—上接线端子；2—绝缘筒（内为气缸及触头、灭弧系统）；3—下接线端子；4—操作机构箱；5—小车；6—断路弹簧

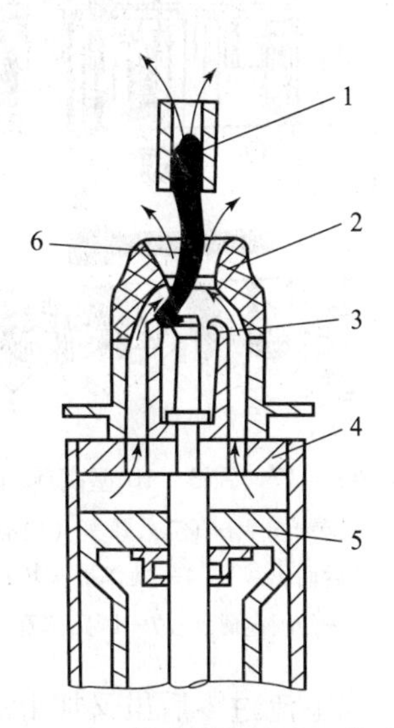

图 3－16　SF_6 断路器灭弧室工作示意图

1—静触头；2—绝缘喷嘴；3—动触头；4—气缸（连同动触头由操作机构传动）；5—压气活塞（固定）；6—电弧

SF_6 断路器与油断路器比较，具有以下优点：断流能力强，灭弧速度快，电绝缘性能好，检修周期（间隔时间）长，适于频繁操作，而且没有燃烧爆炸危险。但缺点是，要求制造加工精度高，对其密封性能要求更严，因此价格比较昂贵。

（三）高压真空断路器

高压真空断路器是利用“真空”（气压为 $10^{-2} \sim 10^{-6}$ Pa）灭弧的一种断路器，其触头装在真空灭弧室内。由于真空中不存在气体游离问题，所以这种断路器的触头断开时电弧很难发生。但是在实际的感性负荷电路中，灭弧速度过快，瞬间切断电流，将使截流陡度极大，从而使电路出现极高的过电压（由 $u_L = L\mathrm{d}i/\mathrm{d}t$ 可知），这对电力系统是十分不利的。因此，这“真空”不宜是绝对的真空，而是能在触头断开时因高电场发射和热电发射产生一点电弧（称为“真空电弧”），且能在电流第一次过零时熄灭。这样，燃弧时间既短（至多半个周期），又不致产生很高的过电压。图 3－17 是 ZN3－10 型高压真空断路器的外形结构。

真空断路器灭弧室的结构如图 3－18 所示。真空灭弧室的中部，有一对圆盘状的触头。在触头分离时，由于高电场发射和热电发射而使触头间产生电弧。电弧的温度很高，可使触头表面产生金属蒸气。随着触头的分开和电弧电流的减小，触头间的金属蒸气密度也逐渐降低。当电弧电流过零时电弧暂时熄灭，触头周围的金属离子迅速扩散，凝聚在四周的屏蔽罩上，以致在电流过零后只几个微秒的极短时间内，触头间实际上又恢复了原有的高真空度。

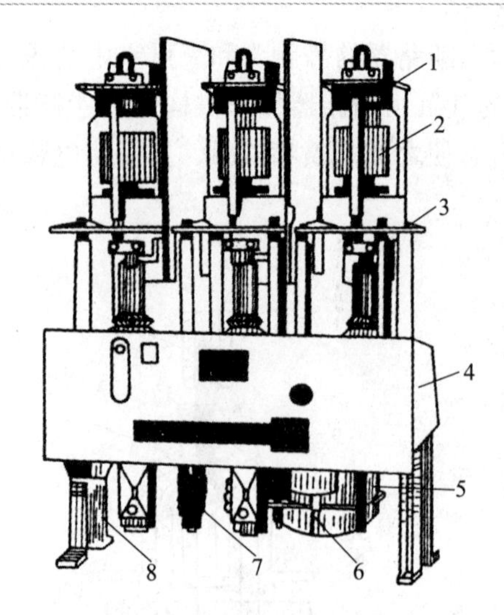

图 3－17　ZN3－10 型高压真空断路器

1—上接线端子；2—真空灭弧室（内有触头）；3—下接线端子（后面出线）；4—操作机构箱；5—合闸电磁铁；6—分闸电磁铁；7—断路弹簧；8—底座

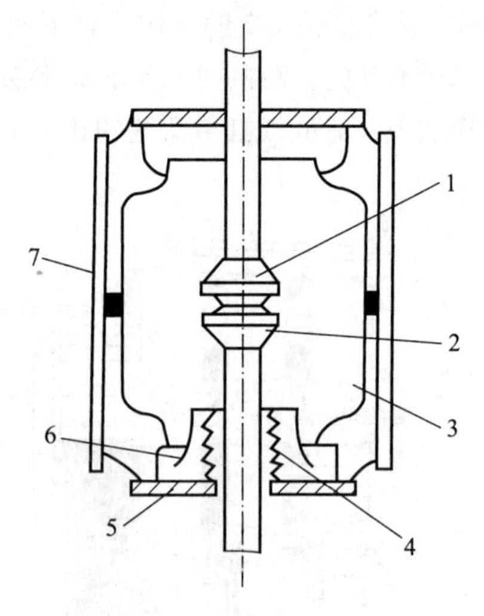

图 3－18　真空灭弧室的结构

1—静触头；2—动触头；3—屏蔽罩；4—波纹管；5—与外壳封接的金属法兰盘；6—波纹管屏蔽；7—绝缘外壳

因此，当电流过零后虽又加上高电压，但触头间隙也不会再次击穿，也就是说，真空电弧在电流第一次过零时就能完全熄灭。

真空断路器具有体积小、重量轻、动作快、使用寿命长、安全可靠和便于维护检修等优点，但价格较贵，过去主要应用于频繁操作和安全要求较高的场所，现在已开始取代少油断路器而广泛应用在高压配电装置中。

真空断路器同样配用 CD□型或 CT□型操作机构，且同样主要是 CT□型。

（四）高压断路器的操作机构

1. CD10 型电磁操作机构

CD10 型电磁操作机构能手动和远距离控制断路器的分闸和合闸，适于实现自动化，但它需直流操作电源。图 3－19 是 CD10 型电磁操作机构的外形和剖面图，图 3－20 是其传动原理示意图。

分闸时［参见图 3－20（a）］，跳闸铁芯上的撞头，因手动或远距离控制使跳闸线圈通电而往上撞击连杆系统，使搭在 L 形搭钩上的连杆滚轴下落，于是主轴在断路弹簧作用下转动，使断路器跳闸，并带动辅助开关切换。断路器跳闸后，跳闸铁芯下落，正对此铁芯的两连杆也回复到跳闸前的状态。

合闸时［参见图 3－20（b）］，合闸铁芯因手动或远距离控制使合闸线圈通电而上举，使连杆滚轴又搭在 L 形搭钩上，同时使主轴反抗断路弹簧的作用而转动，使断路器合闸，并带动辅助开关切换，整个连杆系统又处在稳定的合闸状态。

2. CT7 型弹簧操作机构

弹簧操作机构全称为弹簧储能式电动操作机构，由交直流两用串励电动机使合闸弹簧储能，在合闸弹簧释放能量的过程中将断路器合闸。

弹簧操作机构可手动和远距离分合闸，并可实现一次自动重合闸。而且由于它可交流操

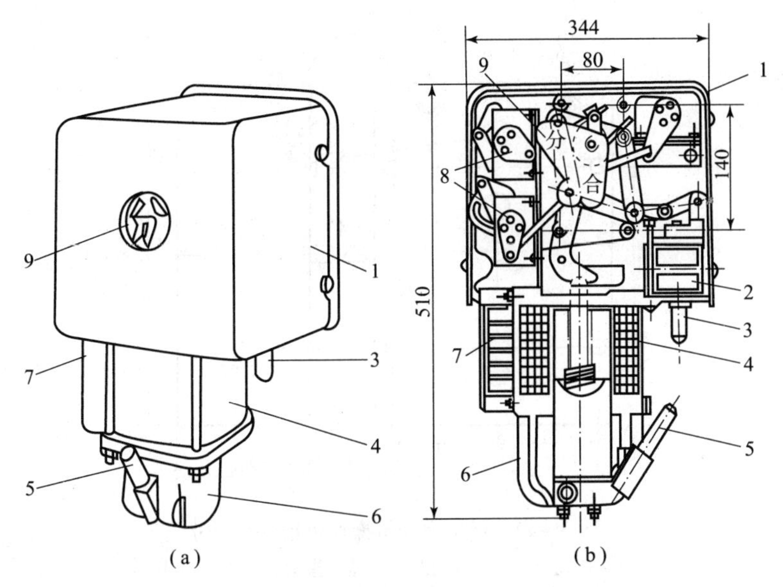

图 3-19 CD10 型电磁操作机构

(a) 外形图；(b) 剖面图

1—外壳；2—跳闸线圈；3—手动跳闸按钮（跳闸铁芯）；4—合闸线圈；5—合闸操作手柄；6—缓冲底座；7—接线端子排；8—辅助开关；9—分合指示

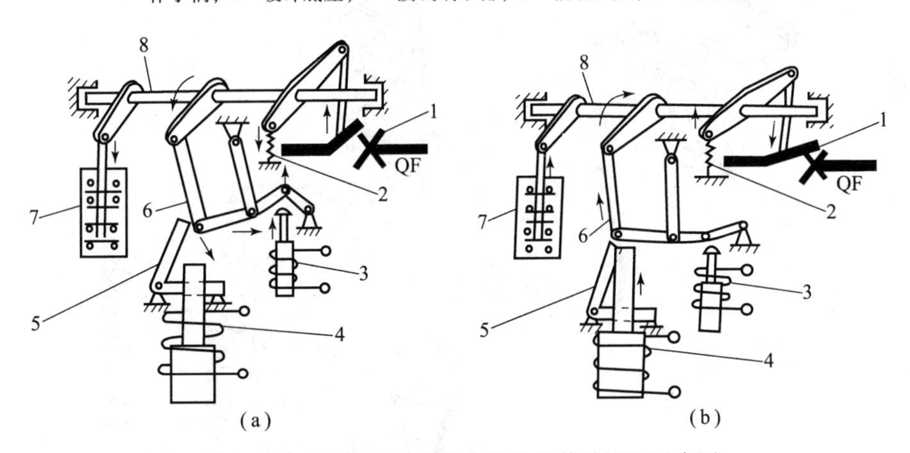

图 3-20 CD10 型电磁操作机构的传动原理示意图

(a) 分闸时；(b) 合闸时

1—高压断路器；2—断路弹簧；3—跳闸线圈；4—合闸线圈；5—L 形搭钩；6—连杆；7—辅助开关；8—操作机构主轴

作，从而可使保护和控制装置简化；但其结构较复杂，价格较贵。图 3-21 是 CT7 型弹簧操作机构的外形尺寸图，其传动原理示意图如图 3-22 所示。

由图 3-22 可了解其动作原理：

（1）电动机储能。电动机 2 通电转动时，通过皮带 1、链条 3 和偏心轮 4，带动棘爪 7 和棘轮 8，棘轮 8 推动偏心凸轮 12 使合闸弹簧 6 拉伸。当凸轮 12 转过最高点后，通过挚子 15 和杠杆 16 及凸轮上的小滚轮把拉伸的弹簧维持在储能状态。在储能结束瞬间，行程开关动作，切断电动机电源。

（2）手力储能。顺时针方向转动手柄 5，与上述电动机储能动作过程相同，使合闸弹簧

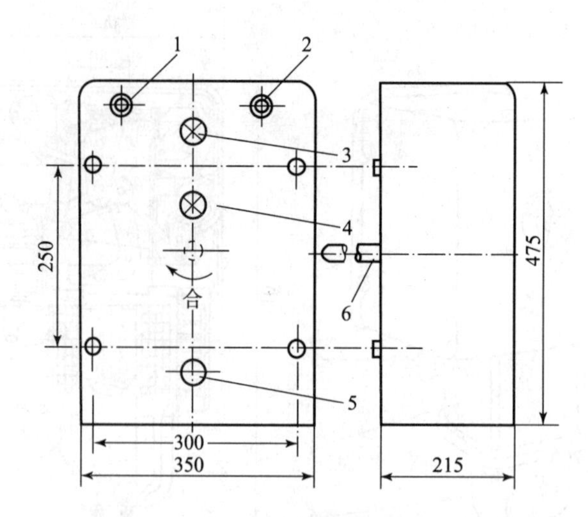

图 3－21　CT7 型弹簧操作机构外形尺寸

1—合闸按钮；2—分闸按钮；3—储能指示灯；4—分合指示；
5—手动储能转轴；6—输出轴

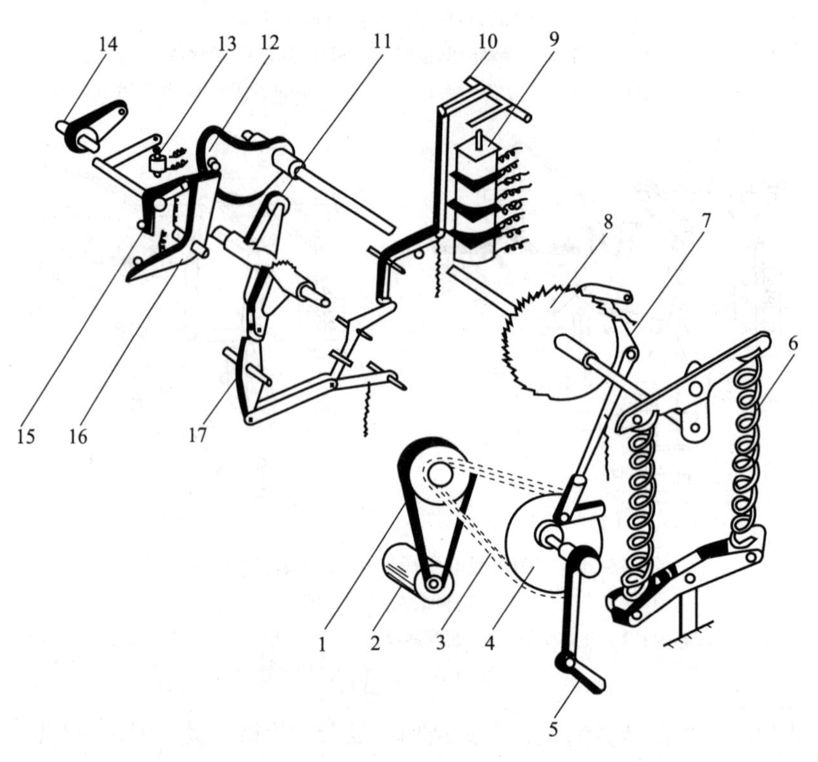

图 3－22　CT7 型弹簧操作机构传动原理示意图

1—传动皮带；2—储能电动机；3—链条；4—偏心轮；5—手柄；6—合闸弹簧；7—棘爪；8—棘轮；
9—脱扣器；10，17—连杆；11—拐臂；12—凸轮；13—合闸电磁铁；14—输出轴；15—挚子；16—杠杆

储能。手力储能一般只在调整或电源有故障时使用。

（3）电动合闸。合闸电磁铁 13 通电，挚子 15 动作。在合闸弹簧 6 作用下，凸轮 12 驱动拐臂 11 动作，通过输出轴 14 带动断路器合闸。连杆 10 与连杆 17 构成死点维持断路器在合闸状态。

（4）手动合闸。顺时针转动操作手柄5，使拉杆向上移动，带动挚子15上移，使之与杠杆16脱离，解除自锁。与电动合闸一样，在合闸弹簧6作用下，使断路器合闸。

（5）电动分闸。脱扣器9通电，使连杆10向上动作，解除连杆10与连杆17构成的死点，从而在断路弹簧作用下，使断路器跳闸。

（6）手动分闸。逆时针转动手柄5，通过偏心轮4和棘爪7、棘轮8等，使连杆10向上转动，解除连杆10与连杆17构成的死点，同电动分闸一样，在断路弹簧作用下，使断路器跳闸。

（7）自动重合闸。当断路器合闸后，行程开关动作，使电动机2的电源被接通，操作机构的合闸弹簧6再次储能，为重合闸做好准备。当一次电路出现故障而使断路器跳闸时，自动重合闸装置使合闸电磁铁通电，借助已储能的合闸弹簧，使断路器重合闸。

六、高压开关柜

高压开关柜（High-voltage Switchgear）是按一定的线路方案将有关一、二次设备组装而成的一种高压成套配电装置。在发电厂和变配电所中作为控制和保护发电机、变压器和高压线路之用，并向其供电；也可作为大型高压电动机的启动和保护之用。高压开关柜中安装有高压开关设备、保护设备，监测仪表和母线、绝缘子等。

高压开关柜有固定式和手车式（移开式）两大类型。在一般中小型工厂中，普遍采用较为经济的固定式高压开关柜。我国现在大量生产和广泛应用的固定式高压开关柜主要为GG－1A（F）型。这种防误型开关柜具有“五防”功能：

（1）防止误分误合断路器；

（2）防止带负荷误拉误合隔离开关；

（3）防止带电误挂接地线；

（4）防止带接地线误合隔离开关；

（5）防止人员误入带电间隔。

图3－23是GG－1A(F)－07S型固定式高压开关柜结构图。

手车式（又称移开式）开关柜的特点是，其中高压断路器等主要电气设备是装在可以拉出和推入开关柜的手车上的。断路器等设备需检修时，可随时将其手车拉出，然后推入同类备用手车，即可恢复供电。因此采用手车式开关柜，较之采用固定式开关柜，具有检修安全、供电可靠性高等优点，但其价格较贵。图3－24是GC□－10（F）型手车式高压开关柜的外形结构图。

20世纪80年代以来，我国设计生产了一些符合IEC（国际电工委员会）标准的新型开关柜，例如KGN型铠装式固定柜、XGN型箱式固定柜、JYN型间隔式手车柜、KYN型铠装式手车柜以及HXGN型环网柜等。其中环网柜适用于环形电网供电，广泛应用于城市电网的改造和建设中。

现在新设计生产的环网柜，大多将原来的负荷开关、隔离开关、接地开关的功能，合并为一个“三位置开关”，它兼有通断、隔离和接地三种功能，这样可缩小环网柜的占用空间。图3－25是引进技术生产的SM6型高压环网柜的结构图。其中三位置开关被密封在一个充满SF_6气体的壳体内，利用SF_6来进行绝缘和灭弧。因此这种三位置开关兼有负荷开关、隔离开关和接地开关的功能。三位置开关的接线、外形和触头位置图，如图3－26所示。

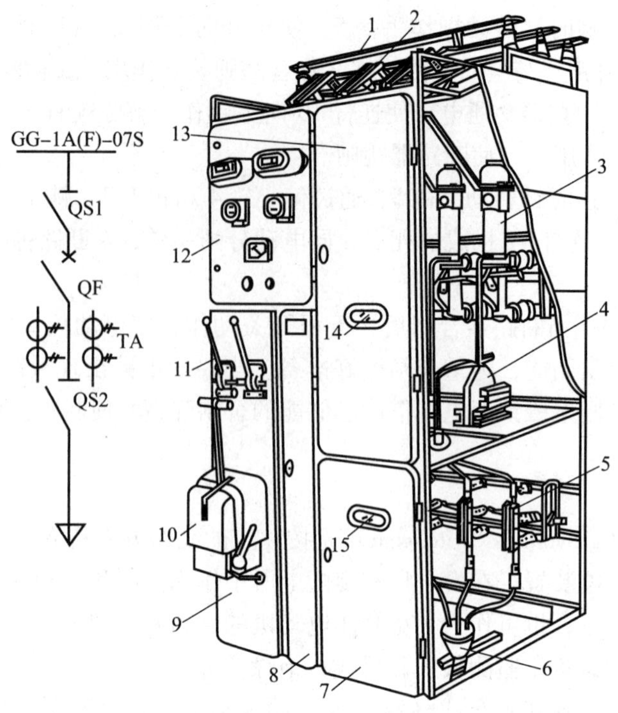

图 3-23　GG-1A(F)-07S 型高压开关柜（断路器柜）

1—母线；2—母线隔离开关（QS1，GN8-10 型）；3—少油断路器（QF，SN10-10 型）；4—电流互感器（TA，LQJ-10 型）；5—线路隔离开关（QS2，GN6-10 型）；6—电缆头；7—下检修门；8—端子箱门；9—操作板；10—断路器的手动操作机构（CS2 型）；11—隔离开关的操作机构（CS6 型）手柄；12—仪表继电器屏；13—上检修门；14，15—观察窗口

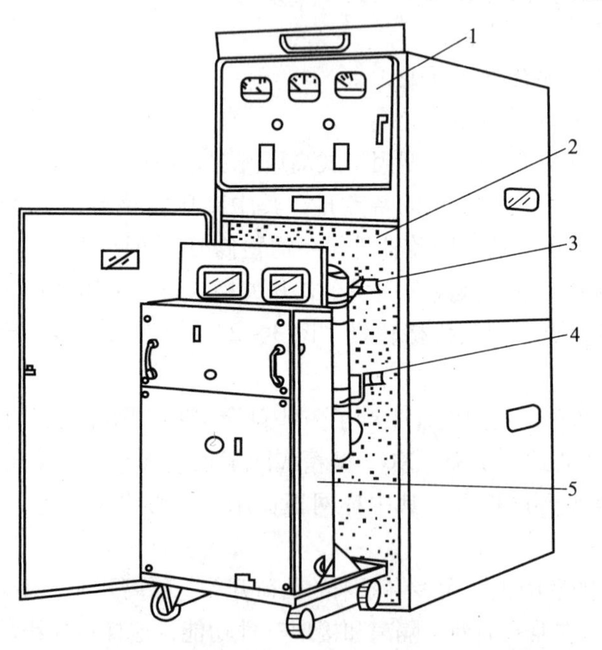

图 3-24　GC□-10（F）型高压开关柜（断路器手车柜未推入）

1—仪表屏；2—手车室；3—上触头（兼有隔离开关功能）；
4—下触头（兼有隔离开关功能）；5—SN10-10 型断路器手车

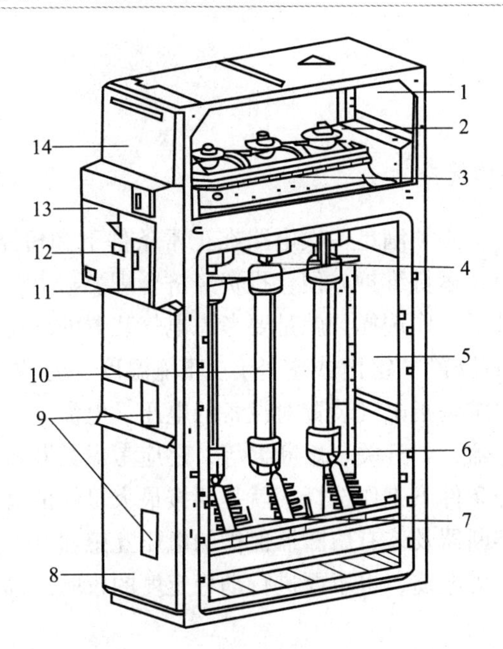

图 3-25　SM6 型高压环网柜

1—母线间隔；2—母线连接垫片；3—三位置开关间隔；4—熔断器熔断联跳开关装置；5—电缆连接与熔断器间隔；6—电缆连接间隔；7—下接地开关；8—面板；9—熔断器和下接地开关观察窗；10—高压熔断器；11—熔断器熔断指示；12—带电指示器；13—操作机构间隔；14—控制保护与测量间隔

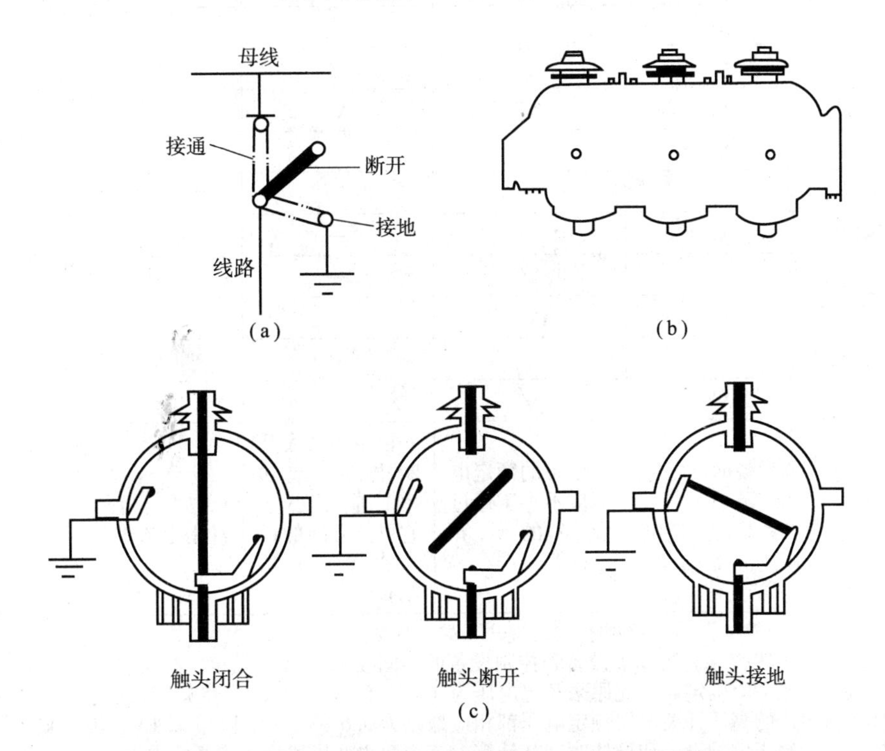

图 3-26　三位置开关的接线、外形和触头位置图

(a) 接线示意；(b) 结构外形；(c) 触头位置

【任务实施】

（一）高压一次设备的选择

高压一次设备的选择，必须满足一次电路在正常条件下和短路故障条件下工作的要求，同时设备应工作安全可靠，运行维护方便，投资经济合理。

电气设备按正常条件下工作选择，就是要考虑电气装置的环境条件和电气要求。环境条件就是指电气装置所处的位置（室内或室外）、环境温度、海拔以及有无防尘、防腐、防火、防爆等要求。电气要求是指电气装置对设备的电压、电流、频率（一般为 50 Hz）等方面的要求；对一些断流电器，如开关、熔断器等，还应考虑其断流能力。

电气设备按短路故障条件下工作选择，就是要按最大可能的短路故障时的动稳定度和热稳定度进行校验。但对熔断器及装有熔断器保护的电压互感器等，不必进行短路动稳定度和热稳定度的校验。对于电力电缆，也不要进行动稳定度的校验。高压一次设备的选择校验项目和条件，如表 3－1 所示。

表 3－1　高压一次设备的选择校验项目和条件①

电气设备名称	电压/V	电流/A	断流能力/kA 或 MV·A	短路电流校验	
				动稳定度	热稳定度
高压熔断器	√	√	√	—	—
高压隔离开关	√	√	—	√	√
高压负荷开关	√	√	√	√	√
高压断路器	√	√	√	√	√
电流互感器	√	√	—	√	√
电压互感器	√	—	—	—	—
并联电容器	√	—	—	—	—
母线	—	√	—	√	√
电缆	√	√	—	—	√
支柱绝缘子	√	—	—	√	—
套管绝缘子	√	√	—	√	√
选择校验的条件	设备的额定电压应不小于它所在系统的额定电压或最高电压②	设备的额定电流应不小于通过设备的计算电流③	设备的最大开断电流（或功率）应不小于它可能开断的最大电流（或功率）④	按三相短路冲击电流校验	按三相短路稳态电流校验

注：①表 3－1 中“√”表示必须校验，“—”表示不要校验。

②GB/T 11022—1999《高压开关设备和控制设备的共同技术要求》规定，高压设备的额定电压，按其所在系统的最高电压上限确定。因此原来额定电压为 3 kV、6 kV、10 kV、35 kV 等的高压开关电器，按此新标准，许多新生产的高压开关电器额定电压都相应地改为 3.6 kV、7.2 kV、12 kV、40.5 kV 等。

③选择变电所高压侧的设备和导体时，其计算电流应取主变压器高压侧额定电流。

④对高压负荷开关，其最大开断电流应不小于它可能开断的最大过负荷电流；对高压断路器，其最大开断电流应不小于实际开断时间（继电保护动作时间加断路器固有分闸时间）的短路电流周期分量。关于熔断器断流能力的校验条件，与熔断器的类型有关。

（二）高压一次设备的安装

以高压断路器的安装为例：有一变电所，额定电压为6.3 kV，额定电流为600 A。电流互感器及其他设备已选好，请选出断路器并进行安装。已给出的断路器有ZN28—10/600、ZN28—10/300。

1. 断路器的选用

根据表3－1选用ZN28—10/600。

2. 安装与调整要求

（1）安装应垂直，固定应牢靠，相间支持瓷件在同一水平面上。

（2）三相联动杆的拐臂应在同一水平面上，拐臂角度应一致。

（3）安装完毕后，应先进行手动分、合闸操作，无不良现象时方可进行电动分、合闸操作。

（4）真空断路器的行程、压缩行程及三相同期性，应符合产品的技术规定（一般为0.2 s）。

3. 真空断路器导电部分要求

（1）导电部分的可挠软铜片不应断裂，铜片间无锈蚀，固定螺栓应齐全坚固。

（2）导电杆表面应洁净，导电杆与导电夹应接触紧密。

（3）导电回路接触电阻值应符合产品的技术要求。注意：用回路电阻测试仪测试，一般不大于50 Ω。

（4）电器接线端子的螺栓搭接面及螺栓的紧固要求应符合国家标准。

任务2　低压一次设备的运行及选择

【学习任务单】

学习领域	工厂供电设备应用与维护	
项目三	供配电系统电气设备运行与选择	学时
学习任务2	低压一次设备的运行及选择	4
学习目标	**1. 知识目标** （1）熟悉低压一次设备的结构及原理； （2）掌握低压一次设备的运行及其选择。 **2. 能力目标** （1）准确识读设备结构图； （2）能够正确进行低压一次设备选择。 **3. 素质目标** （1）培养学生在低压一次设备运行操作过程中具有安全用电、文明操作意识； （2）培养学生在安装操作过程中具有团队协作意识和吃苦耐劳的精神。	

续表

学习领域	工厂供电设备应用与维护	
项目三	供配电系统电气设备运行与选择	学时
学习任务 2	低压一次设备的运行及选择	4
一、任务描述 根据低压一次设备的选择条件，能够分析低压一次设备运行及其选择，能够进行低压设备的检修。 二、任务实施 （1）学生分组，每小组 4～5 人； （2）小组按任务单进行分析和资料学习； （3）小组经过讨论确定任务结果，每小组由中心发言人陈述，经过全体同学讨论，确定正确结果； （4）检查总结。 三、相关资源 （1）教材； （2）教学课件； （3）图片； （4）电力线路接线图纸。 四、教学要求 （1）认真进行课前预习，充分利用教学资源； （2）充分发挥团队合作精神，正确完成工作任务； （3）团队之间相互学习，相互借鉴，提高学习效率。		

【知识链接】

一、低压熔断器

低压熔断器的功能，主要是串接在低压配电系统中用来进行短路保护，有的也能同时实现过负荷保护。

低压熔断器的类型繁多，如插入式、螺旋式、无填料密封管式、有填料密封管式以及引进国外技术生产的有填料管式 gF、aM 系列、高分断能力的 NT 型等。下面分别介绍供配电系统中应用较多的 RM10 型密封管式熔断器、填料管式熔断器和 RZ1 型自复式熔断器。

低压熔断器的型号表示及含义如下：

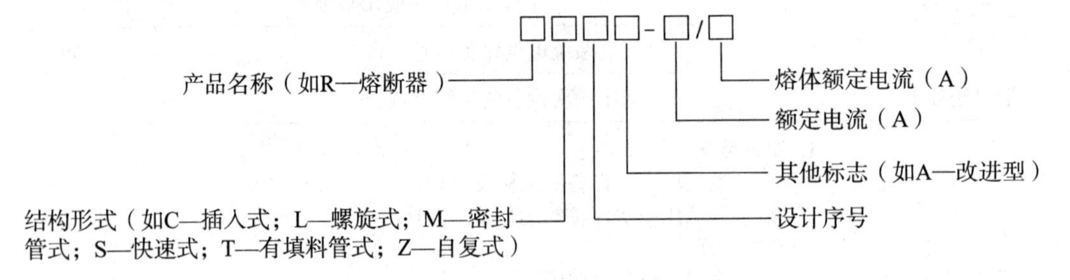

（一）RM10 型低压密封管式熔断器

RM10 型熔断器由纤维熔管、变截面锌熔片和触头底座等部分组成。其熔管的结构如图 3－27（a）所示，安装在熔管内的变截面锌熔片如图 3－27（b）所示。

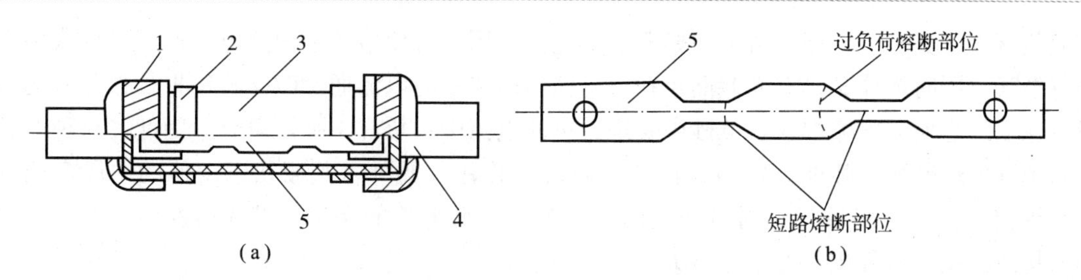

图 3－27 RM10 型低压熔断器

（a）熔管；（b）熔片

1—铜管帽；2—管夹；3—纤维质熔管；4—刀形触头；5—变截面锌熔片

锌熔片之所以冲制成宽窄不一的变截面，目的在于改善熔断器的保护性能。短路时，短路电流首先使熔片窄部（阻值较大）加热熔化，使熔管内形成几段串联短弧，同时由于中间各段熔片跌落，迅速拉长电弧，使短路电弧加速熄灭。在过负荷电流通过时，由于电流加热熔片的时间较长，而熔片窄部的散热较好，因此往往不在窄部熔断，而在宽窄之间的斜部熔断。由熔片熔断的部位，可以大致判断熔断器熔断的故障电流性质。当其熔片熔断时，纤维管的内壁将有极少部分纤维物质被电弧烧灼而分解，产生高压气体，压迫电弧，加强电弧中离子的复合，从而加速电弧的熄灭。但是其灭弧能力较差，不能在短路电流到达冲击值之前（0.01 s 前）完全灭弧，所以这类无填料密封管式熔断器属“非限流”熔断器。

（二）RT0 型低压有填料管式熔断器

RT0 型熔断器主要由瓷熔管、栅状铜熔体和触头底座等几部分组成，如图 3－28 所示。

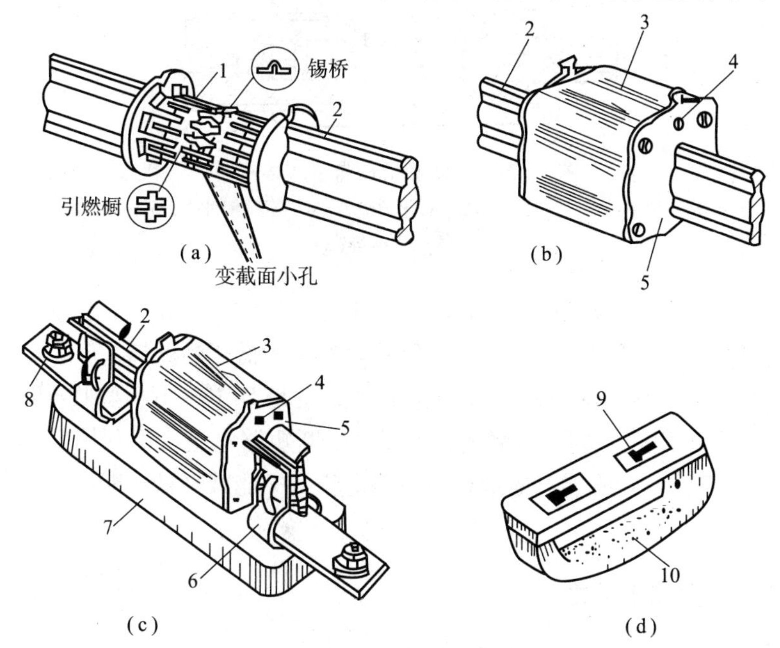

图 3－28 RT0 型低压熔断器

（a）熔体；（b）熔管；（c）熔断器；（d）操作手柄

1—栅状铜熔体；2—刀形触头；3—瓷熔臂；4—熔断指示器；5—端面盖板；6—弹性触座；

7—瓷底座；8—接线端子；9—扣眼；10—绝缘拉手手柄

其栅状铜熔体具有引燃栅。由于引燃栅的等电位作用，可使熔体在短路电流通过时形成多根并行电弧。同时熔体又具有变截面小孔，可使熔体在短路电流通过时又将每根长弧分割为多段短弧。加之所有电弧都在石英砂中燃烧，可使电弧中正负离子强烈复合。因此，这种有石英砂填料的熔断器灭弧能力特强，具有“限流”作用。此外，其栅状铜熔体的中段弯曲处点有焊锡（称之“锡桥”），对较小短路电流和过负荷电流的保护。熔体熔断后，有红色的熔断指示器从一端弹出，便于运行人员检视。

上述 RM 型和 RT 型及其他一般的熔断器，都有一个共同缺点，就是熔体熔断后，必须更换熔体后方能恢复供电，从而使中断供电的时间延长，给供电系统和用电负荷造成一定的停电损失。这里介绍的自复式熔断器就弥补了这一缺点，它既能切断短路电流，又能在短路故障消除后自动恢复供电，无须更换熔体。

（三）RZ1 型低压自复式熔断器

我国设计生产的 RZ1 型自复式熔断器的结构示意图如图 3－29 所示。它采用金属钠作熔体。在常温下，钠的电阻率很小，可以顺畅地通过正常的负荷电流。但在短路时，钠受热迅速气化，其电阻率变得很大，从而可限制短路电流。在金属钠气化限流的过程中，装在熔断器一端的活塞将压缩氩气而迅速后退，降低了由于钠气化而产生的压力，以免熔管因承受不了过大的气压而爆破。在短路限流动作完成后，钠蒸气冷却又恢复为固态钠。此时活塞在被压缩的氩气作用下，将金属钠推回原位使之恢复正常工作状态。

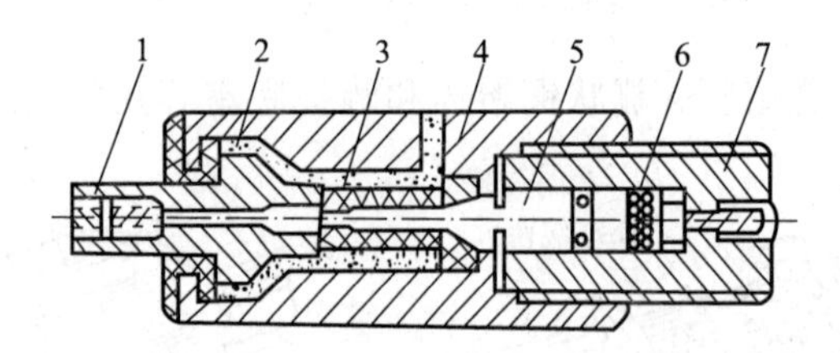

图 3－29　RZ1 型低压自复式熔断器

1—接线端子；2—云母玻璃；3—氧化铍瓷管；4—不锈钢外壳；5—钠熔体；
6—氩气；7—接线端子

这就是自复式熔断器能自动限流又自动恢复正常工作的基本原理。自复式熔断器通常与低压断路器配合使用，或者组合为一种带自复式熔断体的低压断路器。

例如，我国生产的 DZ10－100R 型低压断路器，就是 DZ10－100 型低压断路器与 RZ1－100 型自复式熔断器的组合，利用自复式熔断器来切断短路电流，而利用低压断路器来通断电路和实现过负荷保护。它既能有效地切断短路电流，又能减轻低压断路器的工作，提高供电可靠性。

二、低压刀开关和负荷开关

（一）低压刀开关

刀开关（Knife-Switch，文字符号为 QK）因其具有刀形动触头而得名，主要用于不频繁操作的场合。其分类方式很多。按其操作方式分，有单投和双投。按其极数分，有单极、双极和三极。按其有无灭弧结构分，有不带灭弧罩和带灭弧罩的两种。不带灭弧罩的刀开关，一般只能在无负荷下操作，主要作隔离开关使用。带灭弧罩的刀开关如图 3－30 所示，能通断一定的负荷电流。

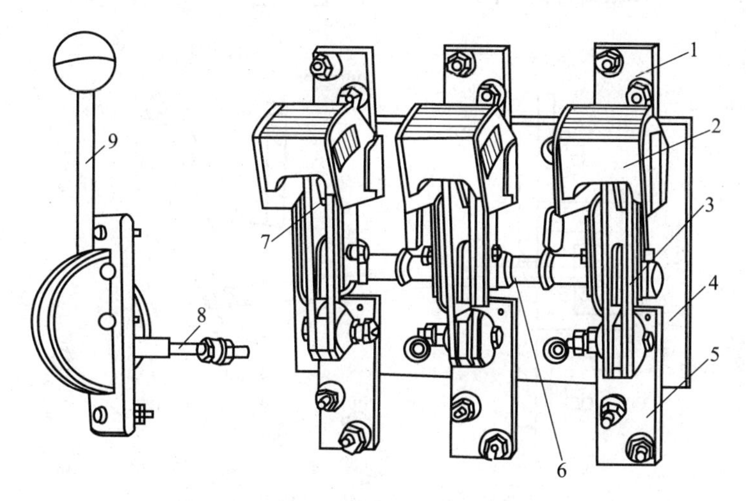

图 3－30 HD13 型低压刀开关

1—上接线端子；2—钢栅片灭弧罩；3—闸刀；4—底座；5—下接线端子；6—主轴；7—静触头；8—连杆；9—操作手柄

低压刀开关型号的表示和含义如下：

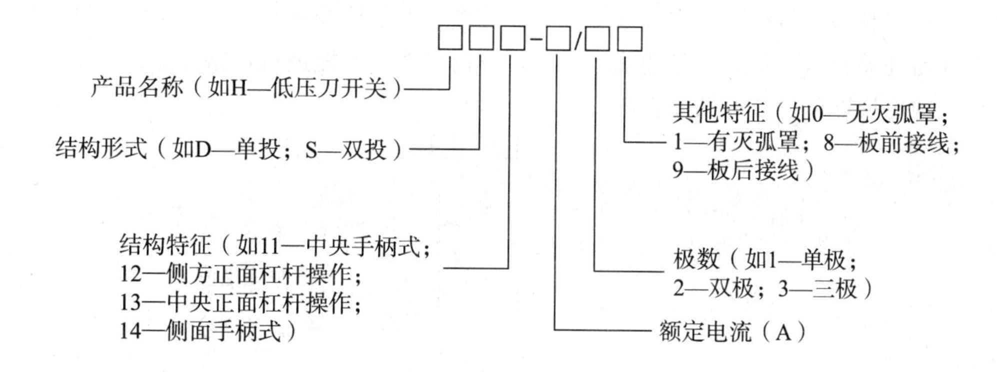

（二）熔断器式刀开关

熔断器式刀开关（Fuse-Switch，文字符号为 QKF 或 FU－QK），又称刀熔开关，是一种由低压刀开关与低压熔断器组合的开关电器，也主要用于不频繁操作的场合。最常见的 HR3 型刀熔开关，就是将 HD 型刀开关的闸刀换以 RT0 型熔断器的具有刀形触头的熔管，如图 3－31 所示。

刀熔开关具有刀开关和熔断器的双重功能。采用这种组合型开关电器，可以简化配电装置的结构，经济实用，因此越来越广泛地在低压配电屏上安装使用。

低压刀熔开关型号的表示和含义如下：

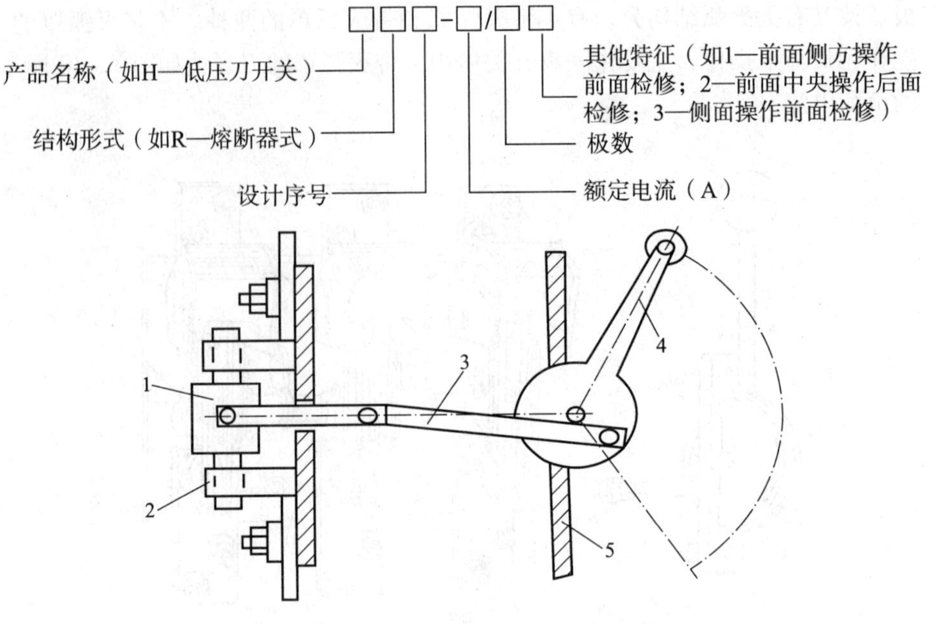

图 3-31　低压刀熔开关的结构示意图

1—RT0 型熔断器的熔管；2—弹性触座；3—连杆；4—操作手柄；5—配电屏面板

（三）低压负荷开关

低压负荷开关（文字符号为 QL），由低压刀开关与低压熔断器组合而成，外装封闭式铁壳或开启式胶盖。装铁壳的俗称铁壳开关；装胶盖的俗称胶壳开关。低压负荷开关具有带灭弧罩的刀开关和熔断器的双重功能，既可带负荷操作，又能进行短路保护，但是当熔断器熔断后，须更换熔体后方可恢复供电。

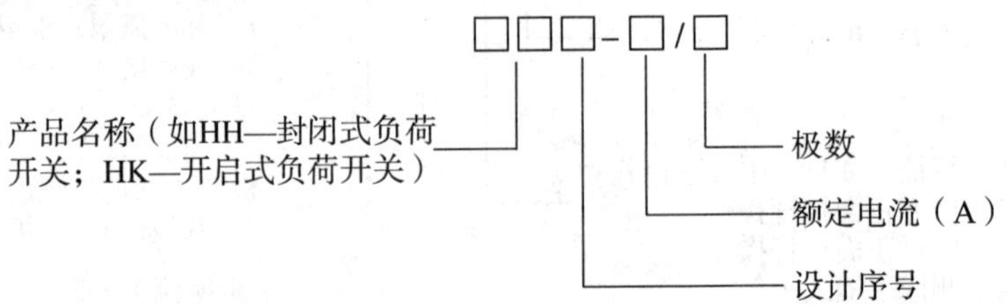

三、低压断路器

低压断路器（文字符号为 QF），又称低压自动开关（文字符号为 QA）。它既能带负荷通断电路，又能在短路、过负荷和欠电压情况下自动跳闸，切断电路。低压断路器的原理结构和接线如图 3-32 所示。当电路上出现短路故障时，其过电流脱扣器 10 动作，使断路器跳闸。如果出现过负荷时，串联在一次线路上的加热电阻 8 加热，使断路器中的双金属片 9 上弯，也使断路器跳闸。当线路电压严重下降或失压时，失压脱扣器 5 动作，同样使断路器跳闸。如果按下脱扣按钮 6 或 7，使分励脱扣器 4 通电或使失压脱扣器 5 失电，则可使断路器远距离跳闸。低压断路器按其灭弧介质分，有空气断路器和真空断路器等；按其用途分，有配电用断路器、电动机保护用断路器、照明用断路器和漏电保护断路器等；按其保护性能分，有非选择型断路器、选择型断路器和智能型断路器等；按结构形式分，有万能式断路器和塑料外壳式断路器两大类。在塑料外壳式断路器中，有一种在现代各类建筑的低压配电线路终端广泛应用的模数化小型断路器，也有的将它另列一类。非选择型断路器一般为瞬时动作，只作短路保护用；也有的为长延时动作，只作过负荷保护用。选择型断路器具有两段保护或三段保护。两段保护为瞬时（或短延时）和长延时特性两段。三段保护为瞬时、短延时和长延时特性三段，其中瞬时和短延时特性适于短路保护，而长延时适于过负荷保护。图3－33所示为低压断路器的三种保护动作特性曲线。

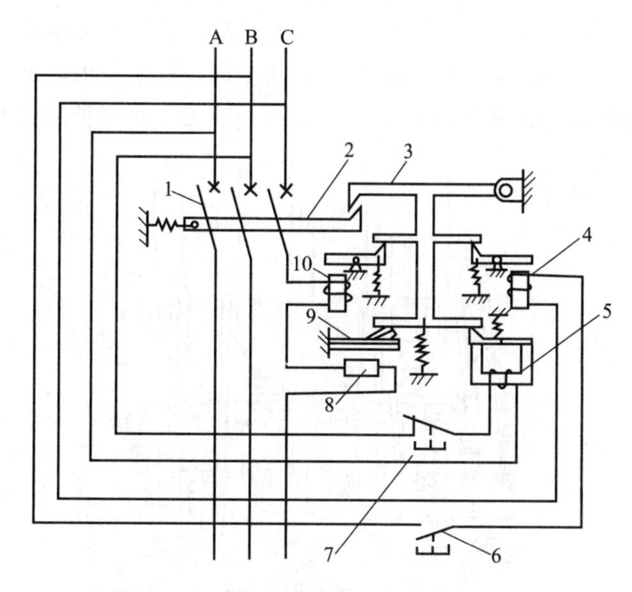

图3－32　低压断路器的原理结构和接线

1—主触头；2—跳钩；3—锁扣；4—分励脱扣器；5—失压脱扣器；6—脱扣按钮（常闭）；7—脱扣按钮（常开）；8—加热电阻；9—热脱扣按钮（双金属片）；10—过电流脱扣器

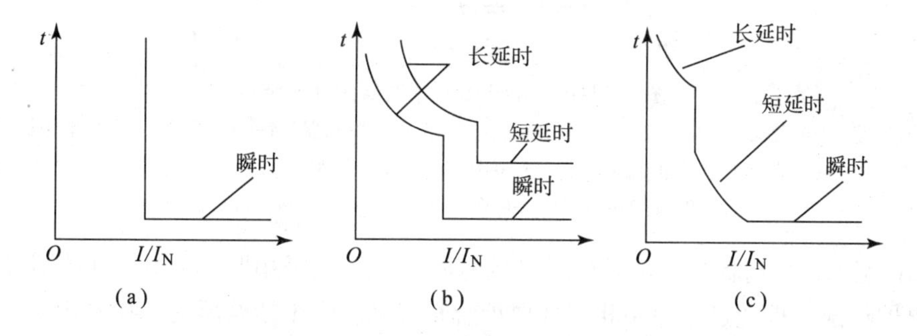

图3－33　低压断路器的保护动作特性曲线

（a）瞬时动作式；（b）两段保护式；（c）三段保护式

智能型断路器是其脱扣器采用了以微处理器或单片机为核心的智能控制，其保护功能更多更全，且能对各种保护的动作参数进行在线监测、调节和调试。

（一）万能式低压断路器

万能式低压断路器，因其保护方案和操作方式较多，装设地点也较灵活，故有“万能式”之称。万能式有一般型、高性能型和智能型几种结构形式，又有固定式、抽屉式两种安装方式，有手动和电动两种操作方式，一般具有多段式保护特性，主要用于低压配电系统

中作为总开关和保护电器。

1. 万能式低压断路器

比较典型的一般型万能式低压断路器有 DW16 型。它由底座、触头系统（含灭弧罩）、操作机构（含自由脱扣机构）、短路保护的瞬时（反时限）过电流脱扣器、单相接地保护脱扣器及辅助触头等部分组成，其外形结构如图 3－34 所示。DW16 型是我国过去普遍应用的 DW10 型的更新换代产品。为便于更换 DW16 型的底座安装尺寸、相间距离及触头系统等，均与 DW10 型相同。DW16 型较之 DW10 型增加了单相接地保护脱扣器。它利用其本体上的过负荷保护脱扣器的电流互感器作为检测元件，接地保护用小型电流继电器和分励脱扣器作为执行元件，以驱动断路器的脱扣机构，实现其单相接地短路保护的功能。

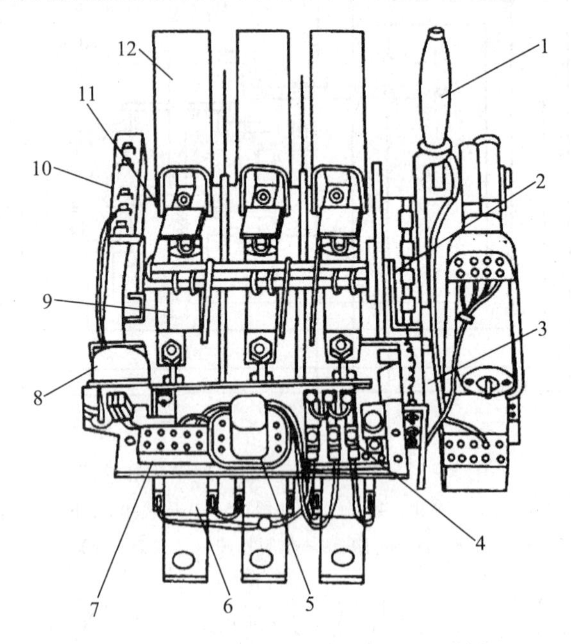

图 3－34　万能式低压断路器的外形结构

1—操作手柄（带电动操作机构）；2—自由脱扣机构；3—欠电压脱扣器；4—热脱扣器；5—接地保护用小型电流继电器；6—过负荷保护用过电流脱扣器；7—接线端子；8—分励脱扣器；9—短路保护用过电流脱扣器；10—辅助触头；11—底座；12—灭弧罩（内有主触头）

DW16 型的过负荷保护用的长延时（反时限）过电流脱扣器，由电流互感器和双金属片式热继电器组成，也通过上述单相接地保护脱扣器来动作于断路器的脱扣机构。

DW16 型的短路保护用的瞬时过电流脱扣器，则利用弓形母线穿过铁芯，当其衔铁吸合时，通过连杆传动机构动作于断路器的脱扣机构。

DW16 型断路器可用于不要求有保护选择性的低压配电系统中作控制保护电器。高性能型的万能式断路器有 DW15（H）、DW17（即 ME）等型号，其保护功能更多，性能更好。智能型万能式断路器有 DW45、DW48（即 CB11）和 DW914（即 AH）等型号，由于它采用微处理器或单片机为核心的智能控制，功能更多，性能更优异。

2. 塑料外壳式低压断路器

塑料外壳式低压断路器，因其全部机构和导电部分均装设在一个塑料外壳内，仅在壳盖中央露出操作手柄，故有“塑料外壳式”或“塑壳式”之名。

塑料外壳式断路器的类型繁多。国产的典型型号为 DZ20，其内部结构如图 3 - 35 所示。又由于它通常装设在低压配电装置之内，因此又称为“装置式低压断路器或装置式自动开关”。塑料外壳式断路器的操作方式多为手柄扳动式，其保护多为非选择型，它用于低压分支电路中。塑壳式断路器的操作机构通常采用四连杆机构，可自由脱扣。其操作手柄有三个位置：有合闸位置，手柄扳向上边，跳钩被锁扣扣住，触头维持在闭合状态；自由脱扣位置，脱扣器动作，带动牵引杆，使锁扣释放跳钩，从而使触头断开，手柄移至中间位置；分闸及再扣位置，手柄扳向下边，跳钩又被锁扣扣住从而完成“再扣”动作，为下次合闸做好准备。如果断路器自动跳闸后，不将手柄扳至再扣位置（即分闸位置），想要合闸也是合不上的。这不只是塑料外壳式低压断路器如此，前面所讲的万能式低压断路器也同样如此。

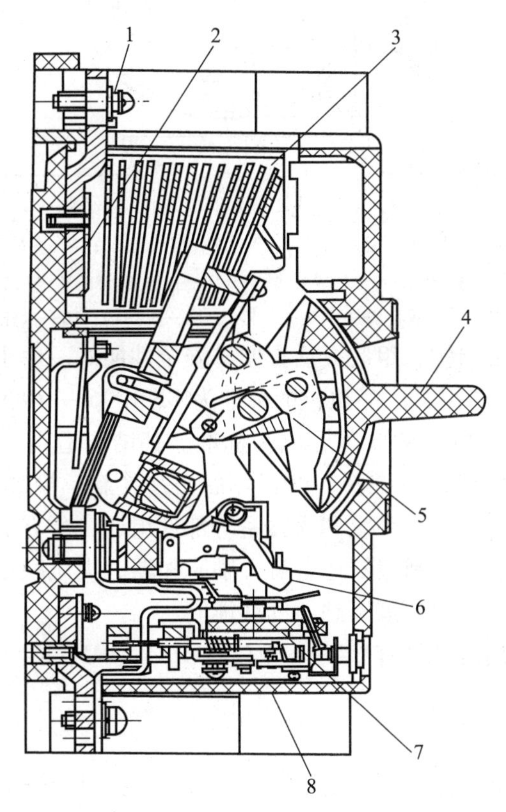

图 3 - 35　DZ20 型塑料外壳式断路器的内部结构

1—引入线接线端；2—主触头；3—灭弧室；4—操作手柄；5—跳钩；
6—锁扣；7—过电流脱扣器；8—塑料外壳

（二）模数化小型断路器

塑料外壳式断路器的类型繁多，国产的典型型号有 DZ20 型。塑料外壳式低压断路器中，有一类是 63 A 及以下的小型断路器，由于它具有模数化的结构和小型尺寸，因此通常称为“模数化小型断路器”，如图 3 - 36 所示。它现已广泛应用在低压配电系统终端，作为各种工业和民用建筑特别是住宅中照明线路及小型动力设备、家用电器等的通断控制以及过负荷、短路和漏电保护等之用。

模数化小型断路器具有下列优点：体积小，分断能力高，机电寿命长，具有模数化的结

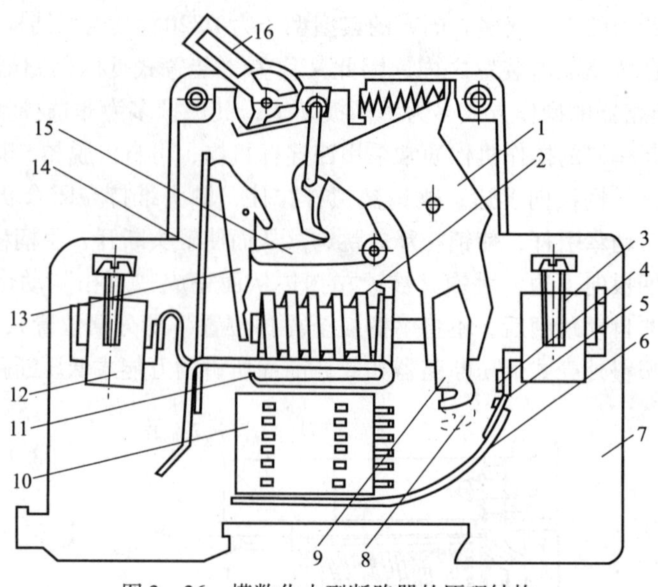

图 3－36 模数化小型断路器的原理结构

1—动触头杆；2—瞬动电磁铁（电磁脱扣器）；3，12—接线端子；4—主静触头；5—中线静触头；6，11—弧角；7—塑料外壳；8—中线动触头；9—主动触头；10—灭弧栅片（灭弧室）；13—锁扣；14—双金属片（热脱扣器）；15—脱扣钩；16—操作手柄

构尺寸和通用型卡轨式安装结构，组装灵活方便，安全性能好。由于模数化小型断路器是应用在“家用及类似场所”，所以其产品执行的标准为 GB 10963—1989《家用及类似场所用断路器》，该标准是等效采用的 IEC 898 国际电工标准。其结构适用于未受过专门训练的人员使用，其安全性能好，且不能进行维修，即损坏后必须换新。模数化小型断路器由操作机构、热脱扣器、电磁脱扣器、触头系统和灭弧室等部件组成，所有部件都装在一塑料外壳之内，如图 3－36 所示。有的小型断路器还备有分励脱扣器、失压脱扣器、漏电脱扣器和报警触头等附件，供需要时选用，以拓展断路器的功能。

模数化小型断路器常用的型号有 C45N、DZ23、DZ47、M、K、S、PX200C 等系列。

【任务实施】

（一）低压一次设备的选择

低压一次设备的选择，与高压一次设备的选择一样，必须满足其在正常条件下和短路故障条件下工作的要求，同时设备应工作安全可靠，运行维护方便，投资经济合理。

低压一次设备的选择校验项目如表 3－2 所示。关于低压电流互感器、电压互感器、电容器及母线、电缆、绝缘子等的选择校验项目与前面表 3－1 相同，此略。

（二）低压设备的检修

（以低压熔断器的检修为例）

1. 检修内容

（1）检查负荷情况是否与熔断器的额定值相配合。

（2）检查熔丝管外观有无破损、变形现象，瓷绝缘部分有无破损或闪络放电痕迹。

表 3-2　低压一次设备的选择校验项目

电气设备名称	电压/V	电流/A	断流能力/kA	短路电流校验	
低压熔断器	√	√	√	—	—
低压刀开关	√	√	√	√×	√×
低压负荷开关	√	√	√	√×	√×
低压断路器	√	√	√	√×	√×
注：①表中"√"表示必须校验，"√×"表示一般可不校验，"—"表示不要校验。 ②关于选择校验的条件，与表 3-1 相同，此略。					

（3）熔丝管与插座的连接处有无过热现象，接触是否紧密，内部有否烧损碳化现象。

（4）检查熔断器外观是否完好，压接处有无损伤，压接是否坚固，有无氧化腐蚀现象等。

（5）熔断器的底座有无松动，各部位压接螺母是否紧固。

2. 检修注意事项

（1）正确选择熔体（丝），应根据各种电气设备用电情况（电压等级、电流等级、负载变化情况等），在更换熔体时，应按规定换上相同型号、材料、尺寸、电流等级的熔体。

（2）安装和维修中，特别是更换熔体时，装在熔管内熔体的额定电流不准大于熔管的额定电流。

（3）更换熔体时，必须切断电源，不允许带电特别是带负荷拔出熔体，以防止人身事故。

（4）不能随便改变熔断器的工作方式，当发现熔断器损坏后，应根据熔断器所表明的规格，换上相应的新熔断器，不能用一根熔丝搭在熔管两端，更不能直接用导线连接。

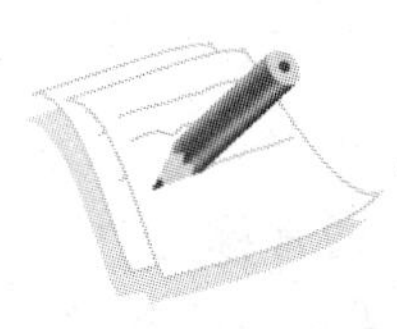

任务3　电力变压器的运行及选择

【学习任务单】

学习领域	工厂供电设备应用与维护	
项目三	供配电系统电气设备运行与选择	学时
学习任务 3	电力变压器的运行及选择	4
学习目标	**1. 知识目标** （1）熟悉电力变压器的结构及原理； （2）掌握电力变压器的运行及其选择。 **2. 能力目标** （1）准确识读设备结构图； （2）能够正确进行电力变压器的选择及检查。 **3. 素质目标** （1）培养学生在电力变压器运行操作过程中具有安全用电、文明操作意识； （2）培养学生在安装操作过程中具有团队协作意识和吃苦耐劳的精神。	

续表

学习领域	工厂供电设备应用与维护	
项目三	供配电系统电气设备运行与选择	学时
学习任务 3	电力变压器的运行及选择	4

一、任务描述
按照电力变压器的选择条件，能够分析电力变压器运行并进行选择，能够正确进行变压器的检查。
二、任务实施
（1）学生分组，每小组 4 ~ 5 人；
（2）小组按任务单进行分析和资料学习；
（3）小组经过讨论确定任务结果，每小组由中心发言人陈述，经过全体同学讨论，确定正确结果；
（4）检查总结。
三、相关资源
（1）教材；
（2）教学课件；
（3）图片；
（4）电力变压器安装图纸。
四、教学要求
（1）认真进行课前预习，充分利用教学资源；
（2）充分发挥团队合作精神，正确完成工作任务；
（3）团队之间相互学习，相互借鉴，提高学习效率。

【知识链接】

一、电力变压器的类型与连接

（一）电力变压器类型

（1）电力变压器类型：有升压变压器和降压变压器两大类。

用户变电所都采用降压变压器，二次侧为低压配电电压的降压变压器，通常称为“配电变压器”。电力变压器按容量系列分，有 R8 容量系列和 R10 容量系列两大类。所谓 R8 容量系列，是指容量等级是按 $R8=\sqrt[8]{10}\approx1.33$ 倍数递增的。我国老的变压器容量等级采用此系列，如容量 100、135、180、240、320、420、560、750、1 000（单位：kV · A）等。所谓 R10 容量系列，是指容量等级是按 $R10=\sqrt[10]{10}\approx1.26$ 倍数递增的。R10 系列的容量等级较密，便于合理选用，是国际电工委员会（IEC）推荐的，我国现在生产的电力变压器容量等级均采用这一系列，如容量 100、125、160、200、250、315、400、500、630、800、1 000（单位：kV · A）等。

（2）电力变压器按相数分：有单相和三相两大类，用户变电所通常都采用三相变压器。

（3）电力变压器按调压方式分：有无载调压和有载调压两大类型，用户变电所大多采用无载调压变压器。

（4）电力变压器按绕阻导体材质分：有铜绕组变压器和铝绕组变压器两大类型。用户变电所以往大多采用铝绕组变压器，如 SL7 型等；现在一般采用户内节能的 S9 型等铜绕组变压器。

（5）电力变压器按绕组型式分：有双绕组变压器、三绕组变压器和自耦变压器。用户变电所一般采用双绕组变压器。

（6）电力变压器按绕组绝缘和冷却方式分：有油浸式（见图3－37）、树脂绝缘干式和充气式（SF_6）等变压器，其中油浸式变压器又分油浸自冷式、油浸风冷式和强迫油循环冷却式等。用户变电所大多采用油浸自冷式变压器，但树脂绝缘干式变压器近年来在用户变电所中日益增多，高层建筑中的变电所一般都采用干式变压器或充气变压器。电力变压器按结构性能分，有普通变压器、全密封变压器和防雷变压器等。用户变电所大多采用普通变压器（包括油浸式和干式变压器）；全密封变压器（包括油浸式、干式和充气式）具有全密封结构，维护安全方便，在高层建筑中应用较广；防雷变压器，适用于多雷地区用户变电所使用。

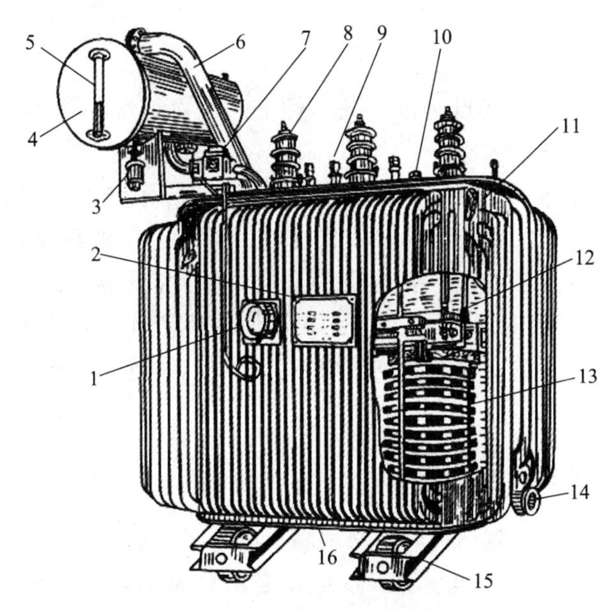

图3－37　三相油浸式变压器

1—信号温度计；2—铭牌；3—吸湿器；4—油枕；5—油位指示器（油标）；6—防爆管；7—瓦斯继电器；8—高压出线套管；9—低压出线套管；10—分接开关；11—油箱；12—变压器油；13—铁芯；14—绕组；15—放油阀；16—底座（小车）

（二）电力变压器的连接组别

电力变压器的连接组别，是指变压器一、二次绕组（或一、二、三次绕组）因采取不同连接方式而形成变压器一、二次侧（或一、二、三次侧）对应的线电压之间的不同相位关系，下面重点介绍用户配电变压器常见的几种连接组别。

1. Yyn0 连接和 Dyn11 连接的两种配电变压器

Yyn0 连接的变压器的线电压与对应的二次线电压之间的相位关系，如同时钟在零点时的分针与时针的相互关系一样；Dyn11 连接的线电压与对应的二次线电压之间的相位关系，如同时钟在11点时的分针与时针的相互关系一样。我国过去差不多都采用 Yyn0 连接的配电变压器，但近年来 Dyn11 连接的配电变压器已得到推广应用。

配电变压器采用 Dyn11 连接较之采用 Yyn0 连接有下列优点：

（1）Dyn11 连接的变压器更有利于抑制高次谐波电流；

（2）Dyn11 连接的变压器，其零序阻抗小得多，因此 Dyn11 连接变压器二次侧的单相接地短路电流大得多，从而更有利于低压侧单相接地短路故障的保护和切除。

（3）当接用单相不平衡负荷时，Dyn11 连接变压器的中性线电流允许达到相电流的 75% 以上，其承受单相不平衡负荷的能力远比 Yyn0 连接变压器大。这在现代供配电系统中单相负荷急剧增长的情况下，推广应用 Dyn11 连接变压器就显得更有必要性了。但是，由于 Yyn0 连接变压器一次绕组的绝缘强度要求可比 Dyn11 连接变压器稍低（因前者承受相电压而后者承受线电压），从而使得 Yyn0 连接变压器的制造成本稍低于 Dyn11 连接变压器，因此在 TN 及 TT 系统中，由单相不平衡负荷引起的中性线电流不致超过低压绕组额定电流的 25% 时，可选用 Yyn0 连接变压器。

2. Yzn11 连接的防雷变压器

Yzn11 连接变压器其结构特点是每一铁芯柱上的二次绕组都分为两半个匝数相等的绕组，而且采用曲折形（Z 形）连接。

当雷电过电压沿变压器一次侧（高压侧）线路侵入时，由于此变压器二次侧（低压侧）同一铁芯柱上的两半个绕组的感应电动势互相抵消，所以二次侧不会出现过电压。同样地，如雷电过电压沿二次侧（低压侧）线路侵入时，也由于此变压器二次侧同一铁芯柱上的两半个绕组的感应电动势互相抵消，所以过电压也不会感应到一次侧（高压侧）线路上去。由此可见，采用 Yzn11 连接的变压器有利于防雷，所以这种连接的变压器称为防雷变压器，适于多雷地区使用。

二、电力变压器的并列运行

两台或多台电力变压器并列运行时，必须满足以下四个基本条件：

（1）并列变压器的额定一次电压和二次电压必须对应相等。这也就是所有并列变压器的电压比必须相同，允许差值范围为 ±5%。如果并列变压器的电压比不同，则并列变压器二次绕组的回路内将出现环流，引起绕组过热甚至烧毁。

（2）并列变压器的阻抗电压必须相等。由于并列变压器二次侧的负荷是按其阻抗电压值成反比分配的，因此并列变压器的阻抗电压如果不同，将导致阻抗电压较小的变压器过负荷甚至烧毁。所以并列变压器的阻抗电压必须相等，允许差值范围为 ±10%。

（3）并列变压器的连接组别必须相同。这也就是所有并列变压器的一次电压和二次电压的相序和相位都必须对应地相同，否则不允许并列运行。假设两台变压器并列，一台为 Yyn0 连接，另一台为 Dyn11 连接，则它们的二次电压将出现 30°相位差，从而并列运行时将在两台变压器的二次绕组间产生电位差 ΔU。这一电位差 ΔU 将在两台变压器的二次绕组回路内产生一个很大的环流，有可能使变压器绕组烧毁。

（4）并列运行的变压器容量应尽量相同。其最大容量与最小容量之比，一般不宜超过 3∶1。如果容量相差悬殊，不仅运行很不方便，而且在变压器性能略有差异时，变压器间的环流往往相当显著，极易造成容量小的变压器过负荷或烧毁。

三、自动补偿电力稳压装置认识

各个船厂在船舶装配、系泊试验和试航船舶靠岸时都要使用岸电。岸电电压波动过大，往往使部分电力、电子设备工作不正常。而且，目前多数船舶上使用的电力系统接线多采用三相三线制接线。CZW 系列自动补偿式电力稳压装置是为确保舰船停泊码头时岸电馈电电压稳定而研制的一种稳压装置。该装置采用了目前国内外广泛采用的补偿原理，它具有稳压功率大，精度高，应变快，损耗低，输入范围广，过载能力强，不产生波形畸变等特点，适用于任何负载。

（一）CZW 系列自动补偿式电力稳压装置

输入电压经稳压后供给用电设备，具有自动稳压和手动调压两种方式，同时可以直接供电，输入电压通过接触器直接供给用电设备；自动补偿的电力稳压装置具有完善的报警功能，在稳压供电情况下，一旦出现如下故障，便发出声光警报：

（1）当输出电压高于额定值的 +6% 或低于额定值的 -10%；

（2）伺服及传动执行机构故障（仅对调压器式）；

（3）负载电流超过额定电流（以上报警在延时 2 min 后自动切断供电）；

（4）延时报警：任一报警发生时能对外提供报警触头一副（无源常开）；

（5）相序保护：当输入电压出现逆序或断相时，装置能自动切断供电；

（6）相序转换：本装置能实现相序自动切换以确保相序的正确性（须选装）；

（二）主要技术指标

（1）输入电压：AC 380 ×（1 ±20%） V，50 Hz；

（2）波形畸变：≤0.1%；

（3）损耗：<额定容量的 1.5%；

（4）稳压精度：AC 380 ×（1 ±2%） V（1% ~5% 可调）；

（5）应变速度：>20 V/s；

（6）结构形式：柜式，其中 120 kV · A 以下为单柜，180 ~800 kV · A 为双柜（分别为控制柜和补偿柜），1 000 kV · A 以上为四柜；

（7）防护等级：IP22；

（8）工作方式：连续制。

（三）自动补偿的电力稳压装置控制电路

图 3 -38 自动补偿的电力稳压装置控制电路由四台自立式机柜组成，分别为控制柜、A 相补偿柜、B 相补偿柜及 C 相补偿柜。本装置输入电压范围为 AC 304 ~456 V，50 Hz，三相四线制；输出电压为 AC 380 ×（1 ±3%） V，可采用三相三线输出，三相三线制也是目前船舶上使用的主要接线方式。

控制柜中 Q1、Q2 为框架式断路器，可电动操作，KM 为交流接触器。Q1 和 KM 接通，Q2 断开时为稳压供电；Q2 接通，Q1 和 KM 断开时为直接供电。

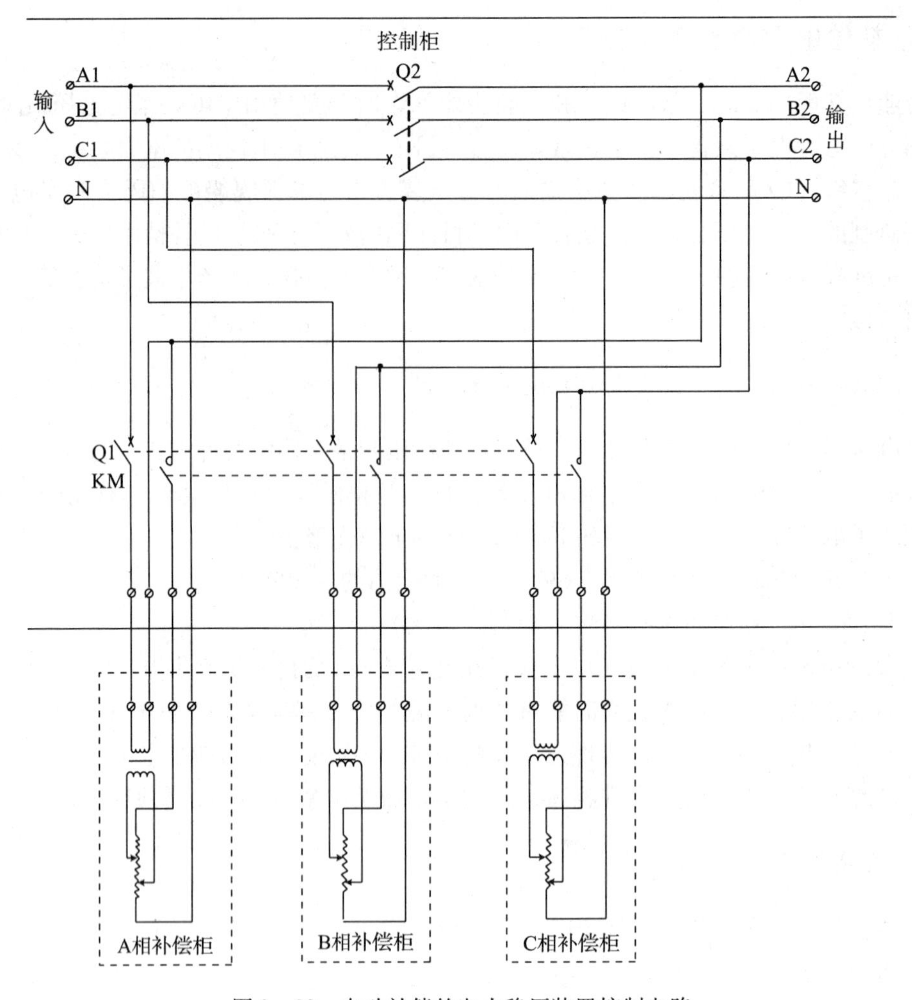

图 3-38 自动补偿的电力稳压装置控制电路

【任务实施】

电力变压器是一种静止的电气设备，是用来将某一数值的交流电压（电流）变成频率相同的另一种或几种数值不同的电压（电流）的设备。主要作用是传输电能，因此，检查变压器能否正常运行是供电系统的关键。

变压器检查：

（1）检查油枕、充油套管；油面、油色均应正常，无漏油现象。

（2）检查绝缘套管应清洁、无裂纹、破损及放电烧伤痕迹。

（3）检查变压器上层油温，一般变压器应在 85 ℃以下强迫油循环水冷变压器应不超过 75 ℃。

（4）倾听变压器发出的响声，应只有因交变磁通引起的铁芯振颤的均匀嗡嗡声。

（5）检查冷却装置运行是否正常。油浸自冷变压器的散热各部分温度不应有显著的差别；强迫循环风冷或风冷变压器的管道、阀门开闭、风扇、油泵、水泵运转正常、均匀。

（6）检查二次引线，不应过紧或过松，接头接触良好无过热痕迹，油温蜡片完好。

（7）检查呼吸器应畅通，硅胶吸湿不应达到饱和（观察硅胶是否变色）。

（8）检查防爆管，安全气道和防爆膜应完好无损，无存油。

（9）检查瓦斯继电器内应无气体（如果有气体，有可能导致瓦斯继电器误动作），与油枕间的阀门应打开。

（10）检查变压器外壳接地应良好。检查运行环境，变压器室门窗应完好，不漏雨渗水，照明和温度适当。

任务4　互感器的运行及选择

【学习任务单】

<table>
<tr><td>学习领域</td><td colspan="2">工厂供电设备应用与维护</td></tr>
<tr><td>项目三</td><td>供配电系统电气设备运行与选择</td><td>学时</td></tr>
<tr><td>学习任务4</td><td>互感器的运行及选择</td><td>2</td></tr>
<tr><td>学习目标</td><td colspan="2">1. 知识目标
（1）熟悉互感器的结构及原理；
（2）掌握互感器的运行及其选择。
2. 能力目标
（1）准确识读设备结构图；
（2）能够正确进行互感器的运行及其选择。
3. 素质目标
（1）培养学生在互感器运行操作过程中具有安全用电、文明操作意识；
（2）培养学生在安装操作过程中具有团队协作意识和吃苦耐劳的精神。</td></tr>
<tr><td colspan="3">一、任务描述
按照互感器的选择条件，能够进行互感器选择及事故原因分析。
二、任务实施
（1）学生分组，每小组4～5人；
（2）小组按任务单进行分析和资料学习；
（3）小组经过讨论确定任务结果，每小组由中心发言人陈述，经过全体同学讨论，确定正确结果；
（4）检查总结。
三、相关资源
（1）教材；
（2）教学课件；
（3）图片；
（4）互感器接线图纸。
四、教学要求
（1）认真进行课前预习，充分利用教学资源；
（2）充分发挥团队合作精神，正确完成工作任务；
（3）团队之间相互学习，相互借鉴，提高学习效率。</td></tr>
</table>

【知识链接】

一、电流互感器的运行与选择

（一）电流互感器的功能

（1）用来使仪表、继电器等二次设备与主电路绝缘。这既可防止主电路的高电压直接引入仪表、继电器等二次设备，又可防止仪表、继电器等二次设备的故障影响主电路，从而提高整个一、二次电路运行的安全性和可靠性，并有利于保障人身安全。

（2）用来扩大仪表和继电器等二次设备应用的电流范围。例如用一只 5 A 的电流表，通过不同变流比的电流互感器就可测量任意大的电流。而且由于采用电流互感器，可使仪表、继电器等二次设备的规格统一，有利于这些设备的批量生产。

（二）电流互感器的结构和接线方案

电流互感器的基本结构和接线如图 3－39 所示。电流互感器的结构特点是：一次绕组的匝数很少，有的电流互感器还没有一次绕组，而是利用穿过其铁芯的一次电路导体（母线）作为一次绕组（相当于绕组数为 1），且一次绕组导体相当粗；而二次绕组匝数很多，导体较细。工作时，一次绕组串联在一次电路中，而二次绕组则与仪表、继电器等的电流线圈串联，形成一个闭合回路。由于这些电流线圈的阻抗很小，因此电流互感器工作时其二次回路接近于短路状态。二次绕组的额定电流一般为 5 A，电流互感器的一次电流 I_1 与其二次电流 I_2 之间有下列关系：

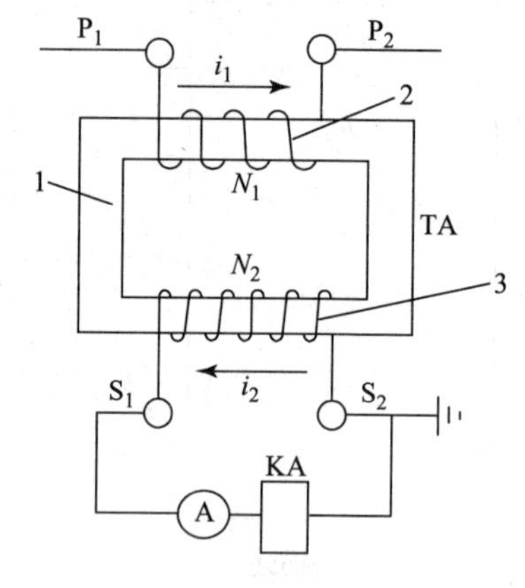

图 3－39　电流互感器的基本结构和接线

1—铁芯；2——次绕组；3—二次绕组

$$I_1 \approx \frac{N_2}{N_1} I_2 \approx K_i I_2 \qquad (3-1)$$

式中，N_1、N_2 分别为电流互感器一、二次绕组匝数；$K_i = N_2/N_1$，为电流互感器变流比。

电流互感器在三相电路中有如图 3－40 所示的四种常见的接线方案。

（1）一相式接线。如图 3－40（a）所示，电流线圈中通过的电流，反映一次电路对应相的电流。通常用于负荷平衡的三相电路例如低压动力线路中，供测量电流和连接过负荷保护装置之用。

（2）两相 V 形接线。如图 3－40（b）所示的接线也称为两相不完全星形接线。在继电保护装置中，这种接线则称为两相两继电器接线，在中性点不接地的三相三线制电路（例如 6～10 kV 高压电路）中，这种接线广泛用于测量三相电流、电能及作过电流继电保护之用。这种接线二次侧公共线上的电流为 $\dot{I}_a + \dot{I}_c = -\dot{I}_b$，即反映的是未接电流互感器那一相的相电流。

(3) 两相电流差接线。如图 3－40（c）所示，这种接线也称为两相交叉接线，其二次侧公共线上的电流为 $\dot{I}_a - \dot{I}_c$，其量值为相电流的$\sqrt{3}$倍，这种接线适于中性点不接地的三线制电路（例如 6～10 kV 高压电路）中作过电流继电保护之用，也称作两相一继电器接线。

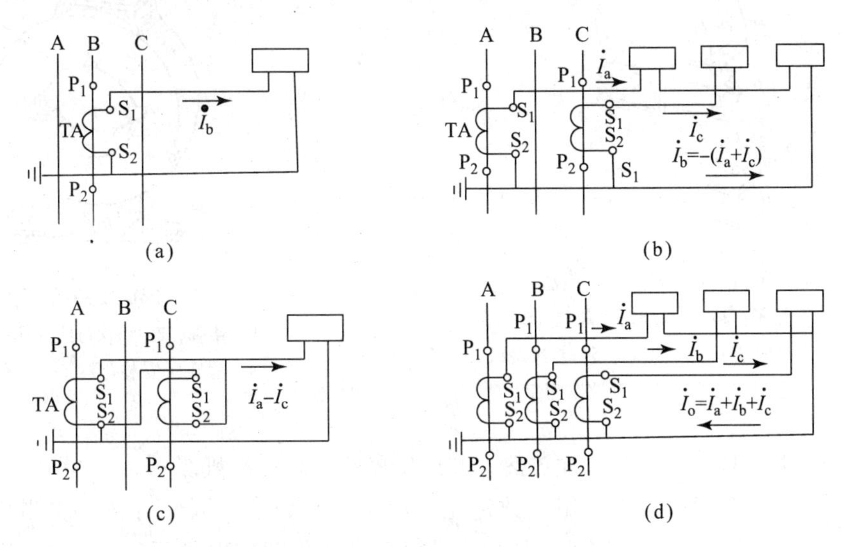

图 3－40　接线方案（图中加了结点）

(a) 一相式；(b) 两相 V 形；(c) 两相电流差；(d) 三相星形

(4) 三相星形接线。如图 3－40（d）所示，这种接线中的三个电流线圈，正好反映各相的电流，广泛用于三相负荷一般不平衡的三相四线制系统如低压 TN 系统中，也用在负荷可能不平衡的三相三线制系统中，作三相电流、电能测量及过电流继电保护之用。

(三) 电流互感器的类型和型号

电流互感器的类型很多。按其一次绕组的匝数分，有单匝式（包括母线式、芯柱式、套管式等）和多匝式（包括线圈式、线环式、串级式等）。按其一次电压分，有高压和低压两大类。按其用途分，有测量用和保护用两大类。按其准确级分，测量用电流互感器有 0.1、0.2、0.5、1、3、5 等级，保护用电流互感器有 5P、10P 两级。按其绝缘和冷却方式分，有油浸式和干式两大类，油浸式主要用于户外装置中。现在应用最普遍的是环氧树脂浇注绝缘的干式电流互感器，特别是在户内装置中，油浸式电流互感器已基本上淘汰不用。图 3－41 是户内高压 LQJ－10 型电流互感器的外形图。它有两个铁芯和两个二次绕组，准确级有 0.5 级和 3 级，0.5 级用于测量，3 级用于继电保护。图 3－42 是户内低压 LMZJ1－0.5 型电流互感器的外形图。它不含一次绕组，穿过其铁芯的母线就是其一次绕组（相当于 1 匝）。它用于 500 V 及以下的低压配电装置中。

(四) 电流互感器使用注意事项

电流互感器工作时二次侧不得开路，电流互感器的二次负荷为电流线圈，阻抗很小，因此其正常工作接近于短路状态，如果二次侧开路，励磁电动势将突然增大几十倍，从而产生以下严重后果：

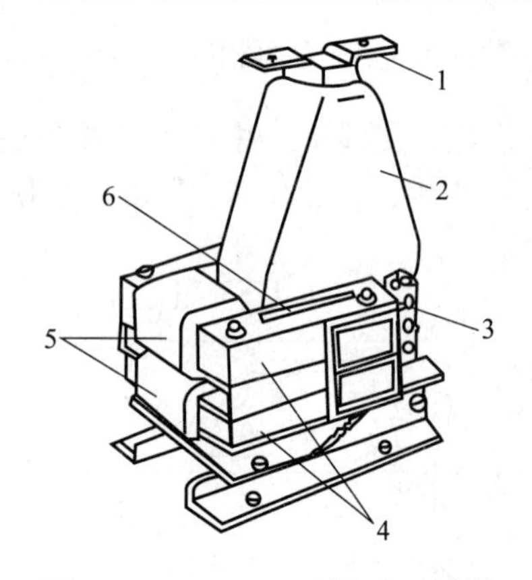

图 3－41　LQJ－10 型电流互感器

1—一次接线端子；2—一次绕组（树脂浇注绝缘）；3—二次接线端子；4—铁芯；5—二次绕组；6—警示牌（上写“二次侧不得开路”等字）

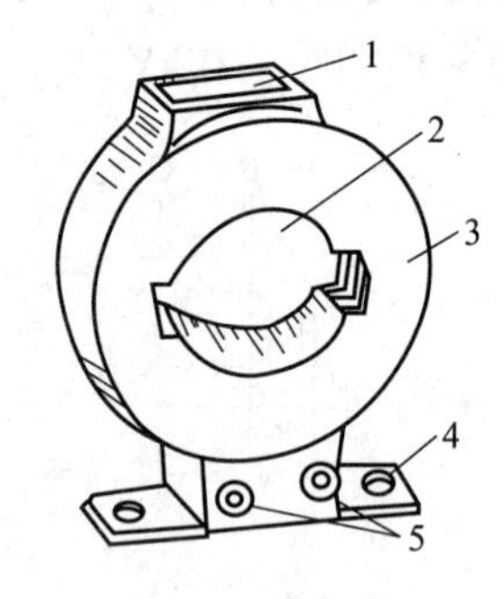

图 3－42　LMZJ1－0.5 型电流互感器

1—铭牌；2—一次母线穿孔；3—铁芯；4—底座（安装孔）；5—二次接线端子

（1）铁芯由于其中磁通剧增而过热，并产生剩磁，降低准确级；

（2）由于电流互感器二次绕组匝数远比一次绕组匝数多，因此可在二次侧感应出危险的高电压，危及人身和设备的安全。所以电流互感器工作时二次侧不允许开路，有的互感器还专门标有这样的警示牌。电流互感器在安装时，其二次接线必须牢靠，且不允许接入开关和熔断器。

二、电压互感器的运行与选择

（一）电压互感器的功能

（1）用来使仪表、继电器等二次设备与主电路绝缘。这与电流互感器的功用完全相同，以提高一、二次电路运行的安全性和可靠性，并有利于保障人身安全。

（2）用来扩大仪表、继电器等二次设备应用的范围。例如用一只 100 V 的电压表，通过不同变压比的电压互感器就可测量任意高的电压，这也有利于电压表、继电器等二次设备的规格统一和批量生产。

（二）电压互感器的结构和接线方案

电压互感器的结构特点是：一次绕组匝数很多，二次绕组匝数很少，相当于降压变压器。工作时，一次绕组并联在一次电路中，而二次绕组则并联仪表、继电器的电压线圈。由于这些电压线圈的阻抗很大，所以电压互感器工作时其二次侧接近于空载状态。二次绕组的额定电压一般为 100 V。

电压互感器的原理结构和接线如图 3－43 所示。

电压互感器的一次电压与其二次电压之间有下列关系：

$$U_1 \approx \frac{N_1}{N_2} U_2 \approx K_u U_2 \tag{3-2}$$

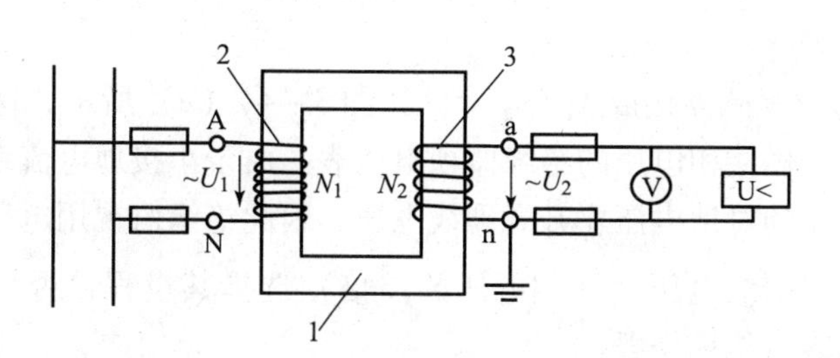

图 3－43　电压互感器的基本结构和接线

1—铁芯；2—一次绕组；3—二次绕组

式中，N_1、N_2 分别为电压互感器一、二次绕组匝数；$K_u=\dfrac{N_1}{N_2}$为电压互感器变压比。

电压互感器在三相电路中有如图 3－44 所示的四种常见接线方案：

（1）一个单相电压互感器接线。如图 3－44（a）所示，这种接线供仪表、继电器的电压线圈接于三相电路的一个线电压。

（2）两个单相电压互感器接成 V/V 形。如图 3－44（b）所示，这种接线供仪表、继电器的电压线圈接于三相三线制电路的各个线电压，广泛应用在变配电所的 6～10 kV 高压配

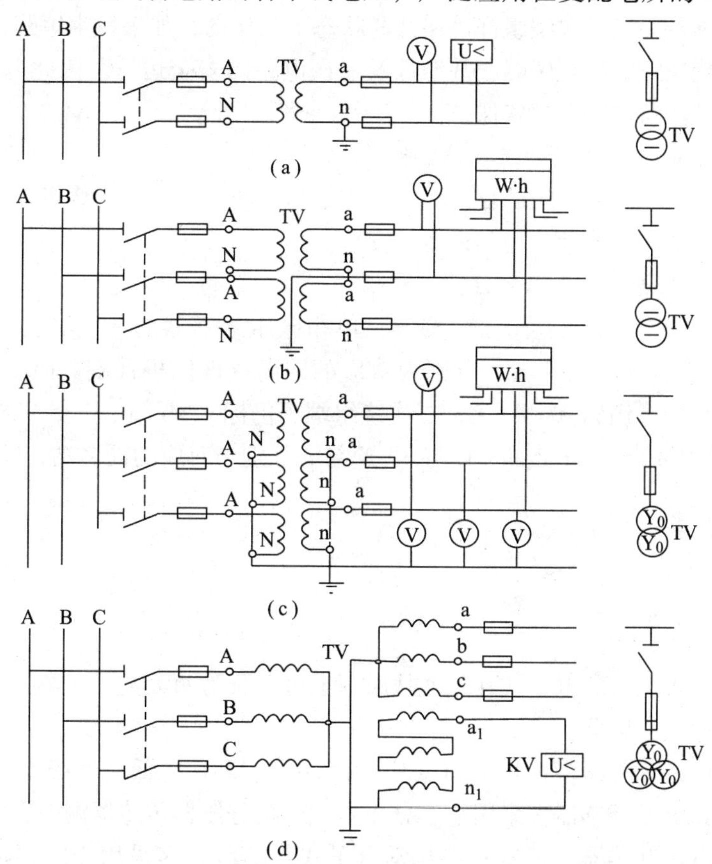

图 3－44　电压互感器的接线方案

（a）一个单相电压互感器；（b）两个单相电压互感器接成 V/V 形；（c）三个单相电压互感器接成 Y_0/Y_0 形；（d）三个单相三绕组电压互感器或一个三相五芯柱三绕组电压互感器接成 $Y_0/Y_0/\triangle$ 形

电装置中。

(3) 三个单相电压互感器接成 Y_0/Y_0 形。如图 3－44（c）所示，这种接线供要求线电压的仪表、继电器，并供接相电压的绝缘监视电压表。由于小接地电流系统在发生单相接地故障时，另两个完好相的对地电压要升高到线电压，因此绝缘监视用电压表不能接入按相电压选择的电压表，而要按线电压（即相电压的$\sqrt{3}$倍）选择其量程，否则在一次电路发生单相接地故障时，电压表可能被烧毁。

(4) 三个单相三绕组电压互感器或一个三相五芯柱三绕组电压互感器接成 $Y_0/Y_0/\triangle$（开口三角）形。如图 3－44（d）所示，其接成 Y_0 的二次绕组，供电给需线电压的仪表、继电器及绝缘监视用电压表，与图 3－44（c）的二次接线相同。接成$\triangle$（开口三角）形的辅助二次绕组，接电压继电器。当一次电压正常时，由于三个相电压对称，因此开口三角形开口的两端电压接近于零。但当一次电路有一相接地时，开口三角形开口的两端将出现近 100 V 的零序电压，使电压继电器动作，发出故障信号。

（三）电压互感器使用注意事项

1. 电压互感器工作时二次侧不得短路

由于电压互感器一、二次绕组都是在并联状态下工作的，如果发生短路，将产生很大的短路电流，有可能烧毁电压互感器，甚至危及一次电路的安全运行。因此电压互感器的一、二次侧都必须装设熔断器进行短路保护。

2. 电压互感器的二次侧必须有一端接地

这与电流互感器二次侧接地的目的相同，也是为了防止一、二次绕组绝缘击穿时，一次侧的高电压窜入二次侧，危及人身和设备的安全。

3. 电压互感器在连接时也必须注意其极性

按 GB 1207—1997《电压互感器》规定，单相电压互感器的一、二次绕组端子分别标 A、N 和 a、n，其中 A 与 a、N 与 n 分别为对应的同名端即同极性端。而三相电压互感器，按相序，一次绕组端子仍标 A、B、C，二次绕组端子仍标 a、b、c，一、二次侧的中性点则分别标 N、n，其中 A 与 a、B 与 b、C 与 c、N 与 n 分别为对应的同名端，即同极性端。

【任务实施】

（一）电流互感器认识

目前市场上投入运行的电子式互感器从原理上可以分为两大类，一类为有源电子式互感器，另一类为无源式互感器。

有源电子式电流互感器多采用 RCT（空心线圈）+ LPCT（低功率线圈）传感器测一次电流，有源电子式电压互感器多采用电容分压器或电阻分压器传感器测一次电压。

无源电子式电流互感器（或被称：光学电子式互感器）多采用光纤或磁光玻璃传感器测一次电流。常规互感器和电子式互感器的比较见表 3－3。

试分析影响电子式电流互感器使用的主要问题。

表 3-3　常规互感器和电子式互感器的比较

比较项目	常规互感器	电子式互感器
绝缘	油绝缘、气绝缘	光纤隔离绝缘
污染	漏油、漏气，污染环境	无油、无气、无污染
体积及重量	体积大、重量重	体积小、重量轻
CT 动态范围	范围小、有磁饱和	范围大、无磁饱和
PT 谐振	易产生铁磁谐振	PT 无谐振现象
精度	精度易受负载影响	精度高与负载无关
CT 二次输出	不能开路	无开路危险
输出形式	模拟量输出，导线传输	数字量输出，光纤传输
供电电源	无	需要
使用寿命	30 年	与电子电路寿命有关

（二）事故分析

有一6.3 kV 配电柜事故跳闸，显示二次电流为 A 相 200 A、B 相 186 A、C 相 3 A，其中 CT 变比为 600/5。分析事故原因。

（1）检查负荷变压器有无异常现象。首先对变压器表面进行检查，然后对变压器进行直流电阻测试，绝缘测试，必要时进行耐压试验。

（2）检查6.3 kV 电缆。先查看电缆两端接头是否损坏，然后对电缆进行绝缘和耐压试验（一般耐压试验为直流耐压，为额定电压的 2～3 倍）。

（3）检查高压配出柜一次系统。检查电流互感器、高压开关、避雷器等是否有放电现象发生。高压柜内，是否钻进小动物。

（4）检查高压柜二次系统。检查电流互感器二次接线（包括测量回路和保护回路）是否异常。

（5）根据检查、测试的结果，进行综合分析，做出事故原因的正确判断。

（6）根据原因判定，进行抢修，尽快恢复送电。

任务 5　工厂变配电所主接线图认识

【学习任务单】

学习领域	工厂供电设备应用与维护	
项目三	供配电系统电气设备运行与选择	学时
学习任务 5	工厂变配电所主接线图认识	4
学习目标	**1. 知识目标** （1）熟悉工厂变配电所主接线图中设备的原理及型号； （2）掌握工厂变配电所主接线图识图方法。	

续表

<table>
<tr><td>学习领域</td><td colspan="2">工厂供电设备应用与维护</td></tr>
<tr><td>项目三</td><td>供配电系统电气设备运行与选择</td><td>学时</td></tr>
<tr><td>学习任务 5</td><td>工厂变配电所主接线图认识</td><td>4</td></tr>
<tr><td>学习目标</td><td colspan="2">2. 能力目标
（1）准确识读工厂变配电所主接线图；
（2）能够正确进行设备的选择。
3. 素质目标
（1）培养学生在工厂变配电所操作过程中具有安全用电、文明操作意识；
（2）培养学生在安装操作过程中具有团队协作意识和吃苦耐劳的精神。</td></tr>
<tr><td colspan="3">一、任务描述
能够分析工厂变配电所主接线图的组成，准确识读接有应急柴油发电机组的变电所主接线图。
二、任务实施
（1）学生分组，每小组 4 ~ 5 人；
（2）小组按任务单进行分析和资料学习；
（3）小组经过讨论确定任务结果，每小组由中心发言人陈述，经过全体同学讨论，确定正确结果；
（4）检查总结。
三、相关资源
（1）教材；
（2）教学课件；
（3）图片；
（4）工厂变配电所主接线图纸。
四、教学要求
（1）认真进行课前预习，充分利用教学资源；
（2）充分发挥团队合作精神，正确完成工作任务；
（3）团队之间相互学习，相互借鉴，提高学习效率。</td></tr>
</table>

【知识链接】

一、高压配电所的主接线图认识

高压配电所担负着从电力系统受电并向各车间变电所及某些高压用电设备配电的任务，图 3－45 是某中型工厂供电系统中高压配电所及其附设 2 号车间变电所的主接线图。

（一）电源进线

这个配电所有两路 10 kV 电源进线，一路是架空线路 WL1，另一路是电缆线路 WL2。最常见的进线方式是，一路电源来自发电厂或电力系统变电站，作为正常工作电源；而另一路电源则来自邻近单位的高压联络线，作为备用电源。

我国 1996 年发布施行的《供电营业规则》规定：“对 10 kV 及以下电压供电的用户，应配置专用的电能计量柜（箱）；对 35 kV 及以上电压供电的用户，应有专用的电流互感器二次线圈和专用的电压互感器二次连接线，并不得与保护、测量回路共用。”因此在这两路电源进线的主开关柜之前，各装有一台高压计量柜（图中 No. 101 和 No. 112 柜，也可在进线主开关柜之后），其中的电流互感器和电压互感器专用来连接计费电能表。考虑到进线断

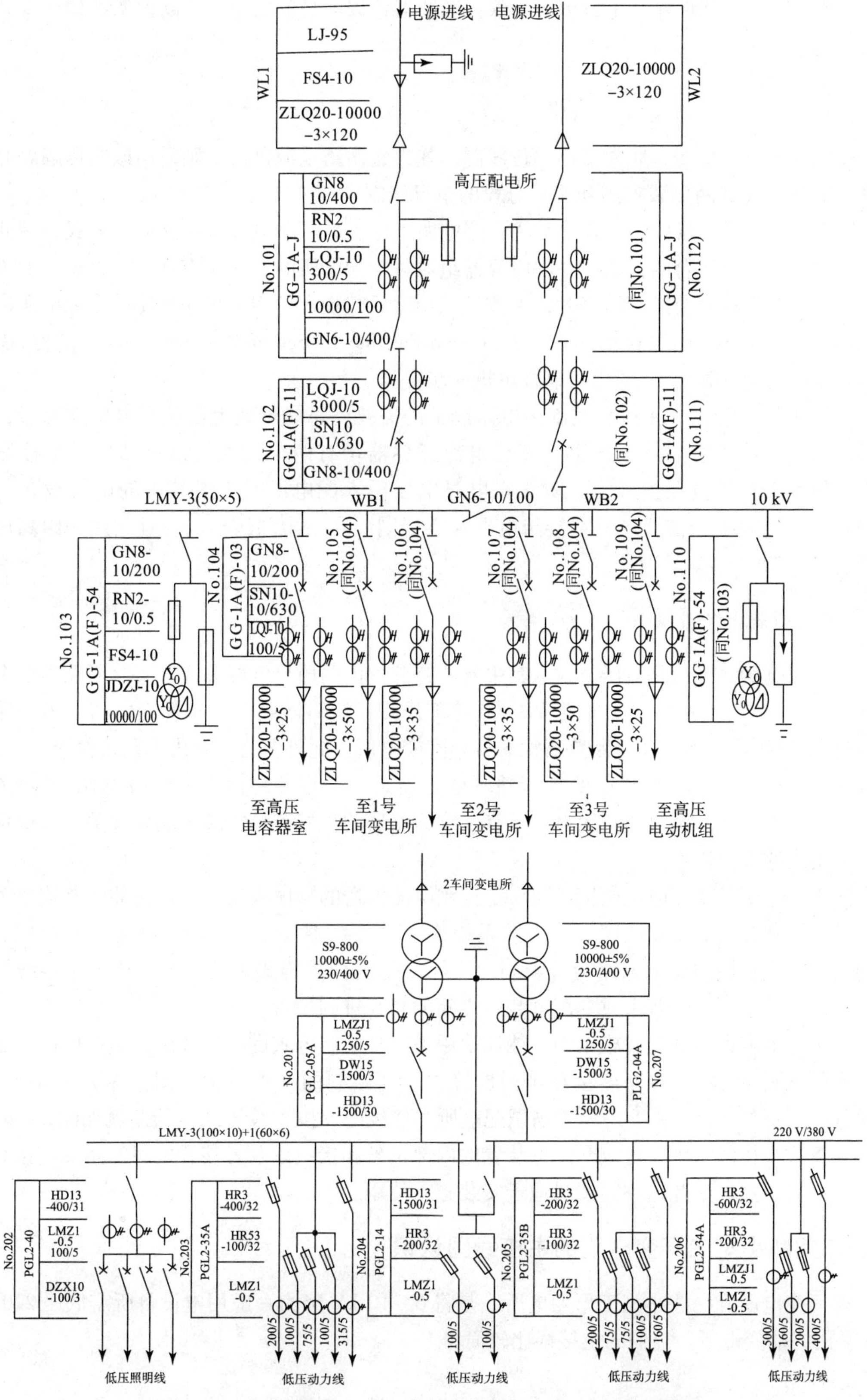

图 3－45 某高压配电所及其附设 2 号车间变电所的主接线图

路器在检修时有可能两端来电，因此为保证断路器检修人员的安全，断路器两端均装有高压隔离开关。

(二) 母线

高压配电所的母线，通常采用单母线制。如果是两路电源进线，则采用以高压隔离开关或高压断路器（其两侧装隔离开关）分段的单母线制。

图3－46所示高压配电所通常采用一路电源工作、另一路电源备用的运行方式，因此母线分段开关通常是闭合的，高压并联电容器组对整个配电所的无功功率都进行补偿。如果工作电源进线发生故障或进行检修时，在该进线切除后，投入备用电源即可使整个配电所恢复供电。如果采用备用电源自动投入装置（Auto-Put-into Device of Reserve-source，简称 APD，汉语拼音缩写为 BZT)，则供电可靠性可进一步提高。

为了测量、监视、保护和控制主电路设备的需要，每段母线上都接有电压互感器，进线和出线上均串接有电流互感器。高压电流互感器均有两个二次绕组，其中一个接测量仪表，另一个接继电保护。为了防止雷电过电压侵入配电所时击毁其中的电气设备，各段母线上都装设了避雷器。避雷器与电压互感器同装在一个高压柜内，且共用一组高压隔离开关。

(三) 高压配电出线

这个配电所共有六路高压出线。其中有两路分别由两段母线经隔离开关－断路器配电给2号车间变电所。一路由左段母线 WB1 经隔离开关－断路器供1号车间变电所；另一路由右段母线 WB2 经隔离开关－断路器供3号车间变电所。此外，有一路由左段母线 WB1 经隔离开关－断路器供无功补偿用的高压并联电容器组，还有一路由右段母线 WB2 经隔离开关－断路器供一组高压电动机用电。所有出线断路器的母线侧均加装了隔离开关，以保证断路器和出线的安全检修。

图3－45所示变配电所主接线图，是按照电能输送的顺序来安排各设备的相互连接关系的。这种绘制方式的主接线图，称为“系统式”主接线图。这种简图多在运行中使用。变配电所运行值班用的模拟电路盘上绘制的一般就是这种系统式主接线图。这种主接线图全面、系统，但并不反映其中成套配电装置之间的相互排列位置。

在供电工程设计和安装施工中，往往采用另一种绘制方式的主接线图，是按照高压或低压成套配电装置之间的相互连接和排列位置关系而绘制的一种主接线图，称为“装置式”主接线图。例如，图3－45中所示高压配电所主接线图，按“装置式”绘制就如图3－46所示。装置式主接线图中，各成套配电装置的内部设备和接线以及各装置之间的相互连接和排列位置一目了然，因此这种简图最适于安装施工使用。

二、车间和小型工厂变电所的主接线图认识

车间变电所和一些小型工厂变电所，是将6～10 kV 降为一般用电设备所需低压220 V/380 V 的终端变电所。它们的主接线比较简单。

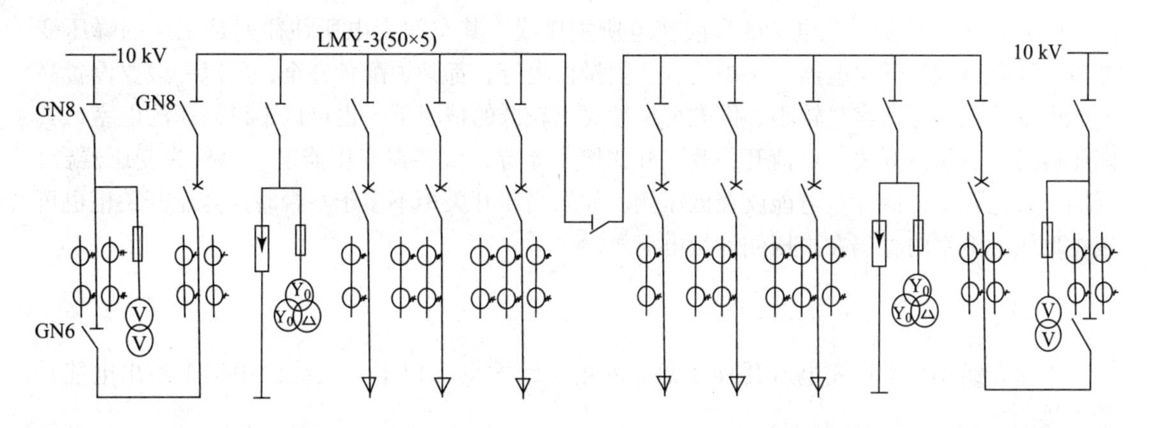

No. 101	No. 102	No. 103	No. 104	No. 105	No. 106		No. 107	No. 108	No. 109	No. 110	No. 111	No. 112
电能计量柜	1号连线开关柜	避雷器及电压互感器	出线柜	出线柜	出线柜	GN6－10/400	出线柜	出线柜	出线柜	避雷器及电压互感器	2号进线开关柜	电能计量柜
GC－1A－J	GG－1A(F)－11	GG－1A(F)－54	GG－1A(F)－03	GG－1A(F)－03	GG－1A(F)－03		GG－1A(F)－03	GG－1A(F)－03	GG－1A(F)－03	GG－1A(F)－54	GG－1A(F)－11	GG－1A－J

图3－46　高压配电所的装置式主接线图

（一）车间变电所主接线图

从车间变电所高压侧的主接线来看，有以下两种情况：

（1）有工厂总降压变电所或高压配电所的车间变电所主接线。其高压侧的开关电器、保护装置和测量仪表等，一般都安装在高压配电线路的首端，即安装在总变、配电所的高压配电室内，而车间变电所只设变压器室（室外为变压器台）和低压配电室。其高压侧大多不装开关，或只装简单的隔离开关、熔断器（室外则装跌开式熔断器）、避雷器等，如图3－47所示。

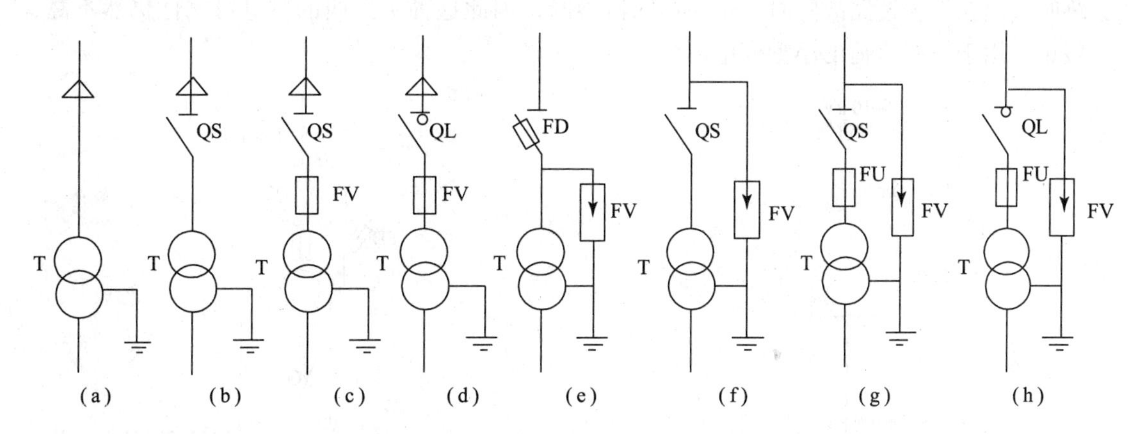

图3－47　车间变电所高压侧主接线方案

(a) 高压电缆进线，无开关；(b) 高压电缆进线，装隔离开关；(c) 高压电缆进线，装隔离开关－熔断器；(d) 高压电缆进线，装负荷开关－熔断器；(e) 高压架空进线，装跌开式熔断器和避雷器；(f) 高压架空进线，装隔离开关和避雷器；(g) 高压架空进线，装隔离开关－熔断器和避雷器；(h) 高压架空进线，装负荷开关－熔断器和避雷器

QS—隔离开关；QL—负荷开关；FD—跌开式熔断器；FV—阀式避雷器

（2）无工厂总变、配电所的车间变电所主接线。其车间变电所往往就是工厂的降压变电所，其高压侧的开关电器、保护装置和测量仪表等，都必须配备齐全，所以一般要设置高压配电室。在变压器容量较小、供电可靠性要求较低的情况下，也可以不设高压配电室，其高压熔断器、隔离开关、负荷开关及跌开式熔断器等，就装在变压器室（室外为变压器台）的墙上或电杆上，而计量电能就在低压侧。如果高压开关柜不多于6台时，高压开关柜也可装在低压配电室内，仍在高压侧计量电能。

（二）小型工厂变电所主接线图

下面介绍小型工厂变电所几种较常见的主接线方案（以下主接线图中均未绘出电能计量柜接线）。

1. 只装有一台主变压器的小型变电所主接线图

只装有一台主变压器的小型变电所，其高压侧一般采用无母线的接线。根据其高压侧采用的开关电器不同，有以下三种比较典型的主接线方案：

（1）高压侧采用隔离开关－熔断器或户外跌开式熔断器的变电所主接线图（见图3－48）。这种主接线，相当简单、经济，但受隔离开关和跌开式熔断器切断空载变压器容量的限制，一般只用于容量500 kV·A及以下的变电所，且供电可靠性不高。当主变压器或高压侧发生故障或检修时，整个变电所都要停电。由于隔离开关和跌开式熔断器不能带负荷操作，因此变电所停电和送电的操作程序比较复杂，稍有疏忽，还容易发生带负荷拉闸的严重事故；而且在熔断器熔断后，更换熔体需一定时间，从而使故障排除后恢复供电的时间延长，更影响了供电的可靠性。这种主接线只适用于三级负荷的小型变电所。

（2）高压侧采用负荷开关－熔断器的变电所主接线图（见图3－49）。由于负荷开关能带负荷操作，从而使变电所停电和送电的操作比上述主接线（见图3－48）要简便灵活得多，也不存在带负荷拉闸的问题。在发生过负荷时，负荷开关装的热脱扣器保护动作，使开关跳闸。但在发生短路故障时，也使熔断器熔断，因此这种主接线的供电可靠性仍然不高，一般也只用于三级负荷的小型变电所。

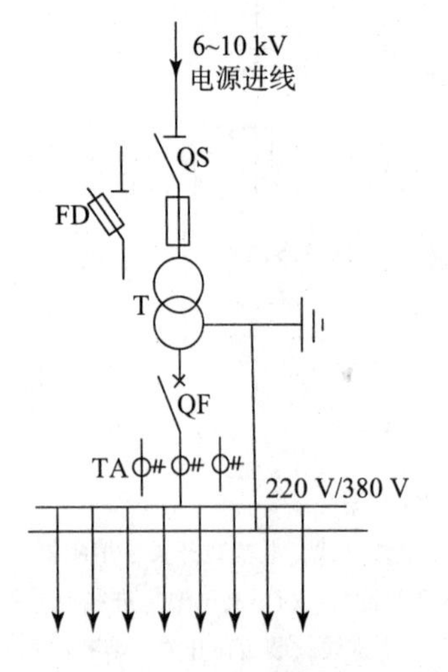

图3－48　高压侧采用隔离开关－熔断器的变电所主接线图

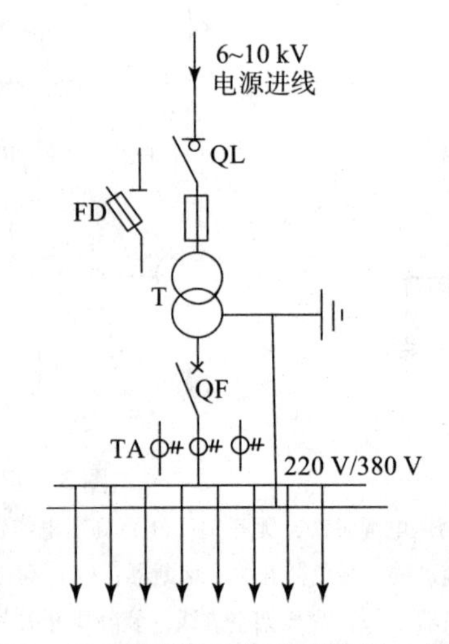

图3－49　高压侧采用负荷开关－熔断器的变电所主接线图

（3）高压侧采用隔离开关－断路器的变电所主接线图。图 3－50 是高压侧采用隔离开关－断路器的变电所主接线。由于采用了高压断路器，因此变电所的停、送电操作十分灵活方便，同时高压断路器都配备有继电保护装置，在变电所发生短路或过负荷时均能自动跳闸，而且在故障和异常情况消除后，又可直接迅速合闸从而使恢复供电的时间大大缩短。如果配备自动重合闸装置（Auto-Reclosing Device，简称 ARD，汉语拼音缩写为 ZCH），则供电可靠性可进一步提高。但是由于它只有一路电源进线，因此一般也只用于三级负荷，但供电容量较大。

图 3－51 所示变电所主接线有两路电源进线，因此供电可靠性相应提高，可供电给二级负荷。如果低压侧还有联络线与其他变电所相连，或者另有备用电源时，还可供少量一级负荷。

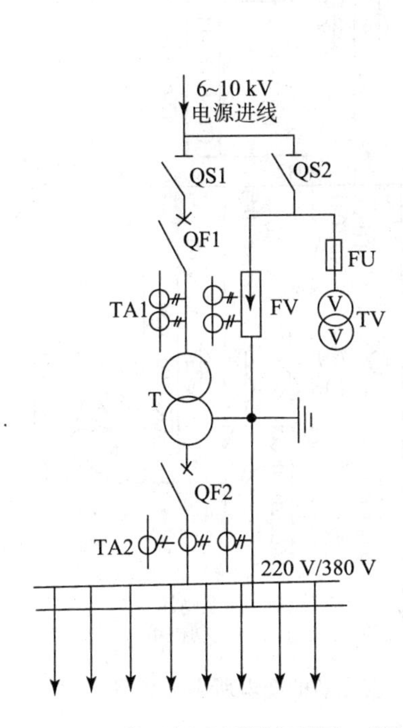

图 3－50　高压侧采用隔离开关－断路器的变电所主接线图

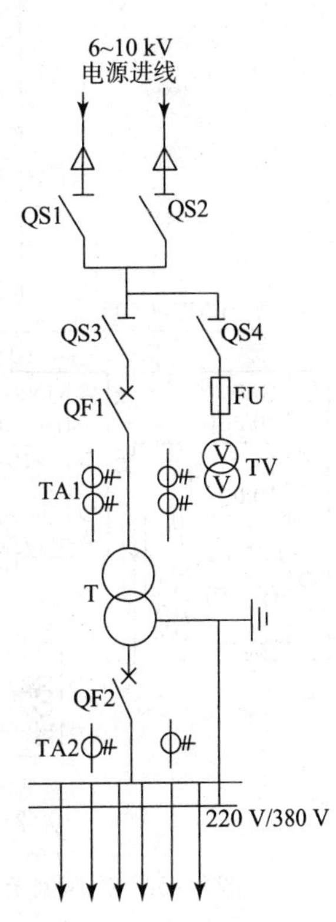

图 3－51　高压侧双电源进线的一台主变压器变电所主接线图

2. 装有两台主变压器的小型变电所主接线图

（1）高压侧无母线、低压侧单母线分段的两台主变压器的变电所主接线图（见图 3－52）。这种主接线的供电可靠性较高。当任一台主变压器或任一电源进线停电检修或发生故障时，该变电所通过闭合低压母线的分段开关，即可迅速恢复对整个变电所的供电。如果两台主变压器的低压主开关和低压母线分段开关都采用电磁合闸或电动机合闸的万能式低压断路器，并装设互为备用的备用电源自动投入装置（APD），则任一主变压器低压主开关因电源进线失压而跳闸时，另一主变压器低压主开关和低压母线分段开关就将在 APD 的作用下自动合闸，恢复整个变电所的正常供电。这种主接线可供一、二级负荷。

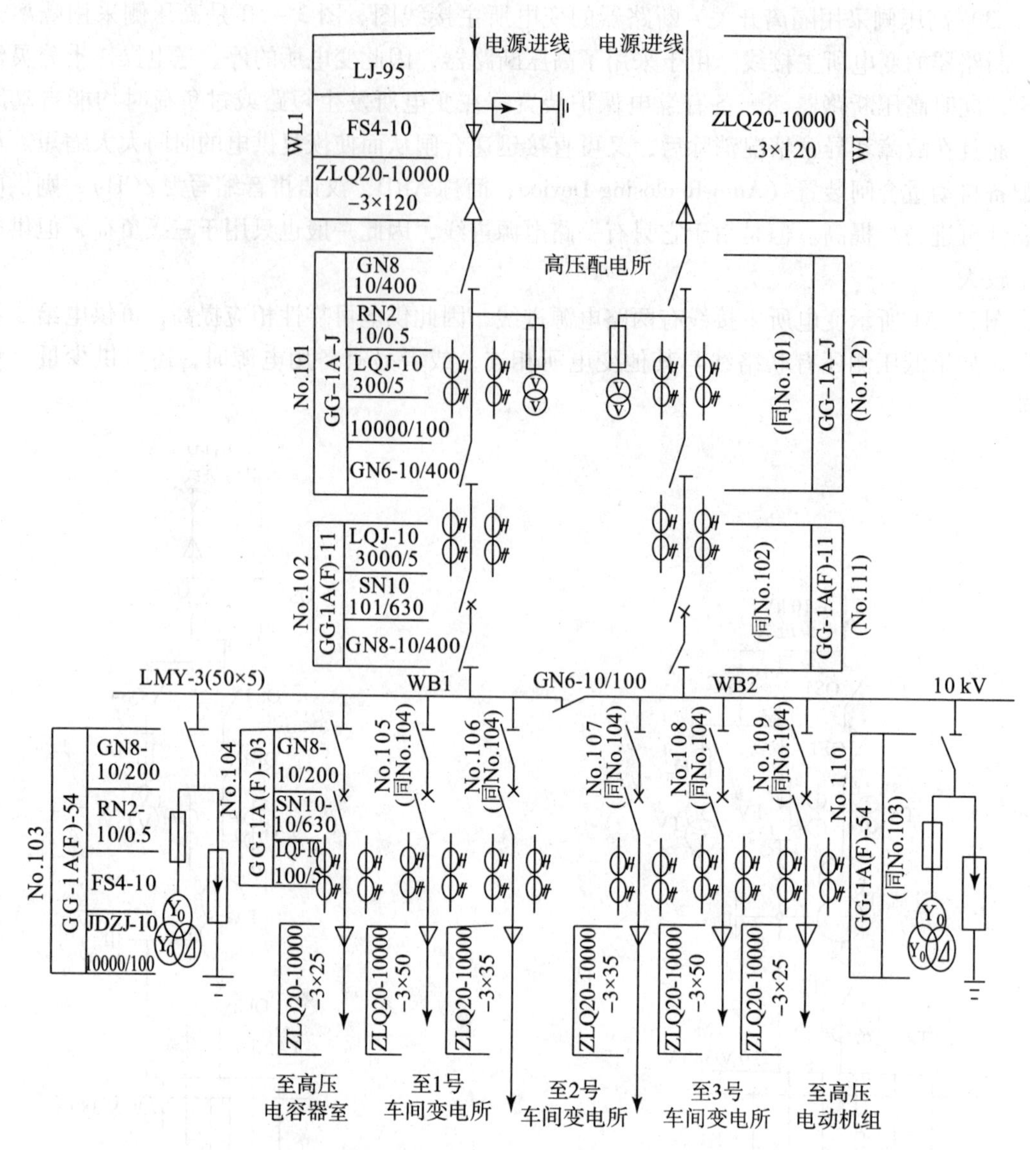

图 3－52　高压侧无母线、低压单母线分段的两台主变压器的变电所主接线图

（2）高压侧单母线、低压侧单母线分段的变电所主接线图（见图 3－53）。这种主接线适用于装有两台（或多台）主变压器或者具有多路高压出线的变电所。其供电可靠性也较高，任一主变压器检修或发生故障时，通过切换操作，可迅速恢复整个变电所的供电。但是高压母线或者电源进线检修或发生故障时，整个变电所都要停电。如果有与其他变电所相连的低压或高压联络线时，供电可靠性则可大大提高。无联络线时，这种主接线只能供二、三级负荷，而有联络线时，则可供一、二级负荷。

（3）高低压侧均为单母线分段的变电所主接线图（见图 3－54）。这种主接线的高压分段母线，正常时可以接通运行，也可以分段运行。当一台主变压器或一路电源进线停电检修或发生故障时，通过切换操作，可迅速恢复整个变电所的供电，因此其供电可靠性相当高，可供一、二级负荷。

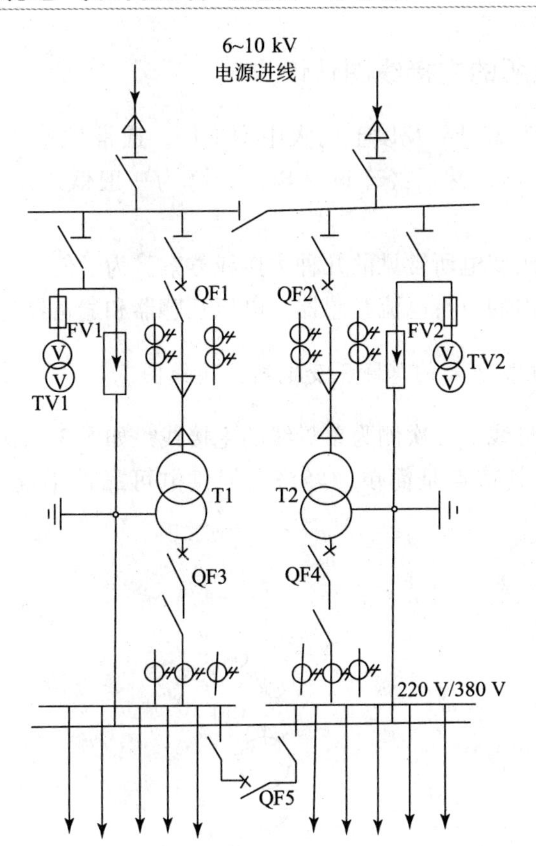

图 3－53　高压侧单母线、低压侧单母线分段的变电所主接线图

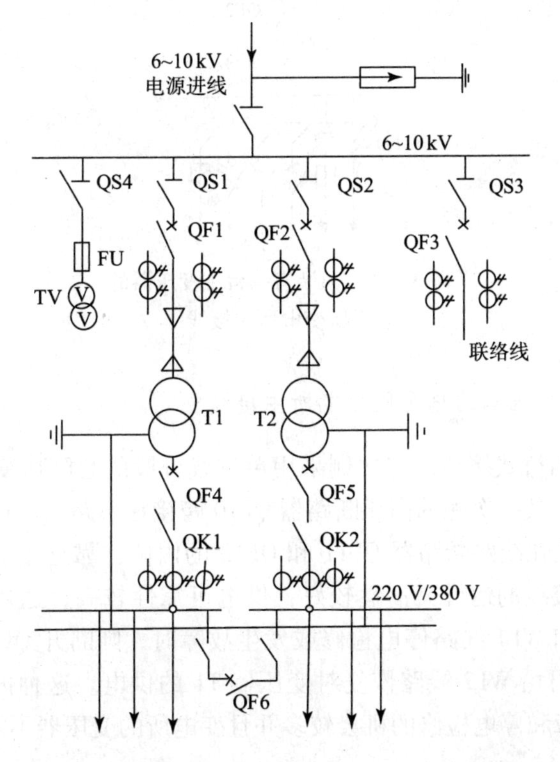

图 3－54　高低压侧均为单母线分段的变电所主接线图

三、工厂总降压变电所的主接线图认识

对于电源进线电压为35 kV及以上的大中型工厂，通常是先经工厂总降压变电所降为6～10 kV的高压配电电压，然后经车间变电所，降为一般低压用电设备所需的电压，如220 V/380 V。

下面介绍工厂总降压变电所常见的几种主接线方案。为了使主接线图简明起见，图上省略了包括电能计量柜在内的所有电流互感器、电压互感器和避雷器等一次设备。

（一）只装有一台主变压器的总降压变电所主接线图

通常采用一次侧无母线、二次侧为单母线的主接线，如图3－55所示。其一次侧采用高压断路器作为主开关。其特点是简单、经济，但供电可靠性不高，只适用于三级负荷的工厂。

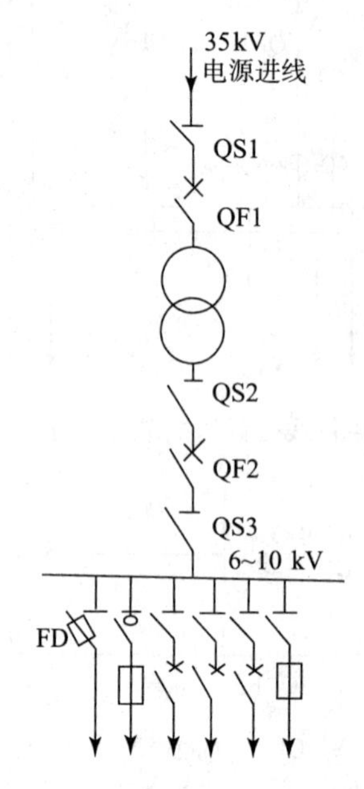

图3－55　只装有一台主变压器的总降压变电所主接线图

（二）装有两台主变压器的总降压变电所主接线图

（1）一次侧采用内桥式接线、二次侧采用单母线分段的总降压变电所主接线图（见图3－56）。这种主接线，其一次侧的高压断路器QF10跨接在两路电源进线WL1和WL2之间，犹如一座桥梁，而且处在线路断路器QF11和QF12的内侧，靠近主变压器，因此称为“内桥式”接线。这种主接线的运行灵活性较好，供电可靠性较高，适用于一、二级负荷的工厂。如果某路电源例如WL1线路停电检修或发生故障时，则断开QF11，投入QF10（其两侧QS先行闭合），即可由WL2线路恢复对变压器T1的供电。这种内桥式接线多用于电源线路较长因而发生故障和停电检修的机会较多并且变电所的变压器不需要经常切换的总降压变电所。

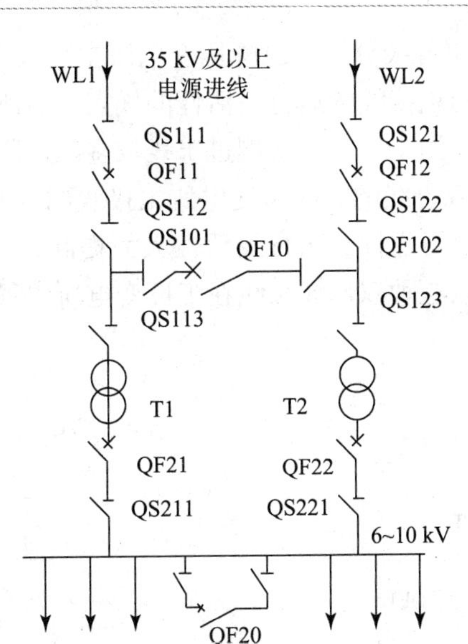

图 3－56　一次侧采用内桥式接线的总降压变电所主接线图

(2) 一次侧采用外桥式接线、二次侧采用单母线分段的总降压变电所主接线图（见图 3－57）。这种主接线，其一次侧的高压断路器 QF10 也跨接在两路电源进线 WL1 和 WL2 之间，但处在线路断路器 QF11 和 QF12 的外侧，靠近电源方向，因此称为“外桥式”接线。这种主接线的运行灵活性也较好，供电可靠性同样较高，也适用于一、二级负荷的工厂。但是这种外桥式接线与内桥式接线适用的场合有所不同。如果某台变压器例如 T1 停电检修或发生故障时，则断开 QF11，投入 QF10（其两侧 QS 先行闭合），使两路电源进线又恢复并列运行。这种外桥式接线适用于电源线路较短而变电所昼夜负荷变动较大、适于经济运行而需要经常切换变压器的总降压变电所。当一次电源线路采用环形接线时，也宜于采用这种接线，使环形电网的穿越功率不通过进线断路器 QF11 和 QF12，这对改善线路断路器的工作及其继电保护的整定都极为有利。

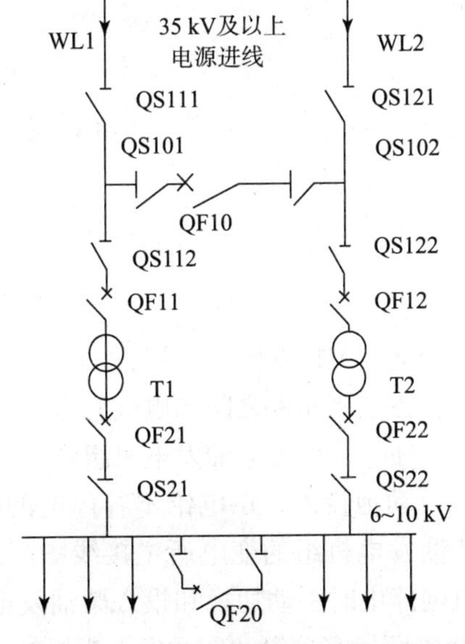

图 3－57　一次侧采用外桥式接线的总降压变电所主接线图

（3）一、二次侧均采用单母线分段的总降压变电所主接线图（见图 3－58）。这种主接线兼有上述内桥式和外桥式两种接线的运行灵活性的优点，但所用高压开关设备较多，投资较大。可供一、二级负荷，适用于一、二次侧进出线较多的总降压变电所。

（4）一、二次侧均采用双母线的总降压变电所主接线图（见图 3－59）。采用双母线接线较之采用单母线接线，供电可靠性和运行灵活性大大提高，但开关设备也相应大大增加，从而大大增加了初投资，所以这种双母线接线在工厂变电所中很少采用，它主要用于电力系统的枢纽变电站。

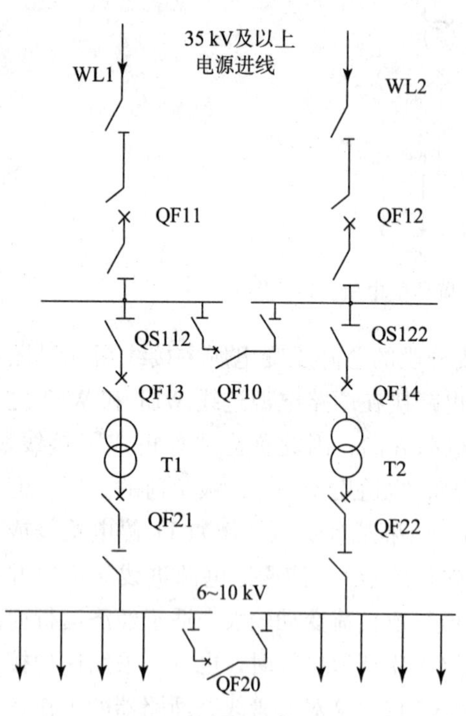

图 3－58　一、二次侧均采用单母线分段的总降压变电所主接线图

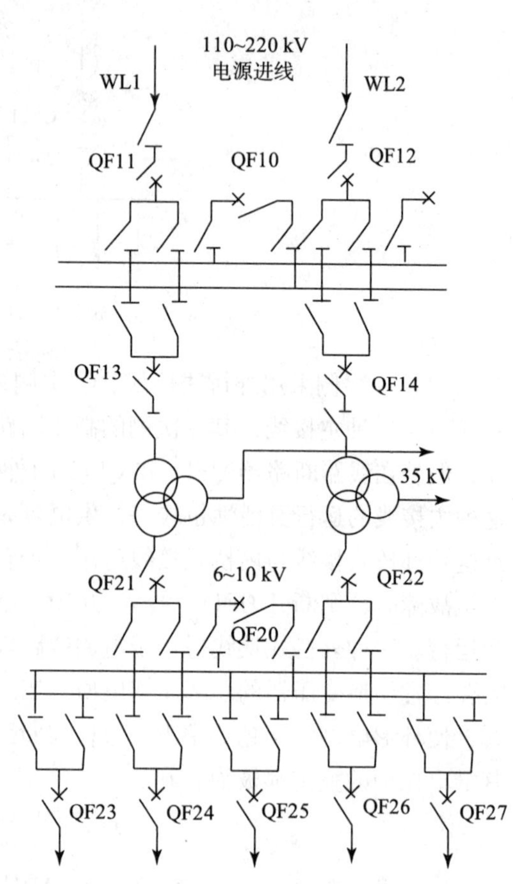

图 3－59　一、二次侧均采用双母线的总降压变电所主接线图

【任务实施】

接有应急柴油发电机组的变电所主接线图的认识：

电气接线图表示出电力系统各主要元件之间的电气联系。

有些拥有重要负荷的工厂，往往装设有柴油发电机组作为应急的备用电源，以便在正常供电的公共电网停电时手动或自动地投入，供电给不容停电的重要负荷（含消防用电）和应急照明。图 3－60 是接有柴油发电机组的变电所主接线图。其中图 3－60（a）为只有一台主变压器的变电所在公共电网停电时手动切换和投入柴油发电机组的主接线图；图 3－60（b）为装有两台主变压器的变电所接有自启动柴油发电机组的主接线图。

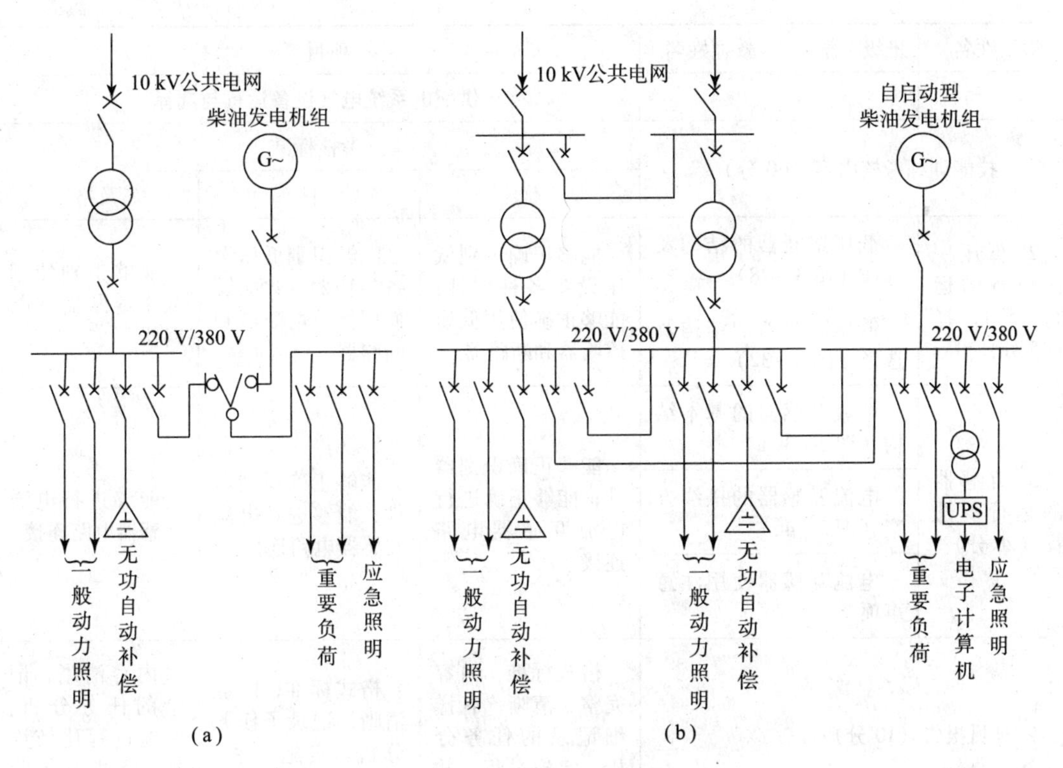

图 3-60　接有柴油发电机组的变电所主接线图

(a) 一台主变压器，机组手动切换；(b) 两台主变压器，机组自启动

结合实际情况分析应急柴油发电机组的变电所主接线图。

【项目考核】

项目考核单

学生姓名	班级	学号	教师姓名	项目三		
				供配电系统电气设备运行与选择		
技能训练考核内容（60分）				考核标准		
				优	良	及格
1. 高压一次设备的运行及选择（15分）	高压熔断器的结构及选择			能够正确选择和使用高压熔断器、断路器；正确识别高压开关柜各种器件	能够选择和使用高压熔断器、断路器；识别高压开关柜各种器件	能够识别高压熔断器和断路器；识别高压开关柜各种器件
	高压断路器的结构及选择（图3-12）					
	高压开关柜的结构（图3-23）					

续表

<table>
<tr><td>学生姓名</td><td>班级</td><td>学号</td><td>教师姓名</td><td colspan="3">项目三</td></tr>
<tr><td></td><td></td><td></td><td></td><td colspan="3">供配电系统电气设备运行与选择</td></tr>
<tr><td colspan="4" rowspan="2">技能训练考核内容（60 分）</td><td colspan="3">考核标准</td></tr>
<tr><td>优</td><td>良</td><td>及格</td></tr>
<tr><td rowspan="2">2. 低压一次设备的运行及选择（15 分）</td><td colspan="3">低压熔断器的结构及选择（图 3-28）</td><td rowspan="2">能够正确识别低压设备各种器件；能够正确使用低压熔断器和断路器</td><td rowspan="2">能够识别低压设备各种器件；能够使用低压熔断器和断路器</td><td rowspan="2">能够识别使用低压熔断器和断路器</td></tr>
<tr><td colspan="3">低压断路器的结构及选择（图 3-32）</td></tr>
<tr><td rowspan="3">3. 互感器的运行及选择（20 分）</td><td colspan="3">电流互感器的基本结构（图 3-39）</td><td rowspan="3">能够正确识别器件；能够正确进行电流互感器电路连接</td><td rowspan="3">能够正确识别器件；能够进行电流互感器电路连接</td><td rowspan="3">能够进行电流互感器电路连接</td></tr>
<tr><td colspan="3">电流互感器的接线方案（图 3-40）</td></tr>
<tr><td colspan="3">电流互感器使用注意事项</td></tr>
<tr><td colspan="4">4. 项目报告（10 分）</td><td>格式标准，内容完整、清晰，有详细记录的任务分析、实施过程，并进行了归纳总结</td><td>格式标准，内容清晰，记录了任务分析、实施过程，并进行了归纳总结</td><td>内容清晰，记录的任务分析、实施过程比较详细，并进行了归纳总结</td></tr>
<tr><td colspan="4">知识巩固测试（40 分）</td><td rowspan="7">遵守工作纪律，遵守安全操作规程，对相关知识点掌握牢固、准确，能正确理解电路的工作原理</td><td rowspan="7">遵守工作纪律，遵守安全操作规程，对相关知识点掌握一般，基本能正确理解电路的工作原理</td><td rowspan="7">遵守工作纪律，遵守安全操作规程，对相关知识点掌握牢固，但对电路的理解不够清晰</td></tr>
<tr><td colspan="4">1. 变压器并联运行条件</td></tr>
<tr><td colspan="4">2. 电流互感器的作用和连接方式</td></tr>
<tr><td colspan="4">3. 少油断路器和多油断路器中的油各有何功用</td></tr>
<tr><td colspan="4">4. 熔断器的作用及选择</td></tr>
<tr><td colspan="4">5. 变配电所主接线的设计要求</td></tr>
<tr><td colspan="4">6. 变压器的巡视检查注意事项</td></tr>
<tr><td>完成日期</td><td colspan="3">年　月　日</td><td colspan="2">总　成　绩</td><td></td></tr>
</table>

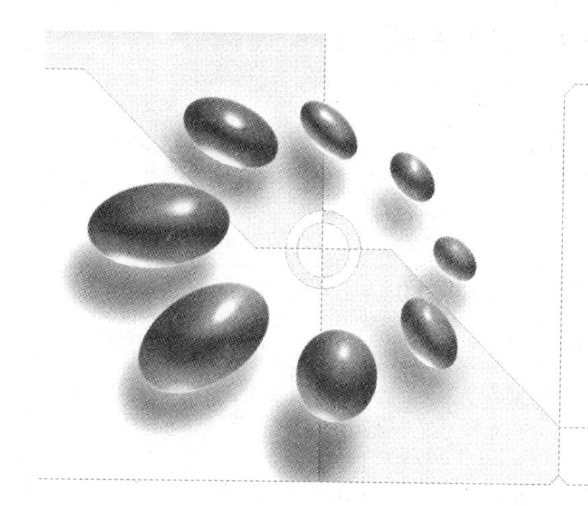

项目四 供配电系统保护

【项目描述】

本项目介绍了供配电系统继电保护接线和操作方式，分析了高压电力线路继电保护的原理及供配电系统二次回路控制过程。通过本项目的学习，学生具体应达到以下要求：

一、知识要求

（1）能进行保护继电器的选择；

（2）熟悉电力系统继电保护的接线和操作方式；

（3）掌握供配电系统二次回路的控制。

二、能力要求

（1）准确识读工厂电力系统的接线图；

（2）能正确进行电力系统继电保护的接线；

（3）能够正确进行供配电系统二次回路的接线。

三、素质要求

（1）具有规范操作、安全操作、环保意识；

（2）具有爱岗敬业、实事求是、团结协作的优秀品质；

（3）具有分析问题、解决实际问题的能力；

（4）具有创新意识、获取新知识、新技能的学习能力。

任务1　继电保护的接线和操作方式

【学习任务单】

<table>
<tr><td>学习领域</td><td colspan="2">工厂供电设备应用与维护</td></tr>
<tr><td>项目四</td><td>供配电系统保护</td><td>学时</td></tr>
<tr><td>学习任务1</td><td>继电保护的接线和操作方式</td><td>4</td></tr>
<tr><td>学习目标</td><td colspan="2">1. 知识目标
（1）熟悉保护继电器的选择；
（2）掌握短保护继电器的接线和操作。
2. 能力目标
（1）准确识读电力线路接线图；
（2）能够正确进行保护继电器的接线。
3. 素质目标
（1）培养学生在电力线路接线过程中具有安全用电、文明操作意识；
（2）培养学生在安装操作过程中具有团队协作意识和吃苦耐劳的精神。</td></tr>
<tr><td colspan="3">一、任务描述
认识“去分流跳闸”的实际电路，进行GL－15继电器整定。
二、任务实施
（1）学生分组，每小组4～5人；
（2）小组按任务单进行分析和资料学习；
（3）小组经过讨论确定任务结果，每小组由中心发言人陈述，经过全体同学讨论，确定正确结果；
（4）检查总结。
三、相关资源
（1）教材；
（2）教学课件；
（3）图片；
（4）电力线路接线图纸。
四、教学要求
（1）认真进行课前预习，充分利用教学资源；
（2）充分发挥团队合作精神，正确完成工作任务；
（3）团队之间相互学习，相互借鉴，提高学习效率。</td></tr>
</table>

【知识链接】

一、继电保护的任务与要求

（一）继电保护装置的任务

继电保护装置是按照保护的要求，将各种继电器按一定的方式进行连接和组合而成的电气装置，其任务是：

（1）故障时动作于跳闸。在供配电系统出现故障时，反应故障的继电保护装置动作，使最近的断路器跳闸，切除故障部分，使系统的其他部分恢复正常运行，同时发出信号，提醒运行值班人员及时处理。

（2）异常状态时发出报警信号。在供配电系统出现不正常工作状态时，如过负荷或出现故障苗头时，有关继电保护装置发出报警信号，提醒运行值班人员及时处理，消除异常工作状态，以免发展为故障。

（二）继电保护的基本要求

1. 选择性

当供配电系统发生故障时，离故障点最近的保护装置动作，切除故障，而系统的其他部分仍正常运行。满足这一要求的动作，称为选择性动作。如果系统发生故障时，靠近故障点的保护装置不动作（拒动作），而离故障点远的前一级保护装置动作（越级动作），就叫作失去选择性。

2. 可靠性

保护装置在应该动作时，就应该动作，不应该拒动作。而在不应该动作时，就不应该误动作。保护装置的可靠程度，与保护装置的元件质量、接线方案以及安装、整定和运行维护等多种因素有关。

3. 速动性

为了防止故障扩大，减小故障的危害程度，并提高电力系统的稳定性，因此在系统发生故障时，继电保护装置应尽快地动作，切除故障。

4. 灵敏度

这是表征保护装置对其保护区内故障和不正常工作状态反应能力的一个参数。如果保护装置对其保护区内极其轻微的故障都能及时地反应动作，则说明保护装置的灵敏度高。灵敏度用灵敏系数来衡量。

对过电流保护，其灵敏系数的定义为：

$$S_{\mathrm{p}} = \frac{I_{k.\min}}{I_{\mathrm{op.1}}} \tag{4-1}$$

式中，$I_{k.\min}$为保护装置的保护区末端在系统最小运行方式时的最小短路电流；$I_{\mathrm{op.1}}$为保护装置的一次侧动作电流，即保护装置动作电流I_{op}换算到一次电路侧的值。

对低电压保护，其灵敏系数的定义为：

$$S_{\mathrm{p}} = \frac{U_{\mathrm{op.1}}}{U_{k.\max}} \tag{4-2}$$

式中，$U_{k.\max}$为保护装置的保护区末端短路时，在保护装置安装处母线上的最大残余电压；$U_{\mathrm{op.1}}$为保护装置的一次侧动作电压，即保护装置动作电压换算到一次电路侧的值。

在 GB 50062—1992《电力装置的继电保护和自动装置设计规范》中，对各种继电保护的灵敏系数均有一个最小值的规定，应以此作为各种继电保护灵敏度检验的依据。以上四项要求对于一个具体的保护装置来说，不一定都是同等重要的，而是往往有所侧重。例如对电力变压器，由于它是供配电系统中最关键的设备，因此对它的保护装置的灵敏度要求较高；而对一般电力线路的保护装置，其灵敏度要求可低一些，但其选择性要求较高。又例如，在无法兼顾保护选择性和速动性的情况下，为了快速切除故障以保护某些关键设备，或者为了尽快恢复系统的正常运行，有时甚至牺牲选择性来保证速动性。继电保护装置除了满足上述四项基本要求外，还应便于调试和维修，且尽可能满足系统运行所要求的灵活性。

二、常用的保护继电器及其接线和操作方式

（一）继电器的分类

继电器是一种在其输入的物理量（包括电气量和非电气量）达到规定值时，其电气量输出电路被接通或分断的自动电器。

继电器按其输入量的性质分，有电气继电器和非电气继电器两大类。按其用途分，有控制继电器和保护继电器两大类。前者用于自动控制电路，后者用于继电保护电路。保护继电器按其在继电保护电路中的功能分，有测量继电器和无测量继电器两大类。

（二）常用的机电型保护继电器

1. 电磁式电流继电器和电压继电器

电磁式电流继电器和电压继电器在继电保护装置中均为启动元件，属测量继电器。这里讲述常用的 DL－10 系列电磁式电流继电器。

常用的 DL－10 系列电磁式电流继电器的基本结构如图 4－1 所示。当继电器线圈中通过的电流达到动作值时，使固定在转轴上的 Z 形钢舌片被铁芯吸引而偏转，导致继电器触点切换，使动合（常开）触点闭合，动断（常闭）触点断开，这就称为继电器动作。当线圈断电时，Z 形钢舌片被释放，继电器返回。过电流继电器线圈中的使继电器动作的最小电

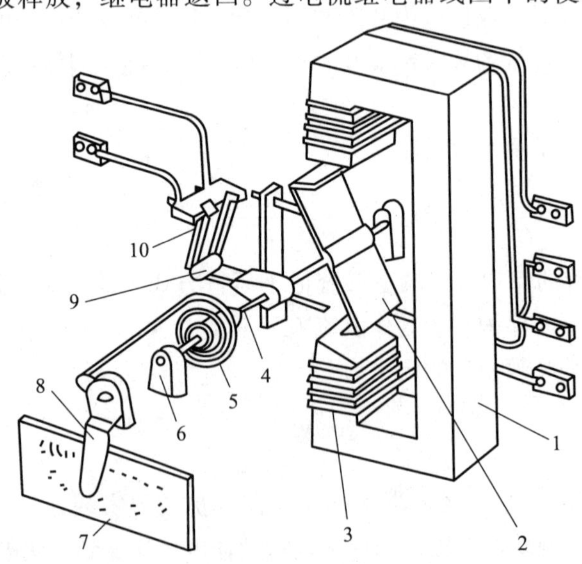

图 4－1　DL－10 系列电磁式电流继电器内部结构

1—铁芯；2—钢舌片；3—线圈；4—转轴；5—作用弹簧；6—轴承；7—标度盘牌；8—启动电流调节转杆；9—动触点；10—静触点

流，称为继电器的动作电流，用 I_{op} 表示，过电流继电器线圈中的使继电器由动作状态返回到起始位置的最大电流，称为继电器的返回电流 I_{re}。继电器的返回电流与动作电流的比值，称为继电器的返回系数，即：

$$K_{re} = \frac{I_{re}}{I_{op}} \tag{4-3}$$

对于过电流继电器，$K_{re}<1$，一般为 0.8～0.85。K_{re} 越接近于 1，说明继电器越灵敏，如果过电流继电器的 K_{re} 过低时，还可能使保护装置发生误动作，这将在后面讲过电流保护动作电流整定时加以说明，电磁式电流继电器的动作电流有以下两种调节方法：

（1）平滑调节。拨动调节转杆来改变弹簧的反作用力矩，可平滑地调节动作电流值。

（2）级进调节。利用两个线圈的串联和并联来调节，当两个线圈由串联改为并联，动作电流将增大一倍。反之，由并联改为串联时，动作电流将减小一半。这种电流继电器的动作很快，可认为是“瞬时”动作的，因此它是一种瞬时电器。

图 4-2 为 DL-10 系列电磁式电流继电器的图形符号。

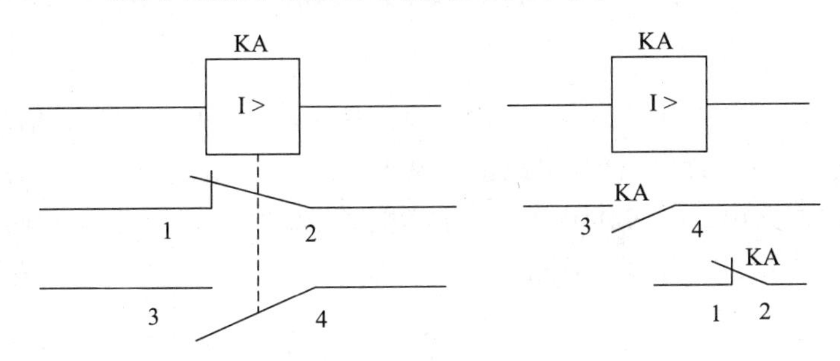

图 4-2　DL-10 系列电磁式电流继电器的图形符号

2. DL-10 系列电磁式电压继电器

供配电系统中常用的电磁式电压继电器的结构和原理，与上述电磁式电流继电器类似，只是电压继电器的线圈为电压线圈，导线细而匝数多、阻抗大。它多做成低电压（欠电压）继电器。低电压继电器的动作电压 U_{op}，为其线圈上的使继电器动作的最高电压；而其返电压 U_{re}，为其线圈上的使继电器由动作状态返回到起始位置的最低电压，低电压继电器的返回系数 $K_{re}=U_{re}/U_{op}>1$，一般为 1.25。K_{re} 越接近于 1，说明继电器越灵敏。

3. 电磁式时间继电器

电磁式时间继电器在继电保护装置中，用来获得所需要的延时。常用的 DS-110、120 系列电磁式时间继电器的基本结构如图 4-3 所示。当继电器线圈接上工作电压时，铁芯被吸入，使被卡住的一套钟表机构被释放，同时切换瞬时触点。在拉引弹簧作用下，经过整定的时间，使主触点闭合。继电器的时限，可借改变主静触点与主动触点的相对位置来调整。调整的时间范围，标明在标度盘上。当继电器的线圈断电时，继电器在返回弹簧的作用下返回。为了缩小继电器的尺寸和节约材料，时间继电器的线圈通常不按长时间接上额定电压来设计。因此凡需长时间接上电压工作的时间继电器，应在它动作后，利用其常闭的瞬时触点的断开，使其线圈串入限流电阻，以限制线圈电流，以免使线圈过热烧毁，同时又能维持继电器的动作状态。

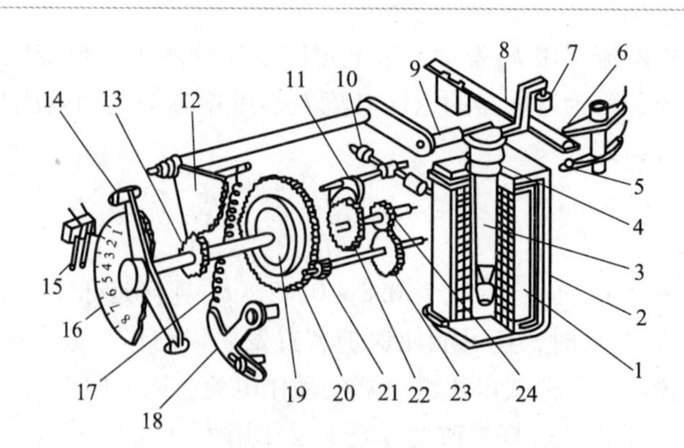

图 4－3　DS－110、120 系列时间继电器的内部结构

1—线圈；2—电磁铁；3—可动铁芯；4—返回弹簧；5，6—瞬时静触点；7—绝缘杆；8—瞬时动触点；9—压杆；10—平衡锤；11—摆动卡板；12—扇形齿轮；13—传动齿轮；14—主动触点；15—主静触点；16—动作时限标度盘；17—拉引弹簧；18—弹簧拉力调节机构；19—摩擦离合器；20—主齿轮；21—小齿轮；22—掣轮；23，24—钟表机构传动齿轮

4. 电磁式信号继电器

电磁式信号继电器在继电保护装置中用来发出指示信号，以提醒运行值班人员注意。常用的 DX－11 型电磁式信号继电器有电流型和电压型两种。电流型信号继电器的线圈为电流线圈，串联在二次回路内，因为其阻抗小，不影响其他二次回路元件的动作。电压型信号继电器的线圈为电压线圈，阻抗大，只能并联在二次回路中。DX－11 型电磁式信号继电器的内部结构如图 4－4 所示。

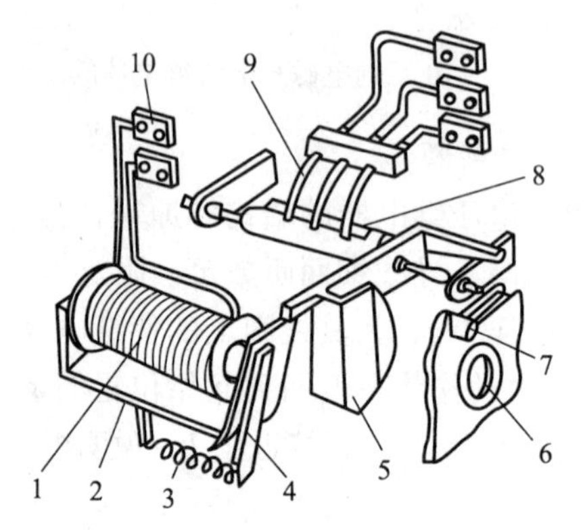

图 4－4　DX－11 型电磁式信号继电器的内部结构

1—线圈；2—电磁铁；3—弹簧；4—衔铁；5—信号牌；6—玻璃窗孔；7—复位旋钮；8—动触点；9—静触点；10—接线端子

信号继电器在不通电的正常状态下，其信号牌是支持在衔铁上面的。当继电器线圈通电时，衔铁被吸向铁芯而使信号牌掉下，显示动作信号，同时带动转轴旋转 90°，使固定在转轴上的动触点（导电片）与静触点（导电片）接通，从而接通信号回路，发出音响或灯光信号。要使信号停止，可旋动外壳上的复位旋钮，断开信号回路，同时使信号牌复位。

5. 电磁式中间继电器

电磁式中间继电器在继电保护装置中用作辅助继电器，以弥补主继电器触点数量或触点容量的不足。它通常接在保护的出口回路中，用以接通断路器的跳闸线圈，所以它又称出口继电器。

常用的 DZ－10 系列电磁式中间继电器的内部结构如图 4－5 所示，当其线圈通电时，衔铁被快速吸向铁芯，使其触点切换。当其线圈断电时，衔铁被快速释放，触点返回起始状态。

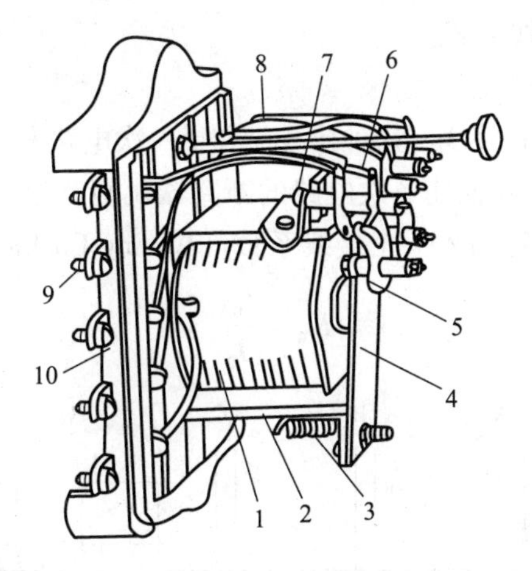

图 4－5 DZ－10 系列电磁式中间继电器的内部结构

1—线圈；2—电磁铁；3—弹簧；4—衔铁；5—动触点；6，7—静触点；8—连接线；9—接线端子；10—底座

6. 感应式电流继电器

感应式电流继电器兼有上述电磁式电流继电器、时间继电器、信号继电器和中间继电器的功能，而且可用来同时实现过电流保护和电流速断保护，从而可使继电保护装置大大简化，减少投资，因此在用户的中小型变配电所中应用极为广泛。感应式电流继电器属测量继电器。

常用的 GL－10、20 系列感应式电流继电器的内部结构如图 4－6 所示，感应式电流继电器由感应元件和电磁元件两大部分组成。感应元件主要包括线圈 1、带短路环 3 的铁芯 2 及装在可偏转的铝框架 6 上的转动铝盘 4。电磁元件主要包括线圈 1、铁芯 2 和衔铁 15。其

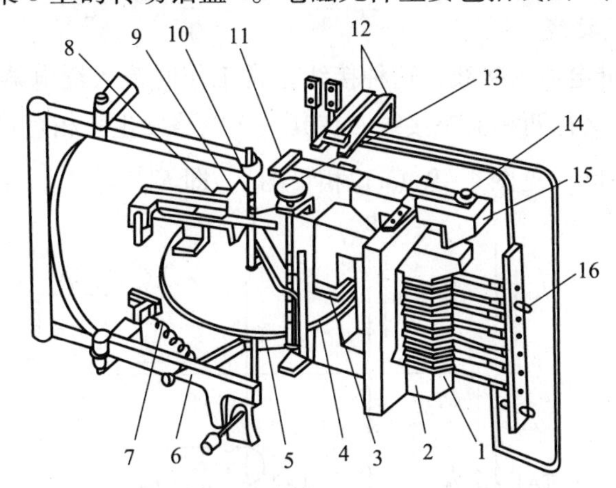

图 4－6 GL－10、20 系列感应式电流继电器的内部结构

1—线圈；2—铁芯；3—短路环；4—铝盘；5—钢片；6—铝框架；7—调节弹簧；8—制动永久磁铁；9—扇形齿轮；10—蜗杆；11—扁杆；12—继电器触点；13—时限调节螺杆；14—速断电流调节螺钉；15—衔铁；16—动作电流调节插销

中线圈 1 和铁芯 2 是两组元件共用的。

（三）继电保护装置的接线方式

过电流的继电保护装置中，启动继电器与电流互感器之间的连接，主要有两相两继电器式和两相一继电器式两种接线方式。

1. 两相两继电器式接线

图 4－7 是两相两继电器式接线。这种接线，如果一次电路发生三相短路或任意两相短路，都至少有一个继电器要动作，从而使一次电路的断路器跳闸。为了表述继电器电流 I_{KA} 与电流互感器二次电流 I_2 的关系，特引入一个接线系数（Wining Coefficient）K_W，其定义式为：

$$K_W = \frac{I_{KA}}{I_2}$$

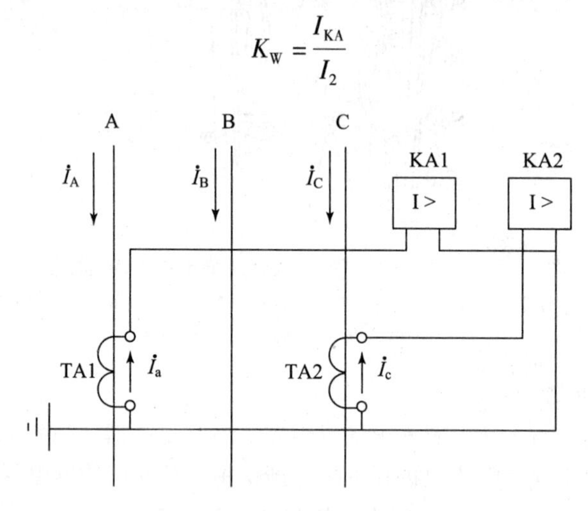

图 4－7　两相两继电器式接线

两相两继电器式接线在一次电路发生任何形式的相间短路，其 $K_W = 1$，保护装置的灵敏度都相同。

2. 两相一继电器式接线

图 4－8 是两相一继电器式接线，这种接线正常工作时流入继电器的电流同相电流互感器二次电流之差，因此又称两相流差接线。在其一次电路发生三相短路时，流入继电用电流为互感器二次电流的$\sqrt{3}$倍（见图 4－9（a）相量图），即 $K_W^{(3)} = \sqrt{3}$。

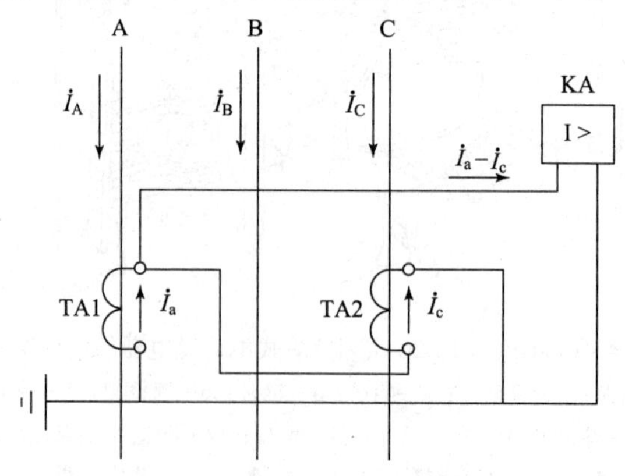

图 4－8　两相一继电器式接线

在其一次电路的 A、C 两相发生短路时，流入继电器的电流为互感器二次电流的 2 倍（见图 4－9（b）相量图），即 $K_W^{(A,C)}=2$。

在其一次电路的 A、B 两相或 B、C 两相发生短路时，流入继电器的电流只有一相互感器的二次电流（见图 4－9（c）、（d）相量图），即 $K_W^{(A,B)}=K_W^{(B,C)}=1$。

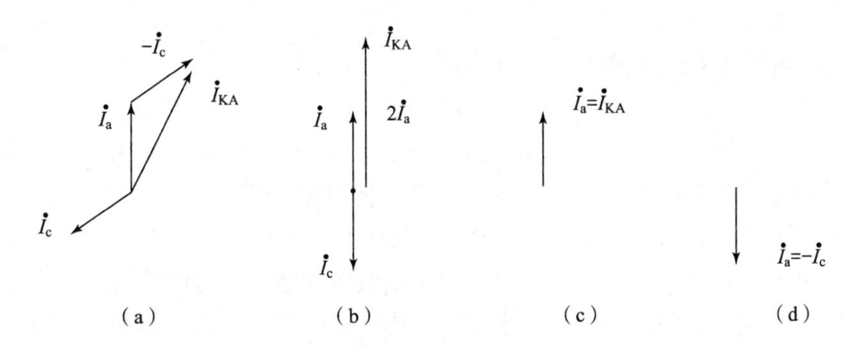

图 4－9　两相一继电器式接线在不同相间短路时的电流相量分析

（a）三相短路；（b）A，C 两相短路；（c）A，B 两相短路；（d）B，C 两相短路

由以上分析可知，两相一继电器式接线能反应各种相间短路故障，但不同相间短路的保护灵敏度不同，有的相差一倍，因此不如两相两继电器式接线。但这种接线少用一个继电器，较为简单、经济，它主要用于高压电动机保护。

（四）继电保护装置的操作方式

继电保护装置的操作电源，有直流操作电源和交流操作电源两大类。直流操作电源有蓄电池组和整流电源两种。但交流操作电源具有投资少、运行维护方便及二次回路简单、可靠等优点，因此它在用户供配电系统中应用极为广泛。

交流操作电源供电的继电保护装置主要有以下两种操作方式。

1. 直接动作式

直接动作式如图 4－10 所示，利用断路器操作机构内的过电流脱扣器（跳闸线圈）YR 作为过电流继电器，接成两相两继电器式或两相一继电器式。

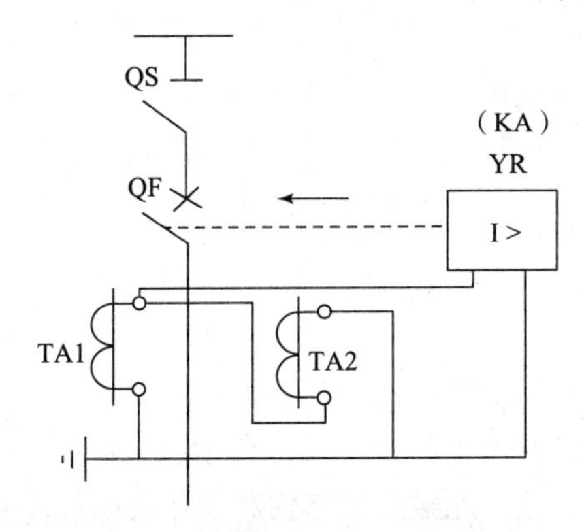

图 4－10　直接动作式过电流保护电路

QF—断路器；TA1，TA2—电流互感器；YR—断路器跳闸线圈（即直动式继电器 KA）

正常运行时，YR 流过的电流远小于其动作电流（脱扣电流），因此不动作。而在一次电路发生相间短路时，短路电流反映到电流互感器二次侧，流过 YR，达到或超过 YR 的动作电流，从而使断路器 QF 跳闸。这种操作方式简单经济，但保护灵敏度低，实际上较少采用。

2. “去分流跳闸”的操作方式

“去分流跳闸”的操作方式如图 4－11 所示。

“去分流跳闸”的原理电路［见图 4－11（a）］正常运行时，电流继电器 KA 不动作，其常闭触点将跳闸线圈 YR 短路，YR 中无电流通过，断路器 QF 不会跳闸。在一次电路发生相间短路时，继电器 KA 动作，其常闭触点断开，使跳闸线圈 YR 的短路分流支路被去掉，从而使电流互感器的二次电流全部通过 YR，致使断路器 QF 跳闸，即所谓去分流跳闸。这种交流操作方式接线简单，也较灵敏可靠，但要求继电器触点的分断能力足够大才行。现生产的 GL－15、16 等型号的感应式电流继电器，其触点的短时分断电流可达 150 A，完全满足去分流跳闸的要求。

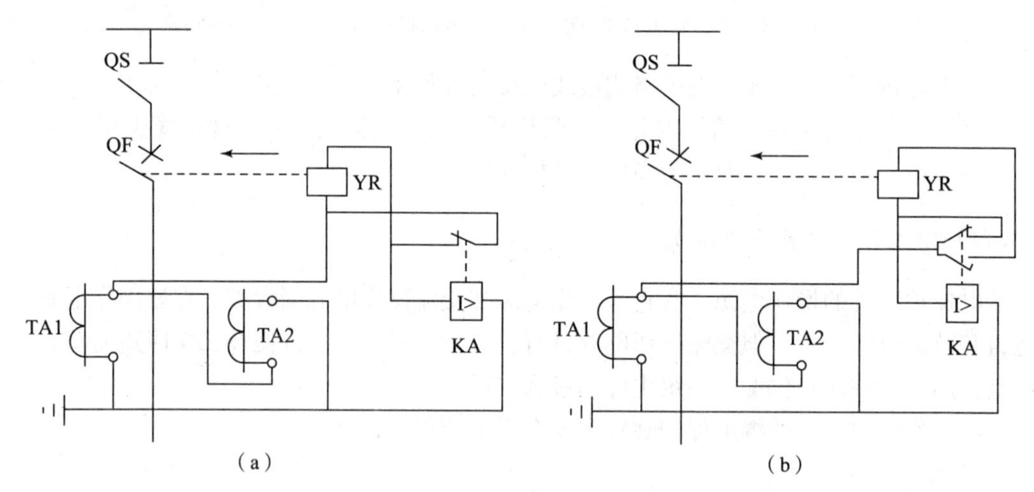

图 4－11 “去分流跳闸”的过电流保护电路

（a）原理电路；（b）实际电路

QF—断路器；TA1，TA2—电流互感器；KA—电流继电器（GL－15、25 型）；YR—跳闸线圈

但需指出，这一去分流跳闸电路有一个致命缺点，就是由于外界振动引起电流继电器 KA 的常闭触点偶然断开时，有可能造成断路器误跳闸。因此这一电路只是说明“去分流跳闸”的基本原理电路，实际电路必须弥补这一缺点。

【任务实施】

“去分流跳闸”的实际电路认识：

“去分流跳闸”的实际电路如图 4－11（b）所示。采用 GL－15、25 型感应式电流继电器，它具有先合后断的转换触点。此触点的结构和动作说明如图 4－12 所示。在图 4－12 所示实际电路中，继电器 KA 的一对常开触点与跳闸线圈 YR 串联后，又与 KA 的一对常闭触点并联，然后串联 KA 线圈后接于电流互感器 TA1、TA2 的二次侧。当一次电路发生相间短路时，电流继电器 KA 动作，经一定延时后，其常开触点先闭合，随后常闭触点断开，这时断路器因其跳闸线圈 YR 去分流而跳闸，切除短路故障。由于跳闸线圈 YR 与继电器常开触点串联，因此在继电器常闭触点因外界振动偶然断开时也不致造成误跳闸。但是继电器这两点的动作程序必须是常开触点先闭合，常闭触点后断开，否则，如果常闭触点先断开，将造成电流互感器二次侧带负荷开路，这是安全运行所不允许的，同时也将使继电器失电返回，不起保护作用。

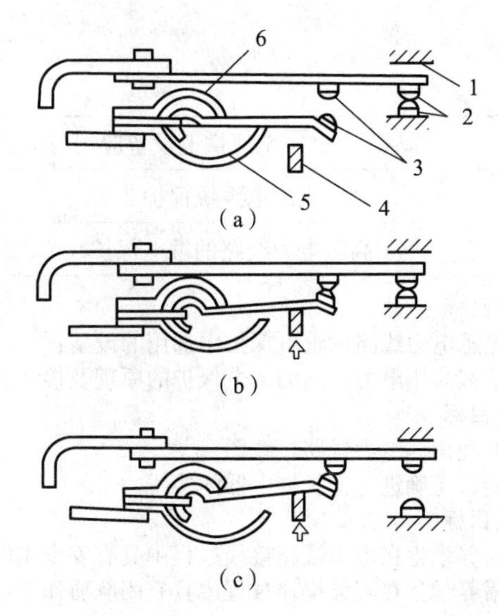

图 4－12　GL－15、25 型电流继电器中“先合后断转换触点”的动作说明

(a) 正常位置；(b) 动作后常开触点先闭合；(c) 随后常闭触点断开

1—上止挡；2—常闭触点；3—常开触点；4—衔铁；5—下止挡；6—簧片

1. GL－15 继电器整定

(1) 对 GL－15 继电器进行外观检查，是否有破损现象。

(2) 检查继电器机械部分是否灵活，主要是铝盘转动、时限调节螺杆是否稳固，速断调节钉是否牢固。

(3) 检查继电器常开触点、常闭触点是否正常。

(4) 动作电流调节插销插在整定电流位置。

(5) 对继电器线圈加电流，调节弹簧，使其动作电流无限接近整定电流值（一般为 ±5%）。

(6) 检查继电器动作返回值，一般不小于动作值的 80%。

(7) 调节时限调节螺杆，使继电器达到动作电流值的 300%，在规定时间内动作，并测试 200% 和 100% 动作值的动作时间。

(8) 用手固定住铝框架，调节速断调节钉，使其达到速断值的 110%，继电器能迅速动作（一般不超过 0.15 s），但达到 90% 时不动作，并测试速断 100% 时动作时间。

2. 继电器整定注意事项

(1) 调节继电器时，必须在无电情况下进行。

(2) 必须用专用记录本，记录继电器整定情况。要求记录清晰、准确。

(3) 继电器整定时，拆除与继电器连接的一切电气设备接线，防止反送电和分流，造成事故和整定值不准确。

任务2 高压电力线路的继电保护

【学习任务单】

<table>
<tr><td>学习领域</td><td colspan="2">工厂供电设备应用与维护</td></tr>
<tr><td>项目四</td><td>供配电系统保护</td><td>学时</td></tr>
<tr><td>学习任务2</td><td>高压电力线路的继电保护</td><td>4</td></tr>
<tr><td>学习目标</td><td colspan="2">1. 知识目标
（1）熟悉电力线路的继电保护中选用的设备；
（2）掌握高压电力线路的继电保护的原理及接线。
2. 能力目标
（1）准确识读电力线路接线图；
（2）能够正确进行保护继电器的接线。
3. 素质目标
（1）培养学生在电力线路接线过程中具有安全用电、文明操作意识；
（2）培养学生在安装操作过程中具有团队协作意识和吃苦耐劳的精神。</td></tr>
<tr><td colspan="3">一、任务描述
能够准确选择保护继电器，进行继电器保护回路检修。
二、任务实施
（1）学生分组，每小组4～5人；
（2）小组按任务单进行分析和资料学习；
（3）小组经过讨论确定任务结果，每小组由中心发言人陈述，经过全体同学讨论，确定正确结果；
（4）检查总结。
三、相关资源
（1）教材；
（2）教学课件；
（3）图片；
（4）电力线路接线图纸。
四、教学要求
（1）认真进行课前预习，充分利用教学资源；
（2）充分发挥团队合作精神，正确完成工作任务；
（3）团队之间相互学习，相互借鉴，提高学习效率。</td></tr>
</table>

【知识链接】

一、带时限的过电流保护

带时限的过电流保护，按其动作时限特性分，有定时限过电流保护和反时限过电流保护两种。定时限过电流保护的动作时间是固定不变的（一经整定以后），与短路电流大、小无关。反时限过电流保护的动作时间则与短路电流大小有反比关系，短路电流越大，动作时间越短，所以反时限特性也称为反比延时特性。

（一）定时限过电流保护装置的组成和原理

线路定时限过电流保护装置的原理电路如图4－13所示。其中图4－13（a）是集中表示的原理电路图，通常称为接线图（或结线图）。这种电路图的所有电器的组成部件是各自归总在一起的，因此过去也称归总式电路图。图4－13（b）是分开表示的原理电路图，通常称为展开图，这种电路图的所有电器的组成部件按各部件所属回路来分开表示，全称是展开式原理电路图。从原理分析的角度来说，展开图简明清晰，在二次回路（包括继电保护电路）中应用最为普遍。

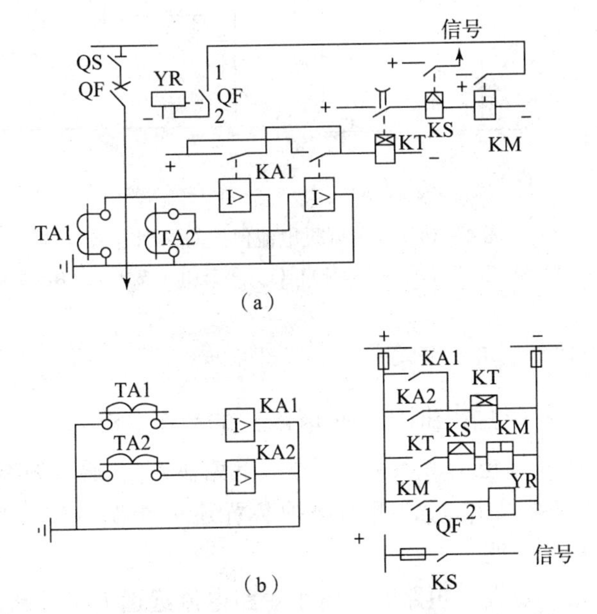

图4－13　定时限过电流保护的原理电路

（a）接线图（按集中表示法绘制）；（b）展开图（按分开表示法绘制）

QF—断路器；KA—电流继电器（DL型）；KT—时间继电器（DS型）；KS—信号继电器（DX型）；KM—中间继电器（DZ型）；YR—跳闸线圈

下面分析图4－13所示定时限过电流保护的工作原理。

当一次电路发生相间短路时，电流继电器KA瞬时动作，其常开触点闭合使时间继电器KT启动。KT经过整定的时限后，其延时触点闭合，使串联的信号继电器（电流型）KS和出口的中间继电器KM同时动作。KS动作后，其指示牌掉下，同时接通信号回路，给出灯光信号和音响信号。KM动作后，接通跳闸线圈YR回路，使断路器QF跳闸，切除短路故障。在短路故障被切除后，继电保护装置除KS外的其他所有继电器均自动返回起始状态，而KS可手动复位。

（二）反时限过电流保护装置的组成和原理

线路反时限过电流保护装置的原理电路，如图4－14所示。当一次电路发生相间短路时，电流继电器KA动作，经一定延时后，其常开触点闭合，随后其常闭触点断开，使断路器 QF 因其跳闸线圈 YR 去分流而跳闸。在 GL 型继电器去分流跳闸的同时，其信号牌掉下，指示保护装置已经动作。在短路故障被切除后，继电器自动返回，其信号牌则可手动复位。

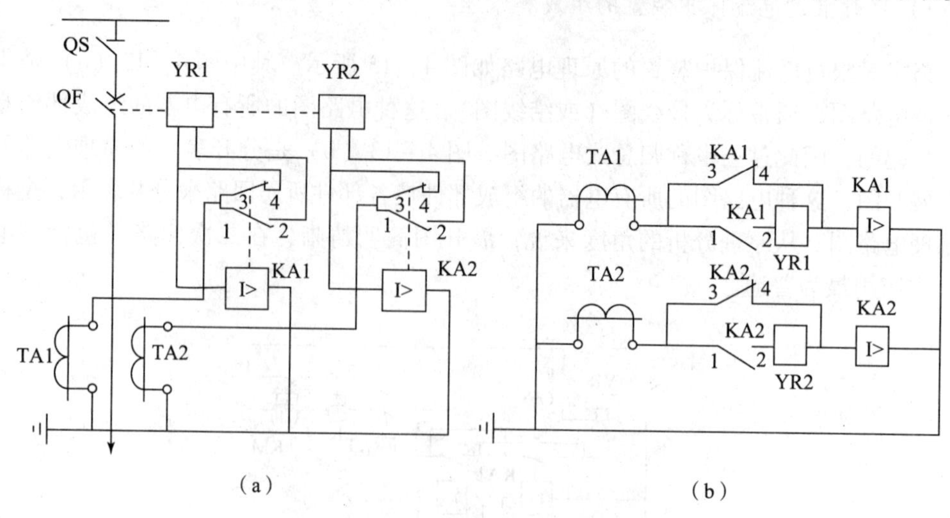

图 4－14　反时限过电流保护的原理电路

(a) 接线圈（按集中表示法绘制）；(b) 展开图（按分开表示法绘制）

（三）过电流保护动作电流的整定

带时限的过电流保护（包括定时限和反时限）的动作电流 I_{op}，应躲过线路的最大负荷电流 $I_{L.max}$（包括正常过负荷电流和尖峰电流），以免在 $I_{L.max}$ 通过线路时保护装置误动作，而且其返回电流 I_{re} 也应躲过 $I_{L.max}$，否则保护装置还可能误动作。为了说明这一点，以图 4－15（a）所示电路来说明。

当线路 WL2 的首端 k 点发生短路时，由于短路电流远远大于线路上的所有负荷电流和尖峰电流，所以沿线路的所有过电流保护装置包括 KA1、KA2 都要启动。按照保护选择性的要求，应是靠近故障点 k 的保护装置 KA2 首先断开 QF2，切除故障线路 WL2。当 WL2 被切除后，前面的线路就可恢复正常运行。因此包括 KA1 在内的前面所有过电流保护装置应立即返回，不致断开 QF1 及前面的断路器。假设 KA1 的返回电流未躲过线路 WL1 的最大负荷电流，即 KA1 的返回系数过低时，则在 KA2 断开 QF2 以后，KA1 可能不返回而继续保持动作状态，因此经过 KA1 所整定的动作时限后，错误地又断开 QF1，造成 WL1 停电，从而使故障停电范围扩大，这是不能允许的，所以保护装置的返回电流也必须躲过线路的最大负荷电流 $I_{L.max}$。

设电流互感器的电流比为 K_i，保护装置的接线系数为 K_W，保护装置的返回系数为 K_{re}，则最大负荷电流换算到继电器中去的电流为 $K_W I_{L.max}/K_i$。现在要求返回电流也要躲过最大负荷电流，即 $I_{re} > (K_W I_{L.max}/K_i)$。而 $I_{re} = K_{re} \cdot I_{op}$，因此 $K_{re} \cdot I_{op} > (K_W I_{L.max}/K_i)$。将此式改写为等式，并计入一个可靠系数 K_{rel}，由此得到过电流保护装置动作电流的整定计算公式为：

$$I_{op} = \frac{K_{rel} K_W}{K_{re} K_i} I_{L.max} \tag{4-4}$$

式中，K_{rel} 为保护装置的可靠系数，对 DL 型电流继电器取 1.2，对 GL 型电流继电器取 1.3；

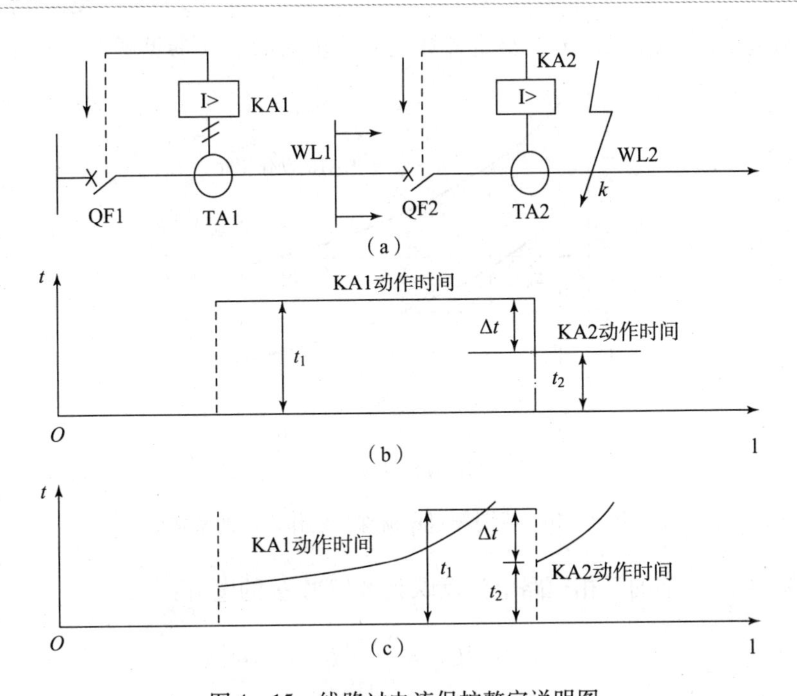

图 4－15　线路过电流保护整定说明图

(a) 电路；(b) 定时限过电流保护的时限整定说明；(c) 反时限过电流保护的时限整定说明

K_W 为保护装置的接线系数，对两相两继电器式接线为 1，对两相一继电器式接线为$\sqrt{3}$。$I_{L.max}$为线路的最大负荷电流，可取为（1.5～3）I_{30}。I_{30}为线路的计算电流。

如果采用断路器操作机构中的电流脱扣器 YR 作直动式过电流保护，则脱扣器的动作电流（脱扣电流）应按下式整定：

$$I_{op(YR)} = \frac{K_{rel}K_W}{K_i}I_{L.max} \tag{4-5}$$

式中，K_{rel}为脱扣器的可靠系数，可取 2～2.5，其中已计入脱扣器的返回系数。

（四）过电流保护动作时间的整定

过电流保护的动作时间，应按“阶梯原则”进行整定，以保证前后两级保护装置动作的选择性。这就是在后一级保护装置所保护的线路首端（如图 4－15（a）中的 k 点）发生三相短路时，前一级保护的动作时间 t_1 应比后一级保护中最长的动作时间 t_2，都要大一个时间级差 Δt，如图 4－15（b）和（c）所示，即：

$$t_1 \geqslant t_2 + \Delta t \tag{4-6}$$

对于定时限过电流保护，因采用 DL 型电流继电器，其可动部分惯性小，可取 Δt = 0.5 s；对于反时限过电流保护，因采用 GL 型电流继电器，其可动部分惯性大，可取 Δt = 0.7 s。

对于定时限过电流保护的动作时间，利用时间继电器来整定。反时限过电流保护的动作时间，由于 GL 型电流继电器的时限调节机构是按 10 倍动作电流的动作时间来标度的，因此须根据前后两级保护的 GL 型电流继电器的动作特性曲线来整定，假设图 4－15（a）所示线路中，后一级保护 KA2 的 10 倍动作电流的动作时间已经定为 t_2，现要整定前一级保护

KA1 10 倍动作电流的动作时间 t_1，整定计算的方法步骤如下（参见图 4 - 16）：

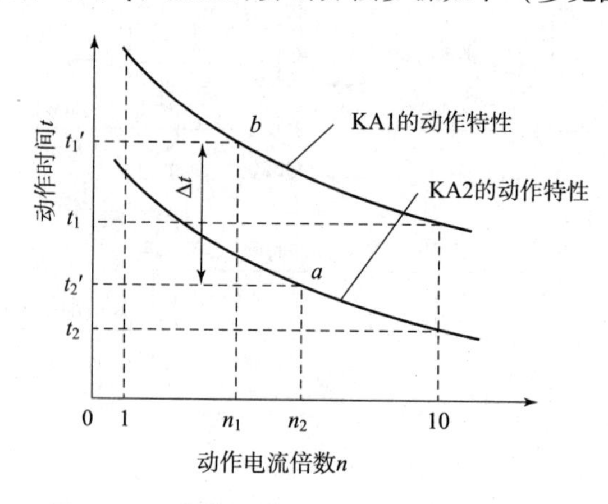

图 4 - 16　反时限过电流保护动作时间的整定

（1）计算 WL2 首端的三相短路电流反映到 KA2 中去的电流：

$$I'_{k(2)}=\frac{K_{W(2)}}{K_{i(2)}}I_k \tag{4-7}$$

式中，$K_{W(2)}$ 为 KA2 与电流互感器相连的接线系数；$K_{i(2)}$ 为 KA2 所连电流互感器的电流比。

（2）计算 $I'_{k(2)}$ 对 KA2 的动作电流 $I_{op(2)}$ 的倍数：

$$n_2=\frac{I'_{k(2)}}{I_{op(2)}} \tag{4-8}$$

（3）确定 KA2 的实际动作时间。在图 4 - 16 所示 KA2 的动作特性曲线的横坐标轴上，找出 n_2，然后向上找到该曲线上 a 点，该点所对应的纵坐标轴上的时间 t'_2 就是 KA2 在通过 $I'_{k(2)}$ 时的实际动作时间。

（4）计算前一级保护 KA1 的实际动作时间，根据保护选择性的要求，KA1 的实际动作时间应为 $t'_1=t'_2+\Delta t$，取 $\Delta t=0.7$ s，故 $t'_1=t'_2+0.7$ s。

（5）计算 WL2 首端的三相短路电流 I_k 反映到 KA1 中去的电流值为：

$$I'_{k(1)}=\frac{K_{W(1)}}{K_{i(1)}}I_k \tag{4-9}$$

式中，$K_{W(1)}$ 为 KA1 与电流互感器相连的接线系数；$K_{i(1)}$ 为 KA1 所连电流互感器的电流比。

（6）计算 $I'_{k(1)}$ 对 KA1 的动作电流 $I_{op(1)}$ 的倍数：

$$n_1=\frac{I_{k(1)}}{I_{op(1)}} \tag{4-10}$$

（7）确定 KA1 应整定的 10 倍动作电流的动作时间，先从图 4 - 16 所示 KA1 的动作特性曲线的横坐标轴上找出 n_1，再从纵坐标轴上找出 t'_1，然后找到 n_1 与 t'_1 相交的坐标 b 点，这 b 点所在曲线所对应的 10 倍动作电流的动作时间 t_2，即为所求。

如果 n_1 与 t'_1 已相交的坐标点不在给出的曲线上，而在两条曲线之间，这只有从两条曲线来粗略计算其 10 倍动作电流的动作时间。

（五）过电流保护灵敏度的检验条件

保护灵敏度 $S_p = I_{k.min}/I_{op.1}$，对于线路过电流保护，$I_{k.min}$应取被保护线路末端在电力系统最小运行方式下的两相短路电流 $I_{k.min}^{(2)}$，而 $I_{op.1} = I_{op}K_i/K_W$，因此过电流保护灵敏度的检验条件（即满足的条件）为：

$$S_p = \frac{K_W I_{k.min}^{(2)}}{K_i I_{op}} \geqslant 1.5 \tag{4-11}$$

如果过电流保护作为后备保护时，则 $S_P \geqslant 1.2$ 即可。

当过电流保护灵敏度达不到上述要求时，可采用下述的低电压闭锁保护来提高灵敏度。

（六）提高灵敏度的措施——低电压闭锁的过电流保护

如图 4－17 所示保护电路，在线路过电流保护的过电流继电器 KA 的常开触点回路中，串入低电压继电器 KV 的常闭触点，而 KV 线圈经电压互感器 TV 接在被保护线路的母线上。

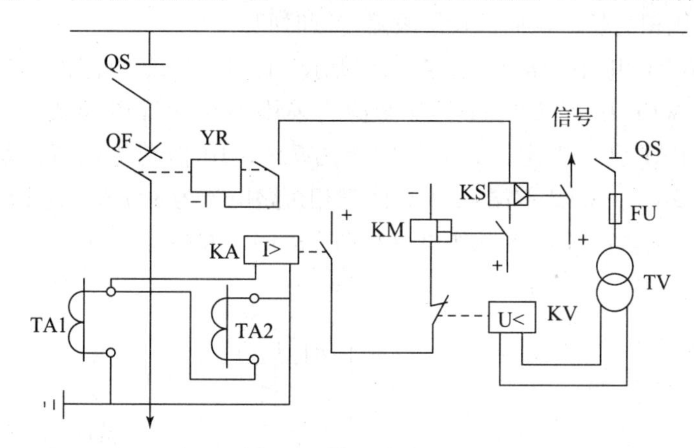

图 4－17　低电压闭锁的过电流保护电路

QF—高压断路器；TA—电流互感器；TV—电压互感器；KA—电流继电器；
KS—信号继电器；KM—中间继电器；KV—电压继电器

当电力系统正常运行时，母线电压接近于系统额定电压，因此电压继电器 KV 的常闭触点是断开的，由于 KV 的常闭触点与 KA 的常开触点串联，所以这时的 KA 即使由于线路过负荷而误动作，KA 的触点闭合，也不致造成断路器 QF 误跳闸，正因为如此，凡装有低电压闭锁的过电流保护装置的动作电流，不必按躲过线路的最大负荷电流 $I_{L.max}$来整定，而只需按躲过线路的计算电流 I_{30}来整定，当然保护装置的返回电流也应躲过 I_{30}。

因此装有低电压闭锁的过电流保护的动作电流整定计算公式为：

$$I_{op} = \frac{K_{rel}K_W}{K_{re}K_i} I_{30} \tag{4-12}$$

式中，各系数的含义和取值与前面式相同。

由于其 I_{op}的减小，故从式（4－12）可知，能有效地提高其保护灵敏度。

上述低电压继电器 KV 的动作电压 U_{op} 应按躲过母线正常最低工作电压 U_{min} 来整定，当然其返回电压也应躲过 U_{min}。因此低电压继电器动作电压的整定计算公式为：

$$U_{op} = \frac{U_{min}}{K_{rel}K_{re}K_u} \approx 0.6\frac{U_N}{K_u} \quad (4-13)$$

式中，U_{min}为母线最低工作电压，取（0.85～0.95）U_N；U_N 为线路额定电压；K_{rel}为低电压保护装置的可靠系数，可取1.2；K_{re}为低电压继电器的返回系数，一般取1.25；K_u 为低电压互感器的电压比。

定时限过电流保护与反时限过电流保护的比较：

（1）定时限过电流保护的优点是：动作时间比较精确，整定简便，而且不论短路电流大小，动作时间都是一定的，不会出现因短路电流小动作时间长而使故障时间延长和事故扩大的问题。但缺点是：所需继电器多，接线复杂，且需直流操作电源，投资较大。此外，靠近电源处的保护装置，其动作时间较长，这是带时限过电流保护共有的缺点。

（2）反时限过电流保护的优点是：继电器数量大为减少，而且可同时实现电流速断保护，加之可采用交流操作，因此简单、经济，投资大大减少，因此它在中小用户供配电系统中得到广泛应用。但缺点是：动作时间的整定比较麻烦，而且误差较大。当短路电流较小时，其动作时间可能相当长，从而延长了故障持续时间。

例4－1 某10 kV电力线路，如图4－18所示。已知TA1的电流比为100/5 A，TA2的电流比为50/5 A。WL1和WL2的过电流保护均采用两相两继电器式接线，继电器均为GL－15/10型。现KA1已经整定，其动作电流为7 A，10倍动作电流的动作时间为1 s。WL2的计算电流为28 A，WL2首端$k-1$点的三相短路电流为800 A，其末端$k-2$点的三相短路电流为250 A。试整定KA2的动作电流和动作时间，并验证其灵敏度。

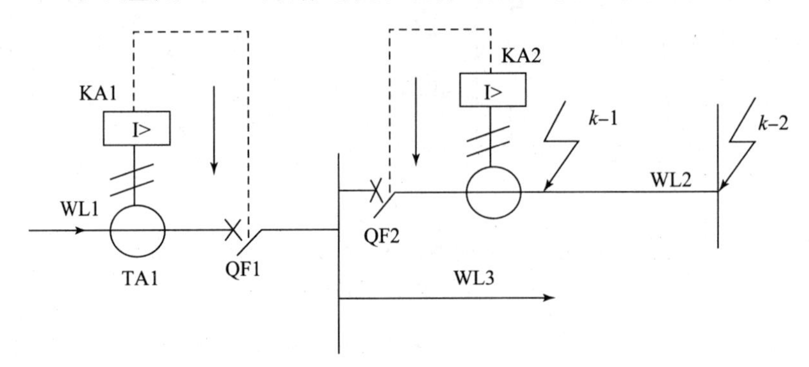

图4－18 10 kV电力线路图

解：（1）整定KA2的动作电流。

取$I_{L.max}=2I_{30}=2\times28=56$（A）；$K_{rel}=1.3$，$K_{re}=0.8$，$K_i=50/5=10$，故：

$$I_{op(2)}=\frac{K_{rel}K_W}{K_{re}K_i}I_{L.max}=1.3\times1/(0.8\times10)\times56=9.1\text{（A）}$$

根据GL－15/10型电流继电器的规格，动作电流整定为9 A。

（2）根据KA2的动作时间。先确定KA1的实际动作时间。由于$k-1$点发生三相短路时KA1中的电流为：

$$I'_{k-1(1)}=\frac{K_{W(1)}}{K_{i(1)}}I_{k-1}=800/20=40\text{（A）}$$

$I'_{k-1(1)}$对 KA1 的动作电流倍数为：

$$n_1 = \frac{I'_{k-1(1)}}{I_{op(1)}} = 40/7 = 5.7$$

利用 $n_1 = 5.7$ 和 KA1 整定的时限 $t_1 = 1$ s，去查 GL－15 型继电器的动作特性曲线，得到实际动作时间 $t'_1 = 1.3$ s。

由此可知，KA2 的实际动作时间为：

$$t'_2 = t'_1 - \Delta t = 1.3\ \text{s} - 0.7\ \text{s} = 0.6\ \text{s}$$

下面确定 KA2 的 10 倍动作电流的动作时间 t_2。由于 $k-1$ 点发生三相短路时 KA2 中的电流为：

$$I'_{k-1(2)} = \frac{K_{W(2)}}{K_{i(2)}} I_{k-1} = 800/10 = 80\ (\text{A})$$

$I'_{k-1(2)}$对 KA2 的动作电流倍数为：

$$n_2 = \frac{I'_{k-1(2)}}{I_{op(2)}} = 80/9 = 8.9$$

利用 $n_2 = 8.9$ 和 KA2 的实际动作时间 $t'_2 = 0.6$ s，去查 GL－15 型继电器的动作特性曲线，得 KA2 的 10 倍动作电流的动作时间 $t_2 = 0.7$ s。

（1）检验 KA2 的保护灵敏度。KA2 保护的线路 WL2 末端 $k-2$ 点的两相短路电流为其保护区内的最小短路电流，即：

$$I^{(2)}_{k.\min} = 0.866 I^{(3)}_{k-2} = 0.866 \times 250 = 217\ (\text{A})$$

因此 KA2 的保护灵敏度为：

$$S_{p(2)} = \frac{K_W I^{(2)}_{k.\min}}{K_i I_{op(2)}} = 217/90 = 2.4 > 1.5$$

由此可见，KA2 整定的动作电流（9 A）完全满足保护灵敏度的要求。

二、电流速断保护

（一）电流速断保护

带时限的过电流保护有一个明显缺点，就是它越靠近电源，其动作时间越长，而且短路电流也是越靠近电源也越大，因此危害也就更加严重，因此 GB 50062—1992 规定，在过电流保护动作时间超过 0.5～0.7 s 时，应装设瞬时动作的电流速断保护装置，如图 4－19 所示。采用 GL 型电流继电器，则利用该继电器的电磁元件来实现电流速断保护，而其感应元件则用来实现反时限过电流保护，因此非常简单经济。

为了保证前后两级瞬动的电流速断保护的选择性，因此电流速断保护的动作电流即速断电流 I_{qb}，应按躲过它所保护线路末端的最大短路电流（即末端三相短路电流）$I_{k.\max}$来整定。因为只有如此整定，才能避免作后一级速断保护所保护的线路首端发生三相短路时前一级速断保护误动作的可能性，以保证选择性。如图 4－20 所示线路中，前一段线路 WL1 末端 $k-1$ 点的三相短路电流，实际上与后一段线路 WL2 首端 $k-2$ 点的三相短路电流是几乎相等的，因为 $k-1$ 点较 $k-2$ 点之间距离很近。所以电流速断保护的动作电流（速断电流）的整

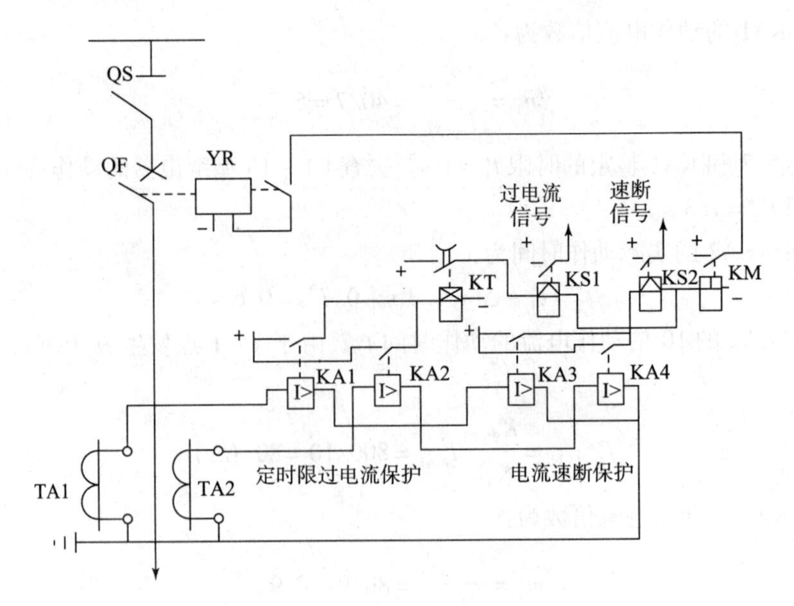

图 4－19　线路的定时限过电流保护和电流速断保护电路图

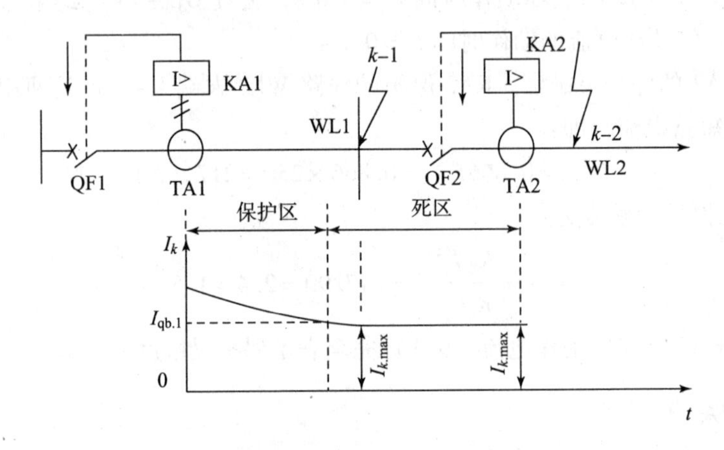

图 4－20　线路电流速断保护的保护区和死区

定计算公式为：

$$I_{qb}=\frac{K_{rel}K_{W}}{K_{i}}I_{k.\max} \tag{4－14}$$

式中，K_{rel}为可靠系数，对 DL 型电流继电器，取 1.2～1.3；对 GL 型电流继电器，取 1.4～1.5；对过电流脱扣器，取 1.8～2。

$I_{k.\max}$：前一级保护躲过的最大短路电流；

$I_{qb.1}$：前一级保护整定的一次动作电流。

（二）电流速断保护的“死区”及其弥补

由于电流速断保护的动作电流躲过了线路末端的最大短路电流，因此靠近末端的一段线路上发生的不一定是最大的短路电流（例如两相短路电流）时，电流速断保护不会动作。这说明，电流速断保护不能保护线路的全长，这种保护装置不能保护的区域，称为“死区”，如图 4－20 所示。

为了弥补死区得不到保护的缺陷，所以凡是装设电流速断保护的线路，必须配备带时限的过电流保护。过电流保护的动作时间应比电流速断保护至少长一个时间级差，$\Delta t = 0.5 \sim 0.75$，而且前后的过电流保护的动作时间仍须符合“阶梯原则”，即前一级过电流保护的动作时间比后一级过电流保护的动作时间要长一个时间级差以保证选择性。在电流速断的保护区内，速断保护为主保护，过电流保护作为后备；而在电流速断的死区内，则过电流保护为基本保护。

（三）电流速断保护的灵敏度

电流速断保护的灵敏度，按其接装处（即线路首端）在系统最小运行方式下的两相短路电流 I_k^2 作为最小短路电流 $I_{k.\min}$ 来检验。因此电流速断保护的灵敏度必须满足的条件为：

$$S_p = \frac{K_W I_k^{(2)}}{K_i I_{qb}} \geqslant 1.5 \sim 2 \tag{4-15}$$

一般宜 $S_p \geqslant 2$；个别有时 $S_p \geqslant 1.5$。

例 4－2　试整定例 4－1 所示线路中 KA2 继电器的速断电流倍数，并检验其灵敏度。

解：（1）整定 KA2 的速断电流倍数。

由例 4－1 知，WL2 末端的 $I_{k.\max} = 250$ A；又 $K_W = 1$，$K_i = 10$，取 $K_{rel} = 1.4$。因此速断电流应整定为：

$$I_{qb} = \frac{K_{rel} K_W}{K_i} I_{k.\max} = 1.4 \times 250/10 = 35 \text{ (A)}$$

已知 KA2 的 $I_{op} = 9$ A，故其速断电流倍数应整定为：

$$n_{qb} = \frac{I_{qb}}{I_{op}} = 35/9 = 3.9$$

（2）检验 KA2 速断保护的灵敏度。

$I_{k.\max}$取 WL2 首端 $k-1$ 点的两相短路电流，即：

$$I_{k.\min} = I_{k-1}^{(2)} = 0.866 I_{k-1}^{(3)} = 0.866 \times 800 = 693 \text{ (A)}$$

故 KA2 的速断保护灵敏度：

$$S_p = \frac{K_W I_{k-1}^{(2)}}{K_i I_{qb}} = 693/(10 \times 35) = 1.98$$

由此可见，KA2 整定的速断电流倍数基本满足保护灵敏度的要求。

线路的过负荷保护只对有可能经常出现过负荷的电缆线路才装设。它一般是延时动作于信号。其接线图如图 4－21 所示。

过负荷保护的动作电流按躲过线路的计算电流 I_{30} 来整定，其整定计算公式为：

$$I_{op(oL)} = \frac{1.2 \sim 1.3}{K_i} I_{30} \tag{4-16}$$

式中，K_i 为电流互感器的电流比，动作时间一般取 10～15 s。

输电线路是供电的脉络，对用户供电起着至关重要的作用，所以对输电线路的要求是安

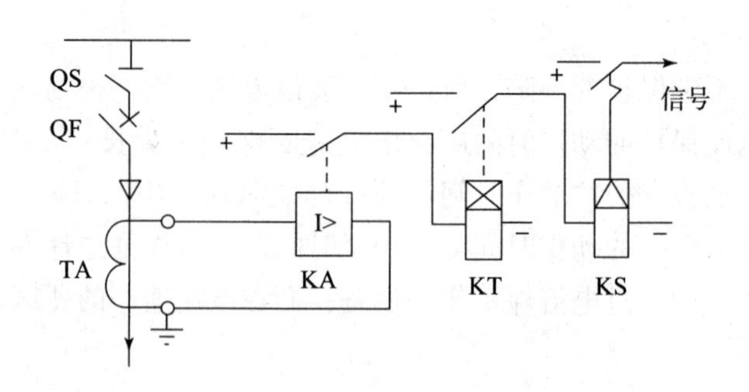

图 4－21　线路过负荷保护电路图

TA—电流互感器；KA—电流继电器；KT—时间继电器；KS—信号继电器

全第一，同时经济性也要跟上来。为了使线路安全高效地运行，对输电网络应该采取措施来提高运行工作水平和提高故障的防范措施。

【任务实施】

继电保护回路检修：

继电器是通过 CT 二次产生动作电流，使其有效动作，常闭触点断开，常开触点闭合，使跳闸回路通电跳闸，从而保护这个一次回路系统，所以在检修继电保护回路时，须从 CT 开始。

1. 继电器检修步骤

（1）检查电流互感器二次保护端子是否损坏。

（2）检查电流互感器是否损坏。

（3）检查电流互感器与接线端子之间的接线有无短路或断路故障。

（4）检查继电器与接线端子之间的接线有无短路或断路故障。

（5）检查继电器电流线圈是否损坏。

（6）检查继电器接线端子是否损坏。

（7）检查继电器常开、常闭触点是否正常。

（8）确定继电器与跳闸回路连接完好。

（9）确定跳闸回路完好。

（10）确定跳闸线圈完好。

2. 继电保护回路检修注意事项

（1）检修必须在无电情况下进行。

（2）检修前二次回路电源须断开，一般拔出保险。

（3）需要对检修设备加电压或电流时，必须断开检修设备与其他设备的电气连接。

（4）检修完毕后立即按原来接线恢复，不得随意改线。

学生按照上述进行检修，并做好记录。

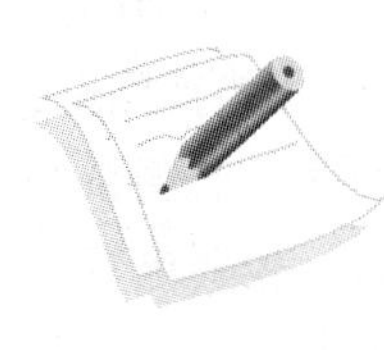

任务3　供配电系统的二次回路控制

【学习任务单】

学习领域	工厂供电设备应用与维护	
项目四	供配电系统保护	学时
学习任务 3	供配电系统的二次回路控制	6
学习目标	**1. 知识目标** （1）熟悉保护继电器的接线； （2）掌握供配电系统二次回路的控制。 **2. 能力目标** （1）准确识读供电系统二次回路接线图； （2）能够正确进行供配电系统二次回路的接线。 **3. 素质目标** （1）培养学生在电力线路接线过程中具有安全用电、文明操作意识； （2）培养学生在安装操作过程中具有团队协作意识和吃苦耐劳的精神。	
一、任务描述 识读供配电系统二次回路接线图，进行系统二次回路安装。 **二、任务实施** （1）学生分组，每小组 4～5 人； （2）小组按任务单进行分析和资料学习； （3）小组经过讨论确定任务结果，每小组由中心发言人陈述，经过全体同学讨论，确定正确结果； （4）检查总结。 **三、相关资源** （1）教材； （2）教学课件； （3）图片； （4）供配电系统二次回路接线图。 **四、教学要求** （1）认真进行课前预习，充分利用教学资源； （2）充分发挥团队合作精神，正确完成工作任务； （3）团队之间相互学习，相互借鉴，提高学习效率。		

【知识链接】

一、供配电系统二次回路的定义

供配电系统的二次回路，是指用来控制、指示、检测和保护一次电路运行的电路，亦称二次电路或二次系统，包括控制系统、信号系统、监测系统及继电保护和自动装置等。

二次回路按电源性质分，有直流回路和交流回路。交流回路又分为交流电流回路和交流电压回路。交流电流回路由电流互感器供电，交流电压回路由电压互感器供电。二次回路按用途分，有断路器控制回路、信号回路、测量和监视回路、断电保护回路和自动装置回路。二次电路的操作电源是供给高压断路器分、合闸回路和继电保护装置，信号回路，监测系统及其他二次设备所需的电源。因此对二次回路操作电源的供电可靠性要求很高，也要求具有足够大的容量，且要求尽可能不受供配电系统运行的影响。二次电路的操作电源，分直流和交流两大类。直流操作电源有由蓄电池供电的电源和由整流装置供电的电源两种。

（一）直流操作电源

1. 由蓄电池供电的直流操作电源

蓄电池主要有铅酸蓄电池和镉镍蓄电池两种。

铅酸蓄电池单个的额定电压为2 V。充电终了时，端电压可达2.7 V；而放电后，端电压降至1.95 V。为获得220 V的直流操作电压，且计及线路的电压降，应按230 V来考虑蓄电池的个数。因此所需蓄电池个数 $n=230/1.95=118$ 个。但考虑到充电终了时端电压的升高，因此长期接入操作电源母线的蓄电池个数 $n_1=230/2.7=88$ 个。而其他用于调节电压的蓄电池个数 $n_2=n-n_1=118-88=30$ 个。均接在专门的调压开关上。

采用铅酸蓄电池组作操作电源，不受供电系统运行情况的影响，工作可靠；但它充电时放出氢和氧的混合气体，而有爆炸危险，且随着排气还带出硫酸气体，有强腐蚀性，对人体健康和设备安全都有很大的危害。因此铅酸蓄电池组，必须装设在专用的蓄电池室内，其结构需考虑防腐防爆，从而投资很大，一般用户供配电系统中不予采用。

镍镉蓄电池单个的额定电压为1.2 V，充电终了时，端电压可达1.75 V；而放电后，端电压可降为1 V。

采用镍镉蓄电池组作操作电源，除不受供电系统运行情况的影响，工作可靠以外，还有其大电流放电性好、功率大、机械强度高、使用寿命长、腐蚀性小的特点，无须专用。

2. 由整流装置供电的直流操作电源

整流电源主要有硅整流电容储能式和复式整流两种。

硅整流电容储能式直流电源，为了避免交流供电系统的影响，它不单独采用硅整流器作为直流操作电源，而配合以电容器储能。在交流供电系统正常运行时，通过硅整流器供给直流操作电源，同时通过电容器储能。当交流供电系统电压降低或消失时，由储能电容器对继电器和跳闸回路供电，使之能正常工作，切除故障。

图4-22是一种硅整流电容储能式直流操作电源系统的接线图，为了保证直流操作电源的可靠性，采用两个交流电源和两台硅整流器。硅整流器U1主要用作断路器合闸电源，并可向控制、信号和保护回路供电。硅整流器U2的容量较小，则仅向控制、信号和保护回路供电。逆止元件VD1和VD2的主要作用：一是当直流电源电压因交流供电系统电压降低时，使储能电容 C_1、C_2 所储电能仅用于补偿自身所在的保护回路，而不向其他元件放电；二是限制 C_1、C_2 向各断路器控制回路中的信号灯和重合闸继电器等放电，以保证所供电的继电保护和跳闸线圈可靠动作。逆止元件VD3和限流元件 R 接在两组直流母线WO（+）和WC（+）之间，使直流合闸母线WO只向控制小母线WC供电，防止断路器合闸时，硅整流器U2又向合闸母线供电。R 用来限制控制回路短路时通过VD3的电流，以免VD3烧毁。

储能电容 C_1 用于对高压线路的断电保护和跳闸回路供电，而储能电容 C_2 用于对其他元件的继电保护和跳闸回路供电。储能电容器多采用大容量的电解电容器，其容量应能保证继电保护和跳闸回路可靠地动作。

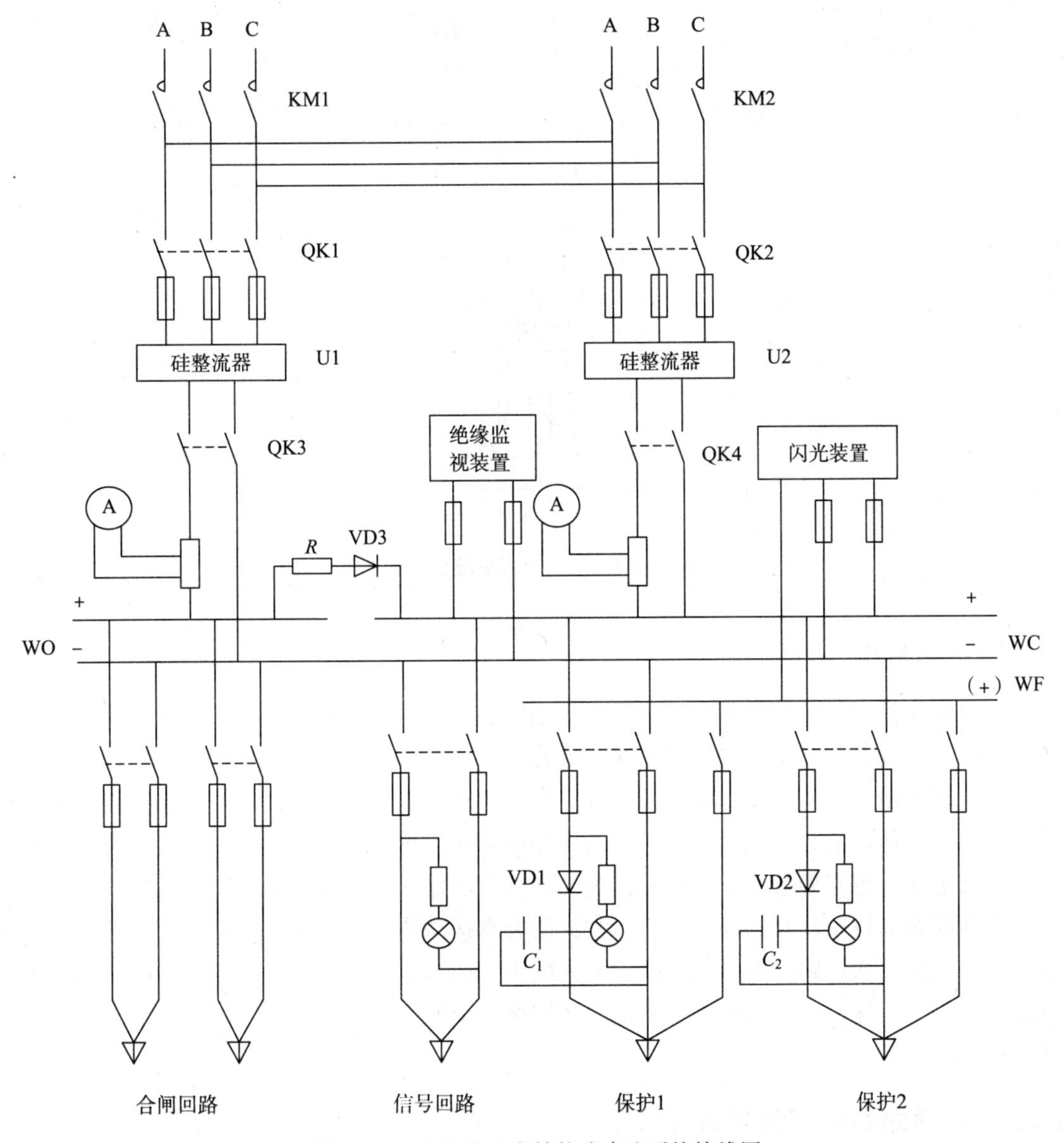

图 4－22　硅整流电容储能式直流系统接线图

复式整流是指提供直流操作电压的整流电源有两种：一是电压源，由变配电所得所用变压器或电压互感器供电，经铁磁谐振稳压器和硅整流器供电给控制、信号和保护等二次回路。二是电流源，由电流互感器供电，同样经铁磁谐振稳压器和硅整流器供电给控制、信号和保护等二次回路。

图 4－23 是复式整流装置接线原理图。由于复式整流装置既有电压源又有电流源，因此能保证交流供电系统在正常或故障情况下，直流系统均能可靠供电。与上述电容储能式相比，复式整流装置能输出较大功率，电压的稳定性也更好。

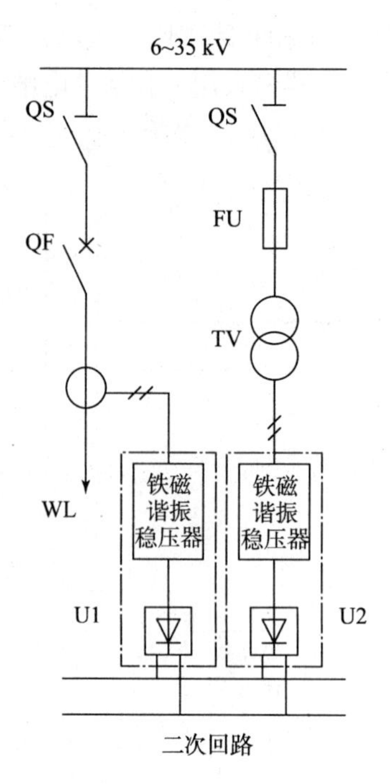

图 4－23　复式整流装置

（二）交流操作电源

对采用交流操作的断路器，应采用交流操作电源。相应地，所有保护继电器、控制装置、信号装置及其他二次元件均采用交流形式。

交流操作电源分电流源和电压源两种。电流源取自电流互感器，主要供电给继电保护和跳闸回路。电压源取自变配电所的所用变压器或电压互感器，通常所用变压器作为正常工作电源，而电压互感器容量小，一般只作为油浸式变压器瓦斯保护的交流操作电源。

高压断路器跳闸回路的操作电源，常见的有直接动作式和去分流跳闸式。采用交流操作电源，可以使二次回路大大简化，投资大大减少，而其工作可靠，维护方便，但是不适用于比较复杂的继电保护、自动装置及其他二次回路。交流操作电源广泛应用于中小变配电所中的断路器。

二、高压断路器的控制与信号回路

（一）对断路器的控制和信号回路的主要要求

对断路器的控制和信号回路的主要要求如下：

（1）应能监视控制回路保护装置及其分、合闸回路的完好性，以保证断路器的正常工作，通常采用灯光监视的方式。

（2）分、合闸操作完成后，应使命令脉冲解除，即能断开分、合闸的电源。

（3）能指示断路器正常分、合闸的位置状态，并在自动合闸和自动跳闸时有明显的指示信号。如前述，通常用红绿灯的平光来指示断路器的合闸和分闸的正常位置，而用红绿灯的闪光来指示断路器的自动合闸和自动跳闸。

(4) 断路器的事故跳闸回路，应按“不对应原理”接线。当断路器采用手动操作机构时，利用手动操作机构的辅助触点与断路器的辅助触点构成“不对应”关系，即操作机构在合闸位置而断路器已跳闸时，发出事故跳闸信号。

(5) 对有可能出现不正常工作状态或故障的设备，应装设预告信号。预告信号应能使控制室或值班室的中央信号装置发出音响和灯光信号，并能指示故障地点和性质。通常用电铃作预告音响信号，用电笛作事故音响信号。

(二) 采用手动操作的断路器控制和信号回路

图 4 - 24 是手动操作的断路器控制和信号回路原理图。这时断路器的辅助触点 QF3 - 4 闭合，红灯 RD 亮，指示断路器已经合闸通电。由于有限流电阻 R_2，跳闸线圈 YR 虽有电流通过，但电流很小，不会跳闸。红灯 RD 亮，还表示跳闸回路及控制回路电源的熔断器 FU1 和 FU2 是完好的。

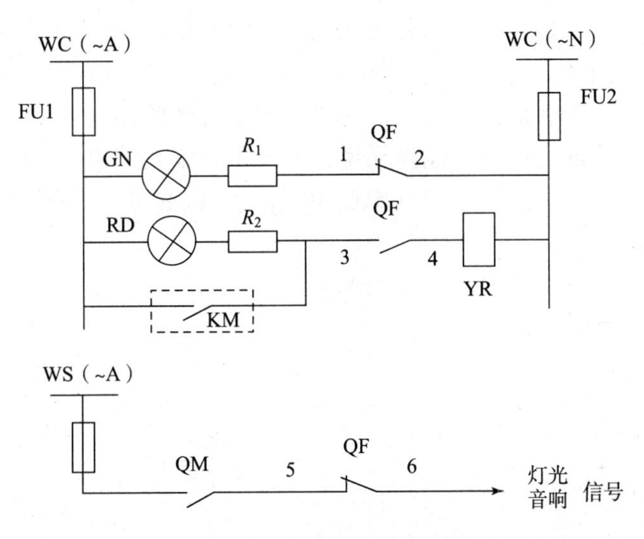

图 4 - 24　手动操作的断路器控制和信号回路原理图

分闸时，扳下操作手柄使断路器分闸。这时断路器的辅助触点 QF3 - 4 断开，切断跳闸回路，同时辅助触点 QF 1 - 2 闭合，绿灯 GN 亮，指示断路器已经分闸断电。绿灯 GN 亮，还表示控制回路电源的熔断器 FU1 和 FU2 是完好的，即绿灯 GN 同时起着监视跳闸回路完好性的作用。

在正常的操作断路器分、合闸时，由于操作机构辅助触点 QM 与断路器辅助触点 QF5 - 6 是同时切换的，所以故障信号总是断路器的，不会错误地发出灯光、音响信号。

当一次电路发生短路故障时，继电保护装置动作，其出口继电器触点 KM 闭合，接通跳闸回路（QF3 - 4 原已闭合），使断路器跳闸。随后 QF3 - 4 断开，红灯 RD 灭，并切断 YR 电源；同时 QF1 - 2 闭合，绿灯 GN 亮。这时操作机构的操作手柄虽然仍在合闸位置，但其黄色指示牌下掉，表示断路器自动跳闸。在信号回路中，由于操作手柄仍在合闸位置，其辅助触点 QM 闭合，而断路器已故障跳闸，QF5 - 6 返回闭合，因此故障信号接通，发出灯光和音响信号。当值班员得知事故跳闸信号后，可将断路器操作手柄扳下至分闸位置，这时黄色指示牌随之返回，事故灯光、音响信号随之消失。

控制回路中分别与指示灯 GN 和 RD 串联的电阻 R_1 和 R_2，除了具有限流作用外，还有防止指示灯灯座短路时造成控制回路短路或断路器误跳闸的作用。

三、供配电系统的自动装置

（一）电力线路的自动重合闸装置

运行经验表明，电力系统的短路故障特别是架空线路上的短路故障大多是暂时性的，这些故障在断路器跳闸后，多数能很快地自行消除。例如雷击闪电或鸟兽造成的线路短路故障，往往在雷击过后或鸟兽烧死之后，线路大多能恢复正常运行。因此如采用自动重合闸装置，使断路器在跳闸后，经很短时间有自动重新合闸送电，从而可大大提高供电可靠性，避免因停电而给国民经济带来的巨大损失。

自动重合闸装置按其操作方式分，有机械式和电气式；按组成元件分，有机电型、晶体管型和微机型；按重合次数分，有一次重合式、二次重合式和三次重合式。

供配电系统中采用 ARD（自动重合闸装置），一般是一次重合式，因此一次重合式比较简单经济，而且基本上能满足供电可靠性的要求。运行经验证明，ARD 的重合成功率随重合次数的增加而显著降低。对架空线路来说，一次重合成功率可达 60% ~90%，而二次重合成功率只有 15% 左右，三次重合成功率仅 3% 左右。因此一般用户的供配电系统中只采用一次重合闸。

图 4 – 25 是电气一次自动重合闸的原理电路图。

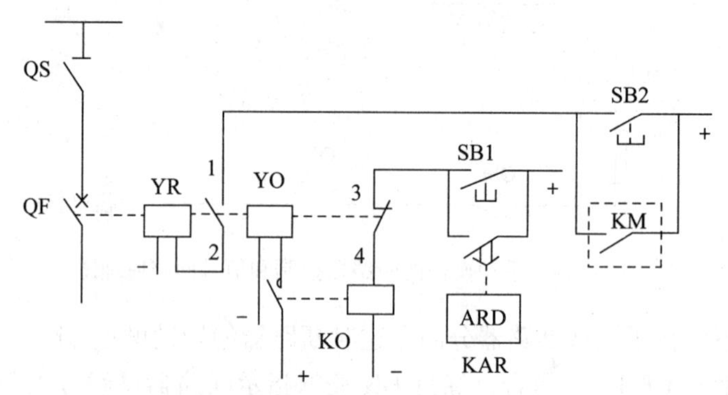

图 4 – 25　电气一次 ARD 的原理电路

（1）手动合闸。按下合闸按钮 SB1，使合闸接触器 KO 通电动作，接通合闸线圈 YO 回路，使断路器合闸。

（2）手动跳闸。按下跳闸按钮 SB2，接通跳闸线圈 YR 回路，使断路器跳闸。

（3）自动重合闸。当线路上发生短路故障时，保护装置动作，其出口断路器触点 KM 闭合，接通跳闸线圈 YR 回路，使断路器跳闸。断路器跳闸后，其辅助触点 QF3 – 4 闭合，同时重合闸继电器 KAR 启动，经短延时（一般 0.5 s）接通合闸接触器 KO 回路，接触器 KO 又接通合闸线圈 YO 回路，使断路器重新合闸。

不论哪一种 ARD 电路，都应满足下列基本要求：

（1）用控制开关或遥控装置断开继电器时，ARD 不应该动作。

（2）如果是一次电路出现故障使断路器跳闸时，ARD应该动作。但是一次ARD只应重合一次，因此应有防止断路器多次重合于发生永久性故障的一次电路上的“防跳”措施。

（3）ARD动作后，应能自动返回，为下一次动作做好准备。

（4）ARD应与继电保护相配合，使继电保护在ARD动作前或动作后加速动作。大多采取重合闸后加速保护装置动作的方案，使ARD重合于永久性故障上时，快速断开故障电路，缩短故障时间，减轻故障对系统的危害。

（二）备用电源自动投入装置

在要求供电可靠性较高的变配电所中，通常设有两路或两路以上电源进线，或者设有自备电源。在企业的车间变电所低压侧，大多设有与相邻车间变电所相连的低压联络线。如果在作为备用电源的线路上装设备用电源自动投入装置，则在工作电源线路突然断电时，利用失压保护装置使该线路的断路器跳闸，而备用电源线路的断路器则在ARD作用下迅速合闸，使备用电源投入运行，从而大大提高供电可靠性，保证对用户的不间断供电。

图4－26是备用电源自动投入运行装置的原理电路图。

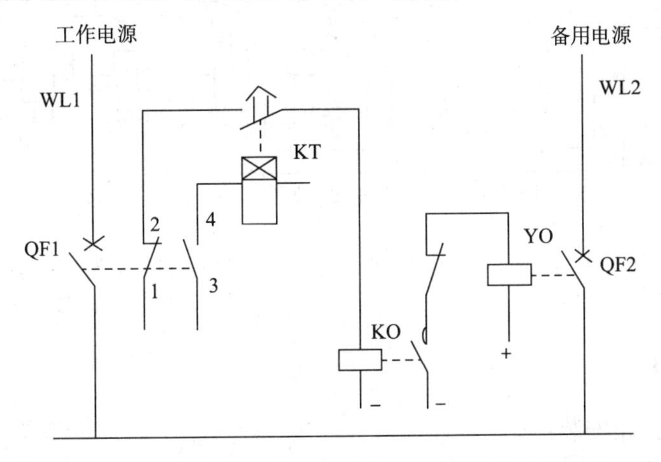

图4－26　备用电源自动投入运行装置的原理电路图

（1）正常工作状态。断路器QF1合闸，电源WL1供电；而断路器QF2断开，电源WL2备用。QF1的辅助触点QF3－4闭合，时间继电器KT动作，其触点是闭合的，但由于断路器QF1的另一对触点QF1－2处于断开状态，因此合闸接触器KO不会通电动作。

（2）备用电源自动投入。当工作电源WL1断电引起失压保护动作使断路器QF1跳闸时，其辅助触点QF3－4断开，使时间继电器KT断电。在其延时断开触点尚未断开前，由于断路器QF1的辅助触点QF1－2闭合，接通合闸接触器KO回路，使之动作，接通断路器QF2的合闸线圈YO回路，使QF2合闸，从而使备用电源WL2运行。在KT的延时断开触点延时断开后时，切断KO合闸回路。QF2合闸后，其辅助触点QF1－2断开，切断YO合闸回路。

高压为6～10 kV的配电变电所主变压器，通常装设有带时限的过电流保护。如果过电流保护的动作时间大于0.7 s，则应补充装设电流速断保护。容量在800 kV·A及以上的油浸式变压器和400 kV·A及以上的车间内（室内）油浸式变压器，按规定应装设气体继电保护（通称瓦斯保护）。容量在400 kV·A及以上的变压器，当数台并列运行或单台运行并作为其他负荷的备用电源时，应根据可能过负荷的情况装设过负荷保护。过负荷保护及气体继电保护在变压器内部有轻微故障（通称“轻瓦斯”）时，动作于信号，而其他保护包括气体继电保护在变压器内部有严重故障（通称“重瓦斯”）时，一般均动作于跳闸。

对于高压侧为35 kV及以上的总降压变电所主变压器来说，也应装设过电流保护、电流速断保护和气体继电保护；在有可能过负荷时，也需装设过负荷保护，如果单台运行的变压器容量在10 000 kV·A及以上或并列运行的变压器每台容量在6 300 kV·A及以上时，则要求装设纵联差动保护来取代电流速断保护。图4－27为变压器的定时限过电流保护、电流速断保护和过负荷保护的综合电路图。

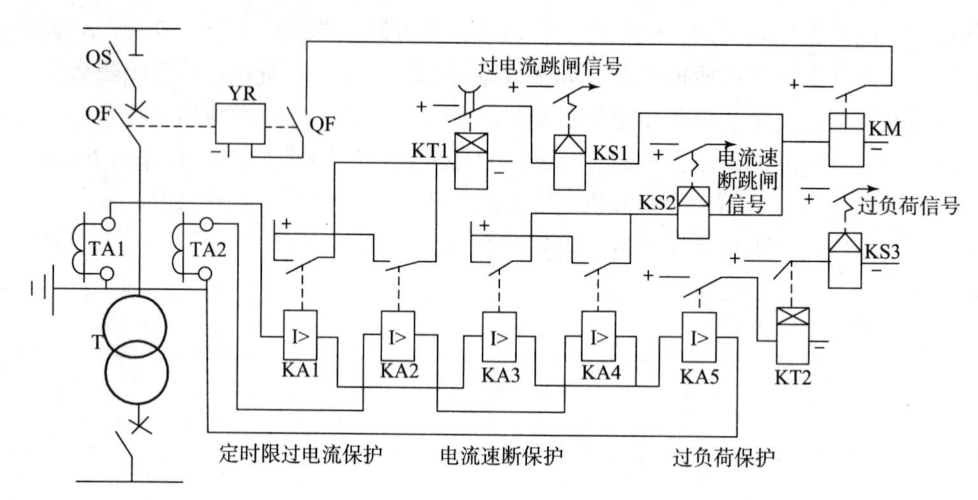

图4－27　变压器的定时限过电流保护、电流速断保护和过负荷保护的综合电路图

【任务实施】

供电系统二次回路安装：

有一6.3 kV配电高压柜，负荷侧变压器额定容量是100 kV·A，一次设备已安装完毕。继电器选用GL－15/10型，CT变比为200/5，现要求安装二次回路。

1. 供电系统二次回路安装步骤

（1）根据二次回路接线图4－28，设定二次线路符号：测量回路为A411、C411、N411，保护回路为A421、A422、A423、C421、C422、C423、N421。

（2）在CT二次接线端子确定测量回路端子，保护回路端子，并接线，引到接线端子排。

（3）确定继电器电流线圈接线端子（A421/C421、A423/C423），并接线，引到接线端子排，与CT二次保护端子连接。

（4）确定继电器常开两个接线端子（A422/C422、N421），并接线，引到接线端子排。

（5）确定跳闸线圈接点，引线到接线端子排，与继电器常开触点连接。

（6）引电流表接线（A411/C411、N411）到端子排，与CT二次测量回路连接。

（7）进行继电保护试验，确定保护回路完好。

（8）进行模拟跳闸，确定跳闸回路完好。

（9）进行模拟测量，确定测量回路完好，同时确定 CT 极性正确。

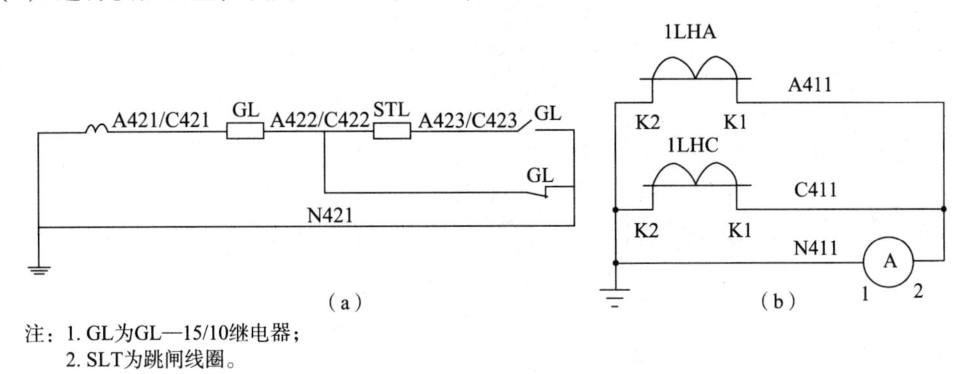

注：1. GL为GL—15/10继电器；
2. SLT为跳闸线圈。

图 4－28　二次回路接线图

（a）保护电路；（b）测量电路

2. 注意事项

（1）电流互感器测量线圈和保护线圈是固定的，不允许随意接线。一般都有 1K1、1K2、2K1、2K2 字样。

（2）保护跳闸接线与正常分闸接线连接跳闸线圈时，采取并联，不允许串联。

（3）电流互感器二次测量端子和保护端子，有一点必须保护接地，定为 N411、N421。

（4）模拟试验或继电保护试验，一次系统必须在停电情况下进行。

（5）安装人员必须充分理解二次回路原理，掌握二次设备性能等相关电工知识。

【知识拓展】

变压器的纵联差动保护：

差动保护分纵联差动保护和横联差动保护两种，纵联差动保护用于单回路，横联差动保护用于双回路。差动保护利用故障时产生的不平衡电流来动作，保护灵敏度很高，而且动作迅速。

按 GB 50062—1992 规定，10 000 kV · A 及以上的单独运行变压器和 6 300 kV · A 及以上的并列运行变压器，应装设纵联差动保护；6 300 kV · A 及以下单独运行的重要变压器，也可装设纵联差动保护。当电流速断保护灵敏度不符合要求时，亦宜装设纵联差动保护。

1. 变压器纵联差动保护的基本原理

变压器纵联差动保护，主要用来保护变压器内部以及引出线和绝缘套管的相间短路，也可用来保护变压器内部的匝间短路，其保护区在变压器一、二次侧所装电流互感器之间（见图 4－29）。在变压器正常运行或在变压器差动保护的保护区外 $k-1$ 点发生短路时，如果电流互感器 TA1 的二次电流 I'_1 与 TA2 的二次电流 I'_2 相等或相差很小时，则流入继电器 KA（或差动继电器 KD）的电流 $I_{KA}=I'_1-I'_2\approx 0$，继电器 KA（或 KD）不会动作。而在差动保护的保护区内 $k-2$ 点发生短路时，对于单端供电的变压器来说，$I'_2=0$，$I_{KA}=I'_1$，超过 KA（或 KD）所整定的动作电流 $I_{op(d)}$，使 KA（或 KD）瞬时动作，然后通过出口继电器 KM 使断路器 QF 跳闸，切除短路故障，同时由信号继电器 KS 发出信号。

2. Yd11 连接变压器的纵联差动保护接线

总降压变电所的主变压器通常采用 Yd11 连接组，这就造成该变压器两侧电流有 30°的

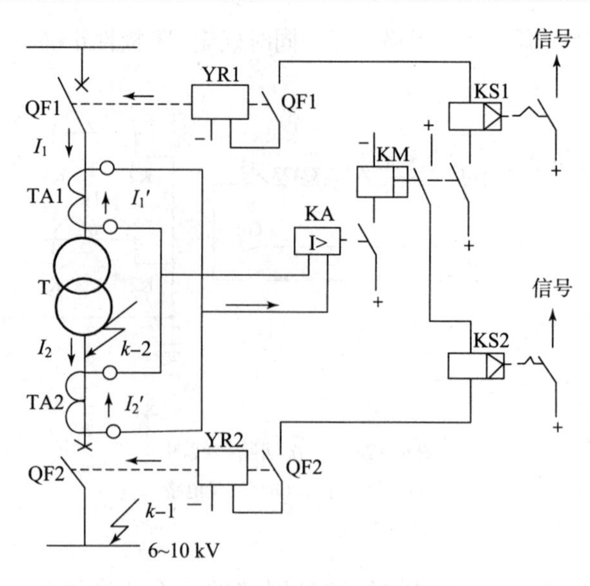

图 4－29　变压器纵联差动保护的单相原理电路

相位差。为了消除它在差动回路中产生的不平衡电流 I_{dsq}，因此将装设在变压器星形连接一侧的电流互感器接成三角形连接，而装设在变压器三角形连接一侧的电流互感器接成星形连接，如图 4－30 所示。这样就可消除差动回路中由于变压器两侧电流相位不同而引起的不平衡电流。

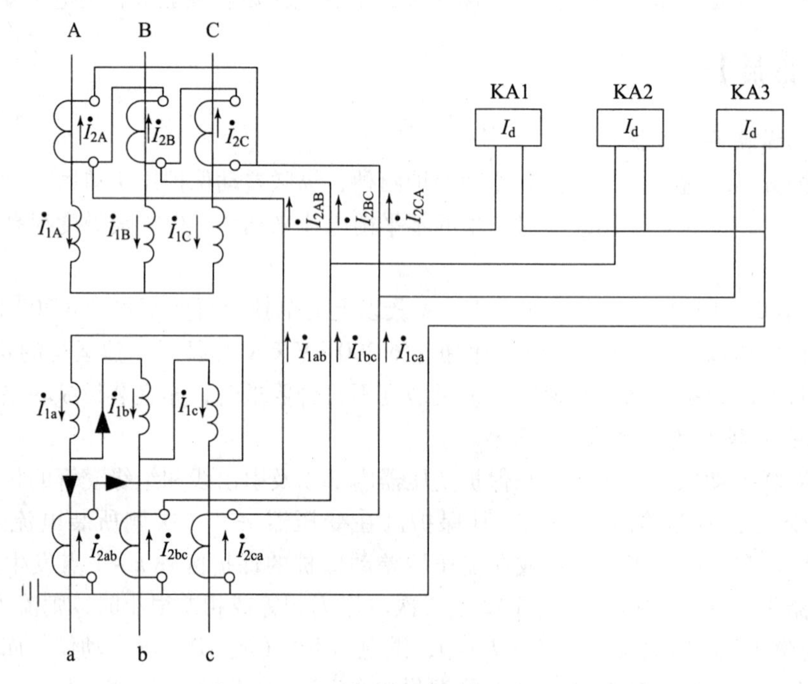

图 4－30　Yd11 连接变压器的纵联差动保护接线

此外，在变压器纵联差动保护装置中，还应设法减小由两侧电流互感器电流比与变压器电压不能完全配合而引起的不平衡电流，并设法减小由变压器励磁涌流（只通过变压器一次绕组）而引起的不平衡电流，因此这种保护装置比较复杂，成本也是比较高的。实际上，

在差动回路中产生不平衡电流的因素很多，不可能完全消除，而只能使之减小到最小值。

【项目考核】

项目考核单

<table>
<tr><td>学生姓名</td><td>班级</td><td>学号</td><td>教师姓名</td><td colspan="3">项目四</td></tr>
<tr><td></td><td></td><td></td><td></td><td colspan="3">供配电系统保护</td></tr>
<tr><td colspan="4" rowspan="2">技能训练考核内容（60分）</td><td colspan="3">考核标准</td></tr>
<tr><td>优</td><td>良</td><td>及格</td></tr>
<tr><td>1. 保护继电器的选择（15分）</td><td colspan="3">保护继电器的选择</td><td>能够正确识别继电器各种器件；能够正确进行保护继电器选择</td><td>能够正确识别继电器各种器件；能够进行保护继电器选择</td><td>能够识别继电器各种器件；能够进行保护继电器选择</td></tr>
<tr><td rowspan="3">2. 继电保护电路的接线（15分）</td><td colspan="3">继电保护装置的接线（图4－7、图4－8）</td><td rowspan="3">能够正确识读接线图；能够正确进行电路连接</td><td rowspan="3">能够正确识读接线图；能够进行电路连接</td><td rowspan="3">能够识读接线图；能够进行电路连接</td></tr>
<tr><td colspan="3">线路过电流保护整定（图4－15）</td></tr>
<tr><td colspan="3">变压器的纵联差动保护（图4－29）</td></tr>
<tr><td rowspan="2">3. 继电保护电路的整定（20分）</td><td colspan="3">线路过电流保护整定（图4－15）</td><td rowspan="2">能够正确识读接线图；能够正确进行过电流保护整定</td><td rowspan="2">能够识读接线图；能够正确进行过电流保护整定</td><td rowspan="2">能够进行过电流保护整定</td></tr>
<tr><td colspan="3">反时限过电流保护动作时间的整定（图4－16）</td></tr>
<tr><td colspan="4">4. 项目报告（10分）</td><td>格式标准，内容完整、清晰，有详细记录的任务分析、实施过程，并进行了归纳总结</td><td>格式标准，内容清晰，记录了任务分析、实施过程，并进行了归纳总结</td><td>内容清晰，记录的任务分析、实施过程比较详细，并进行了归纳总结</td></tr>
<tr><td colspan="4">知识巩固测试（40分）</td><td rowspan="7">遵守工作纪律，遵守安全操作规程，对相关知识点掌握牢固、准确、正确理解电路的工作原理</td><td rowspan="7">遵守工作纪律，遵守安全操作规程，对相关知识点掌握一般、基本能正确理解电路的工作原理</td><td rowspan="7">遵守工作纪律，遵守安全操作规程，对相关知识点掌握牢固，但对电路的理解不够清晰</td></tr>
<tr><td colspan="4">1. 继电保护的任务</td></tr>
<tr><td colspan="4">2. 过电流保护的灵敏度</td></tr>
<tr><td colspan="4">3. 过电流保护装置动作电流整定</td></tr>
<tr><td colspan="4">4. 电流速断保护动作电流整定</td></tr>
<tr><td colspan="4">5. 供配电系统二次回路定义</td></tr>
<tr><td colspan="4">6. 电力线路的自动重合闸装置工作原理</td></tr>
<tr><td>完成日期</td><td colspan="3">年　月　日</td><td>总　成　绩</td><td colspan="2"></td></tr>
</table>

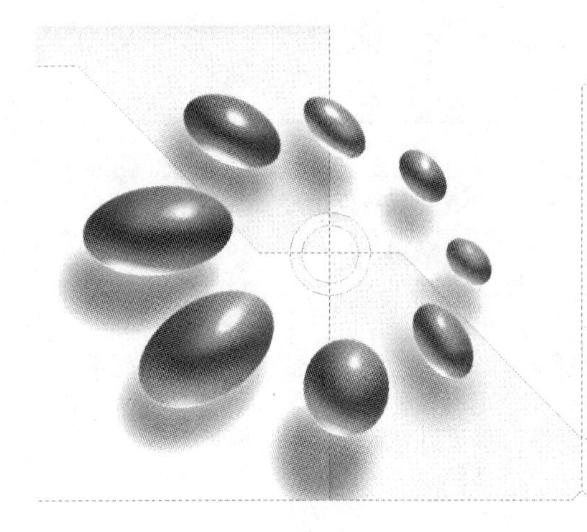

项目五　工厂电力线路敷设与维护

【项目描述】

电力线路（electric power line）是电力系统的重要组成部分，在整个供配电系统中起着重要的作用。在选择电力线路的接线方式时，不仅要考虑供配电系统的安全可靠，操作方便、灵活、运行经济有利于发展，还要考虑电源的数量、位置，供配电对象的负荷性质和大小以及建筑布局等各方面的因素。本项目介绍架空线路、电缆线路和车间（室内）线路敷设、运行维护及检修等。通过本项目的学习，学生具体应达到以下要求：

一、知识要求

（1）能分析工厂电力线路的类型及接线方式；

（2）能进行架空线路的敷设、维护及检修；

（3）能进行电缆线路的敷设、维护及检修；

（4）能进行车间线路的敷设、维护及检修。

二、能力要求

（1）准确识读工厂电力线路的接线图；

（2）能正确进行电力线路的敷设、运行维护和检修。

三、素质要求

（1）具有规范操作、安全操作、环保意识；

（2）具有爱岗敬业、实事求是、团结协作的优秀品质；

（3）具有分析问题、解决实际问题的能力；

（4）具有创新意识、获取新知识、新技能的学习能力。

任务1　工厂电力线路及接线方式认识

【学习任务单】

学习领域	工厂供电设备应用与维护	
项目五	工厂电力线路敷设与维护	学时
学习任务1	工厂电力线路及接线方式认识	2
学习目标	**1. 知识目标** （1）熟悉高压电力线路及接线方式； （2）掌握低压电力线路及接线方式。 **2. 能力目标** （1）准确识读电力线路接线图； （2）能够正确进行低压电力线路接线。 **3. 素质目标** （1）培养学生在电力线路接线过程中具有安全用电、文明操作意识； （2）培养学生在安装操作过程中具有团队协作意识和吃苦耐劳的精神。	
一、任务描述 按照电力线路的接线方式，准确识读低压电力线路接线图，能够进行低压树干式接线。 **二、任务实施** （1）学生分组，每小组4~5人； （2）小组按任务单进行分析和资料学习； （3）小组经过讨论确定任务结果，每小组由中心发言人陈述，经过全体同学讨论，确定正确结果； （4）检查总结。 **三、相关资源** （1）教材； （2）教学课件； （3）图片； （4）电力线路接线图纸。 **四、教学要求** （1）认真进行课前预习，充分利用教学资源； （2）充分发挥团队合作精神，正确完成工作任务； （3）团队之间相互学习，相互借鉴，提高学习效率。		

【知识链接】

电力线路的重要任务是输送和分配电能。电力线路按电压高低分为1 kV以上的高压线路和1 kV及以下的低压线路。电力线路按其结构形式分为架空线路、电缆线路和车间（室内）线路等。

一、高压线路及接线方式

高压线路通常是指 1 kV 及以上电压的电力线路，也有将 1 kV 以上到 10 kV 或 35 kV 的电力线路称为中压线路，35 kV 以上至 220 kV 电力线路称为高压线路，220 kV 或 330 kV 及以上的电力线路称为超高压线路。本书一般以 1 kV 及以上电压泛指“高压”。工厂的高压线路有放射式、树干式和环形等基本接线方式。

(一) 高压放射式接线

电能在高压母线汇集后向各高压配电线路输送，每个高压配电回路直接向一个用户供电，沿线不分接其他负荷。放射式接线的线路之间互不影响，因此其供电可靠性较高，而且便于装设自动装置，保护装置也比较简单，但是其高压开关设备装设了一个高压开关柜，从而使投资增加。而且在发生故障或检修时，该线路所供电的负荷都要停电。要提高其供电可靠性，可在各车间变电所的高压侧之间或低压侧之间敷设联络线。如果要进一步提高其供电可靠性，可采用来自两个电源的两路高压进线，然后经分段母线，由两段母线用双回路对重要负荷交叉供电。

1. 高压单回路放射式接线

高压单回路放射式接线如图 5－1 (a) 所示，其特点有：

(1) 接线清晰，操作维护方便，各供电线路互不影响，供电可靠性较高，还便于装设自动装置，保护装置也较简单。

(2) 高压开关设备用得较多，投资高，某一线路发生故障或需检修时，该线路供电的全部负荷都要停电。

只能用于二、三级负荷或容量较大及较重要的专用设备。

2. 采用公共备用干线的放射式接线

公共备用干线的放射式接线如图 5－1 (b) 所示，其特点有：与单回路放射式接线相比，除拥有其优点外，供电可靠性得到了提高。开关设备的数量和导线材料的消耗量比单回路放射式接线有所增加。

3. 双回路放射式接线

双回路放射式接线如图 5－1 (c) 所示，其特点有：采用两路电源进线，然后经分段母线用双回路对用户进行交叉供电。其供电可靠性更高，但投资相对较大。可供电给一、二级的重要负荷。

4. 采用低压联络线路作备用干线的放射式接线

低压联络线路作备用干线的放射式接线如图 5－1 (d) 所示，其特点有：比较经济、灵活，除了可提高供电可靠性以外，还可实现变压器的经济运行。多用于工矿企业。

(二) 高压树干式接线

树干式接线与放射式接线相比，具有以下优点：多数情况下能减少线路的有色金属消耗量；采用的高压开关数较少，投资较省。其缺点是：供电可靠性较低，当干线发生故障或检修时，接于干线的所有变电所都要停电，且在实现自动化方面适应性较差。要提高其供电可靠性，可采用双干线供电或两端供电的接线方式。

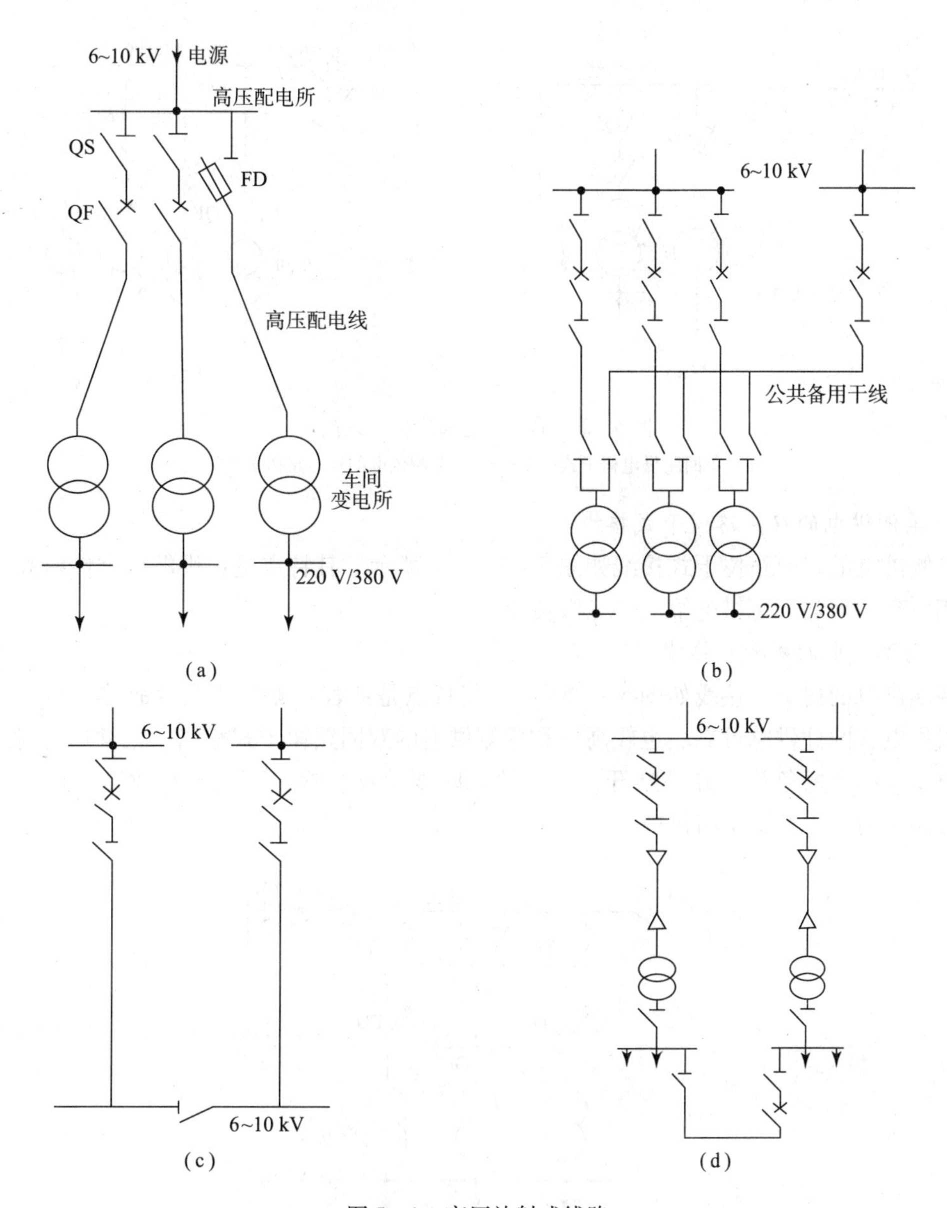

图 5－1　高压放射式线路

（a）高压单回路放射式接线；（b）公共备用干线的放射式接线；（c）双回路放射式接线；
（d）低压联络线路作备用干线的放射式接线

1. 单回路树干式接线

单回路供电树干式接线如图 5－2（a）所示，其特点有：

（1）较之单回路放射式接线，出线大大减少，高压开关柜数量也相应减少，同时可节约有色金属的消耗量。

（2）因多个用户采用一条公用干线供电，各用户之间互相影响，当某条干线发生故障或需检修时，将引起干线上的全部用户停电，所以供电可靠性差，且不容易实现自动化控制。一般用于对三级负荷配电，而且干线上连接的变压器不得超过 5 台，总容量不应大于 2 300 kV · A。这种接线在城镇街道应用较多。

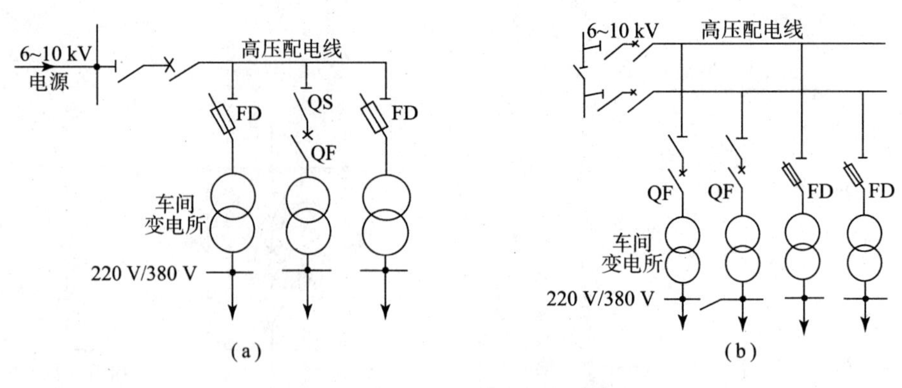

图 5-2 单侧供电高压树干式接线

（a）单回路供电树干式接线；（b）单侧供电的双回路树干式接线

2. 单侧供电的双回路树干式接线

单侧供电的双回路树干式接线如图 5-2（b）所示，其特点是：供电可靠性提高，但投资也相应有所增加。可供电给二、三级负荷。

3. 两端供电的树干式接线

两端供电的树干式接线如图 5-3 所示，其特点是：若一侧干线发生故障，可采用另一侧干线供电，因此供电可靠性也较高，和单侧供电的双回路树干式相当。正常运行时，由一侧供电或在线路的负荷分界处断开，发生故障时要手动切换，而且寻查故障时也需中断供电。可用于对二、三级负荷供电。

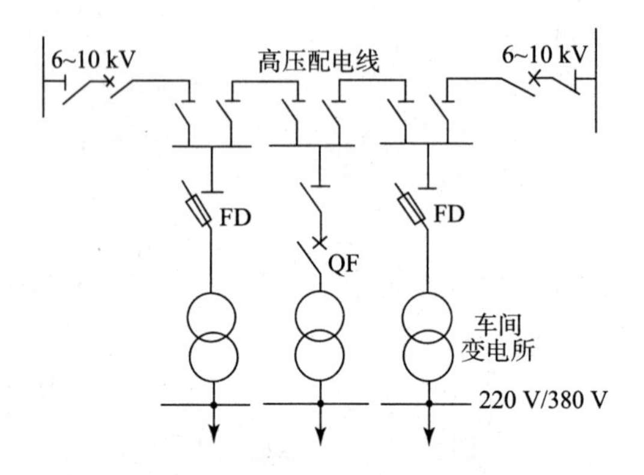

图 5-3 两端供电的树干式接线

（三）高压环形接线

高压环形接线，实质上是两端供电的树干式接线。这种接线在现代城市电网中应用很广。为了避免环形线路上发生故障时影响整个电网，也为了便于实现线路保护的选择性，因此大多数环形线路采用“开口”运行方式，即环形线路中有一处的开关是断开的。为了便于切换操作，环形线路中的开关多采用负荷开关。

高压环形接线如图 5-4 所示，其特点是：运行灵活，线路检修时可切换电源；故障时可切除故障线段，缩短停电时间，供电可靠性高。

可供电给二、三级负荷，在现代化城市电网中应用较广泛。

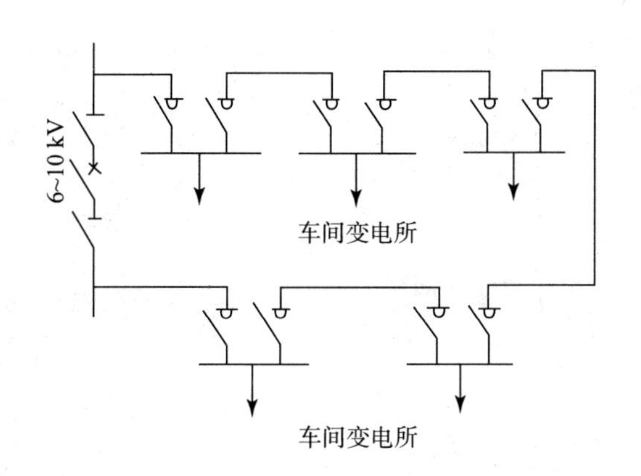

图 5－4　高压环形接线

“开环”运行理由是：由于闭环运行时继电保护整定较复杂，同时也为避免环形线路上发生故障时影响整个电网，所以为了简化继电保护，限制系统短路容量，大多数环形线路采用“开环”运行方式，即环形线路中有一处开关是断开的。高压环形电网中通常采用以负荷开关为主开关的高压环网柜。

供配电系统的高压接线实际上往往是几种接线方式的组合，究竟采用什么接线方式，应根据具体情况，考虑对供电可靠性的要求，经过技术经济综合比较后才能确定。不过对大中型工厂，高压配电系统宜优先考虑采用放射式接线，因为放射式接线供电可靠性较高，且便于运行管理。但放射式接线采用的高压开关设备较多，投资较大，因此对于供电可靠性要求不高的辅助生产区和生活住宅区，可考虑采用树干式或环形配电比较经济。

二、低压线路及接线方式

工厂的低压配电线路有放射式、树干式和环形等基本接线方式。

（一）低压放射式接线

低压放射式接线如图 5－5 所示，放射式接线的特点是其引出线发生故障时互不影响，因此供电可靠性较高。但在一般情况下，其有色金属消耗较多，采用的开关设备较多。低压放射式接线多用于设备容量较大或对供电可靠性要求较高的设备配电。

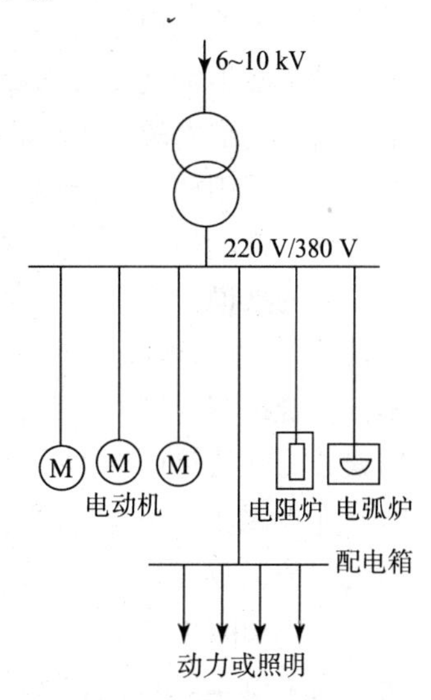

图 5－5　低压放射式接线

（二）低压树干式接线

低压树干式接线如图 5－6 所示，树干式接线的特点正好与放射式接线相反。一般情况下，树干式接线采用的开关设备较少，有色金属消耗也较少，但当干线发生故障时，影响范围大，因此其供电可靠性较低。图 5－6（a）所示树干式接线，在机械加工车间、工具车间和机修车间中应用比较普遍，而且多采用成套的封闭型母线，它灵活方便，也相当安全，很适于供电给容量较小而分布比较均匀的一些用电设备如机床、小型加热炉等。图 5－6（b）所示“变压器－干线组”接线，还省去了变电所低压侧整套低压配电装置，从而使变电所结构大为简化，投资大为降低。

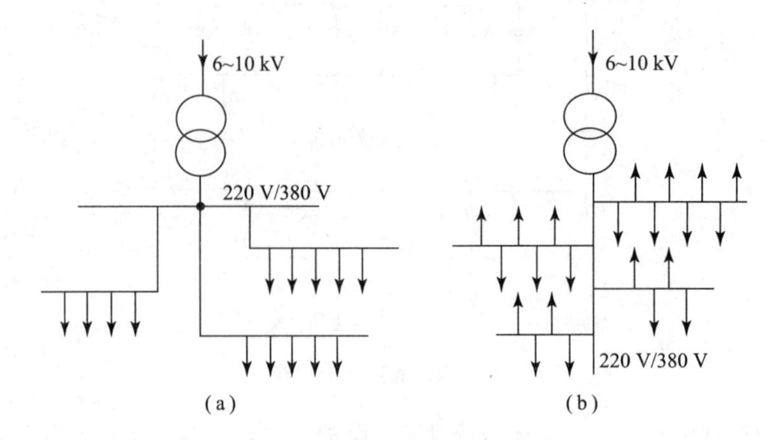

图 5 -6　低压树干式接线

(a) 低压母线放射式配电的树干式；(b) 低压“变压器 - 干线组”的树干式

(三) 低压环形接线

低压环形接线如图 5 -7 所示。工厂内的一些车间变电所的低压侧，可通过低压联络线相互连接成为环形。环形接线的特点是供电可靠性较高，任一段线路发生故障或检修时，都不致造成供电中断，或者只短时停电，一旦切换电源的操作完成，就能恢复供电。环形接线，可使电能损耗和电压损耗减少。但是环形线路的保护装置及其整定配合比较复杂；如果配合不当，容易发生误动作，反而扩大故障停电范围。实际上，低压环形线路也多采用“开口”运行方式。

在工厂的低压配电系统中，也往往是采用几种接线方式的组合，依具体情况而定。不过在环境正常的车间或建筑内，当大部分用电设备不很大又无特殊要求时，宜采用树干式配电。这一方面是由于树干式配电较之放射式经济，另一方面是由于我国各工厂的供电人员对采用树干式配电积累了相当成熟的运行经验。实践证明，低压树干式配电在一般正常情况下能够满足生产要求。

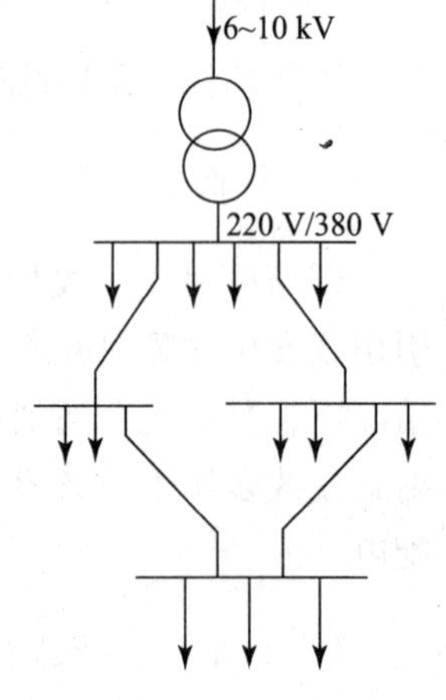

图 5 -7　低压环形接线

总的来说，工厂电力线路（包括高压和低压线路）的接线应力求简单。运行经验证明，供配电系统如果接线复杂，层次过多，不仅浪费投资，维护不便，而且由于电路串联的元件过多，因操作错误或元件故障而产生的事故也随之增多，且事故处理和恢复供电的操作也比较麻烦，从而延长了停电时间。同时由于配电级数多，继电保护级数也相应增加，保护动作时间也相应延长，对供配电系统的故障切除十分不利。因此，GB 50052—1995《供配电系统设计规范》规定：供配电系统应简单可靠，同一电压供电系统的变配电级数不宜多于两级。以前面图 1 -1 所示工厂供电系统为例，由工厂总降压变电所直接配电到车间变电所的配电级数只有一级，而由总降压变电所经高压配电所再配电到车间变电所的配电级数就有两级了，最多不宜超过两级。此外，高低压配电线路均应尽可能深入负荷中心，以减少线路的电压损耗、电能损耗和有色金属消耗量，提高负荷端的电压水平。

【任务实施】

低压线路接线图认识：

（1）识读低压线路接线图5－5～图5－7。

（2）低压树干式接线：图5－8（a）和（b）是一种变形的树干式接线，它为链式接线，适于用电设备彼此相距很近而容量均较小的次要用电设备。本实践以链式接线为例，要求链式接线相连的用电设备一般不宜超过5台，链式相连的配电箱不宜超过3台，且总容量不宜超过10 kW。学生按照图5－8进行接线。

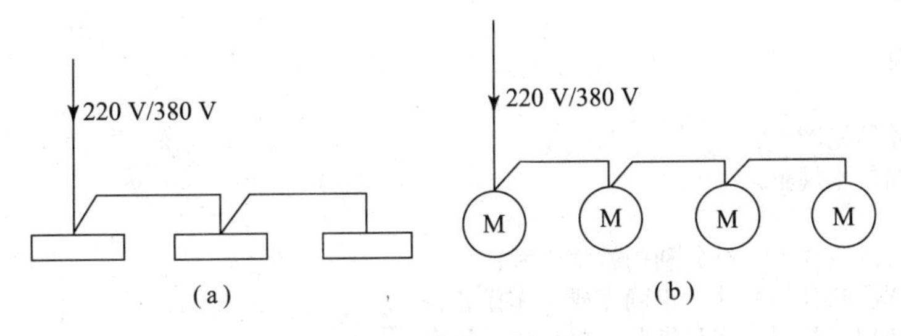

图5－8　低压链式接线

（a）连接配电箱；（b）连接电动机

任务2　架空线路敷设与运行维护

【学习任务单】

学习领域	工厂供电设备应用与维护	
项目五	工厂电力线路敷设与维护	学时
学习任务2	架空线路敷设与运行维护	4
学习目标	**1. 知识目标** （1）熟悉架空线路的结构； （2）熟悉架空线路的敷设方式。 **2. 能力目标** （1）准确识读架空线路接线图； （2）能够对架空线路进行维护及检修。 **3. 素质目标** （1）培养学生在架空线路安装过程中具有安全用电、文明操作意识； （2）培养学生在安装过程中具有规范操作、环保意识； （3）培养学生在安装操作过程中具有团队协作意识和吃苦耐劳的精神。	

续表

<table>
<tr><td>学习领域</td><td colspan="2">工厂供电设备应用与维护</td></tr>
<tr><td>项目五</td><td>工厂电力线路敷设与维护</td><td>学时</td></tr>
<tr><td>学习任务 2</td><td>架空线路敷设与运行维护</td><td>4</td></tr>
<tr><td colspan="3">

一、任务描述
按照架空线路结构及敷设方式的特点，熟知架空线路运行维护项目及要求，进行低压架空线路检修。
二、任务实施
（1）学生分组，每小组 4～5 人；
（2）小组按任务单进行分析和资料学习；
（3）小组经过讨论确定任务结果，每小组由中心发言人陈述，经过全体同学讨论，确定正确结果；
（4）检查总结。
三、相关资源
（1）教材；
（2）教学课件；
（3）图片；
（4）架空线路结构图纸；
（5）架空线路技术规范。
四、教学要求
（1）认真进行课前预习，充分利用教学资源；
（2）充分发挥团队合作精神，正确完成工作任务；
（3）团队之间相互学习，相互借鉴，提高学习效率。
</td></tr>
</table>

【知识链接】

架空线路是利用电杆架空敷设导线的露天线路，具有成本低、投资少、安装容易、维护和检修方便、易于发现和排除故障等优点，所以架空线路过去在工厂中应用比较普遍。但是架空线路直接受大气影响，易受雷击、冰雪、风暴和污秽空气的危害，且要占用一定的地面和空间，有碍交通和观瞻。

一、架空线路结构

架空线路由导线、电杆、绝缘子和线路金具等主要元件组成。为了防雷，在架空线路上还装设有避雷线（又称架空地线）。为了加强电杆的稳固性，有的电杆还安装有拉线或扳桩。架空输电线路的主要部件有：导线和避雷线（架空地线）、杆塔、绝缘子、金具、杆塔基础、拉线和接地装置等，如图 5－9 所示。

（一）架空线路的导线

导线是线路的主体，担负着输送电能的功能。它架设在电杆上边，要经受自身重量和各种外力的作用，并要承受大气中各种有害物质的侵蚀。因此，导线必须具有良好的导电性，同时要具有一定的机械强度和耐腐蚀性，尽可能地质轻而价廉。

导线材质有铜、铝和钢。铜的导电性最好（电导率为 53 MS/m），机械强度也相当高（抗拉强度约为 380 MPa），然而铜是贵重金属，应尽量节约。铝的机械强度较差（抗拉强度约为 160 MPa），但其导电性也较好（电导率为 32 MS/m），且具有质轻、价廉的优点，因此在能“以铝代铜”的场合，宜尽量采用铝导线。钢的机械强度很高（多股钢绞线的抗拉强

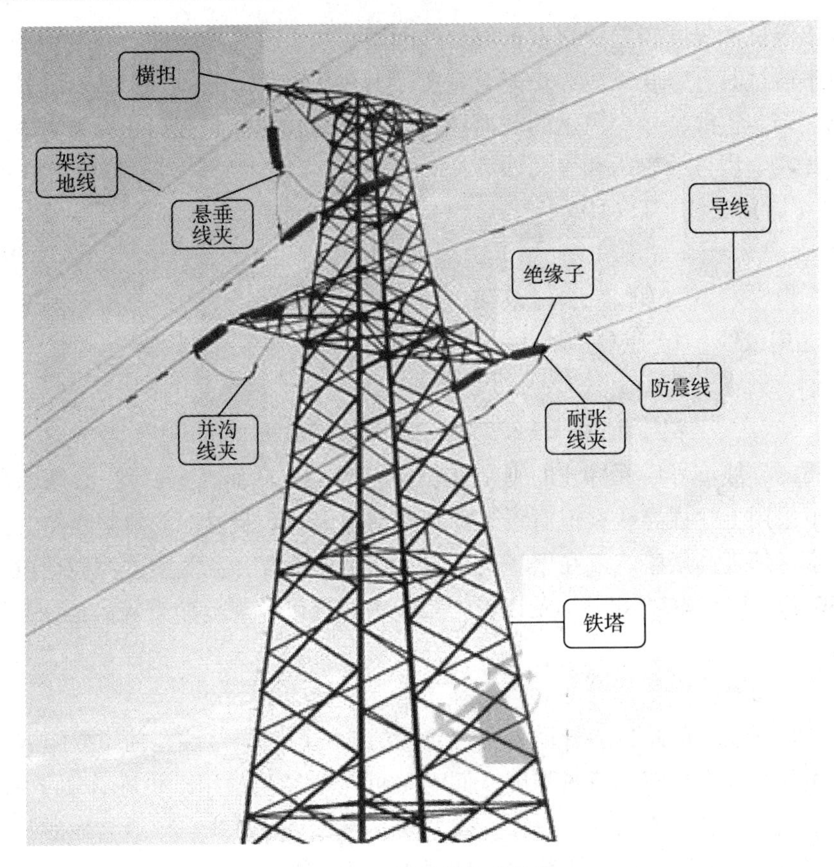

图 5-9　架空线路的结构

度达 1 200 MPa)，而且价廉，但其导电性差（电导率为 7.52 MS/m)，功率损耗大，对交流电流还有磁滞涡流损耗（铁磁损耗)，并且它在大气中容易锈蚀，因此钢导线在架空线路上一般只作避雷线使用，且使用镀锌钢绞线。

架空线路一般采用裸导线。裸导线按其结构分，有单股线和多股绞线，一般采用多股绞线。绞线又有铜绞线（TJ)、铝绞线（LJ）和钢芯铝绞线（LGJ)。架空线路一般情况下采用铝绞线。在机械强度要求较高和 35 kV 及以上的架空线路上，则多采用钢芯铝绞线。钢芯铝绞线简称钢芯铝线，其结构如图 5-10 所示。这种导线的线芯是钢线，用以增强导线的抗拉

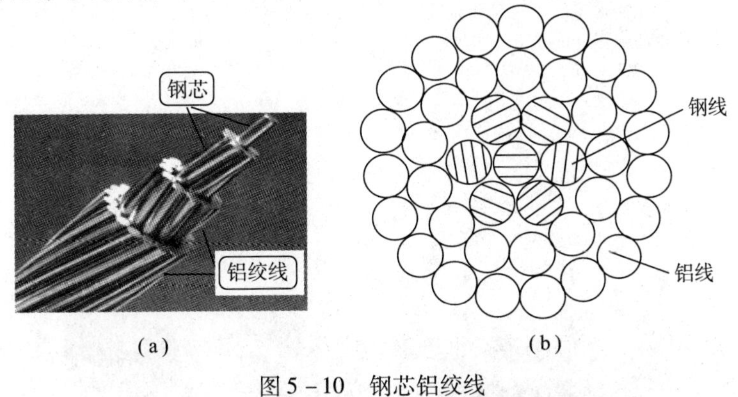

图 5-10　钢芯铝绞线

(a) 钢芯铝绞线结构；(b) 钢芯铝绞线截面

强度，弥补铝线机械强度较差的缺点；而其外围用铝线，取其导电性较好的优点。由于交流电流在导线中通过时有集肤效应，交流电流实际上只从铝线部分通过，从而弥补了钢线导电性差的缺点。钢芯铝线型号中表示的截面积，就是其铝线部分的截面积。

常用裸导线全型号的表示和含义如下：

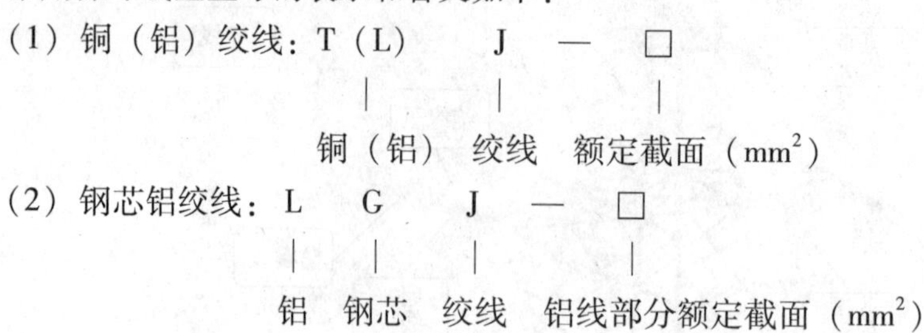

单一材质的导线型号后面标注的则是其整个导线额定截面（mm^2）。必须指出，架空线路一般情况下采用上述裸导线，但对于工厂和城市中10 kV及以下的架空线路，当安全距离难以满足要求、邻近高层建筑及在繁华街道或人口密集地区、空气严重污秽地段和建筑施工现场，按GB 50061—1997《66 kV及以下架空电力线路设计规范》规定，可采用绝缘导线。

（二）杆塔

杆塔是电杆和铁塔的总称。杆塔是支持导线的支柱，是架空线路的重要组成部分。对杆塔的要求，主要是要有足够的机械强度，同时尽可能地经久耐用，价廉，便于搬运和安装。杆塔的用途是支持导线和避雷线，以使导线之间、导线与避雷线、导线与地面及交叉跨越物之间保持一定的安全距离。杆塔现场水泥杆如图5-11所示。

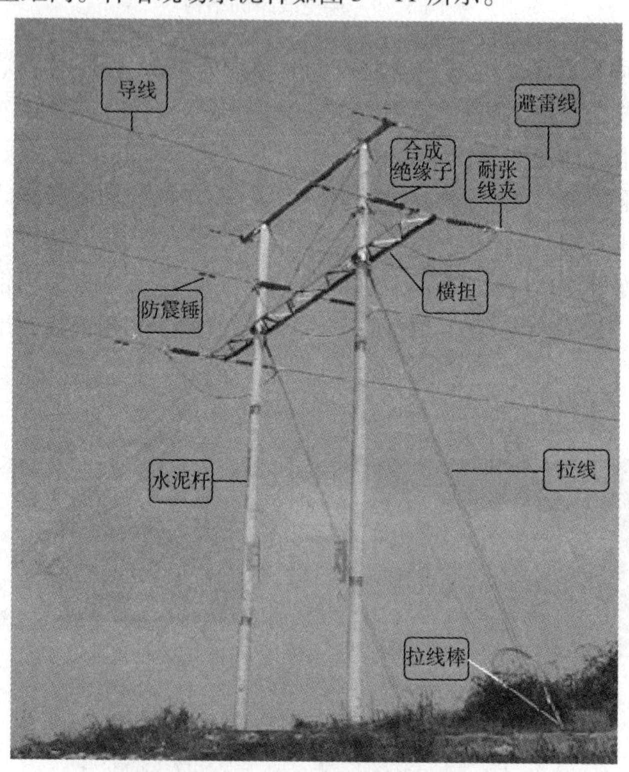

图5-11 水泥杆在架空线路上的应用

1. 杆塔按材料分类

一般可以按原材料分为水泥杆和铁塔两种。

1）水泥杆（钢筋混凝土杆）

电杆是由环形断面的钢筋混凝土杆段组成，其特点是结构简单、加工方便，使用的砂、石、水泥等材料便于供应，并且价格便宜。混凝土有一定的耐腐蚀性，故电杆寿命较长，维护量少。与铁塔相比，钢材消耗少，线路造价低，但重量大，运输比较困难。

水泥杆有非预应力钢筋混凝土杆和浇制前对钢筋预加一定张力拉伸的预应力钢筋混凝土杆两种。目前，输电线路使用较多的是非预应力杆。

2）铁塔

铁塔是用型钢组装成的立体桁架，可根据工程需要做成各种高度和不同形式的铁塔。铁塔有钢管塔和型钢塔。铁塔机械强度大，使用年限长，维修工作量少，但耗钢材量大、价格较贵。在变电所进出线和通道狭窄地段35～110 kV可采用双回路窄基铁塔。

2. 杆塔按用途分类

杆塔按用途分为直线杆、耐张杆、转角杆、终端杆和特种杆五种。特种杆又包括：跨越通航河流、铁路等的跨越杆，长距离输电线路的换位杆、分支杆。

1）直线杆

直线杆又叫中间杆。它分布在耐张杆塔中间，数量最多，在平坦地区，数量上占绝大部分。正常情况下，直线杆只承受垂直荷重（导线、地线、绝缘子串和覆冰重量）和水平的风压。因此，直线杆一般比较轻便，机械强度较低。

2）耐张杆

耐张杆也叫承力杆。为了防止线路断线时整条线路的直线杆塔顺线路方向倾倒，必须在一定距离的直线段两端设置能够承受断线时顺线路方向的导线、地线拉力的杆塔，把断线影响限制在一定范围以内。两个耐张杆塔之间的距离叫耐张段。

3）转角杆

线路转角处的杆塔叫转角杆。正常情况下转角杆除承受导线、地线的垂直荷重和内角平分线方向风力水平荷重外，还要承受内角平分线方向导线、地线全部拉力的合力。转角杆的角度是指原有线路方向风的延长线和转角后线路方向之间的夹角，有转角30°、60°、90°之分。

4）终端杆

线路终端处的杆塔叫终端杆。终端杆是装设在发电厂或变电所的线路末端杆塔。终端杆除承受导线、地线垂直荷重和水平风力外，还要承受线路一侧的导线、地线拉力，稳定性和机械强度都应比较高。

5）特种杆

特种杆主要有换位杆、跨越杆和分支杆等。超过10 km以上的输电线路要用换位杆进行导线换位；跨越杆设在通航河流、铁路、主要公路及电线两侧，以保证跨越交叉垂直距离；分支杆也叫“T”形杆或叫“T接杆”，它用在线路的分支处，以便接出分支线。

3. 水泥电杆的规格

水泥杆有等径环形水泥杆和锥形水泥杆两种。

等径环形水泥杆的梢径和根径相等，有300 mm和400 mm两种，一般制作成9 m、6 m

和4.5 m三种长度，使用时以电、气焊方式进行连接。

锥形水泥杆一般用在配电线路上，输电线路的转角杆塔、耐张杆塔、终端杆塔和直线杆塔均采用等径水泥杆。锥形水泥杆的梢径有190 mm和230 mm两种。

（三）横担和拉线

杆塔通过横担将三相导线分隔一定距离，用绝缘子和金具等将导线固定在横担上，此外，还需和地线保持一定的距离。因此，要求横担要有足够的机构强度和使导线、地线在杆塔上的布置合理，并保持导线各相间和对地（杆塔）有一定的安全距离。

横担安装在电杆的上部，用来安装绝缘子以架设导线。横担按材料分为木横担、铁横担和瓷横担。横担按用途分为直线横担、耐张横担、转角横担。现在工厂里普遍采用的是铁横担和瓷横担。瓷横担是我国独特的产品，具有良好的电气绝缘性能，兼有绝缘子和横担的双重功能，能节约大量的木材和钢材，有效地利用电杆高度，降低线路造价。它在断线时能够转动，以避免因断线而扩大事故，同时它的表面便于雨水冲洗，可减少线路的维护工作量。它结构简单，安装方便，可加快施工进度。但瓷横担比较脆，在安装和使用中必须避免机械损伤。图5－12是高压电杆上安装的瓷横担。

拉线用来平衡作用于杆塔的横向荷载和导线张力，可减少杆塔材料的消耗量，降低线路造价。一方面提高杆塔的强度，承担外部荷载对杆塔的作用力，以减少杆塔的材料消耗量，降低线路造价；另一方面，连同拉线棒和托线盘，一起将杆塔固定在地面上，以保证杆塔不发生倾斜和倒塌。

拉线材料一般用镀锌钢绞线。拉线上端是通过拉线抱箍和拉线相连接，下部是通过可调节的拉线金具与埋入地下的拉线棒、拉线盘相连接。拉线是为了平衡电杆各方面的作用力，并抵抗风压以防止电杆倾倒用的，如终端杆、转角杆、分段杆等往往都装有拉线。拉线的结构，如图5－13所示。

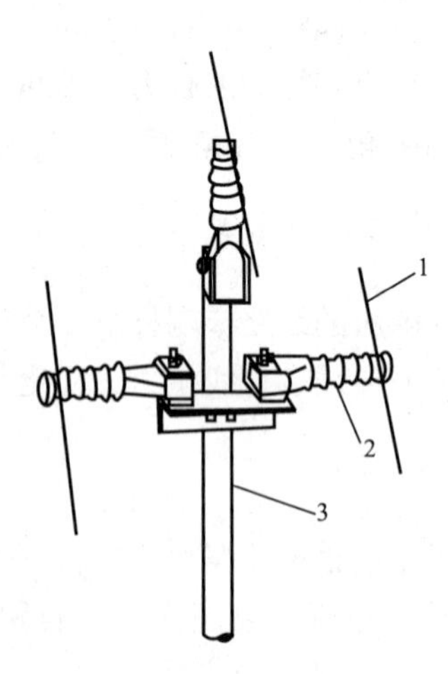

图5－12　高压电杆上安装的瓷横担

1—高压导线；2—瓷横担；3—电杆

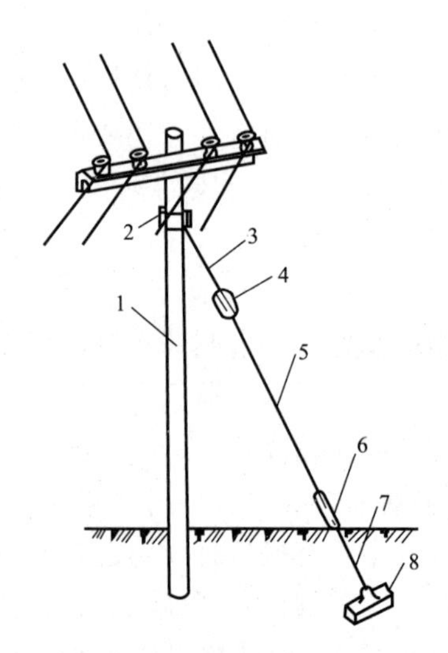

图5－13　拉线的结构

1—电杆；2—固定拉线的抱箍；3—上把；4—拉线绝缘子；5—腰把；6—花篮螺钉；7—底把；8—拉线底盘

（四）线路绝缘子

绝缘子是一种隔电产品，一般是用电工陶瓷制成的，又叫瓷瓶。另外还有采用钢化玻璃制作的玻璃绝缘子和用硅橡胶制作的合成绝缘子。线路绝缘子用来将导线固定在电杆上，并使导线与电杆绝缘。因此对绝缘子既要求具有一定的电气绝缘强度，又要求具有足够的机械强度。线路绝缘子按电压高低分低压绝缘子和高压绝缘子两大类。

按照机械强度的要求，绝缘子串可组装成单串、双串、V 形串。对超高压线路或大跨越等，由于导线的张力大，机械强度要求高，故有时采用三串或四串绝缘子。绝缘子串基本有两大类，即悬垂绝缘子串和耐张绝缘子串。悬垂绝缘子串用于直线杆塔上，耐张绝缘子串用于耐张杆塔或转角、终端杆塔上。

1）普通型悬式瓷绝缘子

普通型悬式瓷绝缘子［见图 5－14（a）］按金属附件连接方式可分为球形连接和槽形连接两种。输电线路多采用球形连接。

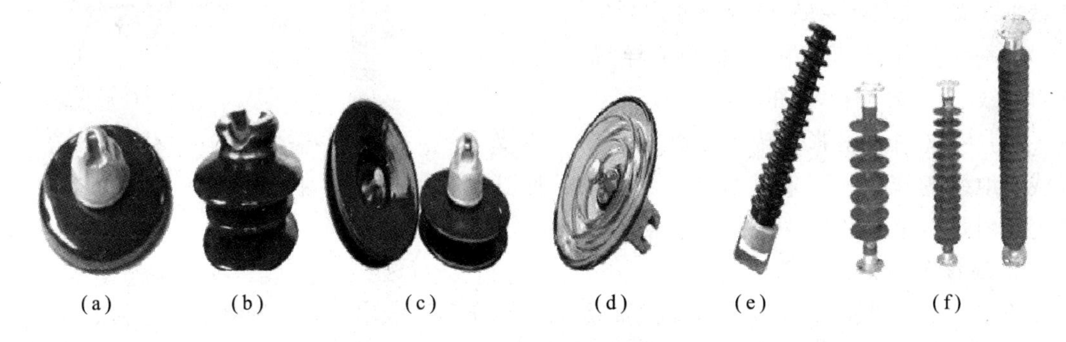

图 5－14　高压线路绝缘子

（a）普通型悬式瓷绝缘子；（b）针式绝缘子；（c）耐污型悬式瓷绝缘子；（d）悬式钢化玻璃绝缘子；（e）瓷横担绝缘子；（f）合成绝缘子

2）针式绝缘子

针式绝缘子［见图 5－14（b）］，主要用于线路电压不超过 35 kV，导线张力不大的直线杆或小转角杆塔。优点是制造简易、价廉，缺点是耐雷水平不高，容易闪络。

3）耐污型悬式瓷绝缘子

普通瓷绝缘子只适用于正常地区，也就是说比较清洁的地区，如在污秽区使用，因它的绝缘爬电距离较小，易发生污闪事故，所以在污秽区要使用耐污型悬式瓷绝缘子［见图 5－14（c）］，以达到污秽区等级相适应的爬电距离，防止污闪事故发生。

4）悬式钢化玻璃绝缘子

悬式钢化玻璃绝缘子［见图 5－14（d）］具有重量轻、强度高，耐雷性能和耐高、低温性能均较好。当绝缘子发生闪络时，其玻璃伞裙会自行爆裂。

5）瓷横担绝缘子

瓷横担［见图 5－14（e）］绝缘水平高，自洁能力强，可减少人工清扫；能代替钢横担，节约钢材；结构简单、安装方便、价格较低。

6）合成绝缘子

合成绝缘子［见图5－14（f）］是一种新型的防污绝缘子，尤其适合污秽地区使用，能有效地防止输电线路污闪事故的发生。它和耐污型悬式瓷绝缘子比较，具有体积小、重量轻、清扫周期长、污闪电压高、不易破损、安装运输省力、方便等优点。

（五）电力线路金具

输电线路导线的自身连接及绝缘子连接成串，导线、绝缘子自身保护等所用附件称为线路金具。线路金具是用来连接导线、安装横担和绝缘子等的金属附件。线路金具在气候复杂、污秽程度不一的环境条件下运行，故要求金具应有足够的机械强度、耐磨和耐腐蚀性。

金具在架空电力线路中，主要用于支持、固定和接续导线及绝缘子连接成串，亦用于保护导线和绝缘子。按金具的主要性能和用途，可分以下几类：

1. 线夹类

线夹是用来握住导线、地线的金具。根据使用情况，线夹分为耐张线夹［见图5－15（a）］和悬垂线夹［见图5－15（b）］两类。

悬垂线夹用于直线杆塔上悬吊导线、地线，并对导线、地线应有一定的握力。

耐张线夹用于耐张、转角或终端杆塔，承受导线、地线的拉力。用来紧固导线的终端，使其固定在耐张绝缘子串上，也用于避雷线终端的固定及拉线的锚固。

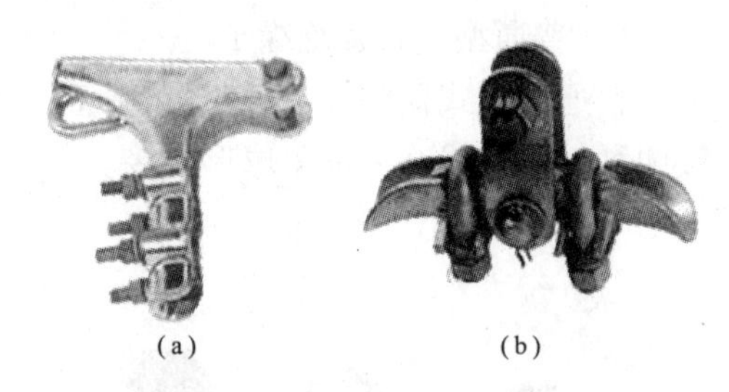

图5－15 线夹金具

（a）耐张线夹；（b）悬垂线夹

2. 连接金具类

连接金具（见图5－16）主要用于将悬式绝缘子组装成串，并将绝缘子串连接、悬挂在杆塔横担上。线夹与绝缘子串的连接，拉线金具与杆塔的连接，均要使用连接金具，常用的连接金具有球头挂环、碗头挂板，分别用于连接悬式绝缘子上端钢帽及下端钢脚，还有直角挂板（一种转向金具，可按要求改变绝缘子串的连接方向），U形挂环（直接将绝缘子串固定在横担上）、延长环（用于组装双联耐张绝缘子串等）、二联板（用于将两串绝缘子组装成双联绝缘子串）等。

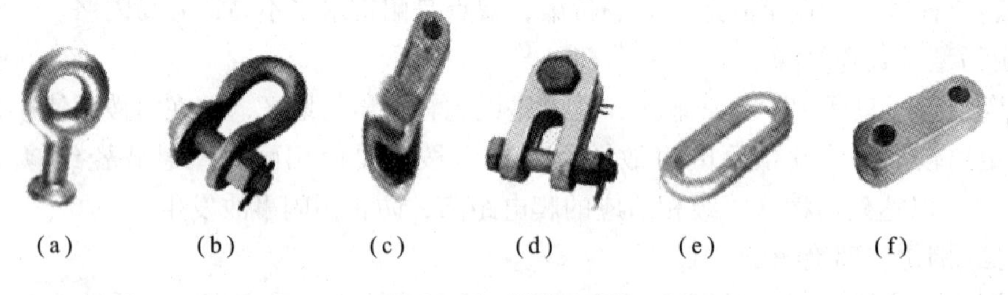

图5－16 连接金具

（a）球头挂环；（b）U形挂环；（c）碗头挂板；（d）直角挂板；（e）延长环；（f）二联板

连接金具型号的首字按产品名称首字而定，如W表示碗头挂板，Z表示直角挂板。

3. 接续金具类

接续金具（见图5－17）用于接续各种导线、避雷线的端头。接续金具承担与导线相同的电气负荷，大部分接续金具承担导线或避雷线的全部张力，以字母J表示。根据使用和安

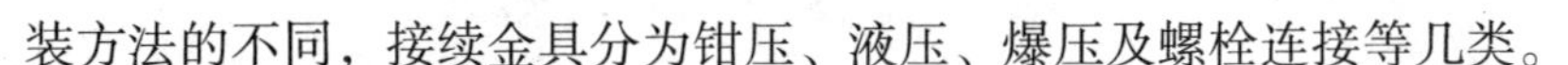

装方法的不同，接续金具分为钳压、液压、爆压及螺栓连接等几类。

4. 防护金具类

防护金具分为机械和电气两类。机械类防护金具是为防止导线、地线因振动而造成断股，电气类防护金具是为防止绝缘子因电压分布严重不均匀而过早损坏。机械类有防震锤［见图5－18（a）］、预绞丝护线条［见图5－18（b）］、重锤等；电气类金具有均压环［见图5－18（c）］、屏蔽环等。

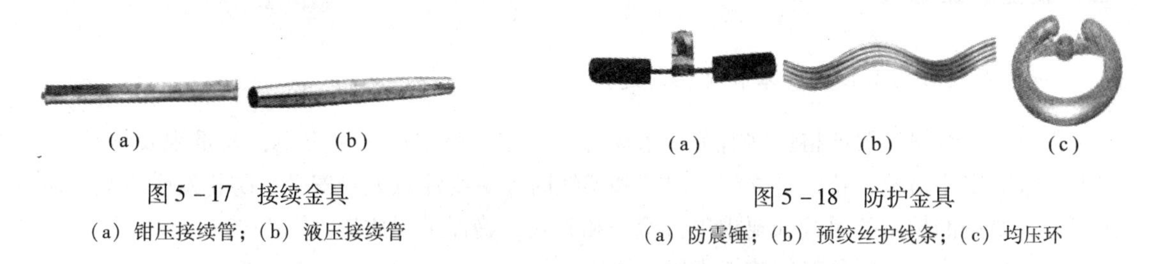

图5－17　接续金具

（a）钳压接续管；（b）液压接续管

图5－18　防护金具

（a）防震锤；（b）预绞丝护线条；（c）均压环

（六）杆塔基础

架空电力线路杆塔的地下装置统称为基础。基础用于稳定杆塔，使杆塔不致因承受垂直荷载、水平荷载、事故断线张力和外力作用而上拔、下沉或倾倒。

杆塔基础分为电杆基础和铁塔基础两大类。

1. 电杆基础

杆塔基础一般采用底盘、卡盘、拉线盘，即“三盘”。“三盘”通常用钢筋混凝土预制而成，也可采用天然石料制作。底盘用于减少杆根底部地基承受的下压力，防止电杆下沉。卡盘用于增加杆塔的抗倾覆力，防止电杆倾斜。拉线盘用于增加拉线的抗拔力，防止拉线上拔。

2. 铁塔基础

铁塔基础根据铁塔类型、塔位地形、地质及施工条件等具体情况确定。常用的基础有现场浇制基础、预制钢筋混凝土基础、灌注桩式基础、金属基础、岩石基础。

3. 铁塔地脚螺栓保护帽的浇制

地脚螺栓浇制保护帽是为了防止因丢失地脚螺母或螺母脱落而发生倒塔事故。直线塔组立后即可浇制保护帽，耐张塔在架线后浇制保护帽。

（七）接地装置

架空地线在导线的上方，它将通过杆塔的接地线或接地体与大地相连，当雷击地线时可迅速地将雷电流向大地中扩散，因此，输电线路的接地装置主要是泄导雷电流，降低杆塔顶电位，保护线路绝缘不致击穿闪络。它与地线密切配合对导线起到了屏蔽作用。接地体和接地线总称为接地装置。

1. 接地体

接地体是指埋入地中并直接与大地接触的金属导体，分为自然接地体和人工接地体两种。为减少相邻接地体之间的屏蔽作用，接地体之间必须保持一定距离。为使接地体与大地连接可靠，接地体同时必须有一定的长度。

2. 接地线

架空电力线路杆塔与接地体连接的金属导体叫接地线。对非预应力钢筋混凝土杆可以利用内部钢筋作为接地线；对预应力钢筋混凝土杆因其钢筋较细，不允许通过较大的接地电流，可以通过爬梯或者从避雷线上直接引下线与接地体连接。铁塔本身就是导体，故可将扁钢接地体和铁塔腿进行连接即可。

二、架空线路敷设

（一）架空线路敷设的要求和路径的选择

敷设架空线路，要严格遵守有关技术规程的规定。整个施工过程中，要重视安全教育，采取有效的安全措施，特别是立杆、组装和架线时，更要注意人身安全，防止发生事故。竣工以后，要按照规定的手续和要求进行检查和验收，确保工程质量。

选择架空线路的路径时，应考虑以下原则：

（1）路径要短，转角尽量地少。尽量减少与其他设施的交叉；当与其他架空线路或弱电线路交叉时，其间间距及交叉点或交叉角应符合 GB 50061—1997《66 kV 及以下架空电力线路设计规范》的规定。

（2）尽量避开河洼和雨水冲刷地带、不良地质地区及易燃、易爆等危险场所。

（3）不应引起机耕、交通和人行困难。

（4）不宜跨越房屋，应与建筑物保持一定的安全距离。

（5）应与工厂和城镇的整体规划协调配合，并适当考虑今后的发展。

（二）架空线路的档距、弧垂及其他有关间距的测量

架空线路的档距（又称跨距），是指同一线路上相邻两根电杆之间的水平距离，如图 5-19 所示。

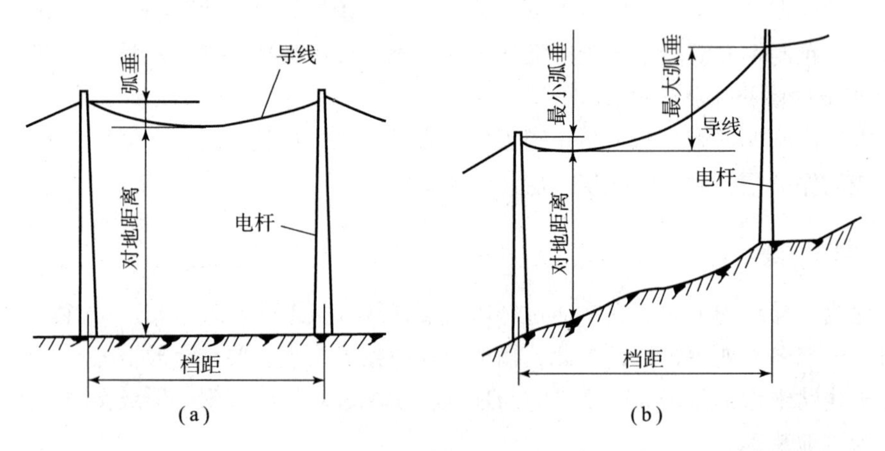

图 5-19　架空线路的档距和弧垂

（a）平地上；（b）坡地上

架空线路的弧垂（又称弛垂），是指架空线路一个档距内导线最低点与两端电杆上导线悬挂点之间的垂直距离，如图 5-19 所示。导线的弧垂是由于导线存在着荷重所形成的。弧

垂不宜过大，也不宜过小。弧垂过大，则在导线摆动时容易引起相间短路，而且造成导线对地或对其他物体的安全距离不够；弧垂过小，则将使导线内应力增大，在天冷时可能使导线收缩绷断。

架空线路的线间距离、档距、导线对地面和水面的最小距离、架空线路与各种设施接近和交叉的最小距离等，在 GB 50061—1997 等规程中均有明确规定，设计和安装时必须遵循。

10 kV 及以下架空线路的档距，按 GB 50061—1997《66 kV 及以下架空电力线路设计规范》规定，如表 5－1 所示。

表 5－1　10 kV 及以下架空线路的档距（据 GB 50061—1997）

区　域	线路电压 3～10 kV	线路电压 3 kV 以下
市　区	档距 40～50 m	档距 40～50 m
郊　区	档距 50～100 m	档距 40～60 m

10 kV 及以下架空线路采用裸导线时的最小线间距离，按 GB 50061—1997《66 kV 及以下架空电力线路设计规范》规定，如表5－2 所示。如果采用绝缘导线，则线距可结合当地运行经验确定。

表 5－2　10 kV 及以下架空线路采用裸导线时的最小线距（据 GB 50061—1997）

线路电压	档距/m						
	40 及以下	50	60	70	80	90	100
	最小线间距离/m						
6～10 kV	0.6	0.65	0.7	0.75	0.85	0.9	1.0
3 kV 以下	0.3	0.4	0.45	—	—	—	—
注：3 kV 以下架空线路靠近电杆的两导线间的水平距离不应小于 0.5 m。							

同杆架设的多回路线路，不同回路的导线间最小距离，按 GB 50061—1997《66 kV 及以下架空电力线路设计规范》规定，应符合表 5－3 规定。

表 5－3　不同回路导线间的最小距离（据 GB 50061—1997）

线路电压/kV	3～10	35	66
线间距离/m	1.0	3.0	3.5

架空线路的导线与建筑物之间的垂直距离，按 GB 50061—1997《66 kV 及以下架空电力线路设计规范》规定，在最大计算弧垂的情况下，应符合表 5－4 的要求。

表 5－4　架空线路导线与建筑物间的最小垂直距离（据 GB 50061—1997）

线路电压/kV	3 kV 以下	3～10	35	66
垂直距离/m	2.5	3.0	4.0	5.0

架空线路在最大计算风偏情况下，边导线与城市多层建筑或规划建筑线间的最小水平距离，按 GB 50061—1997《66 kV 及以下架空电力线路设计规范》规定，应符合表 5－5 的

要求。

表 5-5 架空线路边导线与建筑物间的最小水平距离（据 GB 50061—1997）

线路电压/kV	3 kV 以下	3～10	35	66
水平距离/m	1.0	1.5	3.0	4.0

架空线路导线对地面和水面的最小距离、架空线路与各种设施接近和交叉的最小距离等，在 GB 50061—1997《66 kV 及以下架空电力线路设计规范》等技术规范中均有规定，设计和安装时必须遵循。

【任务实施】

架空线路的运行维护与检修：

架空线路的运行维护与检修工作，应贯彻“安全第一，预防为主”的方针，加强线路的巡视、检查，提高线路的健康水平，确保安全运行。

（一）架空线路运行维护

1. 一般要求

对厂区架空线路，一般要求每月进行一次巡视检查。如遇大风大雨及发生故障等特殊情况时，得临时增加巡视次数。巡视种类有：定期巡视、特殊巡视、夜间巡视、故障性巡视和检查性巡视。表 5-6 列出了线路巡视项目及巡视周期。

（1）定期巡视。由专职巡视员进行，掌握线路的运行情况、沿线环境变化情况。

（2）特殊巡视。在气候恶劣（如台风、暴雨、覆冰等）、河水泛滥、火灾和其他特殊情况下，对线路的全部或部分进行巡视或检查。

（3）夜间巡视。在线路高峰负荷或阴雾天气时进行，检查导线接点有无发热打火现象，绝缘子表面有无闪络，检查木横担有无燃烧现象等。

表 5-6 线路巡视周期表

顺　序	巡视项目	周　期	备　注
1	定期巡视： 1～10 kV 线路、 1 kV 以下线路	市区：一般每月一次； 郊区及农村：每季度至少一次； 厂矿：每月一次	
2	特殊巡视		按需要定
3	夜间巡视	重要负荷和污秽地区 1～10 kV 线路每年至少一次	
4	故障性巡视	重要线路和事故多的线路 每年至少一次	
5	检查性巡视		由配电系统调度或配电主管生产领导决定 一般线路抽查巡视

（4）故障性巡视。查明线路发生故障的地点和原因。

（5）检查性巡视。由部门领导和线路专职技术人员进行，目的是了解线路及设备状况，并检查、指导巡线员的工作。

2. 巡视项目

（1）电杆有无倾斜、变形、腐朽、损坏及基础下沉等现象；如有，应设法修理或更换。

（2）沿线路的地面是否堆放有易燃易爆和强腐蚀性物品；如有，应立即设法挪开。

（3）沿线路周围，有无危险建筑物；应尽可能保证在雷雨季节和大风季节里，周围建筑物不致对线路造成损坏。

（4）线路上有无树枝、风筝等杂物悬挂；如有，应设法清除。

（5）拉线和扳桩是否完好，绑扎线是否紧固可靠；如有缺陷，应设法修理或更换。

（6）导线接头是否接触良好，有无过热发红、严重氧化、腐蚀或断脱现象，绝缘子有无破损和放电现象；如有，应设法修理或更换。

（7）避雷装置的接地是否良好，接地线有无断脱情况。在雷雨季节来临之前，应重点检查，以确保防雷安全。

（8）其他危及线路安全运行的异常情况。

在巡视中发现的异常情况，应记入专用记录簿内，重要情况应及时汇报上级，请示处理。

（二）架空线路的检修

对 380 V/220 V 低压架空线路检修：检修架空线路导线，如发现缺陷时，其检修按照表 5 -7 要求进行处理。

表 5 -7　架空线路导线缺陷的处理要求

导线类型	钢芯铝绞线	单一金属线	处理方法
导线缺陷	磨损	磨损	不作处理
	铝线 7% 以下断股	截面 7% 以下断股	缠绕
	铝线 7% ~25% 断股	截面 7% ~17% 断股	补修
	铝线 25% 以上断股	截面 17% 以上断股	锯断重接

对架空线路电杆，如果电杆受损使其断面缩减至 50% 以下时，应立即补修或加绑桩；损坏严重时，应予换杆。

学生按照要求进行架空线路检修，并做好记录。

任务3 电缆线路敷设与运行维护

【学习任务单】

<table>
<tr><td>学习领域</td><td colspan="2">工厂供电设备应用与维护</td></tr>
<tr><td>项目五</td><td>工厂电力线路敷设与维护</td><td>学时</td></tr>
<tr><td>学习任务 3</td><td>电缆线路敷设与运行维护</td><td>2</td></tr>
<tr><td>学习目标</td><td colspan="2">1. 知识目标
（1）熟悉电缆线路的结构；
（2）熟悉电缆线路的敷设方式。
2. 能力目标
（1）准确识读电缆线路接线图；
（2）能够对电缆线路进行维护及检修。
3. 素质目标
（1）培养学生在电缆线路安装过程中具有安全用电、文明操作意识；
（2）培养学生在安装过程中具有规范操作、环保意识；
（3）培养学生在安装操作过程中具有团队协作意识和吃苦耐劳的精神。</td></tr>
<tr><td colspan="3">一、任务描述
根据电缆线路结构及敷设方式的特点，熟知电缆线路运行维护项目及要求，进行电缆线路检修。
二、任务实施
（1）学生分组，每小组 4 ~ 5 人；
（2）小组按任务单进行分析和资料学习；
（3）小组经过讨论确定任务结果，每小组由中心发言人陈述，经过全体同学讨论，确定正确结果；
（4）检查总结。
三、相关资源
（1）教材；
（2）教学课件；
（3）图片；
（4）电缆线路结构图纸；
（5）电力线路技术规范。
四、教学要求
（1）认真进行课前预习，充分利用教学资源；
（2）充分发挥团队合作精神，正确完成工作任务；
（3）团队之间相互学习，相互借鉴，提高学习效率。</td></tr>
</table>

【知识链接】

电缆线路与架空线路相比，具有成本高、投资大、维修不便等缺点，但是它具有运行可靠、不易受外界影响、不用架设电杆、不占地面、不碍观瞻等优点，特别是在有腐蚀性气体和易燃、易爆场所，不宜架设架空线路时，只有敷设电缆线路。在现代化工厂和城市中，电缆线路得到了越来越广泛的应用。

一、电缆和电缆头认识

（一）电缆

电缆（Cable）是一种特殊结构的导线，在其几根（或单根）绞绕的绝缘导电芯线外面，统包有绝缘层和保护层。保护层又分内护层和外护层。内护层用以直接保护，常用的材料有铅、铝或塑料等。而外护层用以防止内护层受到机械损伤和腐蚀，通常采用钢丝或钢带构成的钢铠，外覆麻被、沥青或塑料护套。

电缆的类型很多。供电系统中常用的电力电缆，按其缆芯材质分，有铜芯和铝芯两大类。按其采用的绝缘介质分，有油浸纸绝缘电缆和塑料绝缘电缆两大类。油浸纸绝缘电缆具有耐压强度高、耐热性能好和使用寿命长等优点，因此应用相当普遍。但是它在运行中，其中的浸渍油会流动，因此它两端安装的高度差有一定的限制，否则电缆中低的一端可能因油压过大而使端头胀裂漏油，而其高的一端则可能因油流失而使绝缘干枯，耐压强度下降，甚至被击穿损坏。塑料绝缘电缆具有结构简单、制造加工方便、重量较轻、敷设安装方便、不受敷设高度差的限制及抗酸碱腐蚀性好等优点，因此在工厂供电系统中有逐步取代油浸纸绝缘电缆的趋势。目前我国生产的塑料绝缘电缆有两种：一种是聚氯乙烯绝缘及护套电缆；另一种是交联聚乙烯绝缘聚氯乙烯护套电缆，其电气性能更优越。

图 5 - 20 和图 5 - 21 分别是油浸纸绝缘电力电缆和交联聚乙烯绝缘电力电缆的结构图。

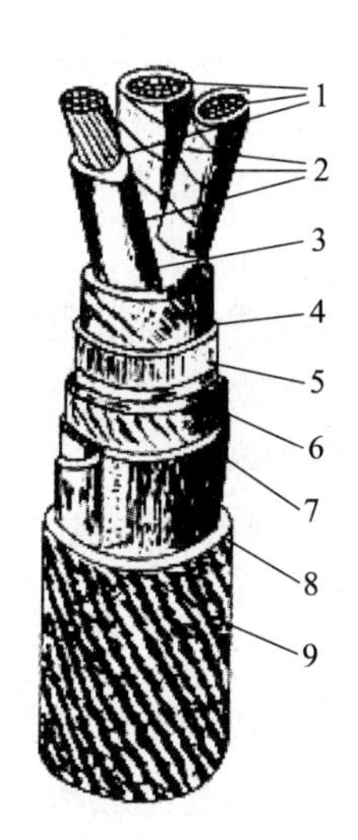

图 5 - 20　油浸纸绝缘电力电缆图

1—缆芯（铜芯或铝芯）；2—油浸纸绝缘层；3—麻筋（填料）；4—油浸纸统包绝缘；5—铅包（内护层）；6—涂沥青的纸带（内护层）；7—浸沥青的麻被（内护层）；8—钢铠（外护层）；9—麻被（外护层）

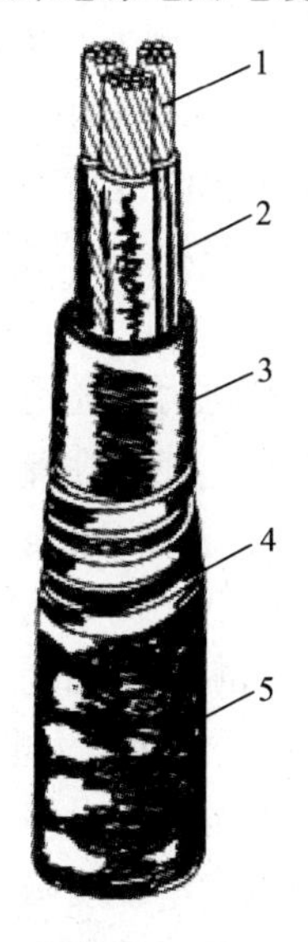

图 5 - 21　交联聚乙烯绝缘电力电缆

1—缆芯（铜芯或铝芯）；2—交联聚乙烯绝缘层；3—聚氯乙烯护套（内护层）；4—钢铠或铝铠（外护层）；5—聚氯乙烯外套（外护层）

1. 油浸纸绝缘电力电缆

如图 5 - 20 所示。油浸纸绝缘电缆用纸带绕包在导体上经过真空干燥后，浸渍矿物油作为绝缘层，在其上再挤包金属套的电力电缆就称为油浸纸绝缘电缆。油浸纸绝缘的电性能非常稳定，半个世纪来，油浸纸绝缘电力电缆的优点是：耐电强度高、介电性能稳定、寿命较长、热稳定性较好、允许载流量大、原材料资源丰富、价格比较便宜。因此应用相当普遍。但是它工作时其中的浸渍油会流动，因此其两端的安装高度差有一定的限制，否则电缆低的一端可能因油压过大而使端头胀裂漏油，而高的一端则可能因油流失而使绝缘干枯，致使其耐压强度下降，甚至击穿损坏。其缺点是：不适于高落差敷设、制造工艺较复杂、生产周期长、电缆接头技术比较复杂。

绝缘层是以一定宽度的电缆纸螺旋状地包绕在导电线芯上，经过真空干燥处理后用浸渍剂浸渍而成。根据浸渍剂的黏度和加压方式，油浸纸绝缘电力电缆可分为以下 6 种。

1）黏性浸渍纸绝缘电力电缆

其浸渍剂黏度较高，在电缆工作温度范围内不易流动，但在浸渍温度下具有较低黏度，可保证良好浸渍黏性，浸渍剂一般由光亮油和松香混合而成（光亮油占 65% ~70%，松香占 30% ~35%）。不少国家采用合成树脂（如聚异丁烯）代替松香，与光亮油混合成低压电缆浸渍剂。

黏性浸渍纸绝缘电力电缆按结构可分为带绝缘型（统包型）与分相屏蔽（铅包）型。

带绝缘型电缆是每根导电线芯上包绕一定厚度的纸绝缘（相绝缘）层，然后 3 根绝缘线芯绞合一起再统包一层绝缘层（带绝缘），其外共用一个金属护套；分相屏蔽型电缆即在每根绝缘线芯外包绕屏蔽并挤包铅套。带绝缘型省材料但绝缘层中电场强度方向不垂直纸面，有沿纸面的分量，所以一般只用于 10 kV 以下电缆。分相屏蔽型绝缘中电场强度方向垂直于纸面，多用于 10 kV 以上电缆。

黏性浸渍纸绝缘电力电缆的浸渍剂虽然黏度很大，但它仍有一定的流动性。当敷设落差较大时，电缆上端因浸渍剂下流而形成空隙，击穿强度下降，而下端浸渍剂淤积，压力增大，可以胀毁电缆护套。因此它的敷设落差受到限制，一般不得大于 30 m。

2）滴干纸绝缘电力电缆

滴干纸绝缘电力电缆是黏性浸渍纸绝缘电力电缆的一种，即黏性浸渍电缆浸渍后增加一道滴干工艺过程，使黏性浸渍纸间的浸渍剂减少 70%，纸内的浸渍剂减少 30%，以消除黏性浸渍纸绝缘电缆在高落差敷设时浸渍剂流动产生的缺点。但由于减少了浸渍剂的含量，绝缘的耐电强度降低。例如绝缘厚度相同时滴干纸绝缘电力电缆的耐电压强度为 6 kV，而黏性浸渍纸电缆的耐电压强度为 10 kV。但前者可大大提高允许敷设落差。

3）不滴流纸绝缘电力电缆

与黏性浸渍纸绝缘电缆的差别主要是它的浸渍剂在工作温度范围内不流动，呈塑性固体状，而在浸渍温度下黏度降低能保证充分浸渍。这种电缆敷设落差不受绝缘本身限制。它将逐步取代黏性浸渍纸绝缘电缆。

黏性浸渍、滴干、不滴流均属黏性浸渍型绝缘，由于组成它的固体材料纸与浸渍剂热膨胀系数相差很大，在制造和运行过程中因温度的变化不可避免地会产生气隙。气隙是电缆破坏的主要原因之一。因此黏性浸渍型纸绝缘电缆只能用于 35 kV 以下。

4）充油电缆

利用补充浸渍剂的方法消除电缆中的气隙。当电缆温度升高时，浸渍剂膨胀，电缆内部压力增加，浸渍剂流入供油箱；电缆冷却时浸渍剂收缩，电缆内部压力降低，供油箱内浸渍剂又流入电缆，防止了气隙的产生，故可以用于 110 kV 及以上线路。它的结构分两类，一

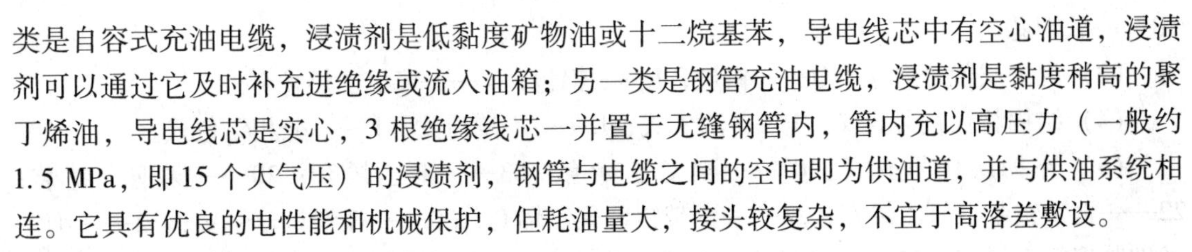

类是自容式充油电缆，浸渍剂是低黏度矿物油或十二烷基苯，导电线芯中有空心油道，浸渍剂可以通过它及时补充进绝缘或流入油箱；另一类是钢管充油电缆，浸渍剂是黏度稍高的聚丁烯油，导电线芯是实心，3 根绝缘线芯一并置于无缝钢管内，管内充以高压力（一般约 1.5 MPa，即 15 个大气压）的浸渍剂，钢管与电缆之间的空间即为供油道，并与供油系统相连。它具有优良的电性能和机械保护，但耗油量大，接头较复杂，不宜于高落差敷设。

5）充气电缆

用滴干纸绝缘，充以一定压力的气体，以提高气隙的击穿场强，消除局部放电。电缆结构多为三芯，并利用三芯间空隙作为气体传送管道，气体一般为氮气或六氟化硫等，适用于垂直敷设的 10 kV 到 110 kV 线路。

6）压缩气体绝缘电缆

其导电线芯置于一个充有一定压力气体（SF6）的管道中。按线芯数可分为三芯和单芯电缆，单芯电缆又分刚性和可挠型。导电线芯通常是铝管或铜管，由固体绝缘垫片每隔一定距离支撑在管内。外管道为电缆护套兼作气体介质压力容器。单芯电缆通常用铝管或不锈钢管作护套，三芯电缆的护套也可用钢管。由于采用了气体介质（SF6），它的电容小，介质损耗低，导热性好，故传输容量大，可达 50 000 MV · A。常用作大容量发电厂的高压引出线，封闭电站与架空线的连接线等。

2. 塑料绝缘电力电缆

它有聚氯乙烯绝缘及护套电缆和交联聚乙烯绝缘聚氯乙烯护套电缆两种类型。塑料绝缘电力电缆具有结构简单、制造加工方便、重量较轻、敷设安装方便、不受敷设高度差限制以及能抵抗酸碱腐蚀等优点，交联聚乙烯绝缘电缆（参见图 5 - 21）的电气性能更优异，因此在工厂供电系统中有逐步取代油浸纸绝缘电缆的趋势。

在考虑电缆缆芯材质时，一般情况下宜按“节约用铜、以铝代铜”原则，优先选用铝芯电缆。但在下列情况应采用铜芯电缆：

（1）振动剧烈、有爆炸危险或对铝有腐蚀等的严酷工作环境；

（2）安全性、可靠性要求高的重要回路；

（3）耐火电缆及紧靠高温设备的电缆等。

3. 电力电缆全型号

电力电缆全型号的表示和含义如下：

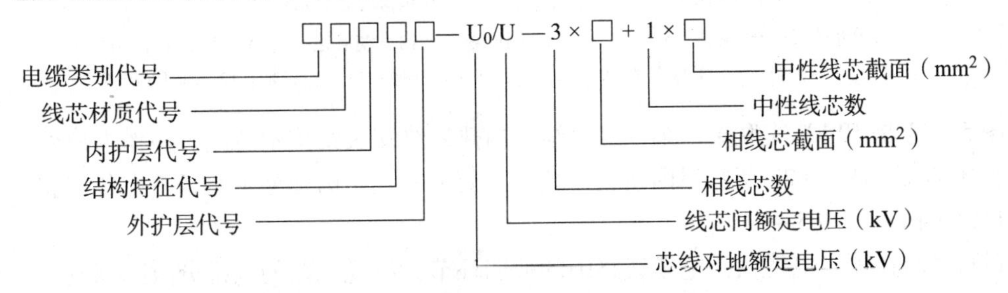

（1）电缆类别代号含义：Z——油浸纸绝缘电力电缆；V——聚氯乙烯绝缘电力电缆；YJ——交联聚乙烯绝缘电力电缆；X——橡皮绝缘电力电缆；JK——架空电力电缆（加在上列代号之前）；ZR 或 Z——阻燃型电力电缆（加在上列代号之前）。

（2）缆芯材质代号含义：L——铝芯；LH——铝合金芯；T——铜芯（一般不标）；

TR——软铜芯。

（3）内护层代号含义：Q——铅包；L——铝包；V——聚氯乙烯护套。

（4）结构特征代号含义：P——滴干式；D——不滴流式；F——分相铅包式。

（5）外护层代号含义：02——聚氯乙烯套；03——聚乙烯套；20——裸钢带铠装；22——钢带铠装聚氯乙烯套；23——钢带铠装聚乙烯套；30——裸细钢丝铠装；32——细钢丝铠装聚氯乙烯套；33——细钢丝铠装聚乙烯套；40——裸粗钢丝铠装；41——粗钢丝铠装纤维外被；42——粗钢丝铠装聚氯乙烯套；43——粗钢丝铠装聚乙烯套；441——双粗钢丝铠装纤维外被；241——钢带－粗钢丝铠装纤维外被。

（二）电缆头

电缆头就是电缆接头，包括电缆中间接头和电缆终端头。电缆头按使用的绝缘材料或填充材料分，有填充电缆胶的、环氧树脂浇注的、缠包式的和热缩材料的等。由于热缩材料电缆头具有施工简便、价格低廉和性能良好等优点而在现代电缆工程中得到推广应用。

图5－22是10 kV交联聚乙烯绝缘电缆热缩中间头剥切尺寸和安装示意图。

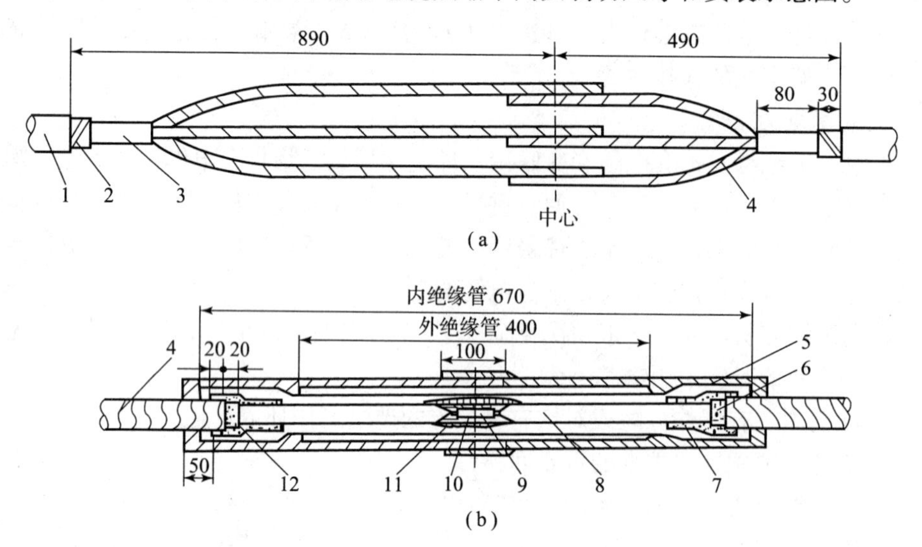

图5－22　10 kV交联聚乙烯绝缘电缆热缩中间头

（a）中间头剥切尺寸示意图；（b）每相接头安装示意图

1—聚氯乙烯外护套；2—钢铠；3—内护套；4—铜屏蔽层（内有缆芯绝缘）；5—半导电管；6—半导电层；7—应力管；8—缆芯绝缘；9—压接管；10—填充胶；11—四氟带；12—应力疏散胶

图5－23是10 kV交联聚乙烯绝缘电缆户内热缩终端头结构示意图。而作为户外热缩终端头，还必须在图5－23所示户内热缩终端头上套上三孔防雨热缩伞裙，并在各相套入单孔防雨热缩伞裙，如图5－24所示。

运行经验说明：电缆头是电缆线路中的薄弱环节，电缆线路的大部分故障都发生在电缆接头处。由于电缆头本身的缺陷或安装质量上的问题，往往造成短路故障。因此电缆头的安装质量十分重要，密封要好，其耐压强度不应低于电缆本身的耐压强度，要有足够的机械强度，且体积尺寸要尽可能小，结构简单，安装方便。

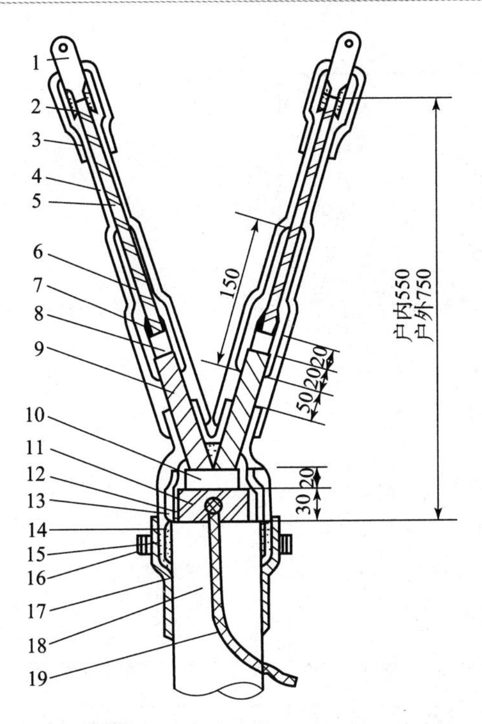

图 5－23　10 kV 交联聚乙烯绝缘电缆户内热缩终端头

1—缆芯接线端子；2—密封胶；3—热缩密封管；4—热缩绝缘管；5—缆芯绝缘；6—应力控制管；7—应力疏散管；8—半导体层；9—铜屏蔽层；10—热缩内护层；11—钢铠；12—填充胶；13—热缩环；14—密封胶；15—热缩三芯手套；16—喉箍；17—热缩密封管；18—PVC 外护套；19—接地线

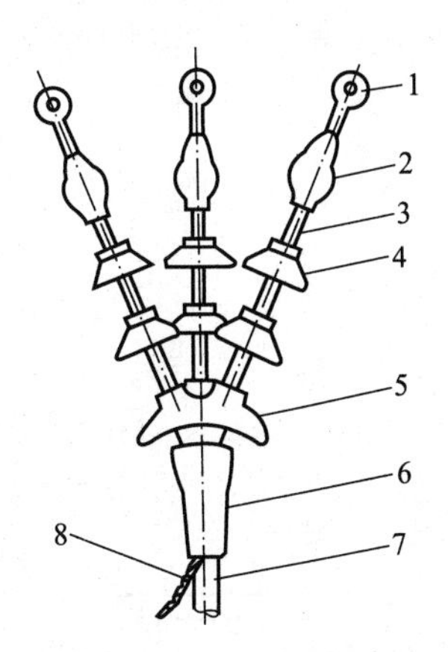

图 5－24　户外热缩电缆终端头

1—缆芯接线端子；2—热缩密封管；3—热缩绝缘管；4—单孔防雨热缩伞裙；5—三孔防雨热缩伞裙；6—热缩三芯手套；7—PVC 外护套；8—接地线

二、电缆敷设

（一）电缆敷设路径的选择

选择电缆敷设路径时，应考虑以下原则：

（1）避免电缆遭受机械性外力、过热和腐蚀等的危害；

（2）在满足安全要求条件下应使电缆较短；

（3）便于敷设和维护；

（4）应避开将要挖掘施工的地段。

（二）电缆的敷设方式

工厂中常见的电缆敷设方式有直接埋地敷设（见图 5－25）、利用电缆沟（见图 5－26）和电缆桥架（见图 5－27）等几种。而在发电厂、某些大型工厂和现代化城市中，则还有的采用电缆排管（见图 5－28）和电缆隧道（见图 5－29）等敷设方式。

（三）电缆敷设的一般要求

敷设电缆，一定要严格遵守有关技术规程的规定和设计的要求。竣工以后，要按规定的

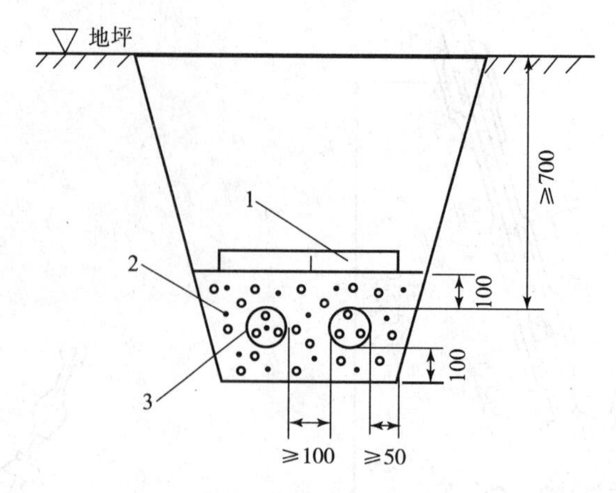

图 5-25　电缆直接埋地敷设

1—保护盖板；2—砂；3—电力电缆

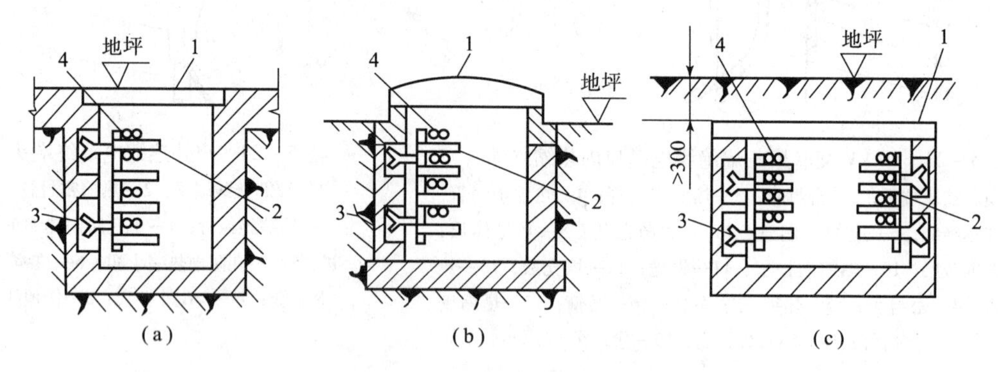

图 5-26　电缆在电缆沟内敷设

(a) 户内电缆沟；(b) 户外电缆沟；(c) 厂区电缆沟

1—盖板；2—电缆支架；3—预埋铁件；4—电缆

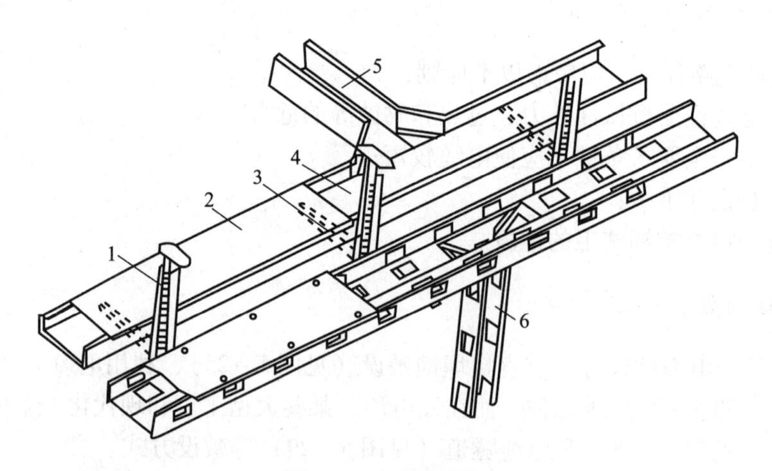

图 5-27　电缆桥架

1—支架；2—盖板；3—支臂；4—线槽；5—水平分支线槽；6—垂直分支线槽

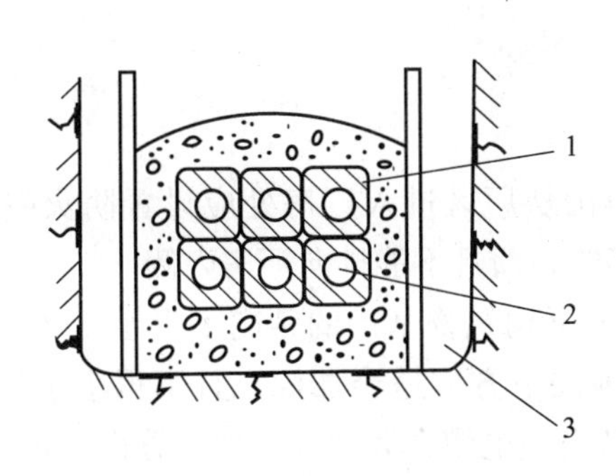

图 5-28　电缆排管

1—水泥排管；2—电缆孔（穿电缆）；3—电缆沟

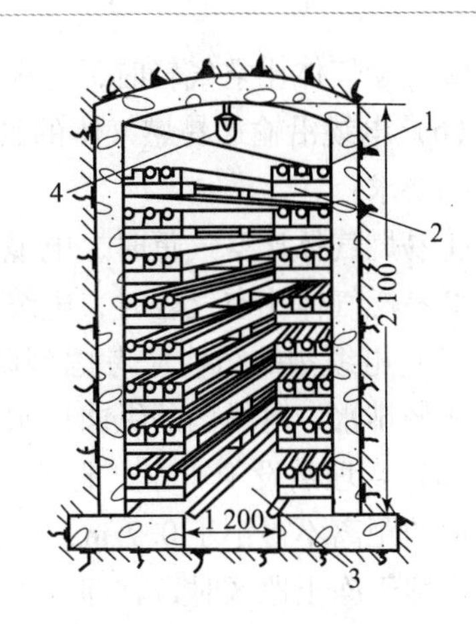

图 5-29　电缆隧道

1—电缆；2—支架；3—维护走廊；4—照明灯具

手续和要求进行检查和验收，确保线路的质量。部分重要的技术要求如下：

（1）电缆长度宜按实际线路长度增加 5% ~10% 的裕量，以作为安装、检修时的备用。直埋电缆应作波浪形埋设。

（2）下列场合的非铠装电缆应采取穿管保护：电缆引入或引出建筑物或构筑物；电缆穿过楼板及主要墙壁处；从电缆沟引出至电杆，或沿墙敷设的电缆距地面 2 m 高度及埋入地下小于 0.3 m 深度的一段；电缆与道路、铁路交叉的一段。所用保护管的内径不得小于电缆外径或多根电缆包络外径的 1.5 倍。

（3）多根电缆敷设在同一通道中位于同侧的多层支架上时，应按下列敷设要求进行配置：

①应按电压等级由高至低的电力电缆、强电至弱电的控制和信号电缆、通信电缆的顺序排列；

②支架层数受通道空间限制时，35 kV 及以下的相邻电压级的电力电缆可排列在同一层支架上，1 kV 及以下电力电缆也可与强电控制和信号电缆配置在同一层支架上；

③同一重要回路的工作电缆与备用电缆实行耐火分隔时，宜适当配置在不同层次的支架上。

（4）明敷的电缆不宜平行敷设于热力管道上边。电缆与管道之间无隔板防护时，相互间距应符合表 5-8 所列的允许距离（据 GB 50217—2007《电力工程电缆设计规范》规定）。

表 5-8　明敷电缆与管道之间的允许间距　mm

电缆与管道之间的走向		电力电缆	控制和信号电缆
热力管道	平行	1 000	500
	交叉	500	250
其他管道	平行	150	100

（5）电缆应远离爆炸性气体释放源。敷设在爆炸性危险较小的场所时，应符合下列要求：

①易爆气体比空气重时，电缆应在较高处架空敷设，且对非铠装电缆采取穿管敷设，或置于托盘、槽盒等内进行机械性保护；

②易爆气体比空气轻时，电缆应敷设在较低处的管、沟内，沟内的非铠装电缆应埋砂。

(6) 电缆沿输送易燃气体的管道敷设时，应配置在危险程度较低的管道一侧，且应符合下列要求：

①易燃气体比空气重时，电缆宜在管道上方；

②易燃气体比空气轻时，电缆宜在管道下方。

(7) 电缆沟的结构应考虑到防火和防水。电缆沟从厂区进入厂房处应设置防火隔板。为了顺畅排水，电缆沟的纵向排水坡度不得小于0.5%，而且不能排向厂房内侧。

(8) 直埋敷设于非冻土地区的电缆，其外皮至地下构筑物基础的距离不得小于0.3 m；至地面的距离不得小于0.7 m；当位于车行道或耕地的下方应适当加深，且不得小于1 m。电缆直埋于冻土地区时，宜埋入冻土层以下。直埋敷设的电缆，严禁位于地下管道的正上方或正下方。有化学腐蚀性的土壤中，电缆不宜直埋敷设。直埋电缆之间，直埋电缆与管道、道路、建筑物等之间平行和交叉时的最小净距应符合 GB 50168—2006《电气装置安装工程电缆线路施工及验收规范》的规定，如表 5-9 所示。

表 5-9　直埋电缆之间，直埋电缆与管道、道路、建筑物之间平行和交叉时的最小净距　m

<table>
<tr><th colspan="2" rowspan="2">项　　目</th><th colspan="2">最小净距</th></tr>
<tr><th>平行</th><th>交叉</th></tr>
<tr><td rowspan="2">电力电缆间及其与控制电缆间</td><td>10 kV 及以下</td><td>0.10</td><td>0.50</td></tr>
<tr><td>10 kV 以上</td><td>0.25</td><td>0.50</td></tr>
<tr><td colspan="2">控制电缆间</td><td>-</td><td>0.50</td></tr>
<tr><td colspan="2">不同使用部门的电缆间</td><td>0.50</td><td>0.50</td></tr>
<tr><td colspan="2">热管道（管沟）及热力设备</td><td>2.00</td><td>0.50</td></tr>
<tr><td colspan="2">油管道（管沟）</td><td>1.00</td><td>0.50</td></tr>
<tr><td colspan="2">可燃气体及易燃液体管道（管沟）</td><td>1.00</td><td>0.50</td></tr>
<tr><td colspan="2">其他管道（管沟）</td><td>0.50</td><td>0.50</td></tr>
<tr><td colspan="2">铁路路轨</td><td>3.00</td><td>1.00</td></tr>
<tr><td rowspan="2">电气化铁路路轨</td><td>交流</td><td>3.00</td><td>1.00</td></tr>
<tr><td>直流</td><td>10.0</td><td>1.00</td></tr>
<tr><td colspan="2">公路</td><td>1.50</td><td>1.00</td></tr>
<tr><td colspan="2">城市街道路面</td><td>1.00</td><td>0.70</td></tr>
<tr><td colspan="2">杆塔基础（边线）</td><td>1.00</td><td>-</td></tr>
<tr><td colspan="2">建筑物基础（边线）</td><td>0.60</td><td>-</td></tr>
<tr><td colspan="2">排水沟</td><td>1.00</td><td>0.50</td></tr>
</table>

注：
①电缆与公路平行的净距，当情况特殊时，可酌情减小。
②当电缆穿管或者其他管道有保温层等防护设施时，表中净距应从管壁或防护设施的外壁算起。
③电缆穿管敷设时，与公路、街道路面、杆塔基础、建筑物基础、排水沟等的平均最小间距可按表中数据减半。

（9）直埋电缆在直线段每隔 50 ~ 100 m 处、电缆接头处、转弯处、进入建筑物等处，应设置明显的方位标志或标桩。

（10）电缆的金属外皮、金属电缆头及保护钢管和金属支架等，均应可靠地接地。

【任务实施】

电缆线路运行维护与检修：

为了保证电缆线路的安全，可靠运行，首先应全面了解电缆的敷设方式、走线方向、结构布置及电缆中间接头的位置等。电缆线路的运行、维护检修工作，主要包括线路的巡查守护，负荷电流及温度的监测以及绝缘测定。预防性试验等内容。

（一）电缆线路运行维护

1. 一般要求

电缆线路大多敷设在地下，要做好电缆线路的运行维护工作，就要全面了解电缆的型式、敷设方式、结构布置、线路走向及电缆头位置等。对电缆线路，一般要求每季进行一次巡视检查，并应经常监视其负荷大小和发热情况。如遇大雨、洪水、地震等特殊情况及发生故障时，需要临时增加巡视次数。

2. 巡视项目

（1）电缆头及瓷套管有无破损和放电痕迹；对填充有电缆胶（油）的电缆头，还应检查有无漏油溢胶现象。

（2）对明敷电缆，还应检查电缆外皮有无锈蚀、损伤，沿线支架或挂钩有无脱落，线路上及附近有无堆放易燃易爆及强腐蚀性物品。

（3）对暗敷和埋地电缆，应检查沿线的盖板和其他保护设施是否完好，有无挖掘痕迹，线路标桩是否完整无缺。

（4）电缆沟内有无积水或渗水现象，是否堆放有杂物及易燃易爆等危险品。

（5）线路上各种接地是否良好，有无松脱、断股和腐蚀现象。

（6）其他危及电缆安全运行的异常情况。

在巡视中发现的异常情况，应记入专用记录簿内，重要情况应及时汇报上级，请示处理。

（二）电缆线路检修

电缆线路的故障，大多发生在电缆的中间接头和终端接头处，而且常见的毛病是漏油溢胶（在采用油浸纸绝缘电缆时）。如果电缆头漏油溢胶严重或放电时，应立即停电检修，通常是重作电缆头。

电缆线路出现了故障，一般须借助一定的测量仪表和测量方法才能确定。例如，电缆发生了如图 5 – 30 所示的故障，外观无法检查，只有借助兆欧表，在电缆两端摇测各相对地（外皮）及相与相之间的绝缘电阻，并将一端所有相线短接接地，在另一端重作上述相对地（外皮）及相与相之间的绝缘电阻摇测，测量结果如表 5 – 10 所示。

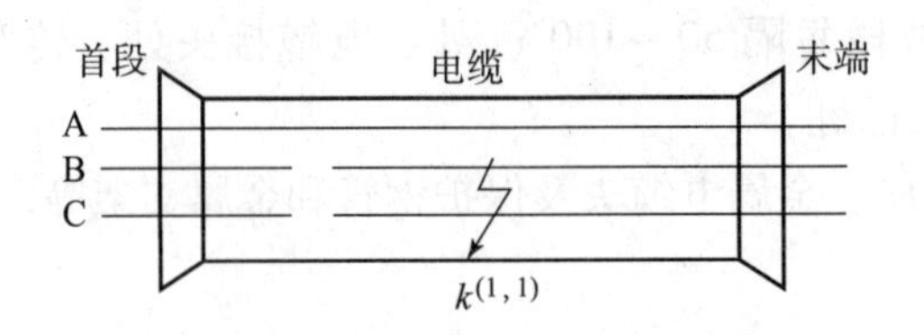

图 5-30　电缆内部故障示例

表 5-10　图 5-30 所示故障电缆的绝缘电阻测量结果

测量顺序	电缆绝缘电阻/MΩ					
	相对地			相对相		
	A	B	C	A-B	B-C	C-A
在首端测量	∞	∞	∞	∞	∞	∞
在末端测量	∞	0	0	∞	0	∞
末端短接接地，在首端测量	0	∞	∞	∞	∞	∞
注：表中∞值在测量中可为几百或几千兆欧，而表中0值在测量中可为几千或几万欧。						

对表 5-10 的测量结果进行分析，可得如下结论：此电缆故障为两相断线又对地（外皮）击穿，如图 5-30 所示。

在确定了电缆的故障性质以后，接着就要探测故障地点，以便检修。

探测电缆故障点的方法，按所利用的故障点绝缘电阻高低来分，有低阻法和高阻法两种。限于篇幅，这里只介绍最常用的探测电缆故障点的低阻法。

采用低阻法探测电缆故障点，一般要经过烧穿、粗测和定点等三道程序。

1）烧穿

由于电缆内部的绝缘层较厚，往往在电缆内发生闪络性短路或接地故障后，故障点的绝缘水平能得到一定程度的恢复而呈高阻状态，绝缘电阻可达 0.1 MΩ 以上。因此采用低阻法探测故障点时，必须先将故障点的绝缘用高电压予以烧穿，使之变为低阻。加在故障电缆芯线上的高电压，一般为电缆额定电压的 4～5 倍，略低于电缆的直流耐压试验电压。

2）粗测

粗测就是粗略地测定电缆故障点的大致线段。对于芯线未断而有一相或多相短路或接地故障的电缆，可采用直流单臂电桥（回路法）来粗测故障点位置，接线如图 5-31 所示。这里利用完好芯线（B 相）作为桥接线的回路。如果电缆的三根芯线均有故障时，则可借

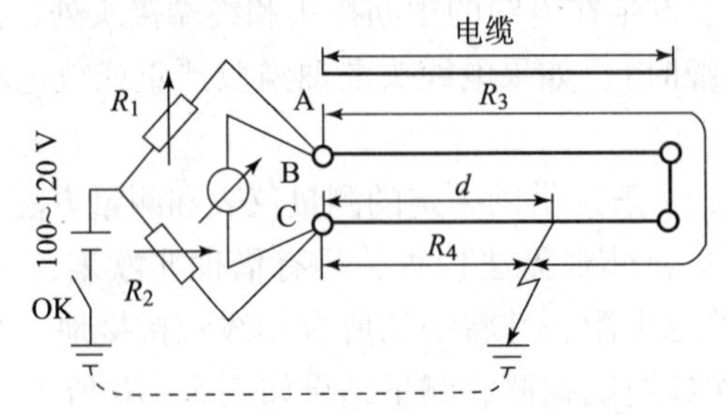

图 5-31　用单臂电桥粗测电缆故障点（回路法）

用其他电缆芯线作为桥接线的回路。

当电桥平衡时，$R_1 : R_2 = R_3 : R_4$，或者 $(R_1 + R_2) : R_2 = (R_3 + R_4) : R_4$。设电缆长度为 L，电缆首端至故障点距离为 d，则 $(R_3 + R_4) : R_4 = 2L : d$，因此 $(R_1 + R_2) : R_2 = 2L : d$。由此可求得电缆首端至故障点的大致距离为：

$$d = 2L \cdot \frac{R_2}{R_1 + R_2} \tag{5-1}$$

必须注意：为了提高测量的准确度，测量时应将电流计直接接在被测电缆的一端，以减小电桥与电缆间的接线电阻和接触电阻的影响，同时电缆另一端的短接线的截面也应不小于电缆芯线截面积。

对于芯线折断及可能兼有绝缘损坏的故障电缆，则应利用电缆的电容与其长度成正比的关系，采用交流电桥来测量电缆的电容（电容法），以粗测电缆的故障点。

3）定点

定点就是比较精确地确定电缆的故障点。通常采用音频感应法或电容放电声测法来定点。

（1）音频感应法定点。音频感应法接线如图 5－32 所示。将低压音频信号发生器（输出电压为 5～30 V）接在电缆的一端，然后利用探测用感应线圈、信号接收放大器和耳机沿电缆线路进行探测。音频信号电流沿电缆的故障芯线经故障点形成一个回路，使得探测线圈内感应出音频信号电流，经过放大，传送到耳机中去。探测人员可根据耳机内音响的改变，来确定地下电缆的故障点。探测人员一走离故障点，耳机内的音响将急剧减弱乃至消失，由此可测定电缆的故障点。

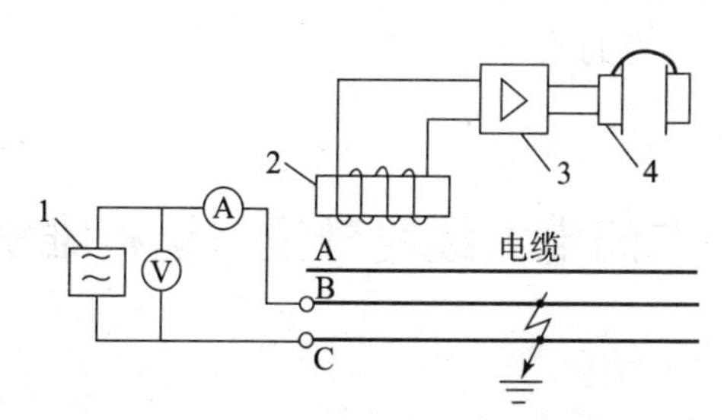

图 5－32　音频感应法探测电缆故障点

1—高压整流设备；2—保护电阻；3—高压电容器组；4—放电间隙

（2）电容放电声测法定点。电容放电声测法接线如图 5－33 所示。利用高压整流设备使电容器组充电。电容器组充电到一定电压后，放电间隙就被击穿，此时电容器组对故障点放电，使故障点发出“pa”的火花放电声。电容器组放电后接着又被充电。电容器组充电到一定电压后，放电间隙又被击穿，电容器组又对故障点放电，使故障点再次发出“pa”

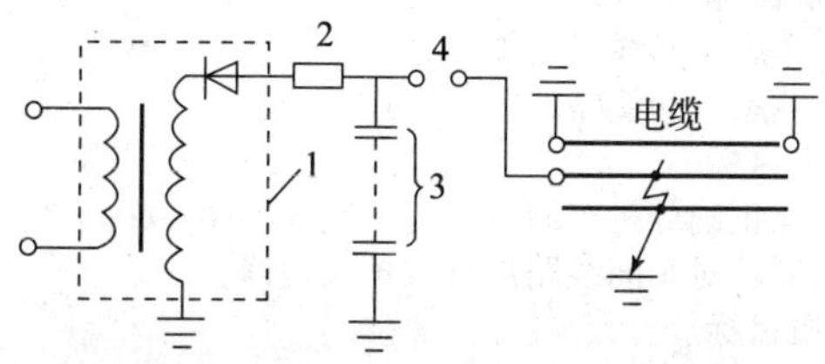

图 5－33　电容放电声测法探测电缆故障点

1—音频信号发生器；2—探测线圈；3—信号接收放大器；4—耳机

的火花放电声。因此利用探测棒或拾音器沿电缆线路探听时，在故障点能够特别清晰地听到断续性的“pa－pa－pa”的火花放电声，由此即可确定电缆的故障点。

补充说明：图5－33所示电路，实际上也是前面所说的用于电缆故障点“烧穿”的高压电路，利用电容器组连续充－放电，使电缆故障点连续产生火花放电而使绝缘烧穿。

（三）注意事项

要保证电缆线路安全、可靠地运行，除应全面了解敷设方式、结构布置、走线方向和电缆接头位置等之外，还应注意以下事项：

（1）每季进行一次巡视检查，对室外电缆头则每月应检查一次。遇大雨、洪水等特殊情况和发生故障时，应酌情增加巡视次数。

（2）巡视检查的主要内容包括：

①是否受到机械损伤；

②有无腐蚀和浸水情况；

③电缆头绝缘套有无破损和放电现象等。

（3）为了防止电缆绝缘过早老化，线路电压不得过高，一般不应超过电缆额定电压的15%。

（4）保持电线路在规定的允许持续载流量下运行。由于过负荷对电缆的危害很大，应经常测量和监视电缆的负荷。

（5）定期检测电缆外皮的温度，监视其发热情况。一般应在负荷最大时测量电缆外皮的温度，以及选择散热条件最差的线段进行重点测试。

任务4　车间电力线路敷设与运行维护

【学习任务单】

学习领域	工厂供电设备应用与维护	
项目五	工厂电力线路敷设与维护	学时
学习任务4	车间电力线路敷设与运行维护	4
学习目标	**1. 知识目标** （1）熟悉车间线路的结构； （2）熟悉车间线路的敷设方式。 **2. 能力目标** （1）能正确分析车间供配电系统线路图； （2）能够对车间线路进行维护及检修。 **3. 素质目标** （1）培养学生在车间线路安装过程中具有安全用电、文明操作意识； （2）培养学生在安装过程中具有规范操作、环保意识； （3）培养学生在安装操作过程中具有团队协作意识和吃苦耐劳的精神。	

续表

学习领域	工厂供电设备应用与维护	
项目五	工厂电力线路敷设与维护	学时
学习任务4	车间电力线路敷设与运行维护	4

一、任务描述
根据车间电力线路特点，熟知车间电力线路运行维护项目及要求，进行车间配电线路检修。
二、任务实施
（1）学生分组，每小组4~5人；
（2）小组按任务单进行分析和资料学习；
（3）小组经过讨论确定任务结果，每小组由中心发言人陈述，经过全体同学讨论，确定正确结果；
（4）检查总结。
三、相关资源
（1）教材；
（2）教学课件；
（3）图片；
（4）车间线路结构图纸；
（5）电力线路技术规范。
四、教学要求
（1）认真进行课前预习，充分利用教学资源；
（2）充分发挥团队合作精神，正确完成工作任务；
（3）团队之间相互学习，相互借鉴，提高学习效率。

【知识链接】

车间的供电方式有下面几种：照明及工作电流小于30 A的小型电气设备多采用单相供电；工作电流大于30 A的电气设备一般采用三相四线制（三相线，一中性线）供电，若同时敷设一根保护接地线则称为三相五线制供电；三相平衡的动力线路经常采用三相三线制供电。车间内配电线路有明敷线、暗敷线、电缆、电气器具连接线等，它们组成了车间的电气线路。

车间电力线路，包括室内配电线路和室外配电线路。室内配电线路大多采用绝缘导线，但配电干线则多采用裸导线（母线），少数采用电缆。室外配电线路指沿车间外墙或屋檐敷设的低压配电线路，一般采用绝缘导线。

一、绝缘导线的结构和敷设

（一）绝缘导线的结构

按芯线材质分，有铜芯和铝芯两种。重要回路例如办公楼、图书馆、实验室、住宅内等的线路及振动场所或对铝线有腐蚀的场所，均应采用铜芯绝缘导线，其他场所可选用铝芯绝缘导线。

绝缘导线按绝缘材料分，有橡皮绝缘导线和塑料绝缘导线两种。塑料绝缘导线的绝缘性能好，耐油和抗酸碱腐蚀，价格较低，且可节约大量橡胶和棉纱，因此在室内明敷和穿管敷设中应优先选用塑料绝缘导线。但是塑料绝缘材料在低温时要变硬变脆，高温时又易软化老化，因此室外敷设宜优先选用橡皮绝缘导线。

绝缘导线全型号的表示和含义如下：

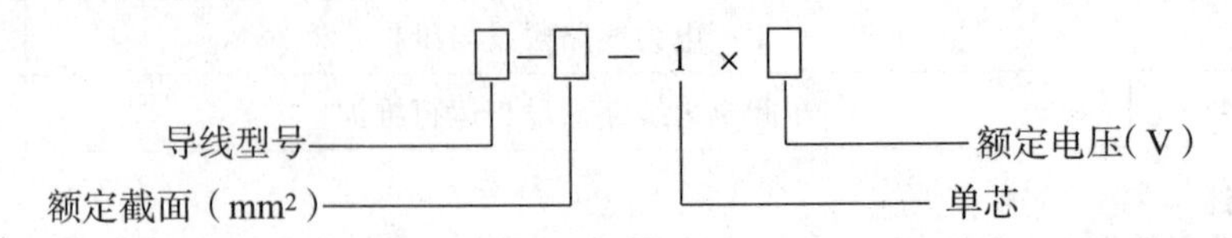

（1）橡皮绝缘导线型号含义：BX（BLX）——铜（铝）芯橡皮绝缘棉纱或其他纤维编织导线；BXR——铜芯橡皮绝缘棉纱或其他纤维编织软导线；BXS——铜芯橡皮绝缘双股软导线。

（2）聚氯乙烯绝缘导线型号含义：BV（BLV）——铜（铝）芯聚氯乙烯绝缘导线；BVV（BLVV）——铜（铝）芯聚氯乙烯绝缘聚氯乙烯护套圆形导线；BVVB（BLVVB）——铜（铝）芯聚氯乙烯绝缘聚氯乙烯护套平型导线；BVR——铜芯聚氯乙烯绝缘软导线。

绝缘导线的敷设方式，分明敷和暗敷两种。明敷是导线直接敷设或在穿线管、线槽内敷设于墙壁、顶棚的表面及桁架、支架等处。暗敷是导线在穿线管、线槽等保护体内，敷设于墙壁、顶棚、地坪及楼板等内部，或者在混凝土板孔内敷线等。

（二）绝缘导线的敷设

绝缘导线的敷设要求，应符合有关规程的规定，其中有以下几点特别值得注意：

（1）线槽布线和穿管布线的导线中间不许直接接头，接头必须经专门的接线盒。

（2）穿金属管或金属线槽的交流线路，应将同一回路的所有相线和中性线（如有中性线时）穿于同一管、槽内；否则由于线路电流不平衡而在金属管、槽内产生铁磁损耗，使管、槽发热，导致其中导线过热甚至烧毁。

（3）电线管路与热水管、蒸汽管同侧敷设时，应敷设在热水管、蒸汽管的下方；如有困难时，可敷设在热水管、蒸汽管的上方，但相互间距应适当增大，或采取隔热措施。

二、裸导线的结构和敷设

车间内配电的裸导线大多数采用裸母线的结构，其截面形状有圆形、管形和矩形等，其材质有铜、铝和钢。车间内以采用 LMY 型硬铝母线最为普遍。现代化的生产车间，大多采用封闭式母线（亦称“母线槽”）布线，如图 5 - 34 所示。封闭式母线安全、灵活、美观，但耗用的钢材较多，投资较大。

封闭式母线水平敷设时，至地面的距离不宜小于 2.2 m。垂直敷设时，其距地面 1.8 m 以下部分应采取防止机械损伤的措施，但敷设在电气专用房间内（如配电室、电机房等）时除外。

封闭式母线水平敷设的支撑点间距不宜大于 2 m。垂直敷设时，应在通过楼板处采用专用附件支撑。垂直敷设的封闭式母线，当进线盒及末端悬空时，应采用支架固定。

封闭式母线终端无引出或引入线时，端头应封闭。封闭式母线的插接分支点应设在安全及安装维护方便的地方。

为了识别裸导线的相序，以利于运行维护和检修，GB 2681—1981《电工成套装置中的导线颜色》规定交流三相系统中的裸导线应按表 5 - 11 所示涂色。裸导线涂色，不仅有利于

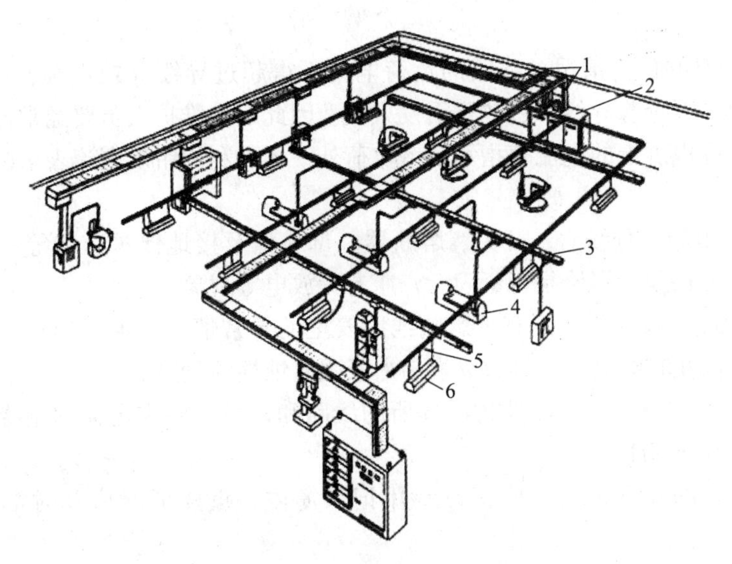

图 5－34　封闭式母线（母线槽）在车间内的应用

1—馈电母线槽；2—配电装置；3—插接式母线槽；4—机床；5—照明母线槽；6—灯具

识别相序，而且有利于防腐蚀及改善散热条件。表 5－11 对需识别相序的绝缘导线线路也是适用的。

表 5－11　交流三相系统中导线的涂色

导线类别	A 相	B 相	C 相	N 线、PEN 线	PE 线
涂漆颜色	黄	绿	红	淡蓝	黄绿双色

【任务实施】

车间配电线路的运行维护与检修：

车间内配电线路有明敷线、暗敷线、电缆、电气器具连接线等，它们组成了车间的电气线路。要搞好车间配电线路的运行维护与检修，必须全面了解车间配电线路的布线情况、结构形式、导线型号规格及配电箱和开关的位置等，并了解车间负荷大小及车间配电室的情况。车间配电线路应该定期巡视，巡视周期应该根据实际情况具体掌握。

（一）车间线路的运行维护

1. 一般要求

要搞好车间配电线路的运行维护工作，必须全面了解线路的布线情况、导线型号规格及配电箱和开关、保护装置的位置等，并了解车间负荷的要求、大小及车间变电所的有关情况。对车间配电线路，有专门的维护电工时，一般要求每周进行一次巡视检查。

2. 巡视项目

（1）检查导线的发热情况。例如，裸母线在正常运行的最高允许温度一般为 70 ℃。如果温度过高时，将使母线接头处的氧化加剧，使接触电阻增大，运行情况迅速恶化，最后可能导致接触不良甚至断线。所以通常在母线接头处涂以变色漆或示温蜡，以检查其发热情况。

（2）检查线路的负荷情况。线路的负荷电流不得超过导线（或电缆）的允许载流量，否则导线要过热，对绝缘导线，过热可引发火灾。因此运行维护人员要经常监视线路的负荷情况，除了可从配电屏上的电流表指示了解负荷外，还可利用钳形电流表来测量线路的负荷电流。

（3）检查配电箱、分线盒、开关、熔断器、母线槽及接地保护装置等的运行情况，着重检查其接线有无松脱、螺栓是否紧固、瓷瓶有无放电等现象。

（4）检查线路上及线路周围有无影响线路安全的异常情况。绝对禁止在带电的绝缘导线上悬挂物体，禁止在线路近旁堆放易燃易爆及强腐蚀性的危险品。

（5）对敷设在潮湿、有腐蚀性物质场所的线路和设备，要作定期的绝缘检查，绝缘电阻一般不得小于0.5 MΩ。

在巡视中发现的异常情况，应记入专用记录簿内，重要情况应及时汇报上级，请示处理。

（二）车间配电线路检修

对1 kV以下（如380 V/220 V）车间线路检修：

1. 车间配电线路检查

导线与建筑物等是否有摩擦、相蹭；绝缘、支持物是否有损坏和脱落；车间导线各相的弛度和线间距离是否保持相同；车间导线的防护网（板）与导线的距离有无变动；明敷设电线管及塑料线槽等是否有被碰裂、砸伤等现象；铁管的接地是否完好，铁管或塑料管的防水弯头有无脱落等现象；敷设在车间地下的塑料管线路，其上方有无重物积压。

车间配电线路，如果有专门人员维护时，一般要求每周进行一次安全检查，其检查项目如下：检查导线发热情况；检查线路的负荷情况；检查配电箱、分线盒、开关、熔断器、母线槽及接地接零等运行情况，要着重检查母线接头有无氧化、过热变色或腐蚀，接线有无松脱、放电现象，螺栓是否紧固等。

2. 三相四线制照明回路的检查

要重点检查中性线回路各连接点的接触情况是否良好，是否有腐蚀或脱开现象，是否有私自在线路上接电气设备，以及乱接、乱扯线路等现象。

3. 其他检查

还应该检查线路上及周围有无影响线路安全运行的异常情况，绝对禁止在绝缘导线上悬挂物体，禁止在线路旁堆放易燃易爆物品。

对敷设在潮湿、有腐蚀性的场所的线路，要做定期的绝缘检查，绝缘电阻一般不低于500 kΩ。

4. 巡检周期

1 kV以下的室内配线，每月应进行一次巡视检查，重要负荷的配线应增加夜间巡视。1 kV以下车间配线的裸导线（母线），以及分配电盘和闸箱，每季度应进行一次停电检查和清扫。500 V以下可进入吊顶内的配线及铁管配线，每年应停电检查一次。

如遇暴风雨雪，或系统发生单相接地故障等情况下，需要对室外安装的线路及闸箱等进行特殊巡视。

【知识拓展】

三、电力线路电气安装图认识

电力线路的电气安装图，主要包括其电气系统图和电气平面布置图。电气系统图是应用国家标准规定的电气简图，是用图形符号和文字符号概略地表示一个系统的基本组成、相互关系及其主要特征的一种简图。

电气平面布置图又称电气平面布线图，或简称电气平面图，是用国家标准规定的图形符号和文字符号，按照电气设备的安装位置及电气线路的敷设方式、部位和路径绘制的一种电气平面布置和布线的简图。它按布线地区来分，有厂区电气平面布置图和车间电气平面布置图等。按功能分，有动力电气平面布置图、照明电气平面布置图和弱电系统（包括广播、电视和电话等）电气平面布置图等。

（一）电气安装图上电力设备和线路的标注方式与文字符号

1. 电力设备的标注

按建设部批准的00DX001《建筑电气工程设计常用图形和文字符号》规定，电气安装图上用电设备标注的格式为：

$$\frac{\mathrm{a}}{b} \tag{5-2}$$

式中，a 为设备编号或设备位置代号；b 为设备的额定容量（kW 或 kV·A）。

在电气安装图上，还须表示出所有配电设备的位置，同样要依次编号，并注明其型号规格。按上述00DX001标准图集的规定，电气箱（柜、屏）标注的格式为：

$$-\mathrm{a}+\mathrm{b}/\mathrm{c} \tag{5-3}$$

式中，a 为设备种类代号（见表5-12）；b 为设备安装位置代号；c 为设备型号。例：

-AP1+1·B6/XL21-15，表示动力配电箱种类代号为AP1，位置代号为1·B6，即安装在一层B6轴线上，配电箱型号为XL21-15。

表5-12　部分电力设备的文字符号

设备名称	英文名称	文字符号
交流（低压）配电屏	AC（Low-voltage）switchgear	AA
控制箱（柜）	Control box	AC
并联电容器屏	Shunt capacitor cubicle	ACC
直流配电屏、直流电源柜	DC switchgear，DC power supply cabinet	AD
高压开关柜	High-voltage switchgear	AH
照明配电箱	Lighting distribution board	AL
动力配电箱	Power distribution board	AP
电度表箱	Watt-boar meter box	AW

续表

设 备 名 称	英 文 名 称	文字符号
插座箱	Socket box	AX
空气调节器	Ventilator	EV
蓄电池	Battery	GB
柴油发电机	Diesel-engine generator	GD
电流表	Ammeter	PA
有功电能表	Watt-hour meter	PJ
无功电能表	Var-hour meter	PJR
电压表	Voltmeter	PV
电力变压器	Power transformer	T，TM
插头	Plug	XP
插座	Socket	XS
端子板	Terminal board	XT

2. 配电线路的标注

配电线路标注的格式为（注：此格式中“PEh”项系编者建议所加，00DX001 规定的格式中无此项）：

$$\mathrm{ab}-c(d\times e+f\times g+\mathrm{PE}h)\mathrm{i}-\mathrm{j}k \tag{5-4}$$

式中，a 为线缆编号；b 为线缆型号；c 为并联电缆和线管根数（单根电缆或单根线管则省略）；d 为相线根数；e 为相线截面（mm^2）；f 为 N 线或 PEN 线根数（一般为 1）；g 为 N 线或 PEN 线截面（mm^2）；h 为 PE 线截面（mm^2，无 PE 线则省略）；i 为线缆敷设方式代号（见表 5－13）；j 为线缆敷设部位代号（见表 5－13）；k 为线缆敷设高度（m）。例：WP201YJV－0.6/1 kV－2(3×150＋1×70＋PE70)SC80－WS3.5，表示电缆线路编号为 WP201；电缆型号为 YJV－0.6/1 kV；2 根电缆并联，每根电缆有 3 根相线芯，每根截面为 150 mm^2，有 1 根 N 线芯，截面为 70 mm^2，另有 1 根 PE 线芯，截面也为 70 mm^2；敷设方式为穿焊接钢管，管内径为 80 mm，沿墙面明敷，电缆敷设高度离地 3.5 m。

表 5－13　线路敷设方式和导线敷设部位的标注代号

序号	名 称	英 文 名 称	代号
1	线路敷设方式的标注		
1.1	穿焊接钢管敷设	Run in welded steel conduit	SC
1.2	穿电线管敷设	Run in electrical metallic tubing	MT
1.3	穿硬塑料管敷设	Run in rigid PVC conduit	PC
1.4	穿阻燃半硬聚氯乙烯管敷设	Run in flame retardant semiflexible PVC conduit	FPC
1.5	电缆桥架敷设	Installed in cable tray	CT
1.6	金属线槽敷设	Installed in metallic raceway	MR

续表

序号	名　　称	英 文 名 称	代号
1.7	塑料线槽敷设	Installed in PVC raceway	PR
1.8	钢索敷设	Supported by messenger wire	M
1.9	穿聚氯乙烯塑料波纹电线管敷设	Run in corrugated PVC conduit	XPC
1.10	穿金属软管敷设	Run in flexible metal conduit	CP
1.11	直接埋设	Direct burying	DB
1.12	电缆沟敷设	Installed in cable trough	TC
1.13	混凝土排管敷设	Installed in concrete encasement	CB
2	导线敷设部位的标注		
2.1	沿或跨梁（屋架）敷设	Along or across beam	AB
2.2	暗敷在梁内	Concealed in beam	BC
2.3	沿或跨柱敷设	Along or across column	AC
2.4	暗敷在柱内	Concealed in column	CLC
2.5	沿墙面敷设	On wall surface	WS
2.6	暗敷在墙内	Concealed in wall	WC
2.7	沿天棚或顶板面敷设	Along ceiling or slab surface	CE
2.8	暗敷在屋面或顶板内	Concealed in ceiling or slab	CC
2.9	吊顶内敷设	Recessed in ceiling	SCE
2.10	地板或地面下	In floor ground	F

（二）车间动力配电线路的电气安装图

1. 低压配电线路电气系统图的绘制和示例

绘制低压配电线路电气系统图，必须注意以下两点：

（1）线路一般用单线图表示。为表示线路的导线根数，可在线路上加短斜线，短斜线数等于导线根数；也可在线路上画一条短斜线再加注数字表示导线根数。有的系统图，用一根粗实线表示三相的相线，而用一根与之平行的细实线或虚线表示 N 线或 PEN 线，另用一根与之平行的点画线加短斜线表示 PE 线（如果有 PE 线时）。也有的照明系统图，用多线图表示，并标明每根导线的相序。

（2）配电线路绘制应排列整齐，并应按规定对设备和线路进行必要的标注，例如标注配电箱的编号、型号规格等，标注线路的编号、型号规格、敷设方式部位及线路去向或用途等。

图 5－35 是某机械加工车间的动力配电系统图。该车间采用铝芯塑料电缆 VLV－1000－(3×185＋1×95）直埋（DB）由车间变电所来电，其总配电箱 AP1 采用 XL(F)－31 型。它通过铝芯塑料绝缘线 BLV－500－(3×70＋1×35）沿墙明敷向分配电箱 AP2 配电。分配电箱 AP2 又引出一路 BLV－500－4×16 穿钢管（SC）埋地（F）向另一分配电箱 AP3

配电。总配电箱 AP1 又通过一路 BLV－500－(3×95＋1×50）沿墙明敷向分配电箱 AP4 配电。另通过一路 BLV－500－(3×50＋1×25）沿墙明敷向分配电箱 AP5 配电。分配电箱 AP5 又通过一路 BLV－500－(3×25＋1×16）穿钢管（SC）埋地（F）向另一配电箱 AP6 配电。所有分配电箱（AP2～AP6）均为 XL－21 型。

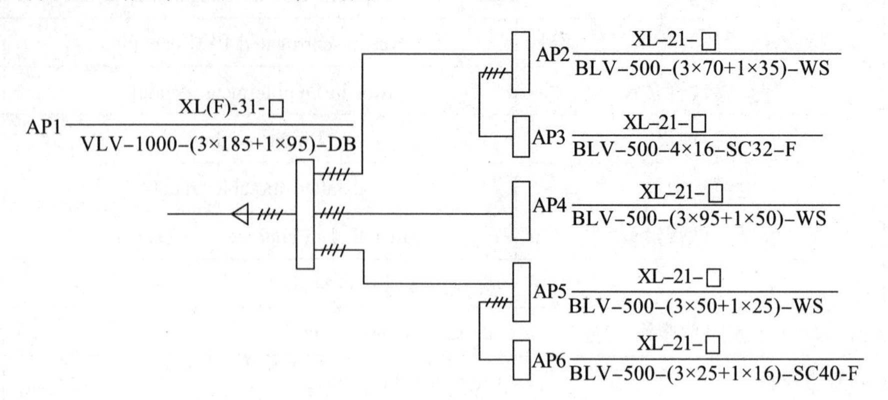

图 5－35　某机械加工车间的动力配电系统图

2. 低压配电平面布置图的绘制和示例

绘制低压配电平面布置图，必须注意以下几点：

（1）有关配电装置（箱、柜、屏）和用电设备及开关、插座等，应采用规定的图形符号绘在平面图的相应位置上，例如配电箱用扁框符号表示，电机用圆圈符号表示。大型设备如机床等，则可按外形的大体轮廓绘制。

（2）配电线路一般由单线图表示，且按其实际敷设的大体路径或方向绘制。

（3）平面图上的配电装置、电器和线路，应按规定进行标注。当图上的某些线路采用的导线型号规格和敷设方式完全相同时，可统一在图上加注说明，不必在有关线路上标注。

（4）保护电器的标注，要标注其熔体电流（对熔断器）或脱扣电流（对低压断路器）。

（5）平面图上应标注其主要尺寸，特别是建筑物外墙定位轴线之间的距离（单位 mm）应予标注。

（6）平面图上宜附上“图例”，特别是平面图上使用的非标准图形符号应在图例中说明。图 5－36 是图 5－35 所示机械加工车间（一角）的动力配电平面图。这里仅示出分配电箱 AP6 对 35#～42#机床的配电线路。由于各配电支线的型号规格和敷设方式都相同，因此统一在图上加注说明。

（三）工厂室外电力线路平面图示例

图 5－37 是某工厂室外电力线路平面图（示例）。该厂电源进线为 10 kV 架空线路，采用 LJ－70 型铝绞线。10 kV 降压变电所安装有 2 台 S9－500 kV·A 配电变压器。从该变电所 400 V 侧用架空线路配电给各建筑物。

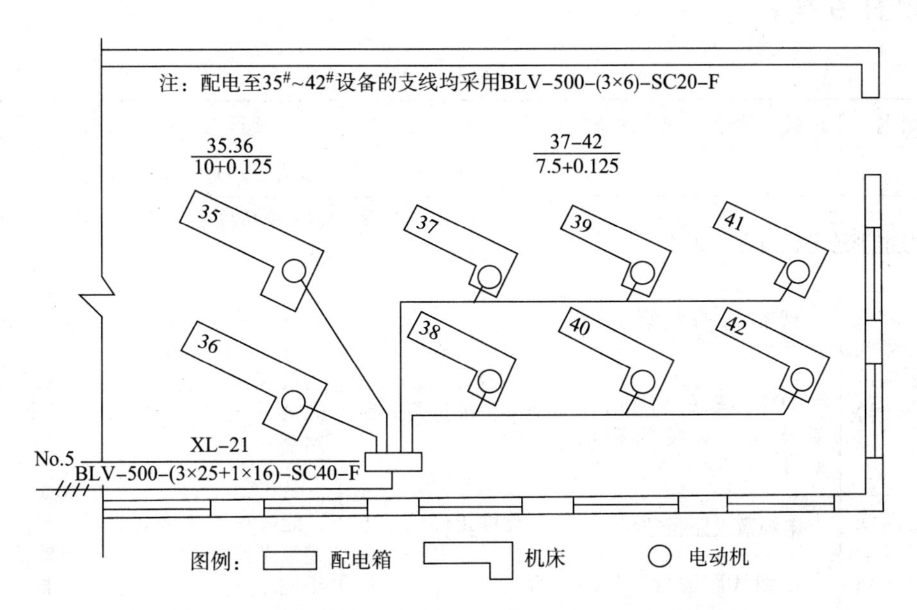

图 5 - 36　某机械加工车间（一角）动力配电平面布置图

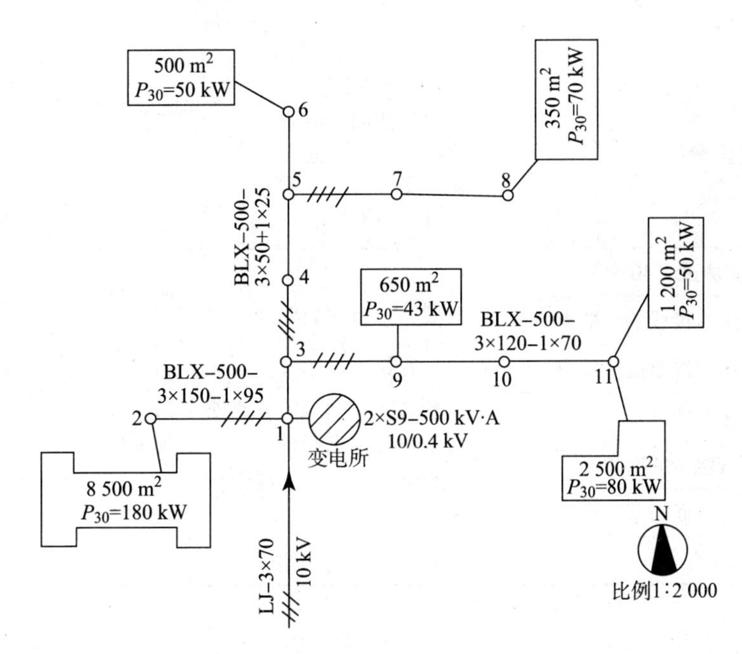

图 5 - 37　某工厂室外电力线路平面布置图

【项目考核】

项目考核单

<table>
<tr><td>学生姓名</td><td>班级</td><td>学号</td><td>教师姓名</td><td colspan="3">项目五</td></tr>
<tr><td></td><td></td><td></td><td></td><td colspan="3">工厂电力线路敷设与维护</td></tr>
<tr><td colspan="4" rowspan="2">技能训练考核内容（60 分）</td><td colspan="3">考核标准</td></tr>
<tr><td>优</td><td>良</td><td>及格</td></tr>
<tr><td rowspan="2">1. 架空线路敷设与运行维护（15 分）</td><td colspan="3">架空线路敷设路径选择</td><td rowspan="2">能够正确选择架空线路敷设路径；能够正确进行间距的测量</td><td rowspan="2">能够正确选择架空线路敷设路径；能够进行间距的测量</td><td rowspan="2">能够选择架空线路敷设路径</td></tr>
<tr><td colspan="3">架空线路的档距、弧垂及其他有关间距的测量</td></tr>
<tr><td rowspan="2">2. 电缆线路敷设与运行维护（15 分）</td><td colspan="3">电缆敷设路径选择</td><td rowspan="2">能够正确选择电缆敷设路径；正确进行线路运行维护和检修</td><td rowspan="2">能够正确选择电缆敷设路径；进行线路运行维护和检修</td><td rowspan="2">能够进行线路运行维护和检修</td></tr>
<tr><td colspan="3">电缆线路运行维护与检修</td></tr>
<tr><td rowspan="2">3. 电车间线路敷设与运行维护（20 分）</td><td colspan="3">车间线路敷设路径选择</td><td rowspan="2">能够正确选择车间线路敷设路径；正确进行线路运行维护和检修</td><td rowspan="2">能够正确选择车间线路敷设路径；进行线路运行维护和检修</td><td rowspan="2">能够进行线路运行维护和检修</td></tr>
<tr><td colspan="3">车间线路运行维护与检修</td></tr>
<tr><td colspan="4">4. 项目报告（10 分）</td><td>格式标准，内容完整、清晰，有详细记录的任务分析、实施过程，并进行了归纳总结</td><td>格式标准，内容清晰，记录了任务分析、实施过程，并进行了归纳总结</td><td>内容清晰，记录的任务分析、实施过程比较详细，并进行了归纳总结</td></tr>
<tr><td colspan="4">知识巩固测试（40 分）</td><td rowspan="6">遵守工作纪律，遵守安全操作规程，对相关知识点掌握牢固、准确，能正确理解电路的工作原理</td><td rowspan="6">遵守工作纪律，遵守安全操作规程，对相关知识点掌握一般，基本能正确理解电路的工作原理</td><td rowspan="6">遵守工作纪律，遵守安全操作规程，对相关知识点掌握牢固，但对电路的理解不够清晰</td></tr>
<tr><td colspan="4">1. 放射式、树干式接线的优缺点</td></tr>
<tr><td colspan="4">2. 架空线路和电缆线路的优缺点</td></tr>
<tr><td colspan="4">3. 导线和电缆选择的条件</td></tr>
<tr><td colspan="4">4. 室内绝缘导线敷设的要求</td></tr>
<tr><td colspan="4">5. 绘制低压配电平面布置图注意事项</td></tr>
<tr><td>完成日期</td><td colspan="3">年 月 日</td><td colspan="2">总 成 绩</td><td></td></tr>
</table>

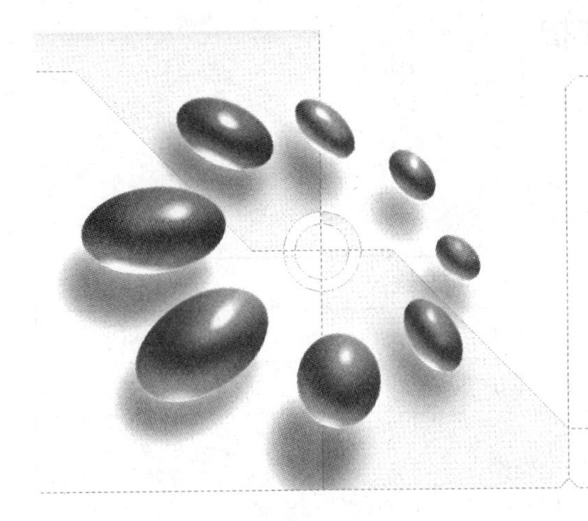

项目六　工厂变电所运行维护

【项目描述】

为了保障人身安全、供电可靠、技术先进、经济合理和维护方便，制订工厂变电所的设计与安全操作规范。为了确保供电质量，对工厂变配电所的运行进行维护及主要电气设备的检修试验。通过本项目的学习，学生具体应达到以下要求：

一、知识要求

(1) 工厂变电所的设计规范与安全操作规程；

(2) 工厂变配电所的运行维护；

(3) 变电所主要电气设备的检修试验。

二、能力要求

(1) 能够进行工厂变配电所的运行维护；

(2) 能够进行变电所主要电气设备的检修试验。

三、素质要求

(1) 具有规范操作、安全操作、环保意识；

(2) 具有爱岗敬业、实事求是、团结协作的优秀品质；

(3) 具有分析问题、解决实际问题的能力；

(4) 具有创新意识、获取新知识、新技能的学习能力。

任务　工厂变电所运行维护

【学习任务单】

<table>
<tr><td>学习领域</td><td colspan="2">工厂供电设备应用与维护</td></tr>
<tr><td>项目六</td><td>工厂变电所运行维护</td><td>学时</td></tr>
<tr><td>学习任务</td><td>工厂变电所运行维护</td><td>8</td></tr>
<tr><td>学习目标</td><td colspan="2">1. 知识目标
（1）熟悉变电所的设计规范与安全操作；
（2）熟悉工厂变配电所的运行维护；
（3）掌握主要电气设备的检修试验。
2. 能力目标
（1）能进行工厂变配电所的运行维护；
（2）能进行主要电气设备的检修试验。
3. 素质目标
（1）培养学生在维护与检修过程中具有安全用电与安全操作意识；
（2）培养学生在试验过程中具有团队协作意识和吃苦耐劳的精神。</td></tr>
<tr><td colspan="3">一、任务描述
根据变电所运行维护要求及安全操作规程，进行变电所主要电气设备检修试验。
二、任务实施
（1）学生分组，每小组 4 ~5 人；
（2）小组按任务单进行分析和资料学习；
（3）小组经过讨论确定任务结果，每小组由中心发言人陈述，经过全体同学讨论，确定正确结果；
（4）检查总结。
三、相关资源
（1）教材；
（2）教学课件；
（3）图片；
（4）接地装置的装设与布设图纸。
四、教学要求
（1）认真进行课前预习，充分利用教学资源；
（2）充分发挥团队合作精神，正确完成工作任务；
（3）团队之间相互学习，相互借鉴，提高学习效率。</td></tr>
</table>

【知识链接】

一、变电所总则与安全操作

（一）变电所总则及所址选择

1. 总则

第 1 条　为使变电所设计做到保障人身安全、供电可靠、技术先进、经济合理和维护方便，确保质量，制订本规范。

第 2 条　本规范适用于交流电压 10 kV 及以下新建、扩建或改建工程的变电所设计。

第 3 条　变电所设计应根据工程特点、规模和发展规划，正确处理近期建设和远期发展的关系，远近结合，以近期为主，适当考虑发展的可能。

第 4 条　变电所设计应根据负荷性质，用电容量、工程特点、所址选择、地区供电条件和节约电能等因数，合理确定设计方案。

第 5 条　变电所设计采用的设备和器材，应符合国家或行业的产品技术标准，应优先选用技术先进、经济适用和节能的成套设备和定型产品，不得采用淘汰产品。

第 6 条　10 kV 及以下变电所的设计，除应执行本规范的规定外，应符合国家现行的有关设计标准和规范的规定。

2. 变电所所址选择

第 1 条　变电所位置的选择，应根据下列要求经技术、经济比较确定：

（1）接近负荷中心；

（2）进出线方便；

（3）接近电源侧；

（4）设备运输方便；

（5）不应设在有剧烈振动或高温的场所；

（6）不宜设在多尘或腐蚀性气体的场所，当无法远离时，不应设在污染源盛行风向的下风侧；

（7）不应设在厕所、浴室或其他经常积水场所的正下方，且不宜与上述场所相贴邻；

（8）不应设在有爆炸危险环境的正上方或正下方，且不宜设在有火灾危险环境的正上方或正下方，当与有爆炸或火灾危险环境的建筑物毗连时，应符合现行的国家标准《爆炸和火灾危险环境电力装置设计规范》的规定；

（9）不应设在地势低洼和可能积水的场所。

第 2 条　装有可燃性油浸电力变压器的车间内变电所，不应设在三、四级耐火等级的建筑物内；当设在二级耐火等级的建筑物内时，建筑物应采取局部防火措施。

第 3 条　多层建筑物中，装有可燃性油的电气设备的配电所、变电所应设置在底层靠外墙部位，且不应设在人员密集场所的正上方、正下方、贴邻和疏散出口的两旁。

第 4 条　高层主体建筑内不宜设置装有可燃性油的电气设备的配电所和变电所，当受条件限制必须设置时，应设在底层靠外墙部位，且不应设在人员密集场所的正上方、正下方、贴邻和疏散出口的两旁，并应按现行国家标准《高层民用建筑设计防火规范》有关规定，采取相应的防火措施。

第 5 条　露天或半露天的变电所，不应设置在下列场所：

（1）有腐蚀性气体的场所；

（2）挑檐为燃烧体或难燃体和耐火等级为四级的建筑物旁；

（3）附近有棉、粮及其他易燃、易爆物品集中的露天堆场；

（4）容易沉积可燃粉尘、可燃纤维、灰尘或导电尘埃且严重影响变压器安全运行的场所。二级负荷的供电系统，宜由两回线路供电。在负荷较小或地区供电条件困难时，二级负荷可由一回 6 kV 及以上专用架空线路或电缆供电。当采用架空线时，可为一回架空线供电；

当采用电缆线路时，应采用两根电缆组成线路供电，其每根电缆应能承受100%的二级负荷。

（二）电气部分安全操作

1. 一般规定

第1条　配电装置的布置和导体、电器、架构的选择，应符合正常运行、检修、短路和过电压等情况的要求。

第2条　配电装置各回路的相序排列应一致，硬导体应涂刷相色油漆或相色标志。色相应为：L1相黄色，L2相绿色，L3相红色。

第3条　海拔超过1 000 m的地区，配电装置应选择适用于该海拔高度的电器和电瓷产品，其外部绝缘的冲击和工频实验电压，应符合现行国家标准《高压电气设备绝缘试验电压和试验方法》的有关规定。高压电器用于海拔超过1 000 m的地区时，导体载流量可不计其影响。

第4条　电气设备外露可导电部分，必须与接地装置有可靠的电气连接。成排的配电装置的两端均应与接地线相连。

2. 电气主接线

第1条　配电所、变电所的高压及低压母线宜采用单母线或分段单母线接线。当供电连续性要求很高时，高压母线可采用分段单母线带旁路母线或双母线的连接。

第2条　配电所专用电源线的进线开关宜采用断路器或带熔断器的负荷开关。当无继电保护和自动装置要求，且出线回路少无须带负荷操作时，可采用隔离开关或隔离触头。

第3条　从总配电所以放射式向分配电所供电时，该分配电所的电源进线开关宜采用隔离开关或隔离触头。

第4条　配电所的10 kV或6 kV非专用电源线的进线侧，应装设带保护的开关设备。

第5条　10 kV或6 kV母线的分段处宜装设断路器，当不需要带负荷操作且无继电保护和自动装置要求时，可装设隔离开关或隔离触头。

第6条　两配电所之间的联络线，应在供电侧的配电所装设断路器，另一侧装设隔离开关或负荷开关；当两侧的供电可能性相同时，应在两侧均装设断路器。

第7条　配电所的引出线宜设断路器。当满足继电保护和操作要求时，可装设带熔断器的负荷开关。

第8条　向频繁操作的高压用电设备供电的出线开关兼做操作开关时，应采用频繁操作的断路器。

第9条　10 kV或6 kV固定式配电装置的出线侧，在架空出线回路或有反馈可能的电缆出线回路中，应装设线路隔离开关。

第10条　采用10 kV或6 kV熔断器负荷开关固定式配电装置时，应在电源侧装设隔离开关。

第11条　接在母线上的避雷器和电压互感器，宜合用一组隔离开关。配电所、变电所架空线、出线上的避雷器回路中，可不装设隔离开关。

第12条　由地区电网供电的配电所电源进线处，宜装设供计费用的专用电压、电流互感器。

第 13 条　变压器一次侧开关的装设，应符合下列规定：

（1）以树干式供电时，应装设带保护的开关设备或跌落式熔断器；

（2）以放射式供电时，宜装设隔离开关或负荷开关。当变压器在本配电所内时，可不装设开关。

第 14 条　变压器二次侧电压为 6 kV 或 3 kV 的总开关，可采用隔离开关或隔离触头。当属下列情况之一时，应采用断路器：

（1）出线回路较多；

（2）有并列运行要求；

（3）有继电保护和自动装置要求。

第 15 条　变压器低压侧电压为 0.4 kV 的总开关，宜采用低压断路器或隔离开关。当有继电保护或自动切换电源要求时，低压侧总开关和母线分段开关应采用低压断路器。

第 16 条　当低压母线为双电源，变压器低压侧总开关和母线分段开关采用低压断路器时，在总开关的出线侧及母线分段开关的两侧，宜装设刀开关或隔离触头。

3. 变压器选择

第 1 条　变压器台数应根据负荷特点和经济运行进行选择。当符合下列条件之一时，宜装设两台及以上变压器。

（1）有大量一级或二级负荷；

（2）季节性负荷变化较大；

（3）集中负荷较大。

第 2 条　装有两台及以上变压器的变电所，当其中一台变压器断开时，其余变压器的容量应满足一级负荷及二级负荷的用电。

第 3 条　变电所中单台变压器（低压为 0.4 kV）的容量不宜大于 1 250 kV · A。当用电设备容量较大、负荷集中且运行合理时，可选用较大容量的变压器。

第 4 条　在一般情况下，动力和照明宜共用变压器。当属下列情况之一时，可设专用变压器：

（1）当照明负荷较大或动力和照明采用共用变压器严重影响照明质量及灯泡寿命时，可设照明专用变压器；

（2）单台单相负荷较大时，宜设单相变压器；

（3）冲击性负荷较大，严重影响电能质量时，可设冲击负荷专用变压器；

（4）在电源系统不接地或经阻抗接地，电气装置外露导电体直接接地系统（IT 系统）的低压电网中，照明负荷应设专用变压器。

第 5 条　多层或高层主体建筑内变电所，宜选用不燃或难燃型变压器。

第 6 条　在多尘或有腐蚀性气体严重影响变压器安全运行的场所，应选用防尘或防腐蚀型变压器。

4. 所用电源的选择

第 1 条　配电所所用电源宜引自就近的配电变压器 220 V/380 V 侧。重要或规模较大的配电所，宜设所用变压器。柜内所用可燃油油浸变压器的油量应小于 100 kg。当有两回路所用电源时，宜装设备用电源自动投入装置。

第 2 条　采用交流操作时，供操作、控制、保护、信号等所用电源，可引自电压互

感器。

第 3 条　当电磁操作机构采用硅整流合闸时，宜设两回路所用电源，其中一路应引自接在电源进线断路器前面的所用变压器。

5. 操作电源

第 1 条　供一级负荷的配电所或大型配电所，当装有电磁操作机构的断路器时，应采用 220 V 或 110 V 蓄电池组作为合、分闸直流操作电源；当装有弹簧储能操作机构的断路器时，宜采用小容量镉镍电池装置作为合、分闸操作电源。

第 2 条　中型配电所当装有电磁操作机构的断路器时，合闸电源宜采用硅整流，分闸电源可采用小容量镉镍电池装置或电容储能。对重要负荷供电时，合、分闸电源宜采用镉镍电池装置。当装有弹簧储能操作机构的断路器时，宜采用小容量镉镍电池装置或电容储能式硅整流装置作为合、分闸操作电源。采用硅整流作为电磁操作机构合闸电源时，应校核该整流合闸电源能保证断路器在事故情况下可靠合闸。

第 3 条　小型配电所宜采用弹簧储能操作机构合闸和去分流分闸的全交流操作。

（三）配变电装置和并联电容器的布置

1. 配变电装置的型式与布置

第 1 条　变电所的型式应根据用电负荷的状况和周围环境情况确定，应符合下列规定：

（1）负荷较大的车间和站房，宜设附变电所或半露天变电所；

（2）负荷较大的多跨厂房，负荷中心在厂房的中部且环境许可时，宜设车间内变电所或组合式成套变电站；

（3）高层或大型民用建筑内，宜设室内变电所或组合式成套变电站；

（4）负荷小而分散的工业企业和大中城市的居民区，宜设独立变电所，有条件时也可设附变电所或户外箱式变电站；

（5）环境允许的中小城镇居民区和工厂的生活区，当变压器容量在 315 kV · A 及以下时，宜设杆上式或高台式变电所。

第 2 条　带可燃性油的高压配电装置，宜装设在单独的高压配电室内，当高压开关柜的数量为 6 台及以下时，可与低压配电屏设置在同一房间内。

第 3 条　不带可燃性油的高、低压配电装置和非油浸的电力变压器，可设置在同一房间内。具有符合 IP3X 的防护等级外壳的不带可燃性油的高、低压配电装置和非油浸的电力变压器，当环境允许时，可相互靠近布置在车间内。

注：IP3X 防护要求应符合现行国家标准《低压电器外壳防护等级》的规定，能防止大于 7.5 mm 的固体异物进入壳内。

第 4 条　室内变电所每台油量为 100 kg 及以上的三相变压器，应设在单独的变压器室内。

第 5 条　在同一配电室内单列布置高、低压配电装置时，当高压开关柜或低压配电屏顶面有裸露带电导体时，两者之间的净距不应小于 2 m；当高压开关柜和低压配电屏的顶面封闭外壳防护等级符合 IP2X 级时，两者可靠近布置。

注：IP2X 防护要求应符合现行国家标准《低压电器外壳防护等级》的规定，能防止大于 12 mm 的固体异物进入壳内。

第 6 条　有人值班的配电所，应设单独的值班室。当低压配电室兼作值班室时，低压配电室面积应适当增大。高压配电室与值班室应直通或经过通道相通，值班室应有直接通向户外或通向走道的门。

第 7 条　变电所宜单层布置。当采用双层布置时，变压器应设在底层。设于二层的配电室应设搬运设备的通道、平台和孔洞。

第 8 条　高（低）压配电室，宜留有适当数量配电装置的备用位置。

第 9 条　高压配电装置的柜顶为裸母线分段时，两段母线分段处宜装设绝缘隔板，其高度不应小于 0.3 m。

第 10 条　由同一配电所供给一级负荷用电时，母线分段处应设防火隔板或有门洞的隔墙。供给一级负荷用电的两路电缆不应通过同一电缆沟，当无法分开时，该电缆沟内的两路电缆应采用阻燃电缆，且应分别敷设在电缆沟两侧的支架上。

第 11 条　户外箱式变电站和组合式成套变电站的进出线宜采用电缆。

第 12 条　配电所宜设辅助生产用房。

2. 通道与围栏布置

第 1 条　室内外配电装置的最小电气安全净距，应符合表 6－1 的规定。

表 6－1　室内外配电装置的最小电气安全净距　mm

符号	适用范围	场所	额定电压/kV			
			<0.5	3	6	10
A	无遮挡裸带电部分至地（楼）面之间	室内	屏前 2 500 屏后 2 300	2 500	2 500	2 500
		室外	2 500	2 700	2 700	2 700
	有 IP2X 防护等级遮拦的通道净高	室内	1 900	1 900	1 900	1 900
	裸带电部分至接地部分和不同相的裸带电部分之间	室内	20	75	100	125
		室外	75	200	200	200
B	距地（楼）面 2 500 mm 以下裸带电部分的遮拦防护等级为 IP2X 时，裸带电部分与遮护物间水平净距	室内	100	175	200	225
		室外	175	300	300	300
	不同时停电检修的无遮拦裸导体之间的水平距离	室内	1 875	1 875	1 900	1 925
		室外	2 000	2 200	2 200	2 200
	裸带电部分至无孔固定遮拦	室内	50	105	130	155
C	裸带电部分至用钥匙或工具才能打开或拆卸的栅栏	室内	800	825	850	875
		室外	825	950	950	950
	低压母排引出线或高压引出线的套管至屋外人行通道地面	室外	3 650	4 000	4 000	4 000

注：海拔高度超过 1 000 m 时，表中符号 A 项数值应按每升高 100 m 增大 1% 进行修正。B、C 两项数值应相应加上 A 项的修正值。

第2条　露天或半露天变电所的变压器四周应设不低于1.7 m高的固定围栏（墙）。变压器外廓与围栏（墙）的净距不应小于0.8 m，变压器底部距地面不应小于0.3 m，相邻变压器外廓之间的净距不应小于1.5 m。

第3条　当露天或半露天变压器供给一级负荷用电时，相邻的可燃油油浸变压器的防火净距不应小于5 m，若小于5 m时，应设防火墙。防火墙应高出油枕顶部，且墙两端应大于挡油设施各0.5 m。

第4条　可燃油油浸变压器外廓与变压器室墙壁和门的最小净距，应符合表6－2的规定。

表6－2　可燃油油浸变压器外廓与变压器室墙壁和门的最小净距　mm

变压器容量/kV·A	100～1 000	1 250及以上
变压器外廓与后壁、侧壁净距	600	800
变压器外廓与门净距	800	1 000

第5条　设置于变电所内的非封闭式干式变压器，应装设高度不低于1.7 m的固定遮拦，遮拦网孔不应大于40 mm×40 mm。变压器的外廓与遮拦的净距不宜小于0.6 m，变压器之间的净距不应小于1.0 m。

第6条　配电装置的长度大于6 m时，其柜（屏）后通道应设两个出口，低压配电装置两个出口间的距离超过15 m时，尚应增加出口。

第7条　高压配电室内各种通道最小宽度，应符合表6－3的规定。

表6－3　高压配电室内各种通道最小宽度　mm

开关柜布置方式	柜后维护通道	柜前操作通道	
		固定式	手车式
单排布置	800	1 500	单车长度＋1 200
双排面对面布置	800	2 000	双车长度＋900
双排背对背布置	1 000	1 500	单车长度＋1 200
注： 固定式开关柜为靠墙布置时，柜后与墙净距应大于50 mm，侧面与墙净距应大于200 mm； 通道宽度在建筑物的墙面遇有柱类局部凸出时，凸出部位的通道宽度可减少200 mm。			

第8条　当电源从柜（屏）后进线且需在柜（屏）正背后墙上另设隔离开关及其手动操作机构时，柜（屏）后通道净宽不应小于1.5 m，当柜（屏）背面的防护等级为IP2X时，可减少为1.3 m。

第9条　低压配电室内成排布置的配电屏，其屏前、屏后的通道最小宽度，应符合表6－4的规定。

3. 并联电容器装置的布置

1）一般规定

第1条　本规定适用于电压为10 kV及以下作并联补偿用的电力电容器装置的设计。

第2条　电容器装置的开关设备及导体等载流部分的长期允许电流，高压电容器不应小

表 6-4　配电屏前、后的通道最小宽度　mm

型　式	布置方式	屏前通道	屏后通道
固定式	单排布置	1 500	1 000
	双排面对面布置	2 000	1 000
	双排背对背布置	1 500	1 500
抽屉式	单排布置	1 800	1 000
	双排面对面布置	2 300	1 000
	双排背对背布置	1 800	1 000
注：当建筑物墙面遇有柱类局部凸出时，凸出部位的通道宽度可减少 200 mm。			

于电容器额定电流的 1.35 倍，低压电容器不应小于电容器额定电流的 1.5 倍。

第 3 条　电容器组应装设放电装置，使用电容器组两端的电压从峰值（1.414 倍额定电压）降至 50 V 所需的时间，高压电容器不应大于 5 min；低压电容器不应大于 1 min。

2）电气接线及附属装置

第 1 条　高压电容器组宜接成中性点不接地星形，容量较小时宜接成三角形。低压电容器组接成三角形。

第 2 条　高压电容器组应直接与放电装置连接，中间不应设置开关或熔断器。低压电容器组和放电设备之间，可设自动接通的接点。

第 3 条　电容器组应装设单独的控制和保护装置，当电容器组为提高单台用电设备功率因数时，可与该设备共用控制和保护装置。

第 4 条　单台高压电容器应设置专用熔断器作为电容器内部故障保护，熔丝额定电流宜为电容器额定电流的 1.5~2.0 倍。

第 5 条　当电容器装置附近有高次谐波含量超过规定允许值时，应在回路中设置抑制谐波的串联电抗器。

第 6 条　电容器的额定电压与电力网的标称电压相同时，应将电容器的外壳和支架接地。当电容器的额定电压低于电力网的标称电压时，应将每相电容器的支架绝缘，其绝缘等级应和电力网的标称电压相配合。

3）高压电容器布置

第 1 条　室内高压电容器装置宜设置在单独房间内，当电容器组容量较少时，可设置在高压配电室内，但与高压配电装置的距离不应小于 1.5 m。低压电容器装置可设置在低压配电室内，当电容器总容量较大时，宜设置在单独房间内。

第 2 条　安装在室内的装配式高压电容器组，下层电容器的底部距地面不应小于 0.2 m，上层电容器的底部距地面不宜大于 2.5 m，电容器装置顶部到屋顶净距不应小于 1.0 m。高压电容器布置不宜超过三层。

第 3 条　电容器外壳之间（宽面）的净距，不宜小于 0.1 m；电容器的排间距离，不宜小于 0.2 m。

第 4 条　装配式电容器组单列布置时，网门与墙距离不应小于 1.3 m；当双列布置时，网门之间距离不应小于 1.5 m。

第5条　成套电容器柜单列布置时，柜正面与墙面距离不应小于1.5 m；当双列布置时，柜面之间距离不应小于2.0 m。

（四）变配电所对有关专业的要求

1. 防火

第1条　可燃油油浸电力变压器室的耐火等级为一级。高压配电室、高压电容器室和非燃（或难燃）介质的电力变压器室的耐火等级不应低于二级。低压配电室和低压电容器室的耐火等级不应低于三级，屋顶承重构建应为二级。

第2条　有下列情况之一时，可燃油油浸变压器室的门应为甲级防火门：

（1）变压器室位于车间外；

（2）变压器室位于容易沉积可燃粉尘、可燃纤维的场所；

（3）变压器室附近有粮、棉及其他宜燃物集中的露天堆场；

（4）变压器室位于建筑物内；

（5）变压器室下面有地下室。

第3条　变压器室的通风窗，应采用非燃烧材料。

第4条　当露天或半露天变电所采用可燃油油浸变压器时，其变压器外廓与建筑物外墙的距离应大于或等于5 m。当小于5 m时，建筑物外墙在下列范围内不应有门、窗或通风孔：

（1）油量大于1 000 kg时，变压器总高度加3 m及外廓两侧各加3 m；

（2）油量在1 000 kg及以下时，变压器总高度加3 m及外廓两侧各加1.5 m；

第5条　民用主体建筑内的附设变电所和车间内变电所的可燃油油浸变压器室，应设置容量为100%变压器油量的储油池。

第6条　有下列情况之一时，可燃油油浸变压器室应设置容量为100%变压器油量的挡油设施：

（1）变压器室位于容易沉积可燃粉尘，可燃纤维的场所；

（2）变压器室附近有粮、棉及其他易燃物集中的露天场所；

（3）变压器室下面有地下室。

第7条　附设变电所、露天或半露天变电所中，油量为1 000 kg及以上的变压器，应设置容量为100%油量的挡油设施。

第8条　在多层和高层主体建筑物的底层布置装有可燃性油的电气设备时，其底层外墙开口部位的上方应设置宽度不小于1.0 m的防火挑檐。多油开关室和高压电容器室均应设有防止油品流散的设施。

2. 对建筑的要求

第1条　高压配电室宜设不能开启的自然采光窗，窗台距室外地坪不宜低于1.8 m；低压配电室可设能开启的自然采光窗。配电室临街的一面不宜开窗。

第2条　变压器室、配电室、电容器室的门应向外开启。相邻配电室之间有门时，此门应能双向开启。

第3条　配电所各房间经常开启的门、窗，不宜直通相邻的酸、碱、蒸汽、粉尘和噪声严重的场所。

第4条 变压器室、配电室、电容器室等应设置防止雨、雪和蛇、鼠类小动物从采光窗、通风窗、门、电缆沟等进入室内的设施。

第5条 配电室、电容器室和各辅助房间的内墙表面应抹灰刷白。地（楼）面宜采用高标号水泥抹面压光。配电室、变压器室、电容器室的顶棚以及变压器室的内墙面应刷白。

第6条 长度大于7 m的配电室应设两个出口，并宜布置在配电室的两端。长度大于60 m时，宜增加一个出口。当变电所采用双层布置时，位于楼上的配电室应至少设一个通向室外的平台或通道的出口。

第7条 配电所、变电所的电缆夹层、电缆沟和电缆室，应采取放水、排水措施。

3. 采暖及通风

第1条 变压器室宜采用自然通风。夏季的排风温度不宜高于45 ℃，进风和排风的温差不宜大于15 ℃。

第2条 电容器室应有良好的自然通风，通风量应根据电容器允许温度，按夏季排风温度不超过电容器所允许的最高环境空气温度计算。当自然通风不能满足排热要求时，可增设机械排风。电容器室应设温度指示装置。

第3条 变压器室、电容器室当采用机械通风时，其通风管道应采用非燃烧材料制作。当周围环境污秽时，宜加空气过滤器。

第4条 配电室宜采用自然通风。高压配电室装有较多油断路器时，应装设事故排烟装置。

第5条 在采暖地区，控制室和值班室应设采暖装置。在严寒地区，当配电室内温度影响电气设备元件和仪表正常运行时，应设采暖装置。控制室和配电室内的采暖装置，宜采用钢管焊接，且不应有法兰、螺纹接头和阀门等。

4. 其他要求

第1条 高低压配电室、变压器室、电容器室、控制室内，不应有与其无关的管道和线路通过。

第2条 有人值班的独立变电所，宜设有厕所和给排水设施。

第3条 在配电室内裸导体正上方，不应布置灯具和明敷线路。当在配电室内裸导体上方布置灯具时，灯具与裸导体的水平净距不应小于1.0 m，灯具不得采用吊链和软线吊装。

二、工厂变电所运行维护

（一）变配电所运行值班制度与要求

1. 变配电所的运行值班制度

工厂变配电所的运行值班制度，主要有轮班制和无人值班制。

（1）轮班制。即全天分为早、中、晚三班，值班员分组轮流值班，全年365天都不间断。这种值班制度对于确保变配电所的安全运行有很大好处，是我国工矿企业目前仍普遍采用的一种值班制度。但这种轮班制耗费的人力多，运行费用高。

（2）无人值班制。变配电所无固定值班人员进行日常监视和操作。我国有些小型工厂及有的大中型工厂的车间变电所，往往采用无人值班制，仅由工厂的维修电工或总变配电所的值班电工每天定期巡视检查。不过如果变配电所自动化程度低，这种无人值班制是很难确保变配电所安全可靠运行的要求的。现代化工矿企业变配电所的发展方向，就是要实现高度自动化和无人值班。变配电所内的简单、单项操作由当地自动化装置自动完成，而复杂的和涉及系统运行的操作，则由远方调度控制中心来控制。因此变配电所的自动化系统是无人值班变配电所安全可靠运行的技术支撑和物质基础。

2. 变配电所值班员的职责

（1）遵守变配电所值班工作制度，坚守工作岗位，做好变配电所的安全保卫工作，确保变配电所的安全运行。

（2）积极钻研本职工作，认真学习和贯彻有关规程，熟悉变配电所一、二次系统的接线及设备的装设位置、结构性能、操作要求和维护保养方法等，掌握安全工具和消防器材的使用方法和触电急救法，了解变配电所现在的运行方式、负荷情况及负荷调整、电压调节等措施。

（3）监视变配电所内各种设施的运行状态，定期巡视检查，按现场规程规定抄报各种运行数据，记录运行日志。发现设备缺陷和运行不正常时，及时处理，并做好有关记录，以备查考。

（4）按上级调度命令进行操作。发生事故时，进行紧急处理，并做好记录，以备查考。

（5）保管好变配电所内各种资料图表、工具仪器和消防器材等，并按规定定期进行检查或检验，同时做好和保持好所内设备和环境的清洁卫生。

（6）按规定进行交接班。值班员未办完交接班手续时，不得擅离岗位。在处理事故时，一般不得交接班。接班的值班员可在当班的值班员要求和主持下，协助处理事故。如果事故一时难于处理完毕，在征得接班的值班员同意或上级同意后，可进行交接班。

3. 变配电所运行值班注意事项

（1）有高压设备的变配电所，为保证安全，一般应至少由两人值班。但当室内高压设备的隔离室设有遮拦且遮拦高度在 1.7 m 以上、安装牢固并加锁，而且室内高压开关的操作机构用墙或金属板与开关隔离或装有远方操作机构时，可由单人值班。但单人值班时，值班员不得单独从事修理工作。

（2）无论高压设备是否带电，值班员不得单独移开或跨过遮拦进行工作。如有必要移开遮拦时，须有监护人在场，并符合表 6－5 规定的安全距离。

表 6－5　设备不停电时的安全距离（据 2005 年《国家电网公司电力安全工作规程》）

电压等级/kV	10 及以下（13.8）	20, 35	66, 110	220	330	500
安全距离/m	0.70	1.00	1.50	3.00	4.00	5.00
注：表中未列电压按高一级电压的安全距离。						

（3）雷雨天巡视室外高压设备时，应穿绝缘靴，并且不得靠近避雷针和避雷器。

（4）高压设备发生接地时，室内不得接近故障点 4 m 以内，室外不得接近故障点 8 m 以内。进入上述范围的人员，应穿绝缘靴。接触设备的外壳和构架时，应戴绝缘手套。

（5）巡视高压配电装置，进出高压室，必须随手关门。

（6）高压室的钥匙至少应有 3 把，由运行值班员负责保管，按值移交。一把专供紧急时使用，一把专供值班员使用，其他可以借给经批准的巡视高压设备人员和经批准的检修、施工队伍的工作负责人使用，但应登记签名，在巡视或当日工作结束之后交还。

（二）变配电所送电和停电操作

1. 操作的一般要求

为了确保运行安全，防止误操作，按2005年《国家电网公司电力安全工作规程》规定：倒闸操作必须根据值班调度员或运行值班负责人的指令，受令人复诵无误后执行。倒闸操作可以通过就地操作、遥控操作或程序操作完成。遥控操作和程序操作的设备应满足有关的技术条件。就地操作又分监护操作、单人操作和检修人员操作三种方式。

（1）监护操作。由两人进行，其中一人对设备比较熟悉者作监护。特别重要和复杂的倒闸操作，由熟练的运行人员操作，运行值班负责人监护。操作人必须填写操作票。

（2）单人操作。这适于单人值班的变电所。运行人员根据发令人用电话传达的操作指令填写操作票，复诵无误后执行。实行单人操作的设备、项目及运行人员需经设备运行管理单位批准，人员应通过专项考核。

（3）检修人员操作。经设备运行管理单位考试合格、批准的本企业的检修人员，可进行220 kV及以下的电气设备由热备用至检修或由检修至热备用的监护操作，监护人应是同一单位的检修人员或设备运行人员。检修人员进行操作的接、发令程序及安全要求，应由设备运行管理单位总工程师（技术负责人）审定，并报相关部门和调度机构备案。

倒闸操作票的格式如表6－6所示。操作票内应填入下列项目：应拉合断路器和隔离开关，检查断路器和隔离开关的位置，检查接地线是否拆除，检查负荷分配，装拆接地线，安装或拆除控制回路或电压互感器回路的熔断器，切换保护回路以及检验是否确无电压等。

操作票应填写设备的双重名称，即设备名称和编号。操作票应用钢笔或圆珠笔逐项填写。用计算机开出的操作票，应与手写的格式一致。操作票票面应清楚整洁，不得任意涂改。操作人和监护人应根据模拟图或接线图核对所填写的操作项目，并分别签名，然后经值班负责人（检修人员操作时由工作负责人）审核签名。

开始操作前，应先在模拟图（或微机防误装置、微机监控装置）上进行核对性的模拟预演；无误后，再进行操作。操作前，应先核对设备名称、编号和位置。操作中应认真执行监护复诵制度（单人操作时也应高声唱票），现场宜全过程录音。必须按操作票填写的顺序逐项操作。每操作完一项，应检查无误后在操作票该项后面画一个“√”记号。全部操作完毕后进行复查。

操作中发生疑问时，应立即停止操作，并向发令人报告。待发令人再行许可后，方可继续操作。不准擅自更改操作票，不准随意解除闭锁装置。

用绝缘棒拉合隔离开关或经传动机构拉合隔离开关和断路器，均应戴绝缘手套。雨天操作室外高压设备时，绝缘棒应有防雨罩，并应穿绝缘靴。接地网电阻不符合要求的，晴天也应穿绝缘靴。雷电时，一般不进行倒闸操作，禁止就地进行倒闸操作。

在发生人身触电事故时，为了解救触电人，可以不经许可，即行断开有关设备的电源，但事后必须立即报告调度和上级部门。

下列各项操作可不用操作票：

（1）事故应急处理；

（2）拉合断路器的单一操作；

（3）拉开或拆除全所唯一的一组接地刀闸或接地线。

表6-6　变电所倒闸操作票格式

单位：　　　　　　　　　　　　　　　　　　　　　　　　　　　　　　　编号：

发令人		受令人		发令时间	年　月　日　时　分
操作开始时间：　年　月　日　时　分				操作结束时间：　年　月　日　时　分	
（　）监护操作　（　）单人操作　（　）检修人员操作					
操作任务：					
顺序	操　作　项　目				√
备　注：					
操作人：		监护人：		值班负责人（值长）：	

上述操作在完成后应做好记录，事故应急处理应保存原始记录。

2. 变配电所的送电操作

变配电所送电时，一般应从电源侧的开关合起，依次合到负荷侧开关。按这种程序操作，可使开关的闭合电流减至最小，比较安全，万一某部分存在故障，也容易发现。但在高压断路器－隔离开关电路和低压断路器－刀开关电路中，送电时一定要按照下列顺序依次操作：

（1）合上母线侧隔离开关或刀开关；

（2）合上线路侧隔离开关或刀开关；

（3）合上高压或低压断路器。

如果变配电所是事故停电后恢复送电的操作，则视电源进线侧装设的开关的不同类型而采取不同的操作程序。如果电源进线侧装设的是高压断路器，则高压母线发生短路故障时，断路器自动跳闸。在故障消除后，直接合上断路器即可恢复送电。如果电源进线侧装设的是高压负荷开关，则在故障消除并更换了熔断器的熔管后，合上负荷开关即可恢复送电。如果电源进线侧装设的是高压隔离开关－熔断器，则在故障消除并更换了熔断器的熔管后，先断开所有出线开关，然后合上高压隔离开关，再合上所有出线开关才能全面恢复送电。如果电源进线侧装设的是跌开式熔断器（不是负荷型的），其送电操作程序与装设的隔离开关相同。如果装设的是负荷型跌开式熔断器，则其操作程序与装设的负荷开关相同。

3. 变配电所的停电操作

变配电所停电时，一般应从负荷侧的开关拉起，依次拉到电源侧的开关。按这种程序操作，可使开关的开断电流减至最小，也比较安全。但是在高压断路器－隔离开关电路和低压断路器－刀开关电路中，停电时，一定要按照下列顺序依次操作：

（1）拉高、低压断路器；

（2）拉线路侧隔离开关或刀开关；

（3）拉母线侧隔离开关或刀开关。

线路或设备停电以后，为了安全，一般规定要在主开关的操作手柄上悬挂“禁止合闸，有人工作!”之类的标示牌。如果有线路或设备检修时，应在电源侧（如有可能两侧来电时，则应在其两侧）安装临时接地线。安装接地线时，应先接接地端，后接线路端；而拆除接地线时，操作程序恰好相反。

（三）电力变压器运行维护

1. 一般要求

电力变压器是变电所内最关键的电气设备，做好变压器的运行维护工作十分重要。在有人值班的变电所内，应根据控制盘或开关柜上的仪表信号来监视变压器的运行情况，并每小时抄表一次。如果变压器在过负荷下运行，则至少每半小时抄表一次。安装在变压器上的温度计，应于巡视时检视和记录。

无人值班的变电所，应于每次定期巡视时，记录变压器的电压、电流和上层油温。

变压器应定期进行外部巡视。有人值班的变电所，每天应至少检查一次，每周进行一次夜间检查。无人值班的变电所，变压器容量大于 315 kV · A 的，每月至少检查一次；容量在 315 kV · A 及以下的，可两月检查一次。根据现场的具体情况，特别是在气候骤变时，应适当增加检查次数。

2. 变压器的巡视项目

（1）检查变压器的音响是否正常。变压器的正常音响应是轻微而均匀的嗡嗡声。如果其音响较平常（正常）时沉重，说明变压器过负荷；如果音响尖锐，说明电源电压过高；

（2）检查变压器油温是否超过允许值。油浸式变压器的上层油温一般不应超过 85 ℃，最高不应超过 95 ℃。油温过高，可能是变压器过负荷引起，也可能是变压器内部故障的原因；

（3）检查变压器油枕及瓦斯继电器的油位和油色，检查各密封处有无渗油和漏油现象。如果油面过低，就可能存在有渗油漏油情况。如果油面过高，则可能是冷却装置运行不正常或变压器内部故障所引起。如果油色变深变暗，则说明油质变坏；

（4）检查变压器套管是否清洁，有无破损裂纹和放电痕迹；检查高低压接头的螺栓是否紧固，有无接触不良和发热现象；

（5）检查变压器防爆膜是否完整无损；检查吸湿器是否畅通，硅胶是否吸湿饱和；

（6）检查变压器的接地装置是否完好；

（7）检查变压器的冷却、通风装置运行是否正常；

（8）检查变压器及其周围有无影响其安全运行的异物（如易燃、易爆和腐蚀性物品等）和异常现象。

在巡视中发现异常情况，应记入专用记录本内；重要情况应及时汇报上级，请示处理。

（四）配电装置运行维护

1. 一般要求

配电装置应定期进行巡视检查，以便及时发现运行中出现的设备缺陷和故障，例如导体连接的接头发热、绝缘瓷瓶闪络或破损、油断路器漏油等，并设法采取措施予以消除。

在有人值班的变配电所内，配电装置应每天进行一次外部检查。在无人值班的变配电所内，配电装置应至少每月检查一次。如遇短路引起开关跳闸或其他特殊情况（如雷击后），则应对设备进行特别检查。

2. 配电装置的巡视项目

（1）由母线及接头的外观或其温度指示装置（如变色漆、示温蜡）的指示，判断母线及接头的发热温度是否超过允许值；

（2）开关电器中所装的绝缘油的颜色和油位是否正常，有无渗漏油现象，油位置指示器有无破损；

（3）绝缘瓷瓶是否脏污、破损，有无放电痕迹；

（4）电缆及其接头有无漏油或其他异常现象；

（5）熔断器的熔体是否熔断，熔断器有无破损和放电痕迹；

（6）二次系统的设备如仪表、继电器等的工作是否正常；

（7）接地装置及 PE 线、PEN 线的连接处有无松脱或断线情况；

（8）整个配电装置的运行状态是否符合当时的运行要求。停电检修部分有没有在其电源侧断开的开关操作手柄处悬挂“禁止合闸，有人工作！”的标示牌，有没有装设必要的临时接地线；

（9）高低压配电室的通风、照明及安全防火装置是否正常；

（10）配电装置本身及其周围有无影响其安全运行的异物（如易燃、易爆和腐蚀性物品等）和异常现象。

在巡视中发现的异常情况，应记入专用记录本内，重要情况应及时汇报上级，请示处理。

【任务实施】

变电所主要电气设备检修试验：

（一）电力变压器检修试验

1. 电力变压器检修

电力变压器的检修，分大修、小修和临时检修。按 DL/T 573—1995《电力变压器检修导则》规定：变压器在投入运行后的5年内及以后每隔10年大修一次。变压器存在内部故障或严重渗漏油时或其出口短路后经综合分析认为有必要时，也应进行大修。小修一般是每年一次。临时检修则视具体情况而定。

1）变压器的大修

变压器的大修是指变压器的吊芯检修。变压器的大修应尽量安排在室内进行，室温应在10 ℃以上。如果在寒冷季节，室温应比室外气温高10 ℃以上。室内应清洁干燥，无腐蚀性气体和灰尘。

为防止变压器芯子（又称器身）吊出后，暴露在空气中时间过长而使绕组受潮，应避免在阴雨天吊芯，而且吊出的芯子暴露在空气中的时间：干燥空气中（相对湿度不大于65%）不超过16 h；潮湿空气中（相对湿度不大于75%）不超过12 h。

吊芯前，应先对变压器外壳、套管、散热管、防爆管、油枕和放油阀等进行外部检查，然后放油，拆开变压器顶盖，吊出芯子，将芯子放置在平整牢靠的两根方木上或其他物体上，但不得直接放在地上。

接着仔细检查芯子，包括铁芯、绕组、分接开关、接头部分和引出线等。

对变压器绕组，应根据其色泽和老化程度来判断其绝缘的好坏。根据经验，变压器绝缘老化的程度可分四级，如表6－7所示。

表6－7　变压器绝缘老化的分级

级别	绝缘状态	说　明
1	绝缘弹性良好，色泽新鲜均匀	绝缘良好
2	绝缘稍硬，但手按时无变形，且不出现裂纹、不脱离，色泽稍暗	尚可使用
3	绝缘以及发脆，手按时有轻微裂纹，但变形不太大，色泽较暗	绝缘不可靠，应酌情更换绕组
4	绝缘已碳化发脆，手按时即出现大裂纹或脱落	不能继续使用，应更换

对变压器铁芯上及油箱内的油泥，可用铲刀刮除，再用不易脱毛的干布擦干净，最后用变压器油冲洗。对变压器绕组上的油泥，只能用手轻轻剥脱；对绝缘脆弱的绕组，尤其要细心，以防损坏绝缘。擦洗后，用强油流冲洗干净。变压器内的油泥，不可用碱水刷洗，以免碱水冲洗不净时，残留在芯子中影响油质。

对变压器铁芯的穿芯螺杆，可用1 000 V兆欧表来测量它与铁芯间的绝缘电阻。6～10 kV及以下变压器的穿芯螺杆对铁芯的绝缘电阻，一般不应小于2 MΩ。如果不满足要求时，应拆下其绝缘纸管检修，必要时予以更换。

对分接开关，主要是检修其表面和接触压力情况。触头表面不应有烧结的疤痕。触头烧损严重时，应予拆换。触头的接触压力应平衡。如果分接开关的弹簧可调时，可适当调节触头压力。运行较久的变压器，触头表面往往生有氧化膜和污垢。这种情况，轻者可将触头在各个位置上往返切换多次，使其氧化膜和污垢自行清除；重者则可用汽油擦洗干净。有时绝缘油的分解物在触头上结成有光泽的薄膜，看似黄铜色泽，其实是一种绝缘层，应该用丙酮擦洗干净。此外，应检查顶盖上分接开关的标示位置是否与其触头实际接触位置一致，并检查触头在每一位置的接触是否良好。

对所有接头都应检查是否紧固；如有松动，应予紧好。对焊接的接头，如有脱焊情况，应予补焊。瓷套管如有破损，应予更换。

对变压器上的测量仪表、信号和保护装置，也应进行检查和修理。

变压器如有漏油现象，应查明原因。变压器漏油，一般有焊缝漏油和密封漏油两种情况。焊缝漏油的修补办法是补焊。密封漏油如系密封垫圈放得不正或压得不紧，则应放正或压紧；如系密封垫圈老化引起发黏、开裂或损坏，则必须更换密封垫圈。

变压器大修时，应滤油或换油。换的油必须先经过试验，合格的才能注入变压器。

运行中的变压器大修时一般不需干燥；只有经试验证明受潮，或检修中芯子暴露在空气中的时间过长导致其绝缘下降时，才需考虑进行干燥。

最后清洗变压器外壳，必要时进行油漆；然后装配还原，并进行规定的试验，合格后即可投入运行。

DL/T 573—1995 对变压器的检修工艺和质量标准，均有明文规定，应予遵循。

2）变压器的小修

变压器的小修，主要指变压器的外部检修，不需拆开变压器进行吊芯检修。

变压器小修的项目包括：

（1）处理已发现的可就地消除的缺陷；

（2）放出油枕下部的污油；

（3）检修油位计，调整油位；

（4）检修冷却装置，必要时吹扫冷却器管束；

（5）检修安全保护装置，包括油枕、防爆管、气体继电器等；

（6）检修油保护装置、测温装置及调压装置等；

（7）检查接地系统；

（8）检修所有阀门和塞子，检查全部密封系统，处理渗漏油；

（9）清扫油箱及附件，必要时进行补漆；

（10）清扫套管，检查导电接头；

（11）按有关规程规定进行测量和试验。如果满足要求，即可投入运行。

2. 电力变压器试验

变压器试验的目的，在于检验变压器的性能是否符合有关规程标准的技术要求，是否存在缺陷或故障征象，以便确定能否出厂或者检修后能否投入运行。变压器的试验，按试验目的分为出厂试验和交接试验等。这里主要介绍检修后的交接试验。

变压器的试验项目，包括测量绕组连同套管的绝缘电阻，测量铁芯螺杆的绝缘电阻，变压器油试验（此项只适于油浸式变压器），测量绕组连同套管的直流电阻，检查变压器的连接组别和所有分接头的电压比，绕组连同套管的交流耐压试验等。

1）变压器绕组连同套管的绝缘电阻测量

按 GB 50150—1991《电气装置安装工程·电气设备交接试验标准》规定：3 kV 及以上的70 电力变压器应采用2 500 V 兆欧表来测量其绕组绝缘电阻，加压时间为60 s，因此其绝缘电阻表示为 $R_{60''}$。测量时，其他未测绕组连同套管应予接地。油浸式变压器的绝缘试验，应在充满合格油且静置 24 h 以上待其中气泡消失后方可进行。测得的绝缘电阻值不低于出厂试验值才算合格。

2）铁芯螺杆绝缘电阻的测量

3 kV 及以上变压器的铁芯螺杆与铁芯间的绝缘电阻也应采用2 500 V 兆欧表测量，加压时间也是 60 s，应无闪络及击穿现象。

3）变压器油的试验

变压器的绝缘油，通常有 DB－10、DB－25 和 DB－45 等三种规格。DB－10 的凝固点不高于－10 ℃，DB－25 的凝固点不高于－25 ℃，DB－45 的凝固点不高于－45 ℃。

变压器油在新鲜时呈浅黄色，运行后变为浅红色，均应清澈透明。如果油色变暗，则表示油质变坏。

4）电气强度试验

其目的在于对运行中的绝缘油进行日常检查。对注入 6 kV 及以上设备的新油也需进行此项试验。

图 6－1 为绝缘油电气强度试验的电路图。图 6－2 为绝缘油电气强度试验用油杯及电极的结构尺寸图。油杯用瓷或玻璃制成，容积为 200 mL。电极用黄铜或不锈钢制成，直径为 25 mm，厚为 4 mm，倒角半径为 2. 5 mm。两极的极面应平行，均垂直于杯底面。从电极到杯底、到杯壁及到上层油面的距离，均不得小于 15 mm。

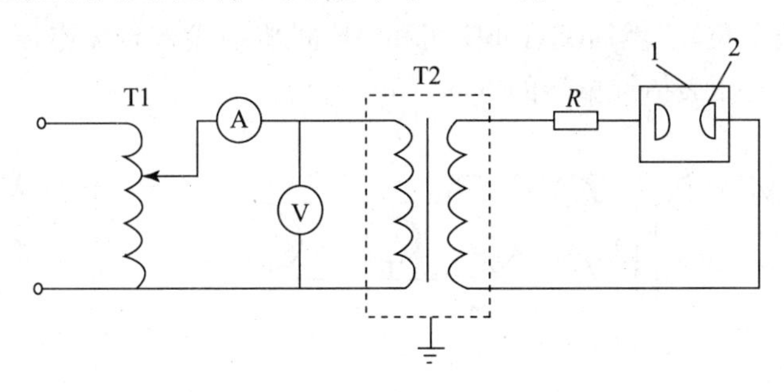

图 6－1　绝缘油电气强度试验电路

1—试验油杯；2—电极；T1—调压器；T2—试验变压器（升压为 0～50 kV）；

R—保护电阻（水阻，约 10 MΩ）

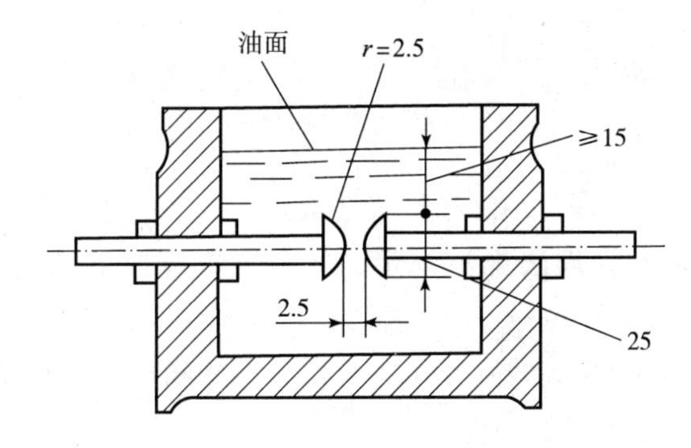

图 6－2　绝缘油电气强度试验用油杯及电极结构尺寸

试验前，用汽油将油杯和电极清洗干净，并调整电极间隙，使间隙精确地等于 2. 5 mm。被试油样注入油杯后，应静置 10～15 min，使油中气泡逸出。

试验时，合上电源开关，调节调压器，升压速度约为 3 kV/s，直至油被击穿放电、电压表读数骤降至零、电源开关自动跳闸为止。

发生击穿放电前一瞬间的最高电压值，即为击穿电压。

油样被击穿后，可用玻璃棒在电极中间轻轻搅动几次（注意不要触动电极），以清除滞留在电极间隙的游离碳。静置 5 min 后，重复上述升压击穿试验。如此进行 5 次，取其击穿电压平均值作为试验结果。

试验过程中应记录：各次击穿电压值、击穿电压平均值、油的颜色、有无机械混合物和灰分、油的温度、试验日期和结论等。

5）变压器绕组连同套管的直流电阻测量

采用双臂电桥对所有各分接头进行直流电阻测量。按 GB 50150—1991 规定，1 600 kV · A 及以下三相变压器，各相测得的相互差值应小于平均值的 4%，相间测得的相互差值应小于平均值的 2%。

6）变压器连接组别检查

变压器在更换绕组后，应检查其连接组别是否与变压器铭牌的规定相符。这里简介用以检查变压器绕组连接组别的直流感应极性测定法。

如图 6 - 3 所示，在三相变压器低压绕组接线端 ab、bc 和 ac 间分别接入直流电压表，而在高压绕组接线端 AB 间接入直流电压（电池），观察并记录直流电压接入瞬间各电压表指针偏转的方向（正、负）。然后又在 BC 间和 AC 间相继接入直流电压，同样观察并记录直流电压接入瞬间各电压表指针偏转的方向（正、负）。

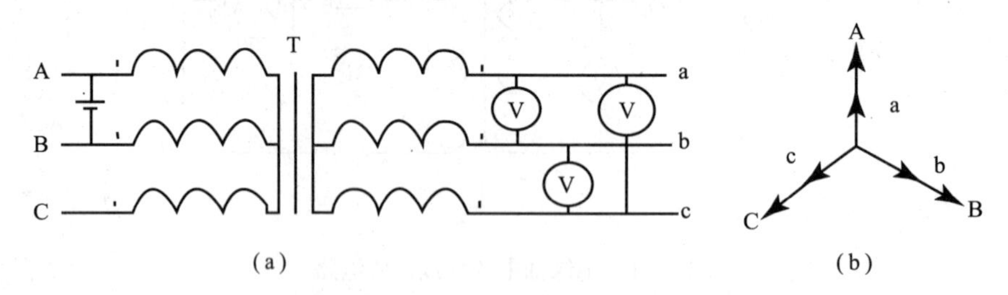

图 6 - 3　用直流感应法判别三相变压器的连接组别（Yy0）

（a）电路图；（b）相量图

（二）配电装置检修试验

1. 配电装置检修

配电装置的检修，也分大修、小修和临时性检修。

（1）按《电力工业技术管理法规》规定，配电装置应按下列期限进行大修（内部检修）：

①高压断路器及其操作机构，每 3 年至少一次；低压断路器及其操作机构，每 2 年至少一次；

②高压隔离开关的操作机构，每 3 年至少一次；

③配电装置其他设备的大修期限，按预防性试验和检查结果而定。

以检查操作机构动作和绝缘状况为主的小修，每年至少一次。

高低压断路器在断开 4 次短路故障后要进行临时性检修，但根据运行情况可适当增加此项断开次数。

（2）高压少油断路器停电内部检修：

①油箱的检修。油箱最常见的毛病是渗漏油，其原因大多是油封（密封垫圈）问题。

如果是密封垫圈老化裂纹或损坏时，应予更换，一般可用耐油橡皮配制。如果油箱有砂眼时，应予补焊。如果外壳脱漆，应按原色补漆。

②灭弧室的检修。应采用干净布片擦去残留在灭弧室表面的烟灰和油垢。灭弧室烧伤严重时，应拆下进行清洗和修理。检修完毕后，应装配复原，注意对好各条灭弧沟道和喷口方向。

③触头的检修。动触头（导电杆）端部的黄铜触头有轻微烧伤时，可用细锉刀锉平。为保持端面圆滑，可用零号砂布打磨。动触头端部的黄铜触头严重烧伤时，可用车床车光或更换触头。

④断路器的整体调整。调整断路器的转轴或拐臂从合闸到分闸的回转角度，使之恢复到原来设计的要求（110°~120°）。

调整动触头的行程，也使之达到原来设计的要求（约160 mm）。

在调整动触头的行程时，应同时进行三相触头合闸同时性的调整。检查断路器三相触头合闸同时性的电路如图6-4所示。检查时缓慢地用手操作合闸，观察灯亮是否同时。如果合闸时三灯同时亮，说明三相触头同时接通。如果三灯不同时亮，则应调节动触头的相对位置，直到三相触头基本上同时接触即三灯差不多同时亮为止。总的来说，断路器的总体调整应使其符合产品规定的技术要求。

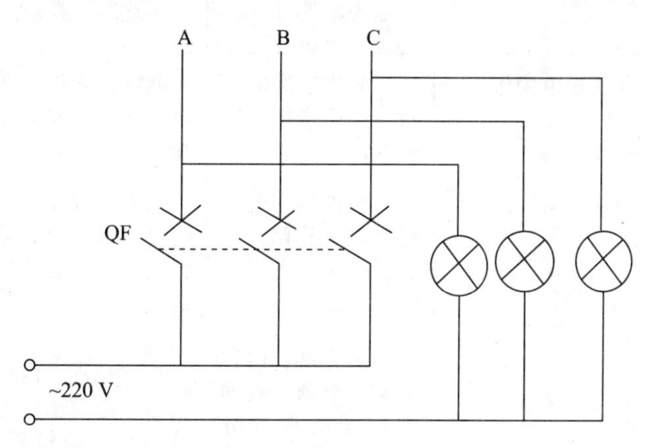

图6-4　断路器三相合闸同时性试验电路

2. 配电装置的试验

按《电力工业技术管理法规》规定：新建和改建后的配电装置，在投入运行前大修后的配电装置，应进行相应的检查和试验。检查和试验的项目如下：

（1）检查开关设备的各相触头接触的严密性、分合闸的同时性以及操作机构的灵活性和可靠性，测量分合闸所需时间及二次回路的绝缘电阻。按GB 50150—1991规定，小母线在断开其所有并联支路时，其绝缘电阻不应小于10 MΩ；二次回路的每一支路和断路器、隔离开关的操作电源回路等的绝缘电阻不应小于1 MΩ，而在比较潮湿的场所，可不小于0.5 MΩ。

（2）检查和测量互感器的变比和极性等。

（3）检查母线接头接触的严密性。

（4）进行充油设备绝缘油的简化试验；油量不多的可仅作耐压试验。

（5）绝缘子的绝缘电阻、介质损耗角及多元件绝缘子的电压分布测量；对 35 kV 及以下的绝缘子，可仅作耐压试验。

（6）检查接地装置，必要时测量接地电阻。

（7）检查和试验继电保护装置和过电压保护装置。

（8）检查熔断器及其防护设施。

【项目考核】

项目考核单

<table>
<tr><td>学生姓名</td><td>班级　学号</td><td>教师姓名</td><td colspan="3">项目六</td></tr>
<tr><td></td><td></td><td></td><td colspan="3">工厂变电所运行维护</td></tr>
<tr><td colspan="3" rowspan="2">技能训练考核内容（60 分）</td><td colspan="3">考核标准</td></tr>
<tr><td>优</td><td>良</td><td>及格</td></tr>
<tr><td rowspan="3">1. 变电所总则与安全操作（20 分）</td><td colspan="2">电气部分安全操作</td><td rowspan="3">能够正确进行变电所电气部分安全操作；能够正确进行电气装置的布置</td><td rowspan="3">能够正确进行变电所电气部分安全操作；能够进行电气装置的布置</td><td rowspan="3">能够进行变电所电气部分安全操作</td></tr>
<tr><td colspan="2">配变电装置的布置</td></tr>
<tr><td colspan="2">并联电容器装置的布置</td></tr>
<tr><td rowspan="2">2. 变电所运行维护（15 分）</td><td colspan="2">变配电所送电操作</td><td rowspan="2">能够快速准确进行变电所送电、停电操作</td><td rowspan="2">能够正确进行变电所送电、停电操作</td><td rowspan="2">能够进行变电所送电、停电操作</td></tr>
<tr><td colspan="2">变配电所停电操作</td></tr>
<tr><td rowspan="3">3. 变电所主要电气设备检修试验（15 分）</td><td colspan="2">电力变压器检修</td><td rowspan="3">正确进行变电所电气设备检修；能够正确进行电力变压器试验</td><td rowspan="3">正确进行变电所电气设备检修；能够进行电力变压器试验</td><td rowspan="3">能够进行电力变压器检修</td></tr>
<tr><td colspan="2">电力变压器试验</td></tr>
<tr><td colspan="2">配电装置检修</td></tr>
<tr><td colspan="3">4. 项目报告（10 分）</td><td>格式标准，内容完整、清晰，有详细记录的任务分析、实施过程，并进行了归纳总结</td><td>格式标准，内容清晰，记录了任务分析、实施过程，并进行了归纳总结</td><td>内容清晰，记录的任务分析、实施过程比较详细，并进行了归纳总结</td></tr>
<tr><td colspan="3">知识巩固测试（40 分）</td><td rowspan="6">遵守工作纪律，遵守安全操作规程，对相关知识点掌握牢固、准确，能正确理解电路的工作原理</td><td rowspan="6">遵守工作纪律，遵守安全操作规程，对相关知识点掌握一般，基本能正确理解电路的工作原理</td><td rowspan="6">遵守工作纪律，遵守安全操作规程，对相关知识点掌握牢固，但对电路的理解不够清晰</td></tr>
<tr><td colspan="3">1. 变电所所址选择应遵循的原则</td></tr>
<tr><td colspan="3">2. 变压器选择应遵循的原则</td></tr>
<tr><td colspan="3">3. 并联电容器装置电气接线应遵循的原则</td></tr>
<tr><td colspan="3">4. 变压器大修过程</td></tr>
<tr><td colspan="3">5. 变压器小修过程</td></tr>
<tr><td>完成日期</td><td colspan="2">年　　月　　日</td><td>总　成　绩</td><td colspan="2"></td></tr>
</table>

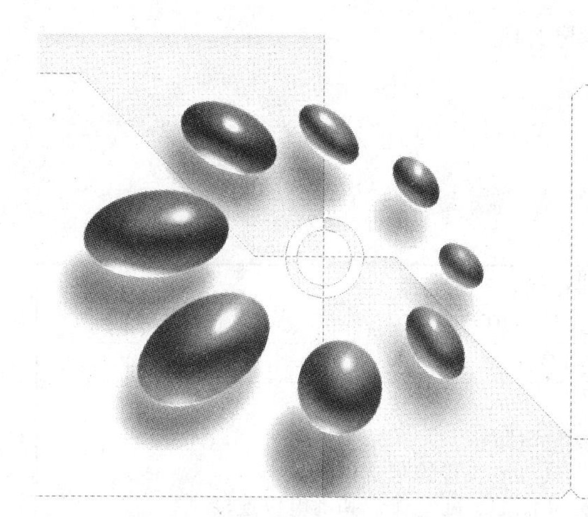

项目七　电气安全与防雷保护

【项目描述】

在供电系统的运行过程中，由于雷击、操作、短路等原因，产生危及电气设备绝缘的过电压，严重危害供电系统，因此需要进行电气设备的防雷、接地、防腐蚀；还需要注意静电的防护及防爆和防腐蚀。在供电系统运行时，人们需知道触电后该怎么样做才安全。必须认识电流对人体的危害，人体触电的形式和触电后脱离电源的方法，同时还需了解触电后急救的知识。

通过本项目的学习，学生具体应达到以下要求：

一、知识要求

（1）熟悉电气装置的接地及低压配电系统的接地故障保护、漏电保护和等电位连接；

（2）了解防雷设备及电气装置的防雷、建筑物及电子信息系统的防雷等；

（3）掌握电气安全与火灾预防及触电急救知识。

二、能力要求

（1）能够进行电气装置的接地及低压配电系统的接地故障保护；

（2）能正确进行电气接地装置的装设及接地装置的测试；

（3）能进行防雷接地装置的安装；

（4）能进行船舶电气设备的接地与保护。

三、素质要求

（1）具有规范操作、安全操作、环保意识；

（2）具有爱岗敬业、实事求是、团结协作的优秀品质；

（3）具有分析问题、解决实际问题的能力；

（4）具有创新意识、获取新知识、新技能的学习能力。

任务1　电气设备接地及保护

【学习任务单】

<table>
<tr><td>学习领域</td><td colspan="2">工厂供电设备应用与维护</td></tr>
<tr><td>项目七</td><td>电气安全与防雷保护</td><td>学时</td></tr>
<tr><td>学习任务1</td><td>电气设备接地及保护</td><td>4</td></tr>
<tr><td>学习目标</td><td colspan="2">1. 知识目标
（1）熟悉电气装置的接地及其接地电阻；
（2）熟悉接地装置的装设与布设及接地装置的测试；
（3）熟悉低压配电系统的接地故障保护、漏电保护和等电位连接。
2. 能力目标
（1）能进行电气装置及低压配电系统的接地故障保护；
（2）能进行接地装置的装设与布设及接地装置的测试。
3. 素质目标
（1）培养学生在电气装置的接地保护过程中具有安全用电与操作意识；
（2）培养学生在测试过程中具有团队协作意识和吃苦耐劳的精神。</td></tr>
<tr><td colspan="3">一、任务描述
根据电气装置的接地及接地装置的装设与布设，能够进行接地装置的测试。
二、任务实施
（1）学生分组，每小组4～5人；
（2）小组按任务单进行分析和资料学习；
（3）小组经过讨论确定任务结果，每小组由中心发言人陈述，经过全体同学讨论，确定正确结果；
（4）检查总结。
三、相关资源
（1）教材；
（2）教学课件；
（3）图片；
（4）接地装置的装设与布设图纸。
四、教学要求
（1）认真进行课前预习，充分利用教学资源；
（2）充分发挥团队合作精神，正确完成工作任务；
（3）团队之间相互学习，相互借鉴，提高学习效率。</td></tr>
</table>

【知识链接】

一、接地基础知识

（一）接地基础知识

1. 接地和接地装置

电气装置的某部分与大地之间作良好的电气连接，称为接地。埋入地中并直接与大地接触的金属导体，称为接地体或接地极。专门为接地而人为装设的接地体，称为人工接地体。

兼作接地体用的直接与大地接触的各种金属构件、金属管道及建筑物的钢筋混凝土基础等，称为自然接地体。连接接地体与设备、装置接地部分的金属导体，称为接地线。接地线在设备、装置正常运行情况下是不载流的，但在故障情况下要通过接地故障电流。

接地线与接地体合称接地装置。由若干接地体在大地中相互用接地线连接起来的一个整体，称为接地网。其中接地线又分接地干线和接地支线，如图 7－1 所示。接地干线一般应采用不少于两根导体在不同地点与接地网相连接。

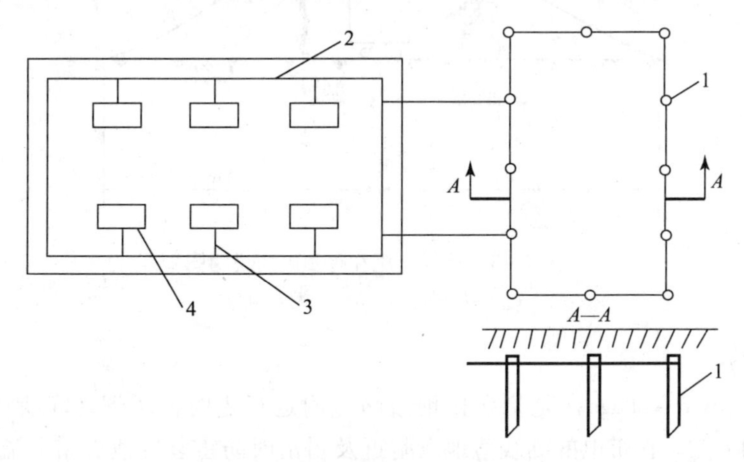

图 7－1 接地网示意图

1—接地体；2—接地干线；3—接地支线；4—电气设备

2. 接地电流和对地电压

当电气设备发生接地故障时，电流就通过接地体向大地作半球形散开。这一电流，称为接地电流（Earthing Current），用 I_E 表示。由于这种半球形的球面，距离接地体越远，球面越大，其散流电阻越小，相对于接地点的电位来说，其电位越低，所以接地电流的电位分布如图 7－2 所示。

试验表明，在距离接地故障点约 20 m 的地方，散流电阻实际上已接近于零。电位为零的地方，称为电气上的“地”或“大地”。

电气设备的接地部分，例如接地的外壳和接地体等，与零电位的“地”（大地）之间的电位差，就称为接地部分的对地电压（Voltage to Earth），如图 7－2 中的 U_E。

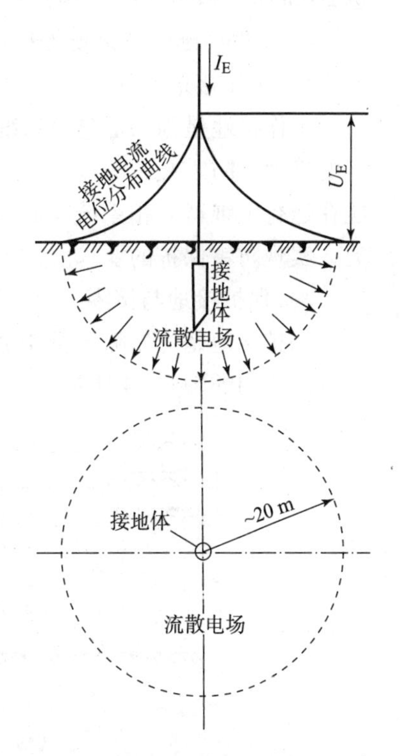

图 7－2 接地电流、对地电压及接地电流电位分布曲线图

I_E—接地电流；U_E—对地电压

3. 接触电压和跨步电压

1）接触电压

接触电压（Touch Voltage）是指设备的绝缘损坏时，在身体可触及的两部分之间出现的电位差，例如人站在发生接地故障的设备旁边，手触及设备的金属外壳，则人手与脚之间所呈现的电位差，即为接触电压，如图 7－3 中的 U_{tou}。

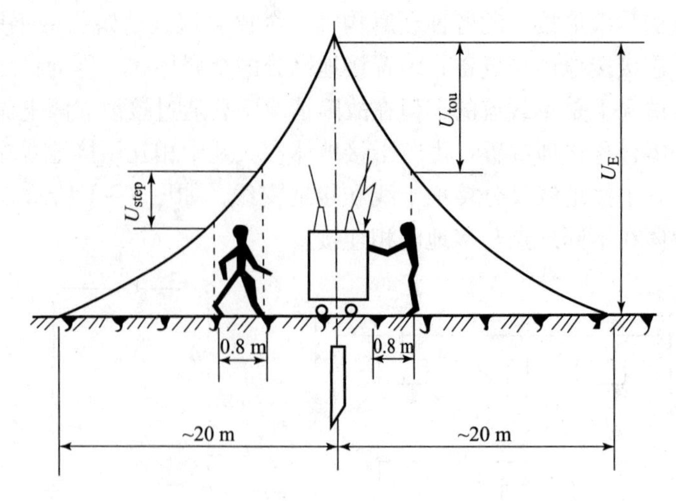

图 7－3　接触电压和跨步电压说明图

U_{tou}—接触电压；U_{step}—跨步电压

2）跨步电压

跨步电压（Step Voltage）是指在接地故障点附近行走时，两脚之间所出现的电位差，如图 7－3 中的 U_{step}。在带电的断线落地点附近及雷击时防雷装置泄放雷电流的接地体附近行走时，同样也有跨步电压。越靠近接地故障点及跨步越长，跨步电压越大。离接地故障点达 20 m 时，跨步电压为零。

4. 工作接地、保护接地和重复接地

1）工作接地

工作接地是为保证电力系统和设备达到正常工作要求而进行的一种接地，例如电源中性点的接地、防雷装置的接地等。各种工作接地有各自的功能。例如，电源中性点直接接地，能在运行中维持三相系统中相线对地电压不变。而防雷装置的接地，是为了对地泄放雷电流，实现防雷保护的要求。

2）保护接地与接零

保护接地是为保障人身安全、防止间接触电而将设备的外露可导电部分接地。保护接地作用的说明如图 7－4 所示。

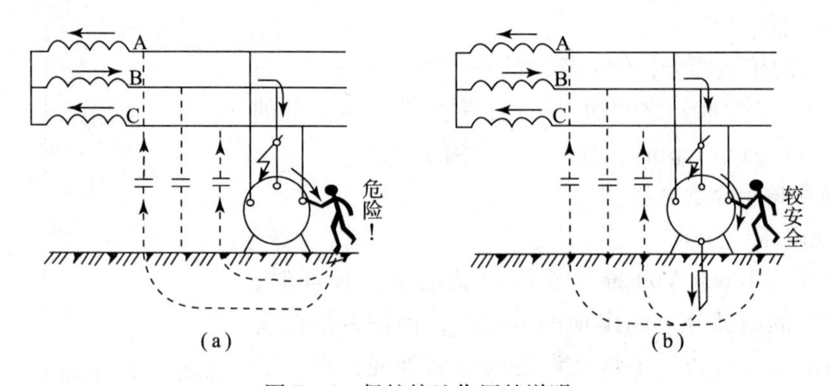

图 7－4　保护接地作用的说明

（a）电动机没有保护接地时；（b）电动机有保护接地时

保护接地的形式有两种：一是设备的外露可导电部分经各自的接地线（PE 线）直接接地，如 TT 系统和 IT 系统中设备外壳的接地；二是设备的外露可导电部分经公共的 PE 线或经 PEN 线接地。这种接地形式，我国电工界过去习惯称为“保护接零”。上述的 PEN 线和 PE 线就称为“零线”。

必须注意：同一低压配电系统中，不能有的设备采取保护接地而有的设备又采取保护接零；否则，当采取保护接地的设备发生单相接地故障时，采取保护接零的设备外露可导电部分（外壳）将带上危险的电压，如图 7－5 所示。

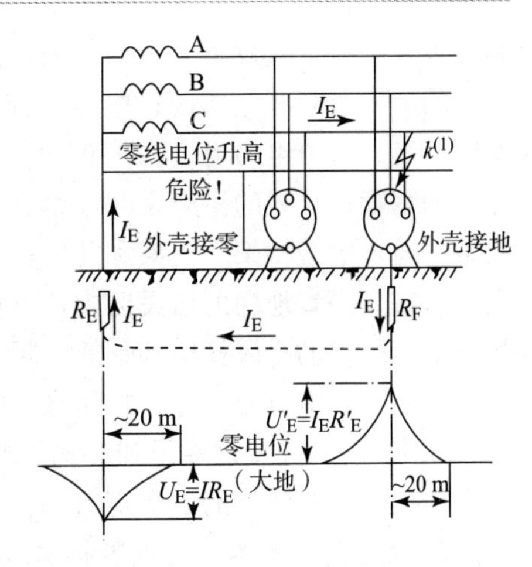

图 7－5　同一系统中有的接地有的接零

3）重复接地

在 TN 系统中，为确保公共 PE 线或 PEN 线安全可靠，除在电源中性点进行工作接地外，还应在 PE 线或 PEN 线的下列地点进行重复接地：一是在架空线路终端及沿线每隔 1 km 处；二是电缆和架空线引入车间和其他建筑物处。

如果不进行重复接地，则在 PE 线或 PEN 线断线且有设备发生单相接壳短路时，接在断线后面的所有设备的外壳都将呈现接近于相电压的对地电压，即 $U_E \approx U_\varphi$，如图 7－6（a）所示，这是很危险的。如果进行了重复接地，则在发生同样故障时，断线后面的设备外壳呈现的对地电压 $U'_E = I_E R'_E \ll U_\varphi$，如图 7－6（b）所示，危险程度大大降低。

必须注意：N 线不能重复接地，否则系统中所装设的漏电保护不起作用。

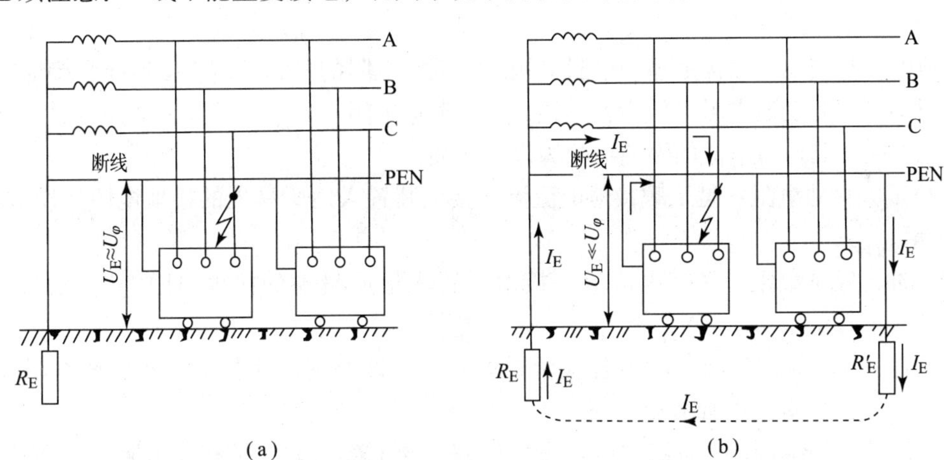

图 7－6　重复接地作用的说明

（a）没有重复接地的系统中，PE 线或 PEN 线断线时；（b）采取重复接地的系统中，PE 线或 PEN 线断线时

（二）接地电阻及电气装置的接地

1. 电气装置应该接地或接零的金属部分

GB 50169—2006《电气装置安装工程·接地装置施工及验收规范》规定，电气装置的下列金属部分，均应接地或接零：电机、变压器、电器、携带式或移动式用电器具等的金属

底座和外壳；电气设备的传动装置；屋内外配电装置的金属或钢筋混凝土构架以及靠近带电部分的金属遮拦和金属门；配电、控制、保护用的屏（柜、箱）及操作台等的金属框架和底座；交、直流电力电缆的接头盒、终端头和膨胀器的金属外壳与可触及的电缆金属护层和穿线的钢管；穿线的钢管之间或钢管与电气设备之间有金属软管过渡的，应保证金属软管段接地畅通；电缆桥架、支架和井架；装有避雷线的电力线路杆塔；装在配电线路杆上的电力设备；在非沥青地面的居民区内，不接地、经消弧线圈接地和高电阻接地系统中无避雷线的架空电力线路的金属杆塔和钢筋混凝土杆塔；承载电气设备的构架和金属外壳；发电机中性点柜外壳，发电机出线柜、封闭母线的外壳及其他裸露的金属部分；气体绝缘全封闭组合电器（GIS）的外壳接地端子和箱式变电站的金属箱体；电热设备的金属外壳；铠装控制电缆的金属护层；互感器的二次绕组。

2. 电气装置可不接地或不接零的金属部分

GB 50169—2006 规定，电气装置的下列金属部分可不接地或不接零：

在木质、沥青等不良导电地面的干燥房间内，交流额定电压为 400 V 及以下或直流额定电压为 440 V 及以下的电气设备的外壳；但当有可能同时触及上述电气设备外壳和已接地的其他物体时，则仍应接地；在干燥场所，交流额定电压为 127 V 及以下或直流额定电压为 110 V 及以下的电气设备的外壳；安装在配电屏、控制屏和配电装置上的电气测量仪表、继电器和其他低压电器等的外壳，以及当发生绝缘损坏时，在支持物上不会引起危险电压的绝缘子的金属底座等；安装在已接地金属构架上的设备，如穿墙套管等；额定电压为 220 V 及以下的蓄电池室内的金属支架；由发电厂、变电所和工业企业区域内引出的铁路轨道；与已接地的机床、机座之间有可靠电气接触的电动机和电器的外壳。

3. 接地电阻及其要求

接地电阻是接地线和接地体的电阻与接地体散流电阻的总和。由于接地线和接地体的电阻相对很小，因此接地电阻可认为就是接地体的散流电阻。

接地电阻按其通过电流的性质可分为以下两种：

（1）工频接地电阻：是工频接地电流流经接地装置入地所呈现的接地电阻，用 R_E（或 $R_\sim$）表示。

（2）冲击接地电阻：是雷电流流经接地装置入地所呈现的接地电阻，用 R_{sh}（或 R_i）表示。

我国有关规程规定的部分电力装置所要求的工作接地电阻（包括工频接地电阻和冲击接地电阻）值，如附表 4 所示。

关于低压 TT 系统和 IT 系统中电力设备外露可导电部分的保护接地电阻 R_E，按规定应满足这样的条件，即在接地电流 I_E 通过 R_E 时产生的对地电压不应高于 50 V（安全特低电压），因此保护接地电阻为：

$$R_E \leqslant \frac{50\ \text{V}}{I_E} \tag{7-1}$$

如果作为设备单相接壳故障保护的漏电断路器动作电流 $I_{op(E)}$ 取为 30 mA（安全电流值），则 $R_E \leqslant 50\ \text{V}/0.03\ \text{A} = 1\ 667\ \Omega$。这一电阻值很大，很容易满足要求。一般取 $R_E \leqslant 100\ \Omega$，以确保安全。

对低压 TN 系统，由于其中所有设备的外露可导电部分均接公共 PE 线或 PEN 线，是采取的保护接零，因此不存在保护接地电阻问题。

二、接地装置装设及布置

（一）自然接地体利用

在设计和装设接地装置时，首先应充分利用自然接地体，以节约投资，节约钢材。如果实地测量所利用的自然接地体接地电阻已满足要求，且这些自然接地体又满足短路热稳定度条件时，除 35 kV 及以上变配电所外，一般就不必再装设人工接地装置，否则应装设人工接地装置。

可以利用的自然接地体，按 GB 50169—2006 规定有：

（1）埋设在地下的金属管道，但不包括可燃和有爆炸物质的管道；

（2）金属井管；

（3）与大地有可靠连接的建筑物的金属结构；

（4）水工建筑物及其类似的构筑物的金属管、桩等。

对于变配电所来说，可利用其建筑物的钢筋混凝土基础作为自然接地体。对 3 ~ 10 kV 变配电所来说，如果其自然接地电阻满足规定值时，可不另设人工接地。对 35 kV 及以上变配电所则还必须敷设以水平接地体为主的人工接地网。

利用自然接地体时，一定要保证其良好的电气连接。在建构筑物结构的结合处，除已焊接者外，都要采用跨接焊接，而且跨接线不得小于规定值。

（二）人工接地体的装设

人工接地体有垂直埋设和水平埋设两种，如图 7 – 7 所示。

最常用的垂直接地体为直径 50 mm、长 2.5 m 的钢管。如果采用的钢管直径小于50 mm，则因钢管的机械强度较小，易弯曲，不适于用机械方法打入土中；如果钢管直径大于 50 mm，则钢材耗用增大，而散流电阻减小甚微，很不经济（例如钢管直径由 50 mm 增大到 125 mm 时，散流电阻仅减小 15%）。如果采用的钢管长度小于 2.5 m 时，散流电阻增加很多；如果钢管长度大于 2.5 m 时，则难于打入土中，而散流电阻也减小不多。由此可见，采用直径为 50 mm、长度为 2.5 m 的钢管作为垂直接地体是最为经济合理的。但是为了减少外界温度变化对散流电阻的影响，埋入地下的接地体，其顶端离地面不宜小于 0.6 m。

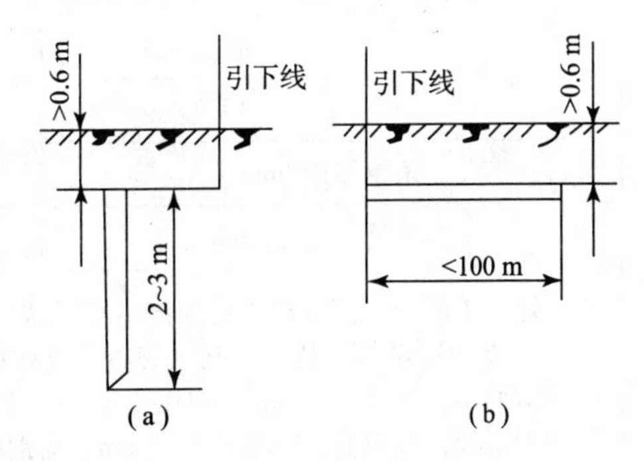

图 7 – 7　人工接地体

（a）垂直埋设的管形或棒形接地体；

（b）水平埋设的带形接地体

当土壤电阻率（参见附表 5）偏高时，例如土壤电阻率 $\rho \geqslant 300\ \Omega \cdot m$ 时，为降低接地装置的接地电阻，可采取以下措施：

（1）采用多支线外引接地装置，其外引长度不宜大于 $2\sqrt{\rho}$，这里的 ρ 为埋设地点的土壤电阻率。

（2）如果地下较深处土壤电阻率较低时，可采用深埋式接地体。

（3）局部进行土壤置换处理，换以电阻率较低的黏土或黑土（见图7－8），或进行土壤化学处理，填充以炉渣、木炭、石灰、食盐、废电池等降阻剂（见图7－9）。

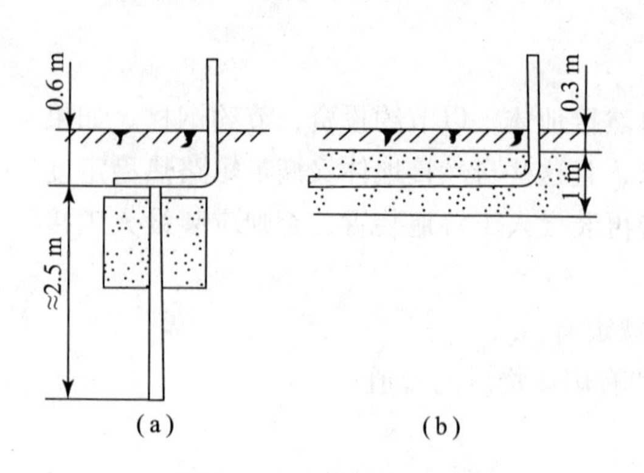

图7－8　土壤置换处理

（a）垂直接地体；（b）水平接地体

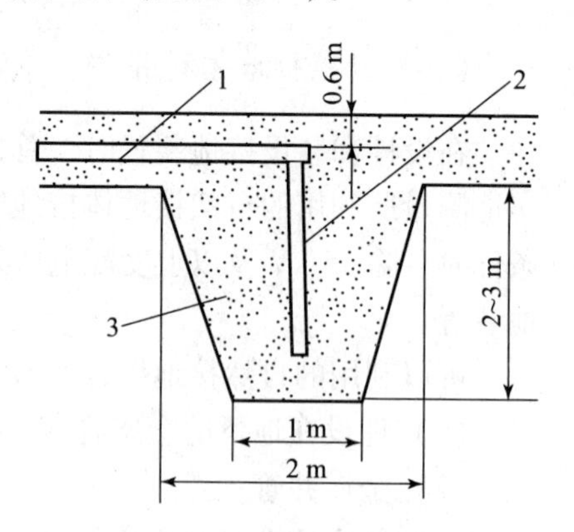

图7－9　土壤化学处理

1—扁钢；2—钢管；3—降阻剂

按 GB 50169—1992《电气装置安装工程·接地装置施工及验收规范》规定，钢接地体和接地线的截面不应小于表7－1所列规格。对110 kV及以上变电所或腐蚀性较强场所的接地装置，应采用热镀锌钢材，或适当加大截面。不得采用铝导体作接地体或接地线。

表7－1　钢接地体和接地线的最小规格（据 GB 50169—1992）

种类、规格及单位		地上		地下	
		室内	室外	交流回路	直流回路
圆钢直径/mm		6	8	10	12
扁钢	截面/mm^2	60	100	100	100
	厚度/mm	3	4	4	6
角钢厚度/mm		2	2.5	4	6
钢管管壁厚度/mm		2.5	2.5	3.5	4.5

注：①电力线路杆塔的接地体引出线截面不应小于50 mm^2。引出线应热镀锌。

②按 GB 50057—1994《建筑物防雷设计规范》规定：防雷的接地装置，圆钢直径不应小于10 mm；扁钢截面不应小于100 mm^2，厚度不应小于4 mm；角钢厚度不应小于4 mm；钢管壁厚不应小于3.5 mm。作为引下线，圆钢直径不应小于8 mm；扁钢截面不应小于48 mm^2，厚度不应小于4 mm。

③本表规格也符合 GB 50303—2002《建筑电气工程施工质量验收规范》的规定。

按 GB 50169—2006 规定，铜接地体的截面一般不应小于表7－2所列规格。

当多根接地体相互邻近时，会出现入地电流相互排挤的屏蔽效应，如图7－10所示。这种屏蔽效应使接地装置的利用率下降。因此垂直接地体之间的间距不宜小于接地体长度的2倍，而水平接地体之间的间距一般不宜小于5 m。

人工接地网的布置，应尽量使地面的电位分布均匀，以降低接触电压和跨步电压。人工接地网的外缘应闭合。外缘各角应作成圆弧形，圆弧的半径不宜小于下述均压带间距的一半。

表 7-2 铜接地体的最小规格（据 GB 50169—2006）

种类、规格及单位	地 上	地 下
铜棒直径/mm	4	6
铜牌截面/mm^2	10	30
铜管管壁厚度/mm	2	3
注：裸铜绞线一般不作为小型接地装置的接地体用。当作为接地网的接地体时，截面应满足设计要求。		

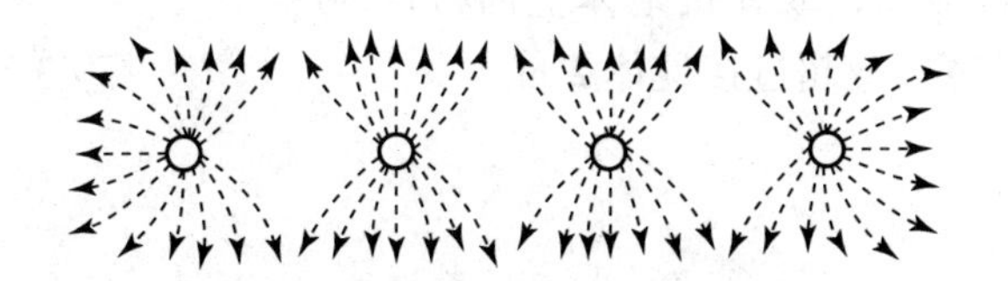

图 7-10 接地体间的电流屏蔽效应

35 kV 及以上变电所的人工接地网内应敷设水平均压带，如图 7-11 所示。为保障人身安全，应在经常有人出入的走道处，铺设碎石、沥青路面，或在地下加装帽檐式均压带。

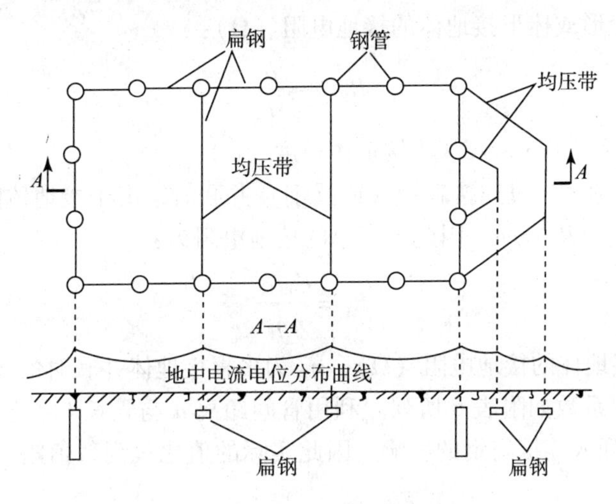

图 7-11 加装均压带的人工接地网

为了减小建筑物的接触电压，接地体与建筑物的基础间应保持不小于 1.5 m 的水平距离，通常取 2~3 m。

（三）防雷装置的接地装置要求

避雷针宜设独立的接地装置。防雷的接地装置（包括接地体和接地线）及避雷针（线、网）引下线的结构尺寸，应符合表 7-1 下注②的要求。

为了防止雷击时雷电流在接地装置上产生的高电位对被保护的建筑物和配电装置及其接地装置进行“反击闪络”，危及建筑物和配电装置的安全，防直击雷的接地装置与建筑物和配电装置及其接地装置之间应有一定的安全距离，此安全距离与建筑物的防雷等级有关，在 GB 50057—1994 中有具体规定，但总的来说，空气中的安全距离 $S_0 \geq 5$ m，地下的安全距离

$S_E \geqslant 3$ m，如图 7－12 所示。

为了降低跨步电压保障人身安全，按 GB 50054—1994 规定，防直击雷的人工接地体距建筑物入口或人行道的距离不应小于 3 m。当小于 3 m 时，应采取下列措施之一：

（1）水平接地体局部埋深应不小于 1 m。

（2）水平接地体局部应包绝缘物，可采用 50～80 mm 厚的沥青层。

（3）采用沥青碎石地面，或在接地体上面敷设 50～80 mm 厚的沥青层，其宽度应超过接地体 2 m。

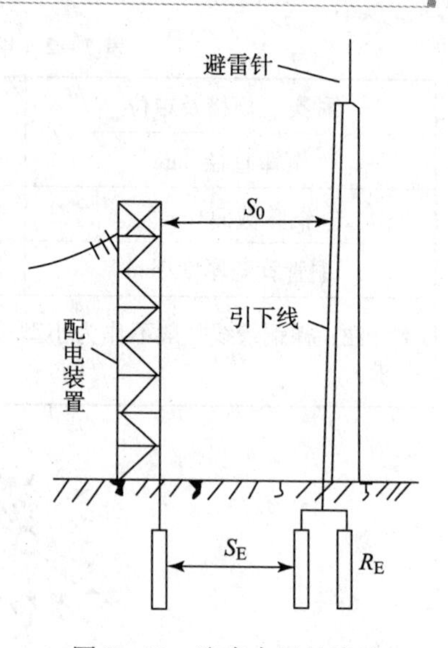

图 7－12　防直击雷的接地装置间的安全距离

S_0—空气中的安全间距（不小于 5 m）；

S_E—地下的安全间距（不小于 3 m）

三、接地装置确定

（一）人工接地体工频接地电阻的确定

在工程设计中，人工接地体的工频接地电阻可采用下列简化公式计算。

（1）单根垂直管形或棒形接地体的接地电阻（Ω）：

$$R_{E(1)} \approx \frac{\rho}{l} \tag{7-2}$$

式中，ρ 为土壤电阻率（Ω·m）；l 为接地体长度（m）。

（2）n 根垂直接地体通过连接扁钢（或圆钢）并联时，由于接地体间屏蔽效应的影响，使得总的接地电阻 $R_E > R_{E(1)}/n$，因此实际总的接地电阻为：

$$R_E = \frac{R_{E(1)}}{n\eta_E} \tag{7-3}$$

式中，$R_{E(1)}$ 为单根接地体的接地电阻（Ω）；η_E 为多根接地体并联时的接地体利用系数，垂直管形接地体的利用系数如附表 6 所列。利用管间距离 a 与管长 l 之比及管子数目 n 去查。由于该表所列 η_E 未列入连接扁钢的影响，因此实际的值比表列数值略高，但这样更能满足接地的要求。

（3）单根水平带形接地体的接地电阻（Ω）：

$$R_E \approx \frac{2\rho}{l} \tag{7-4}$$

式中，ρ 为土壤电阻率（Ω·m）；l 为接地体长度（m）。

（4）n 根放射形水平接地带（$n \leqslant 12$，每根长度 $l \approx 60$ m）的接地电阻（Ω）：

$$R_E \approx \frac{0.062\rho}{n+1.2} \tag{7-5}$$

（5）环形接地网（带）的接地电阻（Ω）：

$$R_E \approx \frac{0.6\rho}{\sqrt{A}} \tag{7-6}$$

式中，A 为环形接地网（带）所包围的面积（m^2）。

（二）自然接地体工频接地电阻的确定

部分自然接地体的工频接地电阻可按下列简化计算公式计算：

（1）电缆金属外皮和水管等的接地电阻（Ω）：

$$R_E \approx \frac{2\rho}{l} \tag{7-7}$$

（2）钢筋混凝土基础的接地电阻（Ω）：

$$R_E \approx \frac{0.2\rho}{\sqrt[3]{V}} \tag{7-8}$$

式中，V 为钢筋混凝土基础的体积（m^3）。

钢筋混凝土电杆的接地电阻见表 7－3。

表 7－3　钢筋混凝土电杆的接地电阻计算方法

钢筋混凝土电杆	单杆	双杆	带拉线的单、双杆	拉线底盘
接地电阻/Ω	$R_E \approx 0.3\rho$	$R_E \approx 0.2\rho$	$R_E \approx 0.1\rho$	$R_E \approx 0.28\rho$
注：表中 ρ 为土壤电阻率。				

（三）冲击接地电阻的确定

冲击接地电阻是指雷电流经接地装置泄放入地所呈现的电阻，包括接地线、接地体电阻和地中散流电阻。由于强大的雷电流泄放入地时，当地的土壤被雷电波击穿并产生火花，使散流电阻显著降低。当然，雷电波的陡度很大，具有高频特性，同时会使接地线的感抗增大；但接地线阻抗较之散流电阻毕竟小得多，因此冲击接地电阻一般是小于工频接地电阻的。按 GB 50057—1994 规定，冲击接地电阻按下式计算：

$$R_{sh} = \frac{R_E}{\alpha} \tag{7-9}$$

式中，R_E 为工频接地电阻；α 为换算系数，为 R_E 与 R_{sh} 的比值，由图 7－13 确定。

图 7－13 中横坐标的 l_e 为接地体的有效长度（m），应按下式计算：

$$l_e = 2\sqrt{\rho} \tag{7-10}$$

式中，ρ 为土壤电阻率（Ω · m）。

图 7－13 中横坐标的 l：对单根接地体，为其实际长度；对有分支线的接地体，为其最长分支线的长度（参见图 7－14）；对环形接地网，为其周长的一半。如果 $l_e < l$ 时，则取 $l_e = l$，即 $\alpha = 1$，亦即 $R_E = R_{sh}$。

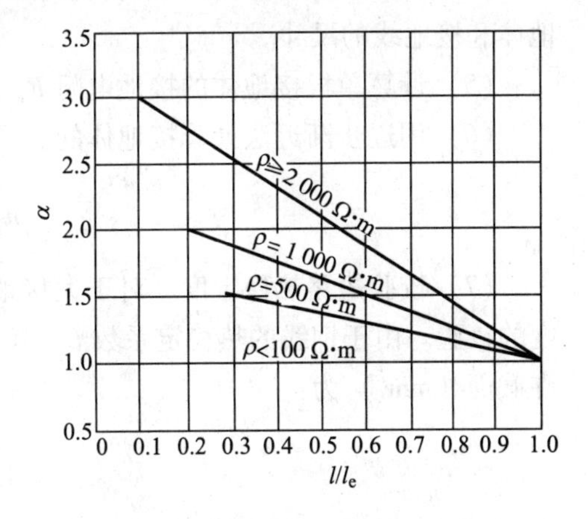

图 7－13　确定换算系数 $\alpha = R_E/R_{sh}$ 的计算曲线

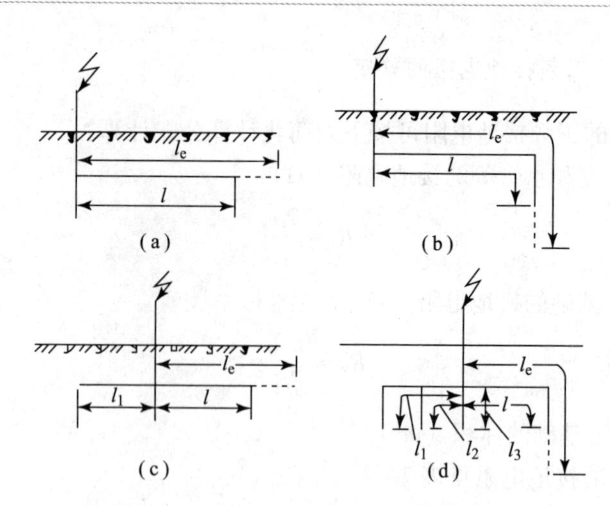

图 7－14　接地体的长度 l 和有效长度 l_e

（a）单根水平接地体；（b）末端接垂直接地体的单根水平接地体；（c）多根水平接地体（$l_1 \leqslant l$）；（d）接多根垂直接地体的多根水平接地体（$l_1 \leqslant l$，$l_2 \leqslant l$，$l_3 \leqslant l$）

（四）接地装置的确定程序

接地装置的计算程序如下：

（1）按设计规范的要求确定允许的接地电阻 R_E 值。

（2）实测或估算可以利用的自然接地体的接地电阻 $R_{E(net)}$值。

（3）计算需要补充的人工接地体的接地电阻：

$$R_{E(man)} = \frac{R_{E(net)} R_E}{R_{E(net)} - R_E} \tag{7-11}$$

如果不考虑利用自然接地体，则 $R_{E(man)} = R_E$。

（4）在装设接地体的区域内初步安排接地体的布置，并按一般经验试选，初步确定接地体和接地线的尺寸。

（5）计算单根接地体的接地电阻 $R_{E(1)}$。

（6）用逐步渐近法计算接地体的数量：

$$n = \frac{R_{E(1)}}{\eta_E R_{E(man)}} \tag{7-12}$$

（7）校验短路热稳定度。对于大接地电流系统中的接地装置，可进行单相短路热稳定度的校验。由于钢线的热稳定系数 $C=70$，因此满足单相短路热稳定度的钢接地线的最小允许截面（mm^2）为：

$$A_{min} = \frac{I_k^{(1)} \sqrt{t_k}}{70} \tag{7-13}$$

式中，$I_k^{(1)}$ 为单相接地短路电流（A），为计算简便，并使热稳定度更有保障，可取为 $I_k^{(3)}$；t_k 为短路电流持续时间（s）。

例 7－1　某车间变电所的主变压器容量为 500 kV·A，电压为 10/0.4 kV，Yyn0 连接。试确定此变电所公共接地装置的垂直接地钢管和连接扁钢的尺寸。已知装设地点的土质为砂质黏土，10 kV 侧有电气联系的架空线路长 70 km，电缆线路长 25 km。

解：（1）确定接地电阻。

查附表 4 知，确定此变电所公共接地装置的接地电阻应满足以下两个条件：

$$R_E \leqslant \frac{120\ \text{V}}{I_E} \quad ①$$

$$R_E \leqslant 4\ \Omega \quad ②$$

式①中的 I_E 由中性点不接地系统中的单相接地电流通常采用下列经验公式计算：

$$I_C = \frac{U_N(l_{oh} + 35 l_{cab})}{350}$$

由此可得：

$$I_E = I_C = \frac{10 \times (70 + 35 \times 25)}{350}\text{A} = 27\ \text{A}$$

故式①为：

$$R_E \leqslant \frac{120\ \text{V}}{27\ \text{A}} = 4.44\ \Omega \quad ③$$

比较式②与式③可知，此变电所公共接地装置的接地电阻值应为 $R_E \leqslant 4\ \Omega$。

（2）接地装置布置的初步方案。

现初步考虑围绕变电所建筑物四周，距变电所外墙 2～3 m，打入一圈直径为 50 mm、长为 2.5 m 的钢管接地体，每隔 5 m 打入一根。管间用（40×4）mm^2 的扁钢焊接相连。

（3）计算单根钢管的接地电阻。

查附表 5，得砂质黏土的 $\rho = 100\ \Omega \cdot \text{m}$。按式（7－2）得单根钢管接地电阻为：

$$R_{E(1)} \approx \frac{\rho}{l} = \frac{100\ \Omega \cdot \text{m}}{2.5\ \text{m}} = 40\ \Omega$$

（4）确定接地的钢管数和最后的接地方案。

根据 $R_{E(1)}/R_E = 40\ \Omega/4\ \Omega = 10$，并考虑到管间电流屏蔽效应的影响，因此初步选择 15 根管径为 50 mm、长为 2.5 m 的钢管作接地体。以 $n = 15$ 和 $a/l = 2$ 去查附表 7（取 $n = 10 \sim 20$ 在 $a/l = 2$ 时的 η_E 的中间值）得 $\eta_E \approx 0.66$。因此由式（7－12）可得：

$$n = \frac{R_{E(1)}}{\eta_E R_E} = \frac{40\ \Omega}{0.66 \times 4\ \Omega} \approx 15$$

考虑到接地体的均匀对称布置，选 16 根直径为 50 mm、长为 2.5 m 的钢管作接地体，用（40×4）mm^2 的扁钢连接，环形布置。

【任务实施】

接地装置的测试：

（一）采用电压表、电流表和功率表（三表法）测量接地电阻

测试电路如图 7－15 所示。其中电压极、电流极为辅助测试极。电压极、电流极与接地体之间的布置方案有直线布置和等腰三角形布置两种。

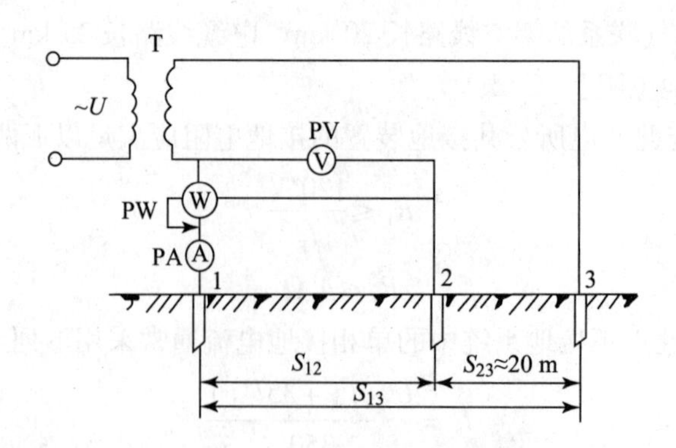

图 7－15　三表法测量接地电阻电路

1—被测接地体；2—电压极；3—电流极；PV—电压表；PA—电流表；PW—功率表

（1）直线布置［见图 7－16（a）］。取 $S_{13} \geqslant (2 \sim 3)D$，$D$ 为被测接地网的对角线长度；取 $S_{12} \geqslant 0.6S_{13}$（理论上 $S_{12} = 0.618S_{13}$）。

（2）等腰三角形布置［见图 7－16（b）］。取 $S_{12} = S_{13} \geqslant 2D$，$D$ 为被测接地网的对角线长度；夹角取 $\alpha \approx 30°$。

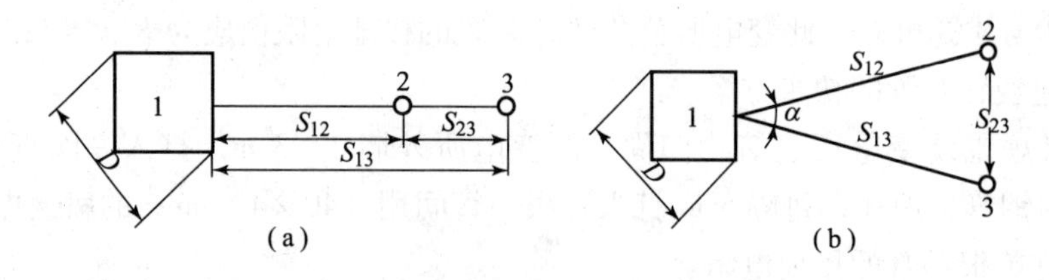

图 7－16　接地电阻测量的电极布置

（a）直线布置方案；（b）等腰三角形布置方案

图 7－15 所示测试电路加上电源后，同时读取电压 U、电流 I 和功率 P 值，即可由下式求得接地体（网）的接地电阻值：

$$R_E = \frac{U}{I} \tag{7-14}$$

$$R_E = \frac{P}{I^2} = \frac{U^2}{P} \tag{7-15}$$

（二）采用接地电阻测试仪测量接地电阻

接地电阻测试仪俗称接地电阻摇表，其测量机构为流比计。测试电路如图 7－17 所示。电极的布置如图 7－16 所示，具体方案和要求同前。常用的接地电阻测试仪的型号规格如表 7－4 所示。

摇测时，先将测试仪的“倍率标尺”开关置于较大的倍率挡。然后慢慢旋转摇柄，同时调整“测量标度盘”，使指针指零（中线）；接着加快转速达到每分钟约 120 转，并同时调整“测量标度盘”，使指针指零（中线）。这时“测量标度盘”所指示的标度值乘以“倍率标尺”的倍率，即为所测的接地电阻值。

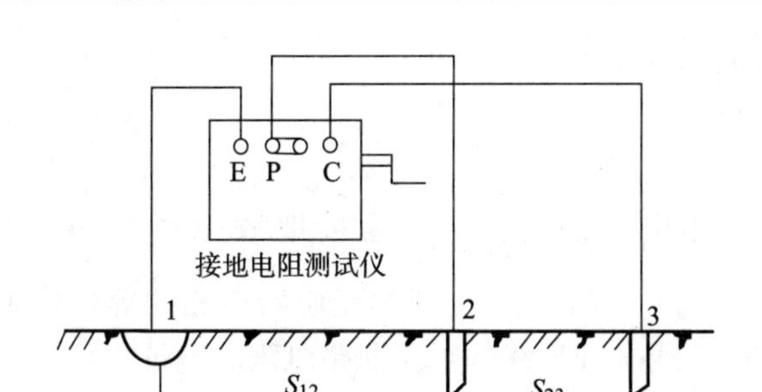

图 7－17　采用接地电阻测试仪测量接地电阻的电路

1—被测接地体；2—电压极；3—电流极

表 7－4　常用的接地电阻测试仪

型号	名　　称	量程/kΩ	准确度	外形尺寸（长×宽×高）/(mm×mm×mm)
ZC8	接地电阻测试仪	1/10/100	在额定值的30%及以下，误差为额定值的±1.5%；在额定值的30%以上，误差为指示值的±5%	170×110×164
		10/100/1 000		
ZC29－1	接地电阻测试仪	10/100/1 000		172×116×135
ZC34A	晶体管接地电阻测试仪	2/20/200	误差±2.5%	180×120×110

【知识拓展】

四、低压配电系统接地故障保护、漏电保护和等电位连接

（一）低压配电系统的接地故障保护

接地故障是指低压配电系统中的相线对地或对与地有联系的导电体之间的短路，包括相线与大地、相线与 PE 线或 PEN 线以及相线与设备的外露可导电部分之间的短路。

接地故障的危害很大。在 TN 系统中，接地故障就是单相短路，故障电流很大，必须迅速切除，否则将产生严重后果，甚至引起火灾或爆炸。在 TT 系统和 IT 系统中，接地故障电流虽然较小，但故障设备的外露可导电部分可能呈现危险的对地电压。如不及时予以信号报警或切除故障，就有发生人身触电事故的可能。因此对接地故障必须重视，应该对接地故障采取适当的安全防护措施。

接地故障保护电器的选择，应根据低压配电系统的接地形式、电气设备类别（移动式、手握式或固定式）以及导体截面大小等因素确定。

1. TN 系统中的接地故障保护

TN 系统中配电线路的接地故障保护可由线路的过电流保护或零序电流保护来实现。接

地故障保护的动作电流 $I_{op(E)}$ 应符合下式要求：

$$I_{op(E)} \leqslant \frac{U_\varphi}{|Z_{\sum(\varphi-0)}|} \tag{7-16}$$

式中，U_φ 为 TN 系统的相电压；$|Z_{\sum(\varphi-0)}|$ 为接地故障回路的总阻抗模，$|Z_{\varphi-0}| = \sqrt{(R_T+R_{\varphi-0})^2+(X_T+X_{\varphi-0})^2}$，$R_T$、$X_T$ 分别为变压器单相的等效电阻和电抗；$R_{\varphi-0}$，$X_{\varphi-0}$ 分别为相线与 N 线或与 PE 线、PEN 线的短路回路电阻和电抗。

接地故障保护的动作时间 $t_{op(E)}$，对已有总等电位连接的措施，且配电线路只供给固定式用电设备的末端线路，其 $t_{op(E)} \leqslant 5$ s。对已有总等电位连接的措施，但只供电给手握式和移动式用电设备的末端线路，其 $t_{op(E)} \leqslant 0.4$ s。

如果接地故障采用熔断器保护，则接地故障电流 $I_k^{(1)}$ 与熔断器熔体额定电流 I_{NFE} 的比值为 K。K 值适用于符合 IEC 标准的一些新型熔断器如 RT12、RT14、RT15、NT 等熔断器，熔断时间为 0.4 s 的熔断器，可取 $K=8\sim11$；对于老型熔断器即熔断时间为 5 s 的熔断器，可取 $K=4\sim7$。

假如接地故障保护达不到上述保护要求时，则应采取漏电电流保护。但漏电电流保护只适用于 TN－S 系统，不适用于 TN－C 系统，或将 TN－C 系统改为 TN－C－S 系统来装设漏电电流保护。

2. TT 系统中的接地故障保护

在 TT 系统中，一般装设漏电电流保护作接地故障保护。但在已采取总等电位连接的措施且其作为接地故障保护的过电流保护满足下式要求时，即可认为已达到防触电的安全要求，不必另装漏电电流保护：

$$I_{op(E)} R_E \leqslant 50 \text{ V} \tag{7-17}$$

式中，$I_{op(E)}$ 为接地故障保护的动作电流；R_E 为电气设备外露可导电部分的接地电阻与 PE 线电阻之和。

当采用过电流保护时，反时限特性过电流保护电器的 $I_{op(E)}$ 应保证在 5 s 内切除接地故障回路。当采用瞬时动作特性过电流保护时，$I_{op(E)}$ 应保证瞬时切除接地故障回路。当过电流保护达不到上述要求时，则应采取漏电电流保护。

3. IT 系统中的接地故障保护

在 IT 系统中，当发生第一次接地故障时，应由绝缘监视装置发出音响或灯光报警信号，其动作电流应符合下式要求：

$$I_E R_E \leqslant 50 \text{ V} \tag{7-18}$$

式中，I_E 为相线与设备外露可导电部分之间的短路故障电流，由于 IT 系统中性点不接地或经阻抗接地，因此 I_E 为单相接地电容电流；R_E 为设备外露可导电部分的接地电阻与 PE 线电阻之和。

当发生第二次接地故障时，可形成两相接地短路，这时应由过电流保护或漏电电流保护来切断故障回路，并应符合下列要求：

（1）当 IT 系统不引出 N 线、线路电压为 220 V/380 V 时，保护电器应在 0.4 s 内切断故障回路，并满足下式要求：

$$I_{op}|Z_{\sum}| \leqslant \frac{\sqrt{3}}{2} U_\varphi \tag{7-19}$$

式中，$|Z_{\Sigma}|$为包括相线和PE线在内的故障回路阻抗模。

（2）当IT系统引出N线、线路电压为220 V/380 V时，保护电器应在0.8 s内切断故障回路，并满足下式要求：

$$I_{op}|Z_{\Sigma}| \leqslant \frac{1}{2}U_{\varphi} \tag{7-20}$$

式中，$|Z_{\Sigma}|$为包括相线、N线和PE线在内的故障回路阻抗模。

以上两式中的I_{op}均为保护装置的动作电流，U_{φ}为线路的相电压。

（二）漏电保护器的功能与原理

漏电保护器又称“剩余电流保护器”（IEC标准名称，英文为Residual Current Protective Device，缩写为RCD），它是在规定条件下，当漏电电流（剩余电流）达到或超过规定值时能自动断开电路的一种保护电器。它用来对低压配电系统中的漏电和接地故障进行安全防护，防止发生人身触电事故及因接地电弧引发的火灾。

漏电保护器按其反应动作的信号分，有电压动作型和电流动作型两类。电压动作型技术上尚存在一些问题，所以现在生产的漏电保护器差不多都是电流动作型。

电流动作型漏电保护器利用零序电流互感器来反应接地故障电流，以动作于脱扣机构。它按脱扣机构的结构分，又有电磁脱扣型和电子脱扣型两类。

电流动作的电磁脱扣型漏电保护器的原理接线图如图7-18所示。设备正常运行时，穿过零序电流互感器TAN的三相电流相量和为零，零序电流互感器TAN二次侧不产生感应电动势，因此极化电磁铁YA的线圈中没有电流通过，其衔铁靠永久磁铁的磁力保持在吸合位置，使开关维持在合闸状态。当设备发生漏电或单相接地故障时，就有零序电流穿过互感器TAN的铁芯，使其二次侧感生电动势，于是电磁铁YA的线圈中有交流电流通过，从而使电磁铁YA的铁芯中产生交变磁通，与原有的永久磁通叠加，产生去磁作用，使其电磁吸力减小，衔铁被弹簧拉开，使自由脱扣机构YR动作，开关跳闸，断开故障电路，从而起到漏电保护的作用。

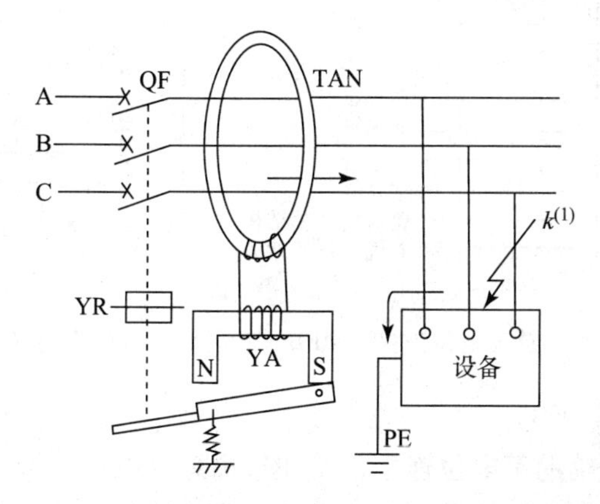

图7-18　电流动作的电磁脱扣型漏电保护器原理图

TAN—零序电流互感器；YA—极化电磁铁；QF—断路器；

YR—自由脱扣机构

电流动作的电子脱扣型漏电保护器的原理接线图如图7－19所示。这种电子脱扣型漏电保护器是在零序电流互感器TAN与自由脱扣机构YR之间接入一个电子放大器AV。当设备发生漏电或单相接地故障时，互感器TAN二次侧感生的电信号经电子放大器AV放大后，接通脱扣机构YR，使开关跳闸，从而也起到漏电保护的作用。

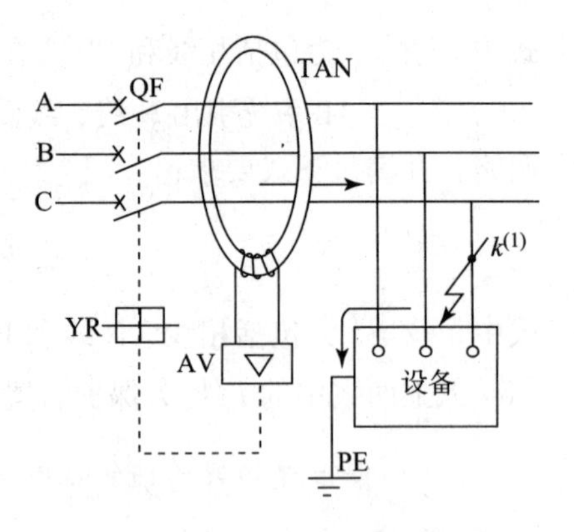

图7－19　电流动作的电子脱扣型漏电保护器原理图

TAN—零序电流互感器；YA—极化电磁铁；QF—断路器；YR—自由脱扣机构；AV—电子放大器

（三）低压配电系统的等电位连接

等电位连接是使电气装置各外露可导电部分和装置外可导电部分的电位基本相等的一种电气连接。等电位连接的功能在于降低接触电压，以确保人身安全。

按GB 50054—1995《低压配电设计规范》规定：采用接地故障保护时，在建筑物内应作总等电位连接（Main Equipotential Bonding，缩写MEB）。当电气装置或其某一部分的接地故障保护不能满足要求时，尚应在其局部范围内进行局部等电位连接（Localized Equipotential Bonding，缩写LEB）。

1. 总等电位连接（MEB）

总等电位连接是在建筑物进线处，将PE线或PEN线与电气装置接地干线、建筑物内的各种金属管道如水管、煤气管、采暖空调管道以及建筑物的金属构件等，都接向总等电位连接端子，使它们都具有基本相等的电位，如图7－20中的MEB。

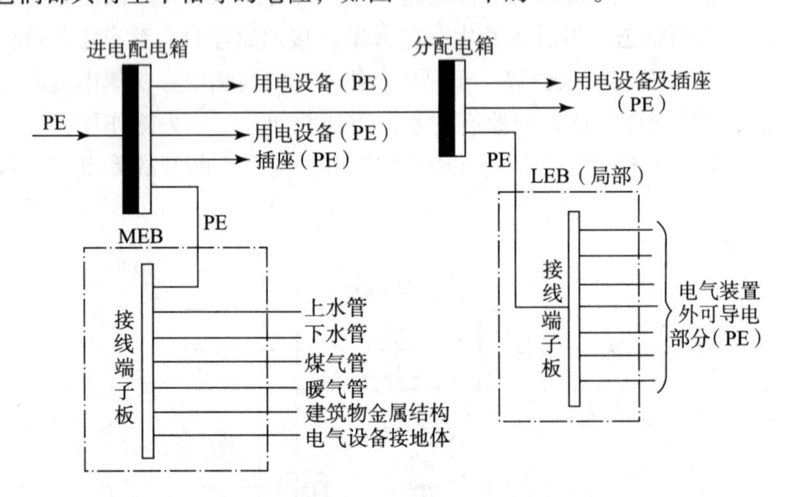

图7－20　总等电位连接（MEB）和局部等电位连接（LEB）

2. 局部等电位连接（LEB）

局部等电位连接又称辅助等电位连接，是在远离总等电位连接处，非常潮湿、触电危险性大的局部地区内进行的等电位连接，作为总等电位连接的一种补充。特别是在容易触电的浴室及安全要求极高的胸腔手术室等处，宜作局部等电位连接。

3. 等电位连接的连接线要求

等电位连接的主母线截面，规定不应小于装置中最大PE线或PEN线的一半，但采用铜线时截面不应小于 6 mm^2，采用铝线时截面不应小于 16 mm^2。采用铝线时，必须采取机械保护，且应保证铝线连接处的持久导电性。如果采用铜导线作连接线，其截面可不超过 25 mm^2。如果采用其他材质导线时，其截面应能承受与之相当的载流量。

连接装置外露可导电部分与装置外可导电部分的局部等电位连接线，其截面也不应小于相应 PE 线或 PEN 线的一半。而连接两个外露可导电部分的局部等电位连接线，其截面不应小于接至该两个外露可导电部分的较小 PE 线的截面。

4. 等电位连接中的几个具体问题

（1）两金属管道连接处缠有黄麻或聚乙烯薄膜，是否需要做跨接线？

由于两管道在做丝扣连接时，上述包缠材料实际上已被损伤而失去了绝缘作用，因此管道连接处在电气上依然是导通的。所以除自来水管的水表两端需做跨接线外，金属管道连接处一般不需跨接。

（2）现在有些管道系统以塑料管取代金属管，塑料管道系统要不要做等电位连接？

做等电位连接的目的在于使人体可同时触及的导电部分的电位相等或相近，以防人身触电。而塑料管是不导电物质，不可能传导电流或呈现电位，因此不需对塑料管道做等电位连接。但是对金属管道系统内的小段塑料管需做跨接。

（3）在等电位连接系统内是否需对一管道系统做多次重复连接？

只要金属管道全长导通良好，原则上只需做一次等电位连接。例如在水管进入建筑物的主管上做一次总等电位连接，再在浴室内的水道主管上做一次局部等电位连接就行了。

（4）是否需在建筑物的出入口处采取均衡电位的措施，以降低跨步电压？

对于 1 000 V 及以下的工频低压装置，不必考虑跨步电压的危害，因为一般情况下，其跨步电压不足以对人体构成伤害。

任务 2　大气过电压与防雷保护

【学习任务单】

学习领域	工厂供电设备应用与维护	
项目七	电气安全与防雷保护	学时
学习任务 2	大气过电压与防雷保护	5
学习目标	**1. 知识目标** （1）了解过电压及雷电的形成； （2）熟悉防雷设备的适用场合； （3）掌握电气装置与建筑物的防雷措施； （4）熟悉建筑物电子信息系统的防雷措施。 **2. 能力目标** （1）能够掌握电气装置与建筑物的防雷措施； （2）能进行防雷接地装置的安装。	

续表

<table>
<tr><td>学习领域</td><td colspan="2">工厂供电设备应用与维护</td></tr>
<tr><td>项目七</td><td>电气安全与防雷保护</td><td>学时</td></tr>
<tr><td>学习任务 2</td><td>大气过电压与防雷保护</td><td>5</td></tr>
<tr><td>学习目标</td><td colspan="2">3. 素质目标
（1）培养学生在电气装置的接地保护过程中具有安全用电与操作意识；
（2）培养学生在防雷接地装置的安装过程中具有团队协作意识和吃苦耐劳的精神。</td></tr>
<tr><td colspan="3">一、任务描述
熟知防雷接地装置安装要求，进行避雷针（网）及接地装置安装。
二、任务实施
（1）学生分组，每小组 4 ~ 5 人；
（2）小组按任务单进行分析和资料学习；
（3）小组经过讨论确定任务结果，每小组由中心发言人陈述，经过全体同学讨论，确定正确结果；
（4）检查总结。
三、相关资源
（1）教材；
（2）教学课件；
（3）图片；
（4）防雷及接地设施接线图。
四、教学要求
（1）认真进行课前预习，充分利用教学资源；
（2）充分发挥团队合作精神，正确完成工作任务；
（3）团队之间相互学习，相互借鉴，提高学习效率。</td></tr>
</table>

【知识链接】

一、过电压及雷电认识

（一）过电压的形式

过电压是指在电气线路上或电气设备上出现的超过正常工作电压的对绝缘很有危害的异常电压。在电力系统中，过电压按其产生的原因，可分为内部过电压和雷电过电压两大类。

1. 内部过电压

内部过电压是指由于电力系统本身的开关操作、负荷剧变或发生故障等原因，使系统的工作状态突然改变，从而在系统内部出现电磁能量转换、振荡而引起的过电压。

内部过电压又分操作过电压和谐振过电压等形式。操作过电压是由于系统中的开关操作或负荷剧变而引起的过电压。谐振过电压是由于系统中的电路参数（R、L、C）在不利的组合下发生谐振或由于故障而出现断续性接地电弧所引起的过电压，也包括电力变压器铁芯饱和而引起的铁磁谐振过电压。

运行经验证明，内部过电压一般不会超过系统正常运行时相对地（即单相）额定电压的 3 ~ 4 倍，因此对电力系统和电气设备绝缘的威胁不是很大。

2. 雷电过电压

雷电过电压又称大气过电压，也称外部过电压，它是由于电力系统中的线路、设备或建（构）筑物遭受来自大气中的雷击或雷电感应而引起的过电压。雷电过电压产生的雷电冲击波，其电压幅值可高达1亿伏，其电流幅值可高达几十万安，因此对供电系统的危害极大，必须加以防护。

雷电过电压有以下两种基本形式：

（1）直接雷击。它是雷电直接击中电气线路、设备或建（构）筑物，其过电压引起的强大的雷电流通过这些物体放电入地，从而产生破坏性极大的热效应和机械效应，相伴的还有电磁脉冲和闪络放电。这种雷电过电压称为直击雷。

（2）间接雷击。它是雷电没有直接击中电力系统中的任何部分，而是由雷电对线路、设备或其他物体的静电感应或电磁感应所产生的过电压。这种雷电过电压，也称为感应雷，或称雷电感应。

雷电过电压除上述两种雷击形式外，还有一种是由于架空线路或金属管道遭受直接雷击或间接雷击而引起的过电压波，沿着架空线路或金属管道侵入变配电所或其他建筑物。这种雷电过电压形式，称为高电位侵入或雷电波侵入。据我国几个大城市统计，供电系统中由于雷电波侵入而造成的雷害事故，占整个雷害事故的50%～70%，比例很大，因此对雷电波侵入的防护应予以足够的重视。

（二）雷电的形成原理

1. 直击雷的形成原理

雷电是带有电荷的“雷云”之间或“雷云”对大地或物体之间产生急剧放电的一种自然现象。

关于雷云形成的理论或学说较多，但比较公认的看法是：在闷热的天气里，地面上的水汽蒸发上升，在高空低温影响下水汽凝结成冰晶。冰晶受到上升气流的冲击而破碎分裂。气流挟带一部分带正电的小冰晶上升，形成“正雷云”，而另一部分较大的带负电的冰晶则下降，形成“负雷云”。由于高空气流的流动，所以正、负雷云均在天空中飘浮不定。据观测，在地面上产生雷击的雷云多为负雷云。

当空中的雷云靠近大地时，雷云与大地之间形成一个很大的雷电场。由于静电感应作用，使地面上出现与雷云的电荷极性相反的电荷，如图7－21（a）所示。

当雷云与大地之间在某一方位的电场强度达到25～30 kV/cm时，雷云就会开始向这一方位放电，形成一个导电的空气通道，称为雷电先导。大地感应出的异性电荷集中在尖端上方，在雷电先导下行到离地面100～300 m时，也形成一个上行的迎雷先导，如图7－21（b）所示。当上、下雷电先导相互接近时，正、负电荷强烈吸引中和而产生强大的雷电流，并伴有雷鸣电闪。这就是直击雷的主放电阶段。这时间极短，一般只有50～100 μs。主放电阶段之后，雷云中的剩余电荷继续沿着主放电通道向大地放电，形成断续的隆隆雷声。这就是直击雷的余晖放电阶段，时间为0.03～0.15 s，电流较小，为几百安。

雷电先导在主放电阶段前与地面上雷击对象之间的最小空间距离，称为“闪击距离”，简称“击距”。

雷电的闪击距离，与雷电流的幅值和陡度有关。确定直击雷防护范围的“滚球半径”

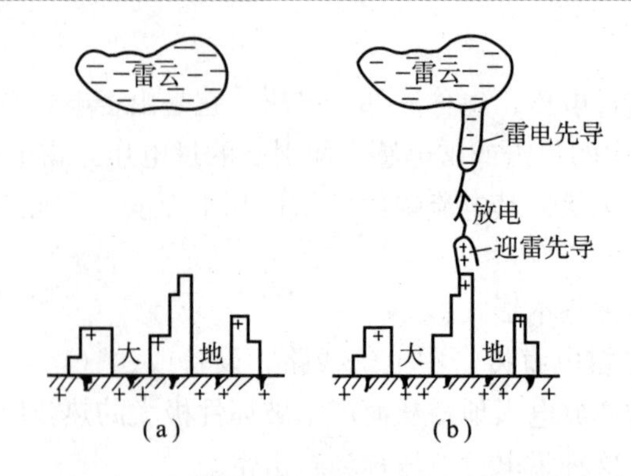

图7－21 雷云对大地放电（直击雷）示意图

（a）负雷云出现在大地建筑物上方时；（b）负雷云对建筑物顶部尖端放电时

大小（参见表7－5），就与闪击距离有关。

2. 感应雷（感应过电压）的形成原理

架空线路在其附近出现对地雷击时，极易产生感应过电压。当雷云出现在架空线路上方时，线路上由于静电感应而积聚大量异性的束缚电荷，如图7－22（a）所示。当雷云对地放电或与其他异性雷云中和放电后，线路上的束缚电荷被释放而形成自由电荷，向线路两端泄放，形成很高的感应过电压，如图7－22（b）所示，这就是“感应雷”。高压线路上的感应过电压，可高达几十万伏，低压线路上的感应过电压也可达几万伏，对供电系统的危害都很大。

当强大的雷电流沿着导体如接地引下线泄放入地时，由于雷电流具有很大的幅值和陡度，因此在它周围产生强大的电磁场。如果附近有一开口的金属环，如图7－23所示，则其电磁场将在该金属环的开口（间隙）处感生相当大的电动势而产生火花放电。这对存放有易燃易爆物品的建筑物是十分危险的。为了防止雷电的电磁感应引起的危险过电压，应该用跨接导体或用焊接将开口金属环（包括包装箱上的铁皮箍）连成闭合回路后接地。

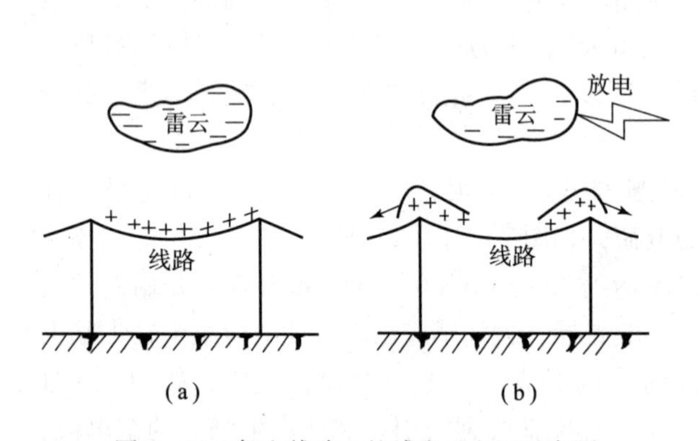

图7－22 架空线路上的感应过电压示意图

（a）雷云在线路上方时；（b）雷云对地或对其他雷云放电后

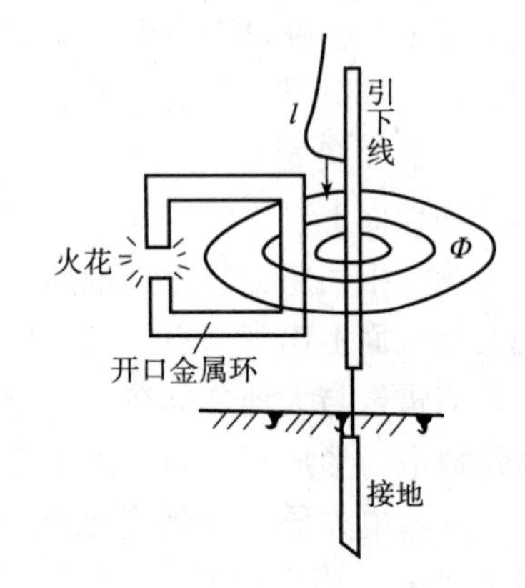

图7－23 开口金属环上的电磁感应过电压

（三）雷电的有关名词

1. 雷电流的幅值和陡度

雷电流是指流入雷击点的电流，它是一个幅值很大、陡度很高的冲击波电流，如图

7－24 所示。

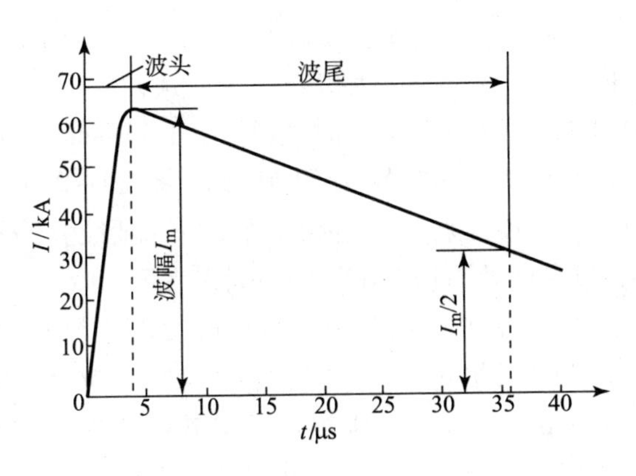

图 7－24　雷电流的波形

雷电流的幅值 I_m 与雷云中的电荷量及雷电放电通道的阻抗值有关。雷电流一般在 1～4 μs 内增长到幅值 I_m。雷电流在幅值以前的一段波形称为波头，而从幅值起衰减到 $I_m/2$ 的一段波形称为波尾。雷电流的陡度 α 用雷电流波头部分增长的速率来表示，即 $\alpha = \mathrm{d}i/\mathrm{d}t$。雷电流的陡度，据测定，可达 50 kA/μs 以上。对电气设备绝缘来说，雷电流的陡度越大，由 $u_L = L\mathrm{d}i/\mathrm{d}t$ 可知，产生的过电压越高，对设备绝缘的破坏性也越严重。因此，如何降低雷电流的幅值和陡度是防雷保护的一个重要课题。

2. 年平均雷暴日数

凡有雷电活动的日子，包括看到雷闪和听见雷声，都称为雷暴日。由当地气象台、站统计的多年雷暴日的平均值，称为年平均雷暴日数。年平均雷暴日数不超过 15 天的地区，称为少雷区。年平均雷暴日数超过 40 天的地区，称为多雷区。年平均雷暴日数超过 90 天的地区及雷害特别严重的地区，称为雷电活动特别强烈地区，亦可归入多雷区。年平均雷暴日数越多，说明该地区的雷电活动越频繁，因此防雷要求越高，防雷措施越需加强。

3. 雷电电磁脉冲

雷电电磁脉冲，又称浪涌电压。它是雷电直接击在建筑物的防雷装置上或击在建筑物附近所引起的一种电磁感应效应，绝大多数是通过连接导体使相关联设备的电位升高而产生电流冲击或电磁辐射，使电子信息系统受到干扰。所以雷电电磁脉冲对电子信息系统是一种干扰源，必须加以防护。

二、防雷设备认识

（一）接闪器

接闪器就是专门用来接受直接雷击（雷闪）的金属物体。接闪的金属杆，称为避雷针。接闪的金属线，称为避雷线，亦称架空地线。接闪的金属带，称为避雷带。接闪的金属网，称为避雷网。

1. 避雷针

避雷针的功能实质上是引雷作用，它能对雷电场产生一个附加电场，这附加电场是由于雷云对避雷针产生静电感应引起的，它使雷电场畸变，从而将雷云放电的通道，由原来可能向被保护物体发展的方向，吸引到避雷针本身，然后经与避雷针相连的引下线和接地装置，将雷电流泄放到大地中去，使被保护物体免受雷击。所以，避雷针实质是引雷针，它把雷电流引入地下，从而保护了线路、设备和建筑物等。

避雷针一般采用镀锌圆钢（针长1 m以下时直径不小于12 mm、针长1～2 m时直径不小于16 mm）或镀锌钢管（针长1 m以下时内径不小于20 mm、针长1～2 m时内径不小于25 mm）制成。它通常安装在电杆（支柱）或构架、建筑物上，它的下端要经引下线与接地装置相连。

避雷针的保护范围，以它能够防护直击雷的空间来表示。

我国过去的防雷设计规范（如GBJ 57—1983）或过电压保护设计规范（如GBJ 64—1983），对避雷针和避雷线的保护范围都是按“折线法”来确定的，而现行国家标准GB 50057—1994《建筑物防雷设计规范》则规定采用IEC推荐的“滚球法”来确定。不过现行电力行业标准DL/T 620—1997《交流电气装置的过电压保护和绝缘配合》中规定的避雷针、线保护范围，仍与GBJ 64—1983相同，也按“折线法”来确定，适用于变配电所和电力线路的过电压保护。

所谓“滚球法”（Roll-boll Method），就是选择一个半径为h_r（滚球半径）的球体，按需要防护直击雷的部位滚动，如果球体只接触到避雷针（线）或避雷针（线）与地面，而不触及需要保护的部位，则该部位就在避雷针（线）的保护范围之内。滚球半径按建筑物的防雷类别不同而取不同值，如表7－5所示。

表7－5　按建筑物防雷类别确定滚球半径和避雷网格尺寸（据GB 50057—1994）

建筑物防雷类别	滚球半径/m	避雷网格尺寸/(m×m)
第一类防雷建筑物	30	≤5×5或≤6×4
第二类防雷建筑物	45	≤10×10或≤12×8
第三类防雷建筑物	60	≤20×20或≤24×16

单支避雷针的保护范围，按GB 50057—1994规定，应按下列方法确定（参见图7－25）：

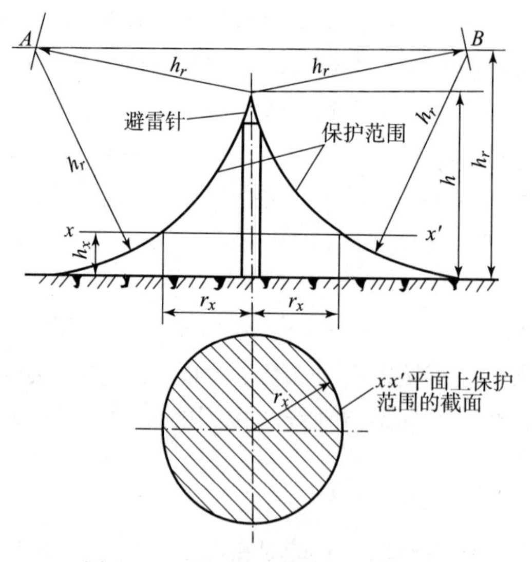

图7－25　单支避雷针的保护范围

（1）当避雷针高度 $h \leqslant h_r$ 时：

①在距地面 h_r 处作一平行于地面的平行线。

②以避雷针的针尖为圆心，h_r 为半径，作弧线交于平行线于 A、B 两点。

③以 A、B 为圆心，h_r 为半径作弧线，该弧线与针尖相交并与地面相切。从此弧线起到地面上的整个锥形空间，就是避雷针的保护范围。

④避雷针在被保护物高度 h_x 的 xx' 平面上的保护半径，按下式计算：

$$r_x = \sqrt{h(2h_r - h)} - \sqrt{h_x(2h_r - h_x)} \tag{7-21}$$

式中，h_r 为滚球半径，按表 7－5 确定。

⑤避雷针在地面上的保护半径，按下式计算：

$$r_0 = \sqrt{h(2h_r - h)} \tag{7-22}$$

（2）当避雷针高度 $h \geqslant h_r$ 时：

在避雷针上取高度 h_r 的一点代替单支避雷针的针尖作圆心，其余的作法与上述 $h \leqslant h_r$ 时的作法相同。

例 7－2　某厂一座高 30 m 的水塔旁边，建有一水泵房（属第三类防雷建筑物），尺寸如图 7－26 所示。水塔上安装有一支高 2 m 的避雷针。试问此避雷针能否保护这一水泵房。

解：查表 7－5 得滚球半径 $h_r = 60$ m，而 $h = 30\text{ m} + 2\text{ m} = 32$ m，$h_x = 6$ m。故由式(7－21）得，避雷针在水泵房顶部高度上的水平保护半径为：

$$r_x = \sqrt{32 \times (2 \times 60 - 32)} - \sqrt{6 \times (2 \times 60 - 6)} = 26.9\ (\text{m})$$

而水泵房顶部最远一角距离避雷针的水平距离为：

$$r = \sqrt{(12 + 6)^2 + 5^2}\ \text{m} = 18.7\ \text{m} < r_x$$

由此可见，水塔上的避雷针完全能够保护这一水泵房。

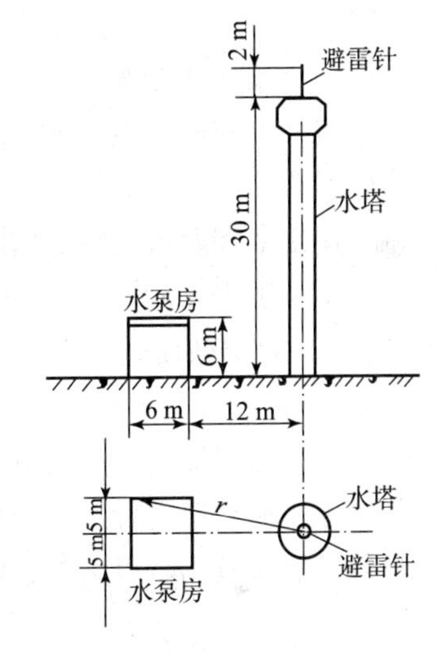

图 7－26　例 7－2 所示避雷针的保护范围

2. 避雷线

避雷线的功能和原理，与避雷针基本相同。

避雷线一般采用截面不小于 35 mm² 的镀锌钢绞线，架设在架空线路的上方，以保护架空线路或其他物体（包括建筑物）免遭直接雷击。由于避雷线既是架空，又要接地，因此又称为架空地线。

单根避雷线的保护范围，按 GB 50057—1994 规定：当避雷线高度 $h \geqslant 2h_r$ 时，无保护范围。当避雷线的高度 $h < 2h_r$ 时，应按下列方法确定（参见图 7－27）。但要注意，确定架空避雷线的高度时，应计及弧垂的影响。在无法确定弧垂的情况下，等高支柱间的档距小于 120 m 时，其避雷线中点的弧垂宜取 2 m；档距为 120～150 m 时，弧垂宜取 3 m。

（1）距地面 h_r 处作一平行于地面的平行线。

（2）以避雷线为圆心，h_r 为半径，作弧线交于平行线于 A、B 两点。

（3）以 A、B 为圆心，h_r 为半径作弧线，该两弧线相交或相切，并与地面相切。从该弧线起到地面止的空间，就是避雷线的保护范围。

（4）当 $2h_r > h > h_r$ 时，保护范围最高点的高度 h_0 按下式计算：

$$h_0 = 2h_r - h \tag{7-23}$$

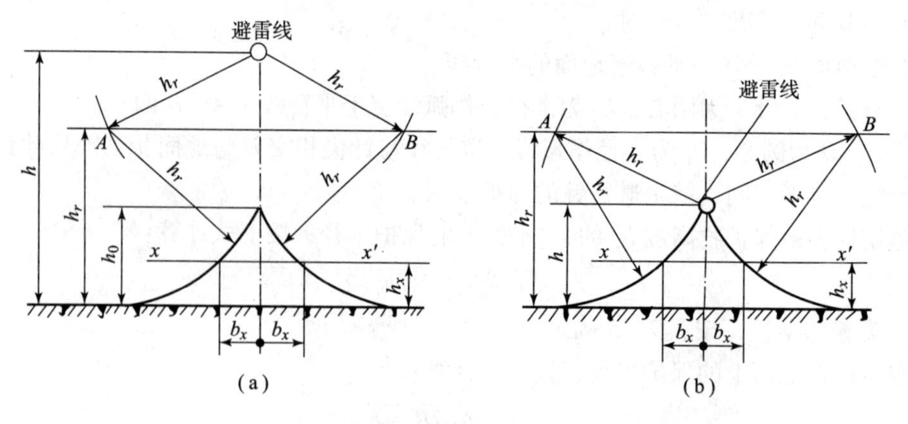

图 7-27　单根避雷线的保护范围

(a) 当 $2h_r > h > h_r$ 时；(b) 当 $h \geqslant h_r$ 时

(5) 避雷线在 h_0 高度的 xx' 平面上的保护宽度 b_x 按下式计算：

$$b_x = \sqrt{h(2h_r - h)} - \sqrt{h_x(2h_r - h_x)} \tag{7-24}$$

3. 避雷带和避雷网

避雷带和避雷网主要用来保护建筑物特别是高层建筑物，使之免遭直接雷击和雷电感应。

避雷带和避雷网宜采用圆钢或扁钢，优先采用圆钢。圆钢直径应不小于 8 mm；扁钢截面应不小于 48 mm^2，其厚度应不小于 4 mm。当烟囱上采用避雷环时，其圆钢直径应不小于 12 mm；扁钢截面应不小于 100 mm^2，其厚度应不小于 4 mm。避雷网的网格尺寸要求如表 7-5 所示。

以上接闪器均应经引下线与接地装置连接。引下线宜采用圆钢或扁钢，优先采用圆钢，其尺寸要求与避雷带、网采用的相同。引下线应沿建筑物外墙明敷，并经最短路径接地；建筑艺术要求较高者可暗敷，但其圆钢直径应不小于 10 mm，扁钢截面应不小于 80 mm^2。

(二) 避雷器

避雷器（包括电涌保护器）是用来防止雷电过电压波沿线路侵入变配电所或其他建筑物内，以免危及被保护设备的绝缘，或用来防止雷电电磁脉冲对电子信息系统的电磁干扰。避雷器应与被保护设备并联，且安装在被保护设备的电源侧，如图 7-28 所示。当线路上出现危及设备绝缘的雷电过电压时，避雷器的火花间隙就被击穿，或由高阻抗变为低阻抗，使雷电过电压通过接地引下线对大地放电，从而保护了设备的绝缘，或消除了雷电电磁干扰。

避雷器的类型，有阀式避雷器、排气式避雷器、保护间隙、金属氧化物避雷器和电涌保护器等。

1. 阀式避雷器

阀式避雷器（valve-type lightning arrester，文字符号 FV），又称为阀型避雷器，主要由火花间隙和阀片组成，装在密封的瓷套管内。火花间隙用铜片冲制而成。每对间隙用厚 0.5～1 mm 的云母垫圈隔开，如图 7-29（a）所示。正常情况下，火花间隙能阻断工频电流通过，但在雷电过电压作用下，火花间隙被击穿放电。阀片是用陶料粘固的电工用金刚砂

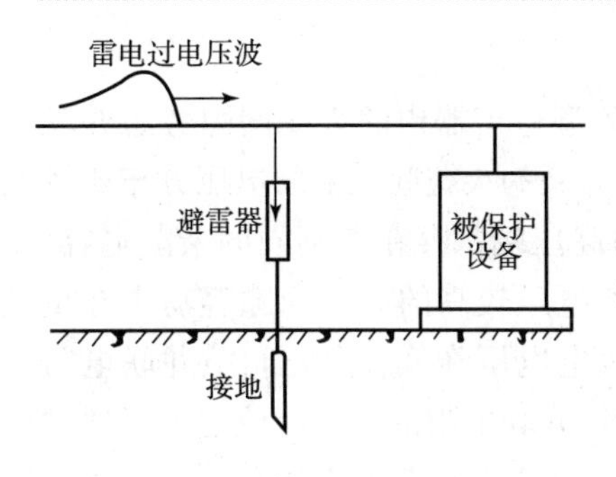

图 7-28　避雷器的连接

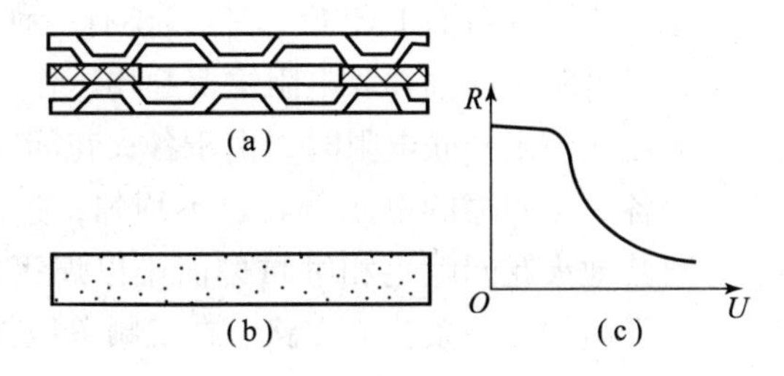

图 7-29　阀式避雷器的组成部件及其特性曲线

(a) 单元火花间隙；(b) 阀电阻片；(c) 阀电阻特性曲线

(碳化硅) 颗粒制成的，如图 7-29 (b) 所示。这种阀片具有非线性电阻特性。正常电压时，阀片电阻很大，而过电压时，阀片电阻则变得很小，如图 7-29 (c) 的特性曲线所示。因此阀式避雷器在线路上出现雷电过电压时，其火花间隙被击穿，阀片电阻变得很小，能使雷电流顺畅地向大地泄放。当雷电过电压消失、线路上恢复工频电压时，阀片电阻又变得很大，使火花间隙的电弧熄灭、绝缘恢复而切断工频续流，从而恢复线路的正常运行。

阀式避雷器中火花间隙和阀片的多少，与其工作电压高低成比例。高压阀式避雷器串联很多单元火花间隙，目的是将长弧分割成多段短弧，以加速电弧的熄灭。但阀电阻的限流作用是加速电弧熄灭的主要因素。

图 7-30 (a) 和 (b) 分别是 FS4-10 型高压阀式避雷器和 FS-0.38 型低压阀式避雷

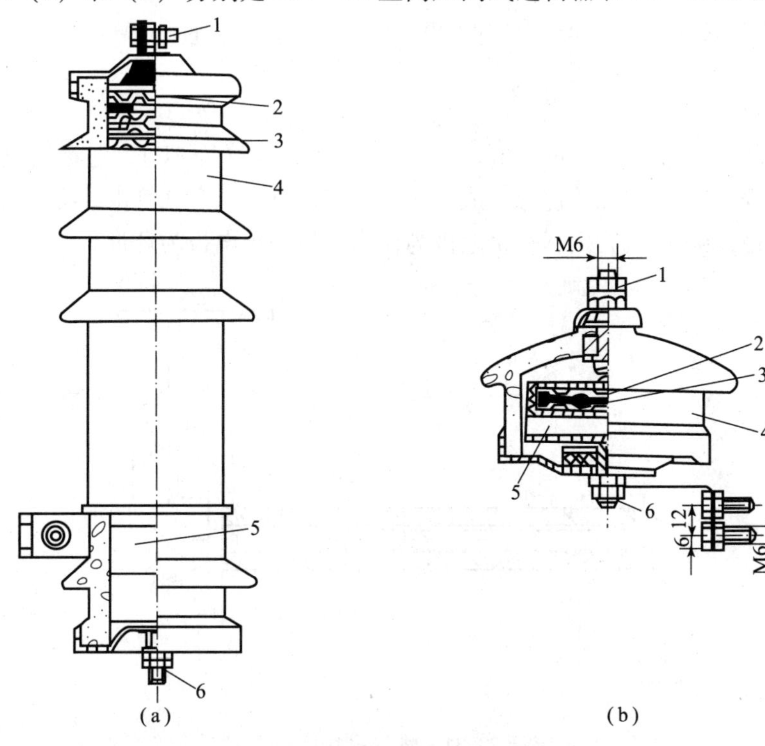

图 7-30　高低压普通阀式避雷器

(a) FS4-10 型；(b) FS-0.38 型

1—上接线端子；2—火花间隙；3—云母垫圈；4—瓷套管；5—阀电阻片；6—下接线端子

器的结构图。

普通阀式避雷器除上述 FS 型外，还有一种 FZ 型。FZ 型避雷器内的火花间隙旁边并联有一串分流电阻。这些并联电阻主要起均压作用，使与之并联的火花间隙上的电压分布比较均匀。火花间隙未并联电阻时，由于各火花间隙对地和对高压端都存在着不同的杂散电容，从而造成各火花间隙的电压分布也不均匀，这就使得某些电压较高的火花间隙容易击穿重燃，导致其他火花间隙也相继重燃而难以熄灭，使工频放电电压降低。火花间隙并联电阻后，相当于增加了一条分流支路。在工频电压作用下，通过并联电阻的电导电流远大于通过火花间隙的电容电流。这时火花间隙上的电压分布主要取决于并联电阻的电压分布。由于各火花间隙的并联电阻是相等的，因此各火花间隙上的电压分布也相应地比较均匀，从而大大改善了阀式避雷器的保护特性。

FS 型阀式避雷器主要用于中小型变配电所，FZ 型则用于发电厂和大型变配电站。

阀式避雷器除上述两种普通型外，还有一种磁吹型，即 FC 型磁吹阀式避雷器，其内部附加有磁吹装置来加速火花间隙中电弧的熄灭，从而进一步改善其保护性能，降低残压。它专用来保护重要的而绝缘又比较薄弱的旋转电机等。

阀式避雷器型号的表示和含义如下：

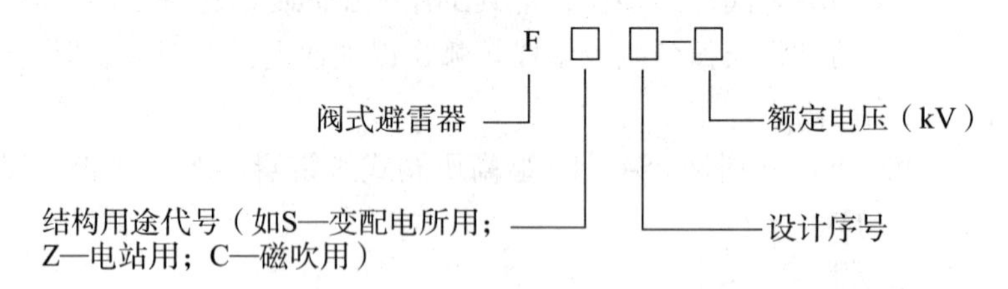

2. 排气式避雷器

排气式避雷器（Expulsion-type Lightning Arrester，文字符号 FE），通称管型避雷器，由产气管、内部间隙和外部间隙等部分组成，如图 7 - 31 所示。产气管由纤维、有机玻璃或塑料制成。内部间隙装在产气管内，一个电极为棒形，另一个电极为环形。

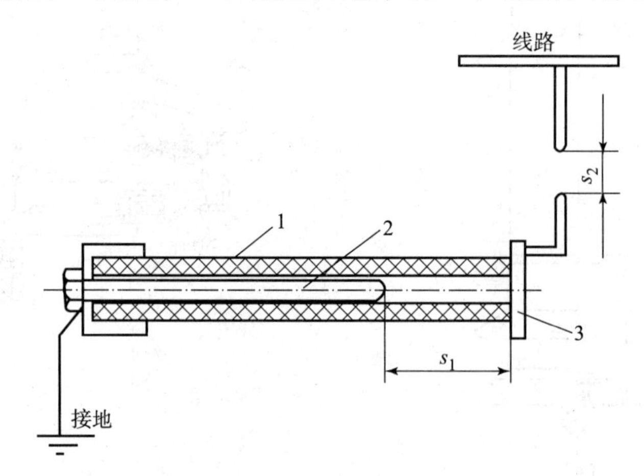

图 7 - 31　排气式避雷器

1—产气管；2—内部棒形电极；3—环形电极；s_1—内部间隙；s_2—外部间隙

当线路上遭到雷击或雷电感应时，雷电过电压使排气式避雷器的内、外间隙击穿，强大的雷电流通过接地装置入地。由于避雷器放电时内阻接近于零，所以其残压极小，工频续流极大。雷电流和工频续流使产气管内部间隙发生强烈的电弧，使管内壁材料烧灼产生大量灭弧气体，由管口喷出，强烈吹弧，使电弧迅速熄灭，全部灭弧时间最多0.01 s（半个周期）。这时外部间隙的空气迅速恢复绝缘，使避雷器与系统隔离，恢复系统的正常运行。

为了保证避雷器可靠地工作，在选择排气式（管型）避雷器时，其开断电流的上限，应不小于安装处短路电流的最大有效值（计入非周期分量）；而其开断电流的下限，应不大于安装处短路电流可能的最小值（不计非周期分量）。在排气式（管型）避雷器的全型号中就表示出了开断电流的上、下限。

排气式（管型）避雷器全型号的表示和含义如下：

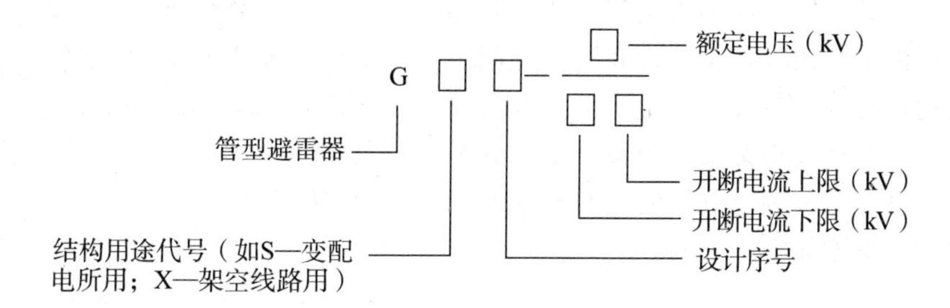

排气式避雷器具有简单经济、残压很小的优点，但它动作时有电弧和气体从管中喷出，因此它只能用在室外架空场所，主要用在架空线路上。此外，它动作时工频续流很大，相当于相间短路，往往要引起线路开关跳闸，因此对于装有排气式避雷器的线路，宜装设一次自动重合闸装置（ARD），以便排气式避雷器动作引起开关跳闸后能制动重合闸，迅速恢复供电。

3. 保护间隙

保护间隙（Protective Gap，文字符号 FG），又称角型避雷器，其结构如图 7－32 所示。它简单经济，维护方便，但保护性能差，灭弧能力小，容易造成接地或短路故障，使线路停电。因此对于装有保护间隙的线路，一般也宜装设自动重合闸装置，以提高供电可靠性。

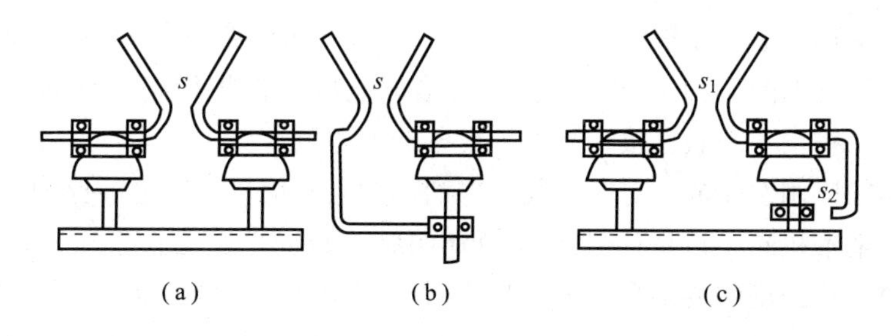

图 7－32　保护间隙

（a）双支持绝缘子单间隙；（b）单支持绝缘子单间隙；（c）双支持绝缘子双间隙

保护间隙的安装，是一个电极接线路，另一个电极接地。但为了防止间隙被外物（如鼠、鸟、树枝等）偶然短接而造成接地或短路故障，没有辅助间隙的保护间隙［见图 7－32（a）、（b）］必须在其公共接地引下线中间串入一个辅助间隙，如图 7－33 所示。这样即使主间隙被外物短接，也不致造成接地或短路。

保护间隙只用于室外不重要的架空线路上。

4. 金属氧化物避雷器

金属氧化物避雷器（Metal-oxide Arrester，文字符号 FMO）按有无火花间隙分两种类型，最常见的一种是无火花间隙只有压敏电阻片的避雷器。压敏电阻片是由氧化锌或氧化铋等金属氧化物烧结而成的多晶半导体陶瓷元件，具有理想的阀电阻特性。在正常工频电压下，它呈现极大的电阻，能迅速有效地阻断工频续流，因此无须火花间隙来熄灭由工频续流引起的电弧。而在雷电过电压作用下，其电阻又变得很小，能很好地泄放雷电流。另一种是有火花间隙且有金属氧化物电阻片的避雷器，其结构与前面讲的普通阀式避雷器类似，只是普通阀式避雷器采用的是碳化硅电阻片，而有火花间隙金属氧化物避雷器采用的是性能更优异的金属氧化物电阻片，具有比普通阀式避雷器更优异的保护性能，且运行更加安全可靠，所以它是普通阀式避雷器的更新换代产品。注意：其额定电压现在也多用其灭弧电压值来表示。

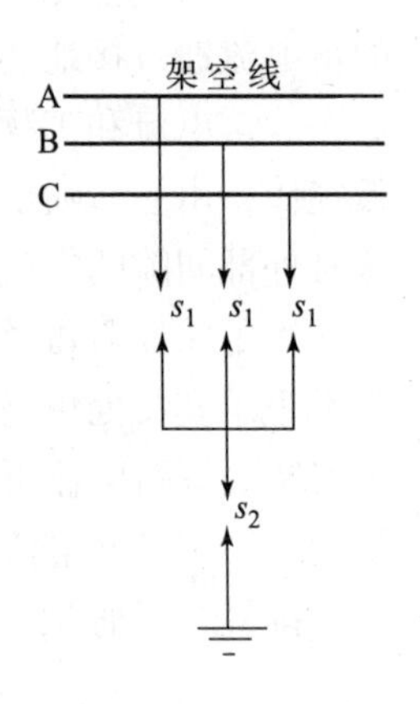

图 7－33　三相线路上保护间隙的连接

s—保护间隙；s_1—主间隙；s_2—辅助间隙

金属氧化物避雷器全型号的表示和含义如下：

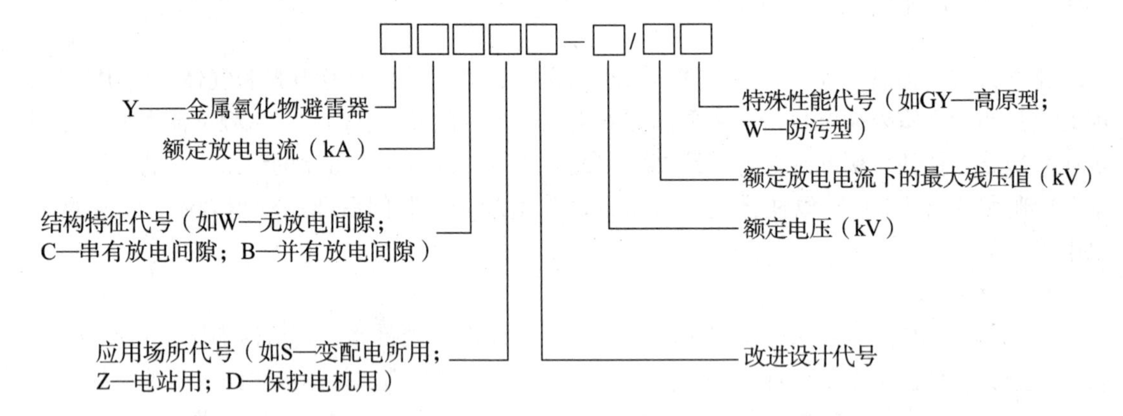

5. 电涌保护器

电涌保护器又称为浪涌保护器（Surge Protective Device，缩写为 SPD），是用于低压配电系统中电子信号设备上的一种雷电电磁脉冲（浪涌电压）保护设备。它的连接与一般避雷器一样，也与被保护设备并联，接于被保护设备的电源侧。

电涌保护器按应用性质分，有电源线路电涌保护器和信号线路电涌保护器两种。这两种 SPD 的原理结构基本相同，只是信号线路 SPD 的结构较简单，工作电压较低，放电电流也小得多，但它对传输速度的要求高，要求响应时间（即动作时间）极短。

电涌保护器按工作原理分，有电压开关型、限压型和复合型。电压开关型 SPD 在没有浪涌电压时具有高阻抗，而一旦出现浪涌电压即变为低阻抗，其常用元件有放电间隙或晶闸管、气体放电管等。限压型 SPD 在没有浪涌电压时为高阻抗，而出现浪涌电压时，则随着浪涌电压的持续升高，其阻抗也持续降低，以抑制加在被保护设备上的电压，其常用元件为压敏电阻。复合型 SPD 是开关型和限压型两类元件的组合，因此兼有两种 SPD 的性能。

三、电气装置与建筑物的防雷措施

（一）电气装置的防雷措施

1. 架空线路的防雷措施

1）架设避雷线

这是防雷的有效措施，但造价高，因此只在 66 kV 及以上的架空线路上才全线架设。35 kV 的架空线路上，一般只在进出变配电所的一段线路上装设。而 10 kV 及以下的架空线路上一般不装设。

2）提高线路本身的绝缘水平

在架空线路上，可采用木横担、瓷横担或高一级电压的绝缘子，以提高线路的防雷水平。这是 10 kV 及以下架空线路防雷的基本措施之一。

3）利用三角形排列的顶线兼作防雷保护线

对于中性点不接地系统的 3～10 kV 架空线路，可在其三角形排列的顶线绝缘子上装设保护间隙，如图 7－34 所示。在出现雷电过电压时，顶线绝缘子上的保护间隙被击穿，通过其接地引下线对地泄放雷电流，从而保护了下边两根导线。由于线路为中性点不接地系统，一般也不会引起线路断路器跳闸。

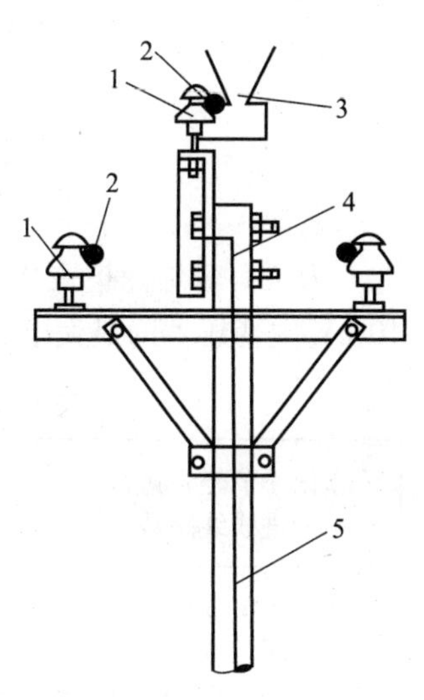

图 7－34　顶线绝缘子附加保护间隙

1—绝缘子；2—架空导线；3—保护间隙；4—接地引下线；5—电杆

4）装设自动重合闸装置

线路上因雷击放电造成线路电弧短路时，会引起线路断路器跳闸，但断路器跳闸后电弧会自行熄灭。如果线路上装设一次自动重合闸，使断路器经 0.5 s 自动重合闸，电弧通常不会复燃，从而能恢复供电，这对一般用户不会有多大影响。

5）个别绝缘薄弱地点加装避雷器

对架空线路中个别绝缘薄弱地点，如跨越杆、转角杆、分支杆、带拉线杆以及木杆线路中个别金属杆等处，可装设排气式避雷器或保护间隙。

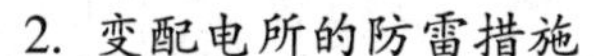

2. 变配电所的防雷措施

1）装设避雷针

室外配电装置应装设避雷针来防护直击雷。如果变配电所处在附近更高的建筑物上防雷设施的保护范围之内或变配电所本身为车间内型，则可不必再考虑直击雷的防护。

2）装设避雷线

处于峡谷地区的变配电所，可利用避雷线来防护直击雷。在 35 kV 及以上的变配电所架空进线上，架设 1～2 km 的避雷线，以消除一段进线上的雷击闪络，避免其引起的雷电侵入波对变配电所电气装置的危害。

3）装设避雷器

用来防止雷电侵入波对变配电所电气装置特别是对主变压器的危害。变配电所对高压侧雷电波侵入防护的接线图如图 7－35 所示。在每路进线终端和每段母线上，均装设阀式避雷器或金属氧化物避雷器。如果进线是具有一段引入电缆的架空线路，则在架空线路终端的电缆头处装设阀式避雷器或排气式避雷器，其接地端与电缆头相连后接地。

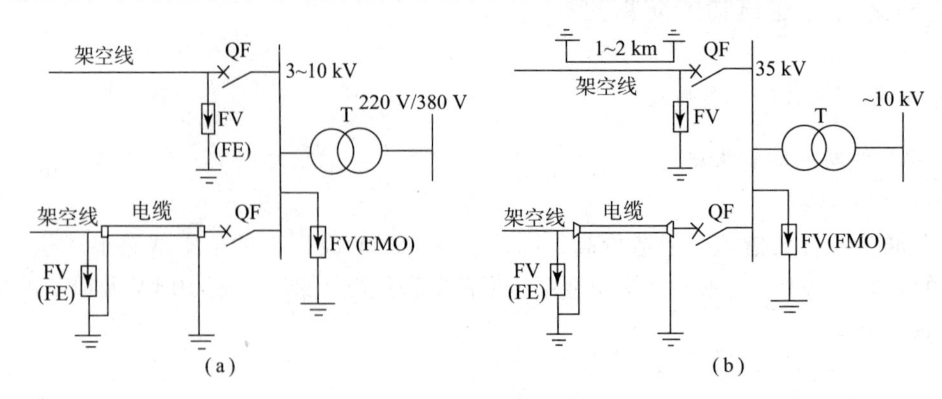

图 7 - 35　变配电所对雷电波侵入的防护

(a) 3 ~ 10 kV 架空和电缆进线；(b) 35 kV 架空和电缆进线

FV—阀式避雷器；FE—排气式避雷器；FMO—金属氧化物避雷器

为了有效地保护主变压器，阀式避雷器应尽量靠近主变压器安装。阀式避雷器至 3 ~ 10 kV 主变压器的最大电气距离如表 7 - 6 所示。

表 7 - 6　阀式避雷器至 3 ~ 10 kV 主变压器的最大电气距离

雷雨季节经常运行的进线线路数	1	2	3	≥4
避雷器至变压器的最大电气距离/m	15	23	27	30

配电变压器的高低压侧均应装设阀式避雷器。变压器两侧的避雷器应与变压器中性点及其金属外壳一同接地，如图 7 - 36 所示。

3. 高压电动机的防雷措施

高压电动机的定子绕组是采用固体介质绝缘的，其冲击耐压试验值只有相同电压等级的油浸式电力变压器的 1/3 左右，加之长期运行，固体介质还要受潮、腐蚀和老化，会进一步降低其耐压水平。因此高压电动机对雷电波侵入的防护，不能采用普通的 FS 型或 FZ 型阀式避雷器，而应采用专用于保护旋转电动机用的 FCD 型磁吹阀式避雷器，或采用有串联间隙的金属氧化物避雷器。对定子绕组中性点能引出的高压电动机，就在中性点装设磁吹阀式避雷器或金属氧化物避雷器。对定子绕组中性点不能引出的高压电动机，可采用图 7 - 37 所示接线。为降低沿线路侵入的雷电波波头陡度，减轻其对电动机绕组绝缘的危害，可在电动机进线上加一段 100 ~ 150 m 的引入电缆，并在电缆前的电缆头处安装一组普通阀式或排气式避雷器，而在电动机电源端（母线上）安装一组并联有电容器（0.25 ~ 0.5 μF）的 FCD 型磁吹阀式避雷器。

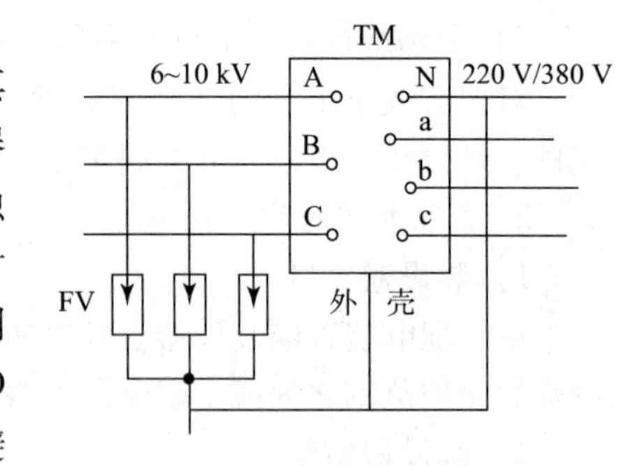

图 7 - 36　电力变压器的防雷保护及其接地系统

TM—电力变压器；FV—阀式避雷器

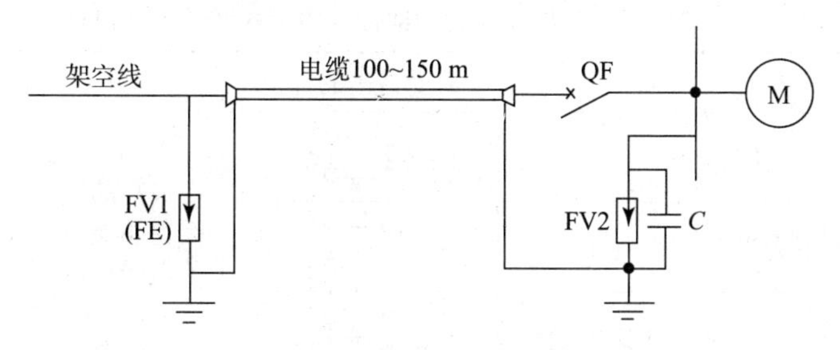

图 7-37　高压电动机对雷电波侵入的防护

FV1—普通阀式避雷器；FV2—磁吹阀式避雷器；FE—排气式避雷器

（二）建筑物的防雷

1. 建筑物的防雷类别

建筑物（含构筑物，下同）根据其重要性、使用性质、发生雷电事故的可能性和后果，按防雷要求分为三类（据 GB 50057—1994 规定）：

（1）第一类防雷建筑物：凡制造、使用或储存炸药、火药、起爆药、火工品等大量爆炸物质的建筑物，因电火花而引起爆炸会造成巨大破坏和人身伤亡者；具有 0 区或 10 区爆炸危险环境的建筑物。关于爆炸和火灾危险环境的分区（据 GB 50058—1992《爆炸和火灾危险环境电力装置设计规范》规定），参考附表 2；具有 1 区爆炸危险环境的建筑物，因电火花而引起爆炸会造成巨大破坏和人身伤亡者。

（2）第二类防雷建筑物：制造、使用或储存爆炸物质的建筑物，但电火花不易引起爆炸或不致造成巨大破坏和人身伤亡者；具有 1 区爆炸危险环境的建筑物，但电火花不易引起爆炸或不致造成巨大破坏和人身伤亡者；具有 2 区或 11 区爆炸危险环境的建筑物；工业企业内有爆炸危险的露天钢质封闭气罐；预计雷击次数大于 0.06 次/年的部、省级办公建筑物及其他重要的或人员密集的公共建筑物；预计雷击次数大于 0.3 次/年的住宅、办公楼等一般性民用建筑物；国家级重要建筑物。

（3）第三类防雷建筑物：根据雷击后对工业生产的影响及产生的后果，并结合当地气象、地形、地质及周围环境等因素，确定需要防雷的 21 区、22 区、23 区危险环境；预计雷击次数大于或等于 0.06 次/年的一般工业建筑物；预计雷击次数大于或等于 0.012 次/年，且小于或等于 0.06 次/年的部、省级办公建筑物及其他重要的或人员密集的公共建筑物；预计雷击次数大于或等于 0.06 次/年，且小于或等于 0.3 次/年的住宅、办公楼等一般性民用建筑物；在平均雷暴日大于 15 日/年的地区，高度在 15 m 及以上的烟囱、水塔等孤立的高耸建筑物；在平均雷暴日小于或等于 15 日/年的地区，高度在 20 m 及以上的烟囱、水塔等孤立的高耸建筑物；省级重点文物保护的建筑物及省级档案馆。

2. 建筑物的防雷措施

按 GB 50057—1994 规定，各类防雷建筑物应在建筑物上装设防直击雷的接闪器，避雷带、网应沿表 7-7 所示的屋脊、屋檐和屋角等易受雷击的部位敷设。

1）第一类防雷建筑物的防雷措施

防直击雷：装设独立避雷针或架空避雷线（网），使被保护建筑物及其风帽、放散管等突出屋面的物体均处于接闪器的保护范围内。避雷网格尺寸不应大于 5 m×5 m 或 6 m×4 m。

表 7 -7　建筑物易受雷击的部位（据 GB 50057—1994）

序号	屋面情况	易受雷击的部位	备　注
1	平屋面		（1）图上圆圈“○”表示雷击率最高的部位，实线“—”表示易受雷击部位，虚线“ - - - ”表示不易受雷击部位； （2）对序号 3、4 所示屋面，在屋脊有避雷带的情况下，当屋檐处于屋脊避雷带的保护范围内时，屋檐上可不再装设避雷带
2	坡度不大于 1/10 的屋面		
3	坡度大于 1/10 且小于 1/2 的屋面		
4	坡度不小于 1/2 的屋面		

独立避雷针和架空避雷线（网）的支柱及其接地装置至被保护建筑物及与其有联系的管道、电缆等金属物之间的距离，架空避雷线（网）至被保护建筑物屋面和各种突出屋面物体之间的距离，均不得小于 3 m。接闪器接地引下线的冲击接地电阻 $R_{sh} \leqslant 10\ \Omega$。当建筑物高于 30 m 时，尚应采取防侧击雷的措施。

防雷电感应：建筑物内外的所有可产生雷电感应的金属物件均应接到防雷电感应的接地装置上，其工频接地电阻 $R_E \leqslant 10\ \Omega$。

防雷电波侵入：低压线路宜全线采用电缆直接埋地敷设。在入户端，应将电缆的金属外皮、钢管接到防雷电感应的接地装置上。当全线采用电缆有困难时，可采用水泥电杆和铁横担的架空线，并使用一段电缆穿钢管直接埋地引入，其埋地长度不应小于 15 m。在电缆与架空线连接处，还应装设避雷器。避雷器、电缆金属外皮、钢管及绝缘子铁脚、金具等均应连接在一起接地，其冲击接地电阻 $R_{sh} \leqslant 10\ \Omega$。

2）第二类防雷建筑物的防雷措施

防直击雷：宜采取在建筑物上装设避雷网（带）或避雷针或由其混合组成的接闪器，使被保护的建筑物及其风帽、放散管等突出屋面的物体均处于接闪器的保护范围内。避雷网格尺寸不应大于 10 m×10 m 或 12 m×8 m。接闪器接地引下线的冲击接地电阻 $R_{sh} \leqslant 10\ \Omega$。当建筑物高于 45 m 时，尚应采取防侧击雷的措施。

防雷电感应：建筑物内的设备、管道、构架等主要金属物，应就近接至防直击雷的接地装置或电气设备的保护接地装置上，可不另设接地装置。

防雷电波侵入：当低压线路全长采用埋地电缆或敷设在架空金属线槽内的电缆引入时，在入户端应将电缆金属外皮和金属线槽接地。低压架空线改换一段埋地电缆引入时，埋地长度也不应小于 15 m。平均雷暴日小于 30 日/年地区的建筑物，可采用低压架空线直接引入建筑物内，但在入户处应装设避雷器，或设 2 ~ 3 mm 的保护间隙，并与绝缘子铁脚、金具连接在一起接到防雷装置上，其冲击接地电阻 $R_{sh} \leqslant 30\ \Omega$。

【任务实施】

防雷接地装置安装：

1. 防雷接地装置安装要求

（1）避雷网安装：凡平屋顶上将有凸起的金属构筑物或管道均与避雷线连接。接地装置包括埋在地中的接地极和从接地极接至电气设备的接地线两部分。接地极的材料通常采用钢管、圆钢、角钢、扁钢等。

（2）角钢接地极安装：先将接地沟挖好（一般深 900 mm），将角钢接地极一头削尖，放在沟底上，垂直打入土中 2 400 mm，沟底上部余留 100 mm，将接地母线牢固地焊接在角钢接地极上，最后回填土。要求焊接处应涂沥青。

（3）钢管接地极安装：安装方法同角钢接地极，只是材质不同。钢管的一头也要削尖，方法有两种，采用锯口或锻造。

（4）由建筑物内引出接地线断接卡子及穿墙做法：先将保护套管预埋在墙内，然后将接地极焊接在一起，另一端接地线通过保护套管引至室内，用螺栓与室内接地线连接（即断接卡子）。

（5）避雷引下线安装：引下线不论敷设在建筑物还是构筑物上，均需要预先埋设支架，而后将引下线用螺栓固定于支架上，引至距地坪 2 m 处用套管保护，并做断接卡子，以便测量接地电阻使用。

（6）水平敷设接地装置安装方法：此种做法在其他土壤条件极差的山石地区采用，沟内全部换成黄黏土，并分层夯实。换土沟的尺寸除设计另有要求外，一般沟长 15 m，接地极埋设深度为 1.5 m。要求接地装置全部为镀锌扁钢，所有焊接点处均刷沥青。接地电阻应小于 4 Ω，超过时应补增接地装置的长度。接地极距建筑物不小于 3 m。采用焊接方法固定接地线，在跨过伸缩缝时，要使其向上弯曲跨过，弯曲半径为 70 mm。采用螺栓固定的，在接地线敷设到伸缩缝处即断开，断开的间距等于伸缩缝宽度。再用 ϕ12 mm 钢筋向下弯曲，牢固地焊接在接地母线两端。

（7）沿建筑物断接卡子做法：将避雷线引下至距地 2 m 处作断接卡子，用镀锌螺栓连接接地母线（接地极引来）。

2. 避雷针（网）及接地装置安装

（1）接地线设置钢套管，在穿过墙壁、楼板和地坪处进行保护。

（2）每个电气装置的接地以单独的接地线与接地干线连接。自然接地体在不同的两点及其以上与接地干线或接地网相连接。

（3）明敷接地线的表面涂以用 100 mm 宽度相等的绿色和黄色相间的条纹，并在每个可接触到的部位上做出标志，中心线涂以淡蓝色标志。

（4）防雷引下线处，在距离外地面上 500 mm 处设置测试点。引下线测试点采用专用箱盒嵌入墙身，安装面板安装采用不易腐蚀的有色金属板，盖板紧贴饰面。

（5）避雷针（网）及接地装置各阶段施工后，进行接地电阻测试，并做好测试记录。

【知识拓展】

四、建筑物电子信息系统的防雷

（一）建筑物雷电电磁脉冲防护区的划分

按 GB 50343—2004《建筑物电子信息系统防雷技术规范》规定，建筑物雷电防护区（Lightning Protection Zone，缩写 LPZ）的划分，如图 7－38 所示。

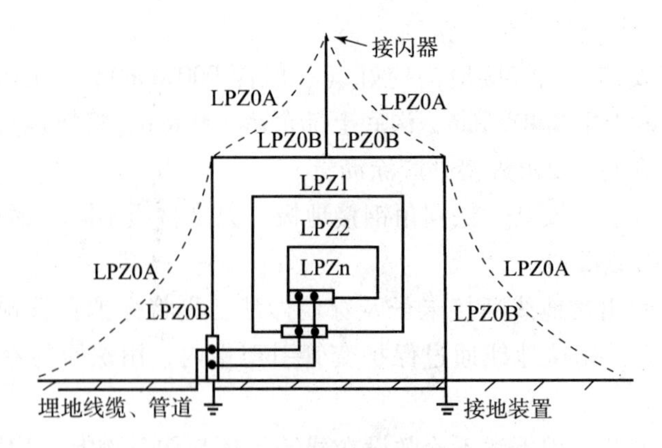

图 7－38 建筑物雷电防护区（LPZ）的划分

注：●● 在不同雷电防护区界面上的等电位接地端子板；

□ 表示起屏蔽作用的建筑物外墙、房间或其他屏蔽体；

－－－－表示按滚球法确定的防雷装置（接闪器）的保护范围。

（1）直击雷非防护区（LPZ0A）：该区内雷电电磁场没有衰减，各类物体均可能遭到直接雷击，属于完全暴露的不设防区。

（2）直击雷防护区（LPZ0B）：该区内雷电电磁场没有衰减，但各类物体很少会遭到直接雷击，属于充分暴露的直击雷防护区。

（3）第一防护区（LPZ1）：由于建筑物的屏蔽措施，该区流经各类导体的雷电流比直击雷防护区（LPZ0B）减小，雷电电磁场得到了初步的衰减，各类物体不可能遭到直接雷击。

（4）第二防护区（LPZ2）：该区为进一步减小所导引的雷电流或电磁场而引入的后续防护区。

（5）后续防护区（LPZn）：该区为需再进一步减小雷电电磁脉冲以保护敏感度水平更高的设备的后续防护区。

（二）电子信息系统防雷电电磁脉冲的措施

建筑物电子信息系统的防雷，包括对雷电电磁脉冲的防护，必须将外部防雷措施与内部防雷措施协调统一，按工程整体要求进行全面规划，做到安全可靠、技术先进、经济合理。

建筑物电子信息系统的综合防雷系统，如图 7－39 所示。

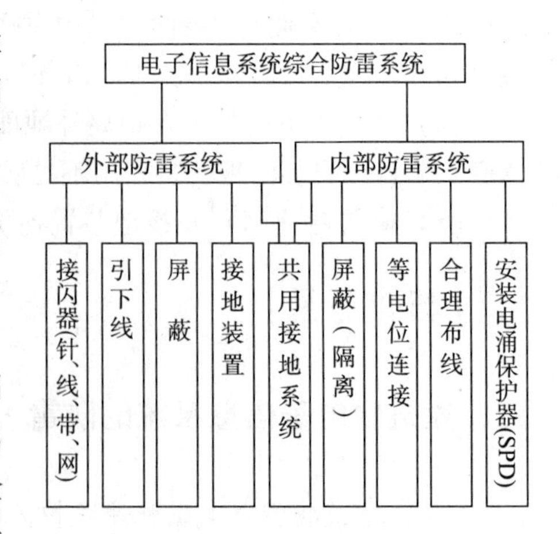

图 7－39 建筑物电子信息系统综合防雷系统

1. 等电位连接与共用接地系统要求

（1）电子信息系统的机房应设置等电位连接网络。电气和电子设备的金属外壳、机柜、机架、金属管、槽、屏蔽线缆外层、信息设备防静电接地、安全保护接地、电涌保护器（SPD）接地端等，均应以最短距离与等电位连接网络的接地端子相连接。

（2）在直击雷非防护区（LPZ0A）或直击雷防护

区（LPZ0B）与第一防护区（LPZ1）的交界处，应设置总等电位接地端子板，每层楼宜设置楼层等电位接地端子板，电子信息系统设备机房应设置局部等电位接地端子板。各接地端子板应装设在便于安装和检查的位置，不得安装在潮湿或有腐蚀性气体及易受机械损伤的地方。

（3）共用接地装置应与总等电位接地端子板连接，通过接地干线引至楼层等电位接地端子板，由此引至设备机房的局部等电位接地端子板。局部等电位接地端子板应与预留的楼层主钢筋接地端子连接。接地干线宜采用多股铜芯导线或铜带，其截面不应小于 16 mm^2。接地干线应在电气竖井内明敷，并应与楼层主钢筋作等电位连接。

（4）不同楼层的综合布线系统设备间或不同雷电防护区的配线交接间应设置局部等电位接地端子板。楼层配电箱的接地线应采用绝缘铜导线，截面不小于 16 mm^2。

（5）防雷接地如与交流工作接地、直流工作接地、安全保护接地共用一组接地装置时，接地装置的接地电阻值必须按接入设备中要求的最小值确定。

（6）接地装置应优先利用建筑物的自然接地体。当自然接地体的接地电阻达不到要求时，应增加人工接地体。当设置人工接地体时，人工接地体宜在建筑物四周散水坡外大于 1m 处埋设成环形接地网，并可作为总等电位连接带使用。

2. *屏蔽及合理布线要求*

（1）电子信息系统设备机房的屏蔽应符合下列规定：

电子信息系统设备主机房宜选择在建筑物低层中心部位，其设备应远离外墙结构柱，设置在雷电防护区的高级别区域内；金属导体、电缆屏蔽层及金属线槽（架）等进入机房时，应做等电位连接；当电子信息系统设备为非金属外壳，且机房屏蔽未达到设备电磁环境要求时，应设金属屏蔽网或金属屏蔽室。金属屏蔽网和金属屏蔽室应与等电位接地端子板连接。

（2）线缆屏蔽应符合下列规定：

需要保护的信号电缆，宜采用屏蔽电缆，且应在其屏蔽层两端及雷电防护区交界处做等电位连接并接地；当采用非屏蔽电缆时，应敷设在金属管道内并埋地引入，金属管道应电气导通，并应在雷电防护区交界处做等电位连接并接地。电缆埋地长度应不小于 15 m；当建筑物之间采用屏蔽电缆互联，且电缆屏蔽层能存载可预见的雷电流时，电缆可不敷设在金属管道内；光缆的所有金属接头、金属挡潮层、金属加强芯等，应在入户处直接接地。

（3）线缆敷设应符合下列规定：

电子信息系统线缆主干线的金属线槽宜敷设在电气竖井内。电子信息系统线缆与其他管线的间距应符合表 7－8 的规定。

表 7－8　电子信息系统线缆与其他管线的净距（据 GB 50343—2004）

其他管线	线缆与其他管线净距	
	最小平行净距/mm	最小交叉净距/mm
防雷引下线	1 000	300
保护地线	50	20
给水管	150	20
压缩空气管	150	20

续表

其他管线	线缆与其他管线净距	
	最小平行净距/mm	最小交叉净距/mm
热力管（不包封）	500	500
热力管（包封）	300	300
煤气管	300	20

布置电子信息系统信号线缆的路径走向时，应尽量减小由线缆本身形成的感应环路面积。电子信息系统线缆与电力电缆的间距应符合表7－9的规定。

表7－9　电子信息系统线缆与电力电缆的净距（据GB 50343—2004）

类　　别	与电子信息系统信号线缆接近情况	最小净距/mm
380 V电力电缆容量小于2 kV·A	与信号线缆平行敷设	130
	有一方在接地的金属线槽或钢管中	70
	双方都在接地的金属线槽或钢管中	10
380 V电力电缆容量为2～5 kV·A	与信号线缆平行敷设	300
	有一方在接地的金属线槽或钢管中	150
	双方都在接地的金属线槽或钢管中	80
380 V电力电缆容量大于5 kV·A	与信号线缆平行敷设	600
	有一方在接地的金属线槽或钢管中	300
	双方都在接地的金属线槽或钢管中	150

注：①当380 V电力电缆的容量小于2 kV·A，双方都在接地的金属线槽中，如在两个不同线槽中或在同一线槽中用金属板隔开，且平行长度不大于10 m时，则双方最小间距可以是10 mm。
②电话线缆中存在振铃电流时，不宜与计算机网络同在一根双绞线电缆中。

电子信息系统线缆与配电箱、变电室、电梯机房、空调机房之间的最小净距宜符合表7－10的规定。

表7－10　电子信息系统线缆与电气设备之间的净距（据GB 50343—2004）

名　　称	最小间距/m	名　　称	最小间距/m
配电箱	1.00	电梯机房	2.00
变电室	2.00	空调机房	2.00

3. 电子信息系统的电源线路中电涌保护器（SPD）的装设要求

1）TN系统中电涌保护器（SPD）的装设要求

电子信息系统设备由TN系统供电时，配电线路通常采用TN－C－S系统的接地形式，在三根相线与PE之间装设SPD，如图7－40所示。

电涌保护器（SPD）的一个重要参数是最大持续运行电压U_c，它是指可持续加在SPD上而不致使之击穿的最大交流电压有效值或直流电压值。一般取为$U_c \geq 1.15U_\varphi$，这里U_φ为配电线路的相电压。

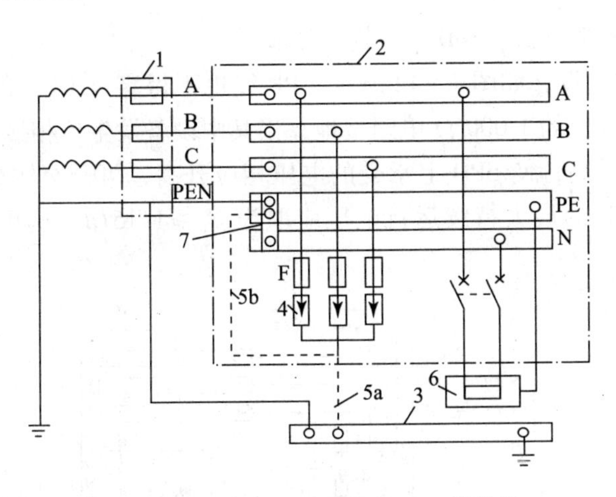

图 7-40 TN-C-S 系统中 SPD 的装设

1—进线电源箱；2—配电盘；3—接地母线；4—电涌保护器（SPD）；5—SPD 的接地连接（5a 或 5b）；6—被保护设备；7—PE 线与 N 线的连接端子板；F—保护 SPD 的熔断器或断路器、漏电保护器（RCD）

2）TT 系统中电涌保护器（SPD）的装设要求

TT 系统中的 SPD 有如图 7-41（a）、（b）所示两种装设方式。图 7-41（a）中的 SPD 装在 RCD 的负荷侧。RCD 应考虑具有通过雷电流的能力，且 PE 线不得穿过 RCD 的铁芯。由于 TT 系统中用电设备的接地与电源中性点的接地没有电气联系，因此当用电设备发生单相接地故障时，另外两非故障相的对地电位将升高，使 SPD 上承受的电压相应升高。所以 SPD 的最大持续运行电压应取为 $U_c \geqslant 1.55U_\varphi$，这里 U_φ 为配电线路的相电压。图 7-41（b）中的 SPD 装在 RCD 的电源侧，RCD 不必考虑通过雷电流，但 PE 线也不得穿过 RCD 的铁芯。由于 SPD 的接地端又串入了放电间隙，因此 SPD 的最大持续运行电压可取为 $U_c \geqslant 1.15U_\varphi$。

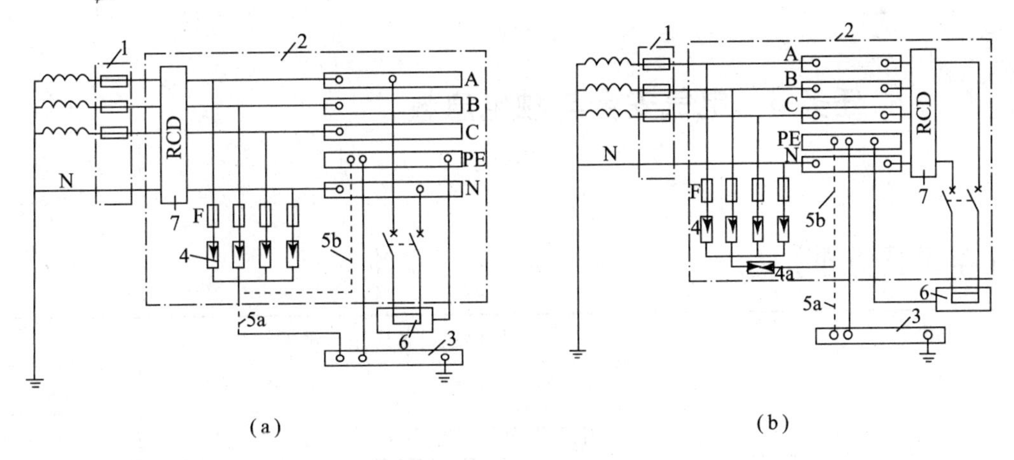

图 7-41 系统中 SPD 的装设

（a）SPD 装在 RCD 的负荷侧；（b）SPD 装在 RCD 的电源侧

1—进线电源箱；2—配电盘；3—接地母线；4—电涌保护器（SPD）；5—SPD 的接地连接（5a 或 5b）；6—被保护设备；7—漏电保护器（RCD）；F—保护 SPD 的熔断器或断路器、漏电保护器（RCD）

3）IT 系统中电涌保护器（SPD）的装设要求

IT 系统中 SPD 的装设，如图 7－42 所示。PE 线也不得穿过 RCD 的铁芯。由于 IT 系统的电源中性点不接地或经约 1 000 Ω 电阻接地，当其中设备发生单相接地故障时，另外两非故障相的对地电位将升高，使 SPD 上承受的电压相应升高，可升至线电压 U_l。因此，为确保 SPD 安全运行，SPD 的最大持续运行电压应取为 $U_c \geq 1.15U_l$，这里 U_l 为配电线路的线电压。

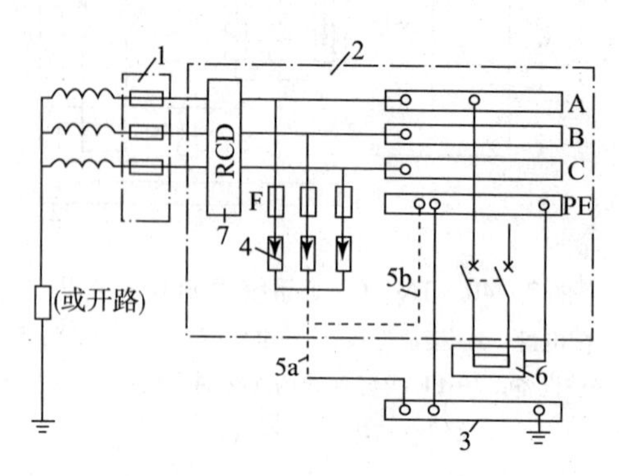

图 7－42　IT 系统中 SPD 的装设

1—进线电源箱；2—配电盘；3—接地母线；4—电涌保护器（SPD）；5—SPD 的接地连接（5a 或 5b）；6—被保护设备；7—漏电保护器（RCD）；F—保护 SPD 的熔断器或断路器、漏电保护器（RCD）

由于 SPD 在雷电电磁脉冲作用下导通放电时，施加在被保护设备上的雷电脉冲残压是 SPD 上的残压与 SPD 两端接线上电感 L 的感应电压降（$u_L = L\mathrm{d}i/\mathrm{d}t$）之和。其中 SPD 上的残压由产品性能决定，无法减小；而 SPD 两端接线上的感应电压降则可借缩短接线长度减小电感 L 来减小，因此 SPD 两端的接线应尽量缩短。按 GB 50343—2004 规定，其接线长度不宜大于 0.5 m。

任务 3　电气安全与触电急救

【学习任务单】

学习领域	工厂供电设备应用与维护	
项目七	电气安全与防雷保护	学时
学习任务 3	电气安全与触电急救	4
学习目标	**1. 知识目标** （1）了解电气安全有关知识； （2）熟悉电气安全的措施； （3）掌握人体触电的急救处理方法。	

续表

<table>
<tr><td>学习领域</td><td colspan="2">工厂供电设备应用与维护</td></tr>
<tr><td>项目七</td><td>电气安全与防雷保护</td><td>学时</td></tr>
<tr><td>学习任务3</td><td>电气安全与触电急救</td><td>4</td></tr>
<tr><td>学习目标</td><td colspan="2">2. 能力目标
（1）熟悉电气安全的措施；
（2）能够进行人体触电的急救处理；
（3）能够正确安装船舶电气设备的接地与保护装置。
3. 素质目标
（1）培养学生在安装过程中具有安全用电与安全操作意识；
（2）培养学生在安装过程中具有团队协作意识和吃苦耐劳的精神。</td></tr>
<tr><td colspan="3">一、任务描述
按照电气安全的措施及要求，能够进行船舶电气设备的接地与保护装置的安装。
二、任务实施
（1）学生分组，每小组4～5人；
（2）小组按任务单进行分析和资料学习；
（3）小组经过讨论确定任务结果，每小组由中心发言人陈述，经过全体同学讨论，确定正确结果；
（4）检查总结。
三、相关资源
（1）教材；
（2）教学课件；
（3）图片；
（4）船舶电气设备的接地与保护接线图。
四、教学要求
（1）认真进行课前预习，充分利用教学资源；
（2）充分发挥团队合作精神，正确完成工作任务；
（3）团队之间相互学习，相互借鉴，提高学习效率。</td></tr>
</table>

【知识链接】

一、电气安全有关概念

（一）电流对人体的作用

电流通过人体时，人体内部组织将产生复杂的作用。

人体触电可分两种情况：一种是雷击和高压触电，较大的安培数量级的电流通过人体所产生的热效应、化学效应和机械效应，将使人的肌体遭受严重的电灼伤、组织炭化坏死及其难以恢复的永久性伤害。由于高压触电多发生在人体尚未接触到带电体时，在肢体受到电弧灼伤的同时，强烈的触电刺激肢体痉挛收缩而脱离电源，所以高压触电以电灼伤者居多。但在特殊场合，人触及高压后，由于不能自主地脱离电源，将导致迅速死亡的严重后果。另一种是低压触电，在数十至数百毫安电流作用下，使人的肌体产生病理生理性反应，轻则有针刺痛感，或出现痉挛、血压升高、心律不齐以至昏迷等暂时性的功能失常，重则可引起呼吸停止、心脏骤停、心室纤维性颤动，严重的可导致死亡。

图 7－43 是国际电工委员会（IEC）提出的人体触电时间和通过人体电流（50 Hz）对人身机体反应的关系曲线。由图 7－43 可以看出：①区——人体对触电无反应；②区——人体触电后有麻木感，但一般无病理生理反应，对人体无害；③区——人体触电后，可产生心律不齐、血压升高、强烈痉挛等症状，但一般无器质性损伤；④区——人体触电后，可发生心室纤维性颤动，严重的可导致死亡。因此通常将①、②、③区视为人身“安全区”，③区与④区之间的一条曲线，称为“安全曲线”。但③区也不是绝对安全的，这一点必须注意。

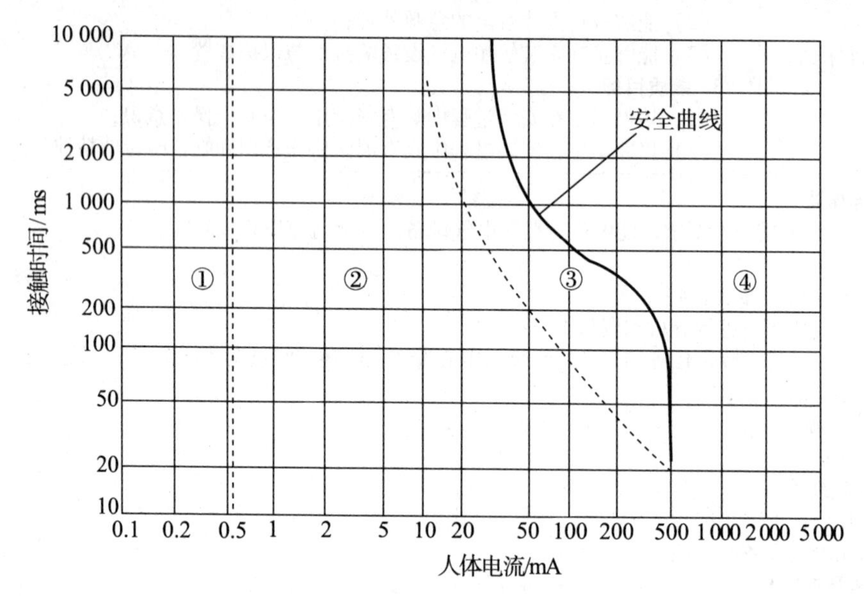

图 7－43　IEC 提出的人体触电时间和通过人体电流（50 Hz）对人身肌体反应的曲线

（二）安全电流及相关因素

安全电流是人体触电后的最大摆脱电流。

安全电流值，各国规定并不完全一致。我国一般取 30 mA（50 Hz 交流）为安全电流，但是触电时间按不超过 1 s 计，因此这一安全电流也称为 30 mA · s。由图 7－43 所示安全曲线也可以看出，如果通过人体的电流不超过 30 mA · s 时，对人身肌体不会有损伤，不致引起心室颤动或器质性损伤。如果通过人体的电流达到 50 mA · s 时，对人就有致命危险。而达到 100 mA · s 时，一般会致人死命。这 100 mA 即为“致命电流”。

安全电流主要与下列因素有关：

（1）触电时间。由图 7－43 的安全曲线可以看出，触电时间在 0.2 s 以下和 0.2 s 以上（即以 200 ms 为界），电流对人体的危害程度是大有差别的。触电时间超过 0.2 s 时，致颤电流值将急剧降低。

（2）电流性质。试验表明，直流、交流和高频电流通过人体时对人体的危害程度是不一样的，通常以 50～60 Hz 的工频电流对人体的危害最为严重。

（3）电流路径。电流对人体的伤害程度，主要取决于心脏的受损程度。试验表明，不同路径的电流对心脏有不同的伤害程度，而以电流从手到脚特别是从一手到另一手对人最为危险。

（4）体重和健康状况。健康人的心脏和虚弱病人的心脏对电流伤害的抵抗能力是大不一样的。人的心理状态、情绪好坏以及人的体重等，也使电流对人体的危害程度有所差异。

（三）安全电压和人体电阻

安全电压是指不致使人直接致死或致残的电压。

我国国家标准 GB 3805—1983《安全电压》规定的安全电压等级如表 7－11 所示。表内的额定电压值，是由特定电源供电的电压系列，这个特定电源是指用安全隔离变压器与供电干线隔离开的电源。表中所列空载上限值，主要是考虑到某些重载的电气设备，其额定电压虽然符合规定，但空载电压往往很高，如果超过规定的上限值，仍不能认为符合安全电压标准。

表 7－11 安全电压（据 GB 3805—1983）

安全电压（交流有效值）/V		选用举例
额定值	空载上限值	
42	50	在有触电危险的场所使用的手持式电动工具等
36	43	在矿井、多导电粉尘等场所使用的行灯等
24	29	可供某些具有人体可能偶然触及的带电体设备选用
12	15	
6	8	

注：1993 年颁布实施的 GB/T 3805—1993《特低电压（ELV）限值》规定的 15～100 Hz 交流电压限值（安全电压）与上表有较大的不同，例如正常状态、干燥环境下的安全电压为 33 V，而对于接触面积小于1 cm^2 的非可紧握部件，其限值可增大至 66 V。不过其安全电压限值的平均值仍为 50 V，与上表的安全电压上限值 50 V 相同。

实际上，从电气安全的角度来说，安全电压与人体电阻是有关系的。

人体电阻由体内电阻和皮肤电阻两部分组成。体内电阻约为 500 Ω，与接触电压无关。皮肤电阻随皮肤表面的干湿洁污状况及接触面积而变，为 1 700～2 000 Ω。从人身安全的角度考虑，人体电阻一般取下限值 1 700 Ω。

由于安全电流取 30 mA，而人体电阻取 1 700 Ω，因此人体允许持续接触的安全电压为

$$U_{saf} = 30\ \text{mA} \times 1\ 700\ \Omega \approx 50\ \text{V}$$

这 50 V（50 Hz 交流有效值）称为一般正常环境条件下允许持续接触的“安全特低电压”。现行国标 GB 50054—1995 也明确规定：“设备所在环境为正常环境，人身电击安全电压限值为 50 V。”

（四）直接触电防护和间接触电防护

根据人体触电的情况将触电防护分为直接触电防护和间接触电防护两种。

（1）直接触电防护。指对直接接触正常时带电部分的防护，例如对带电导体加隔离栅栏或加保护罩等。

（2）间接触电防护。指对故障时可带危险电压而正常时不带电的电气装置外露可导电部分的防护，例如将正常不带电的设备金属外壳和框架等接地，并装设接地故障保护等。

二、电气安全措施

在供用电工作中，必须特别注意电气安全。如果稍有麻痹或疏忽，就可能造成严重的人身触电事故或者引起火灾或爆炸，给国家和人民带来极大的损失。

保证电气安全的一般措施如下：

1. 加强电气安全教育

电能够造福于人，但如果使用不当，也能给人以极大危害，甚至致人死命。因此必须加强电气安全教育，人人树立“以人为本，安全第一”的观点，个个都做安全教育工作，力争供用电系统无事故地运行，防患于未然。

2. 严格执行安全工作规程

国家颁布的和现场制定的安全工作规程，是确保工作安全的基本依据。只有严格执行安全工作规程，才能确保工作安全。例如，在变配电所工作，就必须严格执行国家电网公司2005年发布试行的《国家电网公司电力安全工作规程（变电站和发电厂电气部分）》等的有关规定。

1）电气作业人员必须具备的条件

（1）经医师鉴定，无妨碍工作的病症（体格检查每两年至少一次）。

（2）具备必要的电气知识和业务技能，且按工作性质，熟悉上述《电力安全工作规程》的有关部分，并经考试合格。

（3）具备必要的安全生产知识，学会紧急救护法，特别要学会触电急救。

2）高压设备工作的一般安全要求

（1）运行人员应熟悉电气设备。单独值班人员或运行值班负责人还应有实际工作经验。

（2）高压设备符合下列条件者可由单人值班或单人操作：

①室内高压设备的隔离室设有遮拦，遮拦的高度在1.7 m以上，安装牢固并加锁者；

②室内高压断路器的操作机构用墙或金属板与该断路器隔离或装有远方操作机构者。

3）人身与带电体的安全距离

（1）作业人员工作中正常活动范围与带电设备的安全距离不得小于表7-12的规定。

表7-12 作业人员工作中正常活动范围与带电设备的安全距离

电压等级/kV	≤10（13.8）	20、35	66、110	220	330	500
安全距离/m	0.70	1.00	1.50	3.00	4.00	5.00
注：表中未列电压按高一挡电压等级的安全距离。						

（2）进行地电位带电作业时，人身与带电体间的安全距离不得小于表7-13的规定。

表7-13 进行地电位带电作业时人身与带电体间的安全距离

电压等级/kV	10	35	66	110	220	330	500
安全距离/m	0.4	0.6	0.7	1.0	1.8 （1.6）①	2.2	3.4 （3.2）②
注：①因受设备限制达不到1.8 m时，经主管生产领导（总工程师）批准，并采取必要措施后，可采用括号内1.6 m的数值。 ②海拔500 m以下，500 kV取3.2 m，但不适用于紧凑型线路。							

（3）等电位作业人员对邻相导线的安全距离不得小于表 7－14 的规定。

表 7－14　等电位作业人员对邻相导线的安全距离

电压等级/kV	10	35	66	110	220	330	500
安全距离/m	0.6	0.8	0.9	1.4	2.5	3.5	5.0

3. 严格遵循设计、安装规范

国家制定的设计、安装规范，是确保设计、安装质量的基本依据。例如，进行工厂供电设计，就必须遵循国家标准 GB 50052—1995《供配电系统设计规范》、GB 50053—1994《10 kV 及以下变电所设计规范》、GB 50054—1995《低压配电设计规范》等一系列设计规范；而进行供电工程的安装，则必须遵循国家标准 GBJ 147—1990《电气装置安装工程 · 高压电器施工及验收规范》、GBJ 148—1990《电气装置安装工程 · 电力变压器、油浸电抗器、互感器施工及验收规范》、GB 50168—2006《电气装置安装工程 · 电缆线路施工及验收规范》、GB 50173—1992《电气装置安装工程 · 35 kV 及以下架空电力线路施工及验收规范》、GB 50303—2002《建筑电气工程施工质量验收规范》等一系列施工及验收规范。

4. 加强运行维护和检修试验工作

加强供用电设备的运行维护和检修试验工作，对于供用电系统的安全运行，也具有很重要的作用。这方面也应遵循有关的规程、标准。例如电气设备的交接试验，应遵循 GB 50150—2006《电气装置安装工程 · 电气设备交接试验标准》的规定。

5. 采用安全电压及符合安全要求的相应电器

对于容易触电及有触电危险的场所，应按表 7－11 的规定采用相应的安全电压值。

对于在有爆炸和火灾危险的环境中使用的电气设备和导线、电缆，应符合 GB 50058—1992《爆炸和火灾危险环境电力装置设计规范》的规定。GB 50058—1992 关于爆炸和火灾危险环境的分区，如附表 2 所示。关于在爆炸危险环境 1 区和 2 区内，在 1 000 V 以下采用钢管配线的技术要求，可参看附表 3。

6. 按规定使用电气安全用具

电气安全用具分基本安全用具和辅助安全用具两类。

（1）基本安全用具。这类安全用具的绝缘足以承受电气设备的工作电压，操作人员必须使用它，才允许操作带电设备。例如操作高压隔离开关和跌开式熔断器的绝缘操作棒（俗称令克棒，见图 7－44）和用来装拆低压熔断器熔管的绝缘操作手柄等。

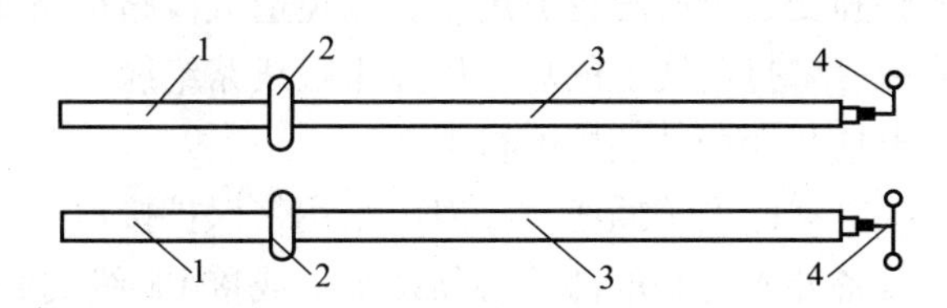

图 7－44　高压绝缘操作棒

1—操作手柄；2—护环；3—绝缘杆；4—金属钩

（2）辅助安全用具。这类安全用具的绝缘不足以完全承受电气设备工作电压的作用，但是工作人员使用它，可使人身安全得到进一步的保障。例如绝缘手套、绝缘靴、绝缘地毯、绝缘垫台、高压验电器［见图7－45（a）］、低压试电笔［见图7－45（b）］、临时接地线（见图7－46）及“禁止合闸，有人工作”“止步，高压危险!”等标示牌等。

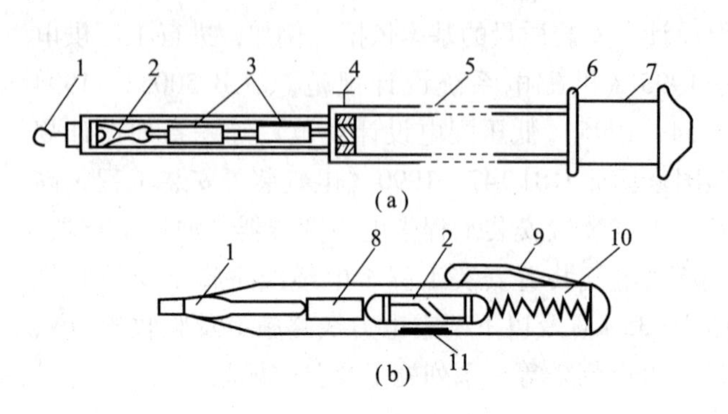

图7－45 验电工具

（a）高压验电器；（b）低压试电笔

1—触头；2—氖灯；3—电容器；4—接地螺钉；5—绝缘棒；6—护环；7—绝缘手柄；8—碳质电阻；9—金属挂钩；10—弹簧；11—观察窗口

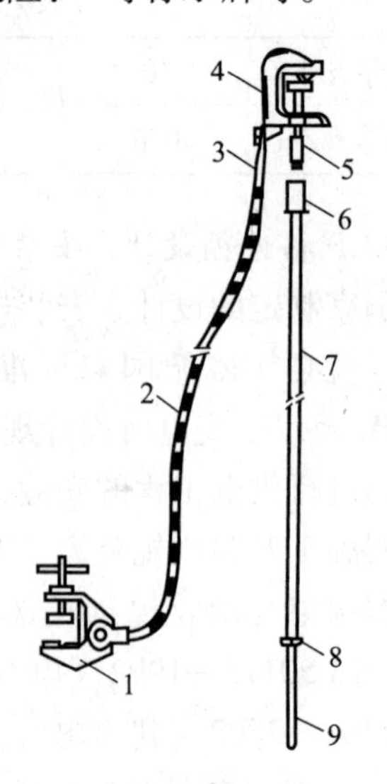

图7－46 临时接地线和接地操作棒

1—接地端线夹；2—接地线（有外护层的软铜绞线）；3—铜绞线上的线鼻子；4—导线端线夹；5—导线端线夹上的紧固件；6—接地操作棒上的紧固头；7—接地操作棒的绝缘部分；8—操作棒的护环；9—操作棒的手柄

使用电气安全用具必须遵循国家电网公司2005年颁布的《国家电网公司电力安全工作规程》的规定。例如用绝缘操作棒拉合高压隔离开关时，应戴绝缘手套。雨天室外操作时，绝缘棒应有防雨罩，还应穿绝缘靴。所有绝缘用具应定期进行试验。例如，高压绝缘操作棒每年应进行一次耐压试验，合格的才能继续使用。

7. 安全用电常识

（1）不得私拉电线，装拆电线应请电工，以免发生短路和触电事故。

（2）不得超负荷用电，不得随意加大熔断器熔体规格或更换熔体材质。

（3）绝缘电线上不得晾晒衣物，以防电线绝缘破损，漏电伤人。

（4）不得在架空线路和变配电所附近放风筝，以免造成线路短路或接地故障。

（5）不得用鸟枪或弹弓来打电线上的鸟，以免击毁线路绝缘子。

（6）不得擅自攀登电杆和变配电装置的构架。

（7）移动式和手持式电器的电源插座，一般应采用带保护接地（PE）插孔的三孔插座。

（8）所有可触及的设备外露可导电部分必须接地，或接PE线或PEN线。

（9）当带电的电线断落在地上时，不可走近，更不能用手去拣。对落地的高压线，人应该离开落地点8～10 m以上。遇此类断线落地故障，应划定禁止通行区，派人看守，并通知电工或供电部门前来处理。

（10）如遇有人触电，应立即设法断开电源，并按规定进行急救处理。

8. 电气失火事故处理

1）电气设备起火的原因

（1）电气设备的绝缘下降或损坏，电气线路发生短路、接地等故障引起的火花；

（2）电气设备长期过载、超负荷工作，温升超过允许值，甚至燃烧；

（3）继电器、接触器通断情况不良，灭弧不好；

（4）直流电动机换向不好，换向火花过大；

（5）导体或电缆连接点松动，接触不好，引起局部发热甚至燃烧。

2）电气设备的防火要求

（1）经常检查电气线路及设备的绝缘电阻，发现接地、短路等故障时要及时排除；

（2）电气线路和设备的载流量必须控制在额定范围内；

（3）严格按施工要求，保证电气设备的安装质量；

（4）按环境条件选择使用电气设备，易燃易爆场所要使用防爆电器；

（5）电缆及导线连接处要牢靠，防止松动脱落。

3）电气灭火器具

对于已经切断电源而范围较大的电气火灾，可使用水和常规灭火器。对于未切断电源的电气火灾应采用绝缘性能好、腐蚀性小的灭火器具。船用灭火器具一般有以下几种：

（1）二氧化碳灭火器。二氧化碳绝缘性能好，没有腐蚀性，使用后不留渣渍，不损坏设备，是一种很理想的灭火材料。使用时，不要与水或蒸汽一起使用，否则灭火性能会大大降低。

（2）1211 灭火器。1211 是一种含有一溴二氟一氯甲烷的灭火材料，扑灭电气火灾的效果理想。适合扑灭小面积电气火灾，一般船舶配电板附近备有这种小型灭火器。

（3）干粉灭火器。干粉是碳酸氢钠加硬脂酸铝、云母粉、石英粉或滑石粉等粉状物。干粉本身无毒，不腐蚀，不导电。灭火时，钢瓶中的压缩气体将干粉以雾状物喷射到燃烧物表面，隔离空气，使火熄灭。干粉灭火迅速，效果好，但成本高，灭火后须擦拭被喷射物，一般仅用于小面积灭火。

4）带电灭火的措施和注意事项

带电灭火应使用二氧化碳（CO_2）灭火器、干粉灭火器或 1211 灭火器。这些灭火器的灭火剂不导电，可直接用来扑灭带电设备的失火。但使用二氧化碳灭火器时，要防止冻伤和窒息，因为其二氧化碳是液态的，灭火时它喷射出来后，强烈扩散，大量吸热，形成温度很低（可低至 -78 ℃）的雪花状干冰，降温灭火，并隔绝氧气。因此使用二氧化碳灭火器时，要打开门窗，并要离开火区 $2\sim3$ m，不要使干冰沾着皮肤，以防冻伤。不能使用一般泡沫灭火器，因为其灭火剂（水溶液）具有一定的导电性，而且对电气设备的绝缘有一定的腐蚀性。一般也不能用水来灭电气失火，因为水中多少含有导电杂质，用水进行带电灭火，容易发生触电事故。可使用干砂来覆盖进行带电灭火，但只能是小面积的。

三、人体触电的急救处理

1. 影响触电伤害程度的因素

（1）与电流种类有关。直流电对人体血液有分解作用，交流电对人的神经有破坏作用，通常交流电对人体伤害程度要大于直流电。

（2）与流过人体的电流量大小有关。一般情况下，当流过人体的交流电流在15～20 mA以下时，人体是安全的，此时人的头脑清醒，自己有能力摆脱带电体。而当电流达到50 mA以上时，人的心脏受到严重损害，导致立即死亡。

（3）与交流电流频率有关，50 Hz或60 Hz的工频电流对人体的伤害最大。当频率增高到2 000～2 500 Hz时，对人的危害性降低。频率再增高时，电流对人的伤害程度就大大降低。

（4）与电压高低有关。当加于人体的电压小于36 V时，由于人体自身电阻的作用，通过人体的电流不会超过50 mA，不至于伤害人体。因此规定36 V以下为安全电压。当电压超过36 V时，就有可能危及人身安全。电压越高，危害性越大，1 000 V以上的高电压能很快使人停止呼吸和心跳而致死。

（5）与流经人体的电流持续时间有关。流经人体的电流持续时间越长，对人造成的伤害就越严重。经验证明：100 mA的电流通过人体持续0.2 s以上，就完全可能置人于死地。

（6）与电流流过人体的路径有关。电流经过人体其他部位而不经过心脏，危险性相对小一些。触电电流经过心脏的危险性最大。但是，人体任何部位触电，都能引起呼吸神经中枢急剧失调，丧失知觉，甚至死亡。

（7）与人体电阻和人的体质有关。人体电阻因人而异，但在一般情况下，干燥洁净的皮肤，人体电阻可达40～50 kΩ。而皮肤潮湿时可降到1 kΩ以下，如皮肤破损，人体电阻将降至600～800 kΩ，使触电的危险性增大。

体格强健、身心健康者，其耐受能力较强，触电危险性相对可小些，而身体虚弱者的危险性就较大。

2. 触电的急救处理

触电者的现场急救，是抢救过程中关键的一步。如果处理及时和正确，则因触电而呈假死的人就有可能获救；反之，则会带来不可弥补的后果。带电灭火时，应采取防触电的可靠措施。如有人触电，应按下述方法进行急救处理。

1）脱离电源

触电急救，首先要使触电者迅速脱离电源，越快越好，因为触电时间越长，伤害越重。

脱离电源就是要将触电者接触的那一部分带电设备的电源开关断开，或者设法使触电者与带电设备脱离。在脱离电源时，救护人员既要救人，又要注意保护自己，防止触电。触电者未脱离电源前，救护人员不得用手触及触电者。

如果触电者触及低压带电设备，救护人员应设法迅速切断电源，例如拉开电源开关或拔下电源插头，或者使用绝缘工具、干燥木棒等不导电物体解脱触电者。也可抓住触电者干燥而不贴身的衣服将其拖开；也可戴绝缘手套或将手用干燥衣物等包起绝缘后解脱触电者。救护人员也可站在绝缘垫上或干木板上进行救护。

如果触电者触及高压带电设备，救护人员应立即通知有关供电单位或用户停电；或迅速用相应电压等级的绝缘工具按规定要求拉开电源开关或熔断器。也可抛掷先接好地的裸金属线使高压线路短路接地，迫使线路的保护装置动作，断开电源。但抛掷短接线时一定要注意安全。抛出短接线后，要迅速离开短接线接地点8 m以外，或双脚并拢，以防跨步电压伤人。

如果触电者处于高处，解脱电源后触电者可能从高处掉下，因此要采取相应的安全措施，以防触电者摔伤或致死。

如果触电事故发生在夜间，在切断电源救护触电者时，应考虑到救护所必需的应急照明；但也不能因此而延误切断电源、进行抢救的时间。

2）急救处理

当触电者脱离电源后，应立即根据具体情况对症救治，同时通知医生前来抢救。

如果触电者神志尚清醒，则应使之就地躺平，或抬至空气新鲜、通风良好的地方让其躺下，严密观察，暂时不要让他站立或走动。

如果触电者已神志不清，则应使之就地仰面躺平，且确保空气通畅，并用 5 s 左右时间，呼叫伤员，或轻拍其肩部，以判定其是否意识丧失。禁止摇动伤员头部呼叫伤员。

如果触电者已失去知觉，停止呼吸，但心脏微有跳动时，应在通畅气道后，立即施行口对口或口对鼻的人工呼吸。

如果触电者伤害相当严重，心跳和呼吸均已停止，完全失去知觉时，则在通畅气道后，立即同时进行口对口（鼻）的人工呼吸和胸外按压心脏的人工循环。如果现场仅有一人抢救时，可交替进行人工呼吸和人工循环。先胸外按压心脏 4～8 次，然后口对口（鼻）吹气 2～3 次，再按压心脏 4～8 次，又口对口（鼻）吹气 2～3 次，……如此循环反复进行。

由于人的生命的维持，主要是靠心脏跳动而造成的血液循环和呼吸而形成的氧气与废气的交换，因此采取胸外按压心脏的人工循环和口对口（鼻）吹气的人工呼吸的方法，能对处于因触电而暂时停止了心跳和呼吸的“假死”状态的人起暂时弥补的作用，促使其血液循环和正常呼吸，达到“起死回生”，因此这两种急救方法统称为“心肺复苏法”。

在急救过程中，人工呼吸和人工循环的措施必须坚持进行。在医务人员未来接替救治前，不应放弃现场抢救，更不能只根据没有呼吸和脉搏就擅自判定伤员死亡，放弃抢救。只有医生有权对伤员做出死亡的论断。

3）人工呼吸法

人工呼吸法有仰卧压胸法、俯卧压背法和口对口（鼻）吹气法等，这里只介绍现在公认简便易行且效果较好的口对口（鼻）吹气法。

（1）首先迅速解开触电者衣服、裤带，松开上身的紧身衣、胸罩、围巾等，使其胸部能自由扩张，不致妨碍呼吸。

（2）应使触电者仰卧，不垫枕头，头先侧向一边，清除其口腔内的血块、假牙及其他异物。如果舌根下陷，应将舌根拉出，使气道畅通。如果触电者牙关紧闭，救护人员应以双手托住其下颌骨的后角处，大拇指放在下颌角边缘，用手将下颌骨慢慢向前推移，使下牙移到上牙之前；也可用开口钳、小木片、金属片等，小心地从口角伸入牙缝撬开牙齿，清除口腔内异物。然后将其头扳正，使之尽量后仰，鼻孔朝天，使气道畅通。

（3）救护人位于触电者一侧，用一只手捏紧鼻孔，不使漏气；用另一只手将下颌拉向前下方，使嘴巴张开。可在其嘴上盖一层纱布，准备进行吹气。

（4）救护人做深呼吸后，紧贴触电者嘴巴，向他大口吹气，如图 7－47（a）所示。如果掰

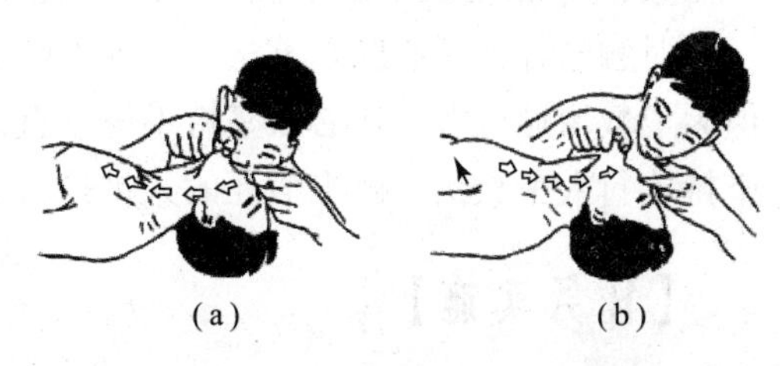

图 7－47　口对口吹气的人工呼吸法

（a）贴紧吹气；（b）放松换气（⇒表示气流方向）

不开嘴，也可捏紧嘴巴，紧贴鼻孔吹气。吹气时，要使其胸部膨胀。

（5）救护人吹完气换气时，应立即离开触电者的嘴巴（或鼻孔）并放松紧捏的鼻孔（或嘴巴），让其自由排气，如图7-47（b）所示。

按照上述操作要求对触电者反复地吹气、换气，每分钟约12次。对幼小儿童施行此法时，鼻子不必捏紧，任其自由漏气，而且吹气也不能过猛，以免其肺泡胀破。

4）胸外按压心脏的人工循环法

按压心脏的人工循环法，有胸外按压和开胸直接挤压两种。后者是在胸外按压心脏效果不大的情况下，由胸外科医生进行的一种手术。这里只介绍胸外按压心脏的人工循环法。

（1）与上述人工呼吸法的要求一样，首先要解开触电者的衣服、裤带、胸罩、围巾等，并清除口腔内异物，使气道畅通。

（2）使触电者仰卧，姿势与上述口对口吹气法一样，但后背着地处的地面必须平整牢固，为硬地或木板之类。

（3）救护人位于触电者一侧，最好是跨腰跪在触电者腰部，两手相叠（对儿童可只用一只手），手掌根部放在心窝稍高一点的地方，如图7-48所示。

（4）救护人找到触电者的正确压点后，自上而下、垂直均衡地用力向下按压，压出心脏里面的血液，如图7-49（a）所示。对儿童，用力应适当小一些。

（5）按压后，掌根迅速放松（但手掌不要离开胸部），使触电者胸部自动复原，心脏扩张，血液又回流到心脏里来，如图7-49（b）所示。

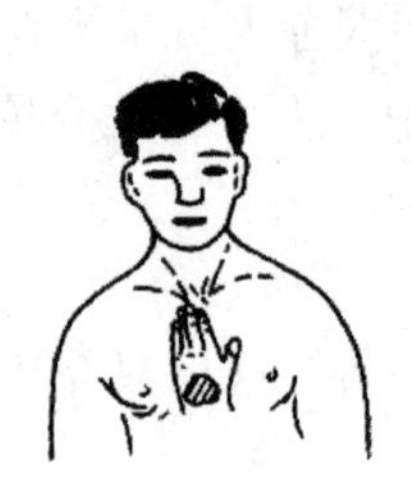

图7-48　胸外按压心脏的正确压点

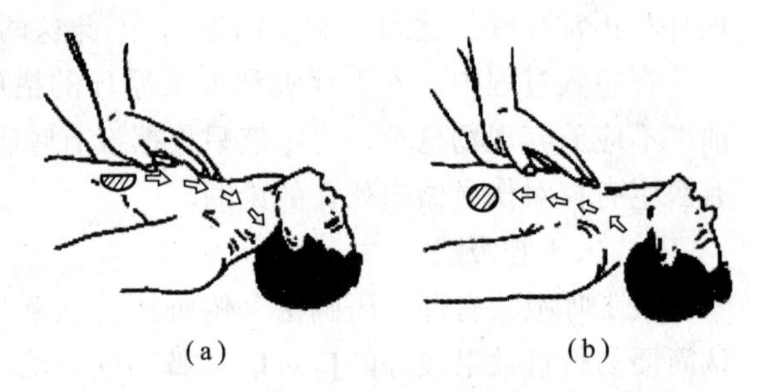

图7-49　人工胸外按压心脏法

（a）向下按压；（b）放松回流（⇒表示血流方向）

按照上述操作要求对触电者的心脏反复地进行按压和放松，每分钟约60次。按压时，定位要准确，用力要适当。

在施行人工呼吸和心脏按压时，救护人应密切观察触电者的反应。只要发现触电者有苏醒征象，例如眼皮闪动或嘴唇微动，就应终止操作几秒钟，以让触电者自行呼吸和心跳。

对触电者施行心肺复苏法——人工呼吸和心脏按压，对于救护人员来说是非常劳累的，但为了救治触电者，还必须坚持不懈，直到医务人员前来救治为止。事实说明，只要正确地坚持施行人工救治，触电假死的人被抢救成活的可能性非常大。

【任务实施】

船舶电气设备的接地与保护：

船舶电气设备的接地，就是把船舶电气设备的金属外壳、支架或电缆的护套等与船体作永久性良好连接。它是防止触电和保证电气设备正常工作的重要安全保护措施。根据保护接地、工作接地和防干扰接地（屏蔽接地）的要求及其接线图，进行船舶电气设备的接地保护。

1. 保护接地

保护接地是将电气设备的金属外壳与船体钢结构件作良好的电气连接。如图 7－4（b）所示，保护接地用于三相三线绝缘系统，它的作用在于确保人身安全。如电气设备未接地，当外壳带电时，由于线路与船体间存在电容和绝缘电阻，在人体触及设备时，电流就会经人体而形成通路，引起触电事故。进行保护接地后，由于人体电阻远比接地电阻大，所以流经人体的电流比流过接地体的电流小得多，当接地非常良好时，流经人体的电流几乎等于零。这样，就能防止触电。

根据《钢质海船入级与建造规范》的规定，电气设备保护接地的要求有：

（1）电气设备的金属外壳均需要进行保护接地。但下列情况除外：工作电压不超过 50 V 的设备；具有双重绝缘设备的金属外壳和为防止轴电流的绝缘轴承座。

（2）当电气设备直接紧固在船体的金属结构上或紧固在船体金属结构有可靠电气连接的底座（或支架）上时，可不另设置专用导体接地。

（3）无论是专用导体接地还是靠设备底座接地，接触面必须光洁平贴，接触电阻不大于 0.02 Ω，并有防松和防锈措施。

（4）电缆的所有金属护套或金属覆层须作连续的电气连接，并可靠接地。

（5）接地导体应用铜或耐腐蚀的良导体制成，接地导体的截面积须符合规定的要求。

2. 工作接地

为保证电气设备在正常工作情况下可靠运行所进行的接地称为工作接地。如电力系统中性点接地的三相四线制系统、电焊机的接地线等，都是通过接地线构成回路而工作的，如图 7－50 所示。

《钢质海船入级与建造规范》对船舶电气设备工作接地的要求是：

（1）工作接地与保护接地不能共用接地装置；

（2）工作接地应接到船体永久结构或船体永久连接的基座或支架；

（3）接地点位置应选择在便于检修、维护、不易受到机械损伤和油水浸渍的地方，且不应固定在船壳板上；

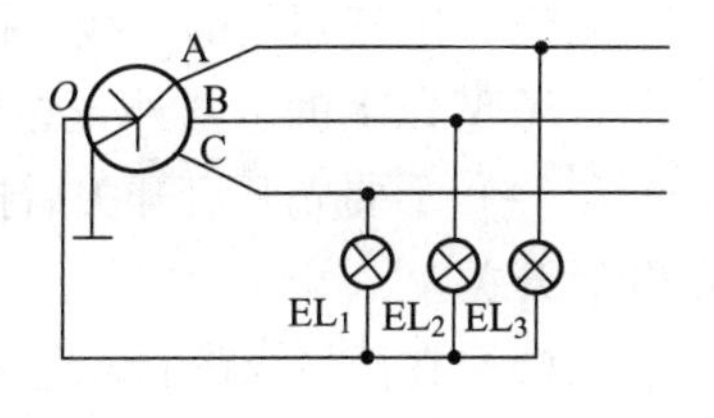

图 7－50　工作接地

（4）利用船体做回路的工作接地线的型号和截面积，应与绝缘敷设的那一级（或相）导线相同，不能使用裸线，工作接地线应尽量短，并妥善保管，接地电阻不大于 0.01 Ω；

（5）平时不载流的工作接地线截面积应为载流导线截面积的一半，但不应小于 1.5 mm^2，其性能与载流导线相同；

（6）工作接地的专用螺钉直径不应小于 6 mm。

3. 屏蔽接地

屏蔽接地是为了防止电磁干扰，在屏蔽体与地或干扰源的金属机壳之间所做的良好电气连接，如图 7－51 所示。无线电通信设备一般都装在封闭的金属机壳内，以防止外来的干扰。屏蔽是抑制无线电干扰的有效措施。任何外来干扰所产生的电场，其电力线将垂直终止于封闭机壳的外表面上，而不能穿进机壳内部。这种屏蔽将使屏蔽体内的无线电通信设备或导体不受干扰源的影响。另外，同样也可以防止无线电干扰源影响屏蔽体外的无线电通信设备或带电体。此时，屏蔽体需要与地或干扰源的机壳之间有良好的电气连接。《钢质海船入级与建造规范》对屏蔽接地的主要要求是：

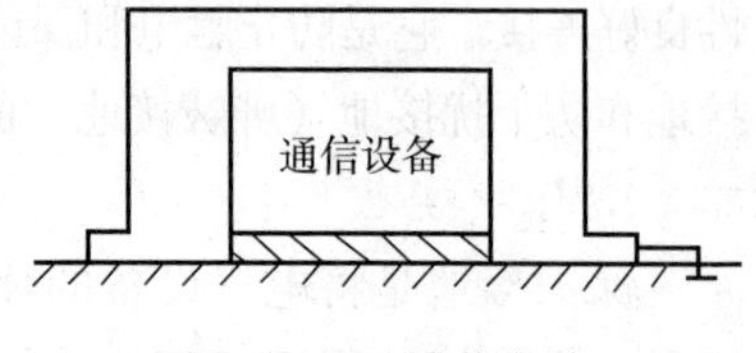

图 7-51 屏蔽接地

（1）露天甲板和非金属上层建筑内的电缆，应敷设在金属臂内或采用屏蔽电缆。

（2）凡航行设备的电缆和进入无线电室的所有电缆均应连接屏蔽。与无线电室无关的电缆不应经过无线电室。若必须经过时，应将电缆敷设在金属管道内，该金属管进、出无线电室均应可靠接地。

（3）无线电室内的电气设备应有屏蔽措施。无线电分电箱的电源电缆，应在进入无线电室处，设置防干扰的滤波器。无线电分电箱、无线电助航仪器以及分电箱的汇流排上，应设置抑制无线电干扰的电容器。

（4）内燃机（包括安装在救生艇上的内燃机）的点火系统和启动装置应连接屏蔽。点火系统电缆可采用高阻尼点火线。

（5）所有电气设备、滤波器的金属外壳，电缆的金属屏蔽护套及敷设电缆的金属管道，均应可靠接地。

船舶电气设备也采用前面任务中所述保护接零、重复接地和避雷接地等方法，在此略。

4. 安全用电规则

（1）工作服应扣好衣扣，必要时扎紧裤脚，不应把手表、钥匙等金属物带在身边，工作时应穿电工绝缘鞋。

（2）检查自己的工具是否完备良好，如各种钳柄的绝缘、行灯、手柄、护罩等，如发现有欠缺，应及时更换。

（3）电气器具的电线、插头必须完好，插头应与插座吻合，无插头的移动电器不准使用，36 V 以上的电器外壳必须安全接地。

（4）不要先开启开关后接电源（指手提电器），禁止用湿手或在潮湿的地方使用电器或开启开关。

（5）在任何线路上修理时，应从电源进线端拿走熔断器，并挂上警告牌。修理完毕后，在通电前应先查看相关线路上有无其他人在工作，确定无人后，才可装上熔断器，合上开关。

（6）换熔丝时，一定要先拉断开关，并换上规定容量的熔丝，不得用铜丝或其他金属丝代替。

（7）检查电路是否带电，只能用万能表、验电笔和灯，在未确定无电前不能进行工作，带电作业必须经由电气负责人批准，作业时必须有两人一同进行。在带电作业时，尽可能用一只手触及带电设备及进行操作。

（8）在带电设备上严禁使用钢卷尺等金属尺进行测量工作。

（9）高空作业（离地 1 m 以上）时，应系安全带，以防失足或触电坠落，同时要注意所携带的工具、器材，防止失手落下伤人和损坏设备。

（10）在维修和检查有大电容的电气设备时，应将电容器充分放电，必要时可先予以短接。

（11）在机舱工作时，应有适当的照明，所用灯具电压应符合安全标准。

（12）工作完毕后，应检查清点工具，不要遗留。特别是在配电板、发电机等重要设备附近工作时更应注意。另外，工作完毕后应注意把不必要的灯或未燃尽的火熄灭。

（13）严禁使用四氯化碳作为清洁剂。

【项目考核】

项目考核单

<table>
<tr><td>学生姓名</td><td>班级</td><td>学号</td><td>教师姓名</td><td colspan="3">项目七</td></tr>
<tr><td></td><td colspan="2"></td><td></td><td colspan="3">电气安全与防雷保护</td></tr>
<tr><td colspan="4" rowspan="2">技能训练考核内容（60 分）</td><td colspan="3">考核标准</td></tr>
<tr><td>优</td><td>良</td><td>及格</td></tr>
<tr><td rowspan="2">1. 电气设备接地及保护（15 分）</td><td colspan="3">保护接地作用的说明（图 7－4、图 7－5）</td><td rowspan="2">能够正确识别保护接地图；能够正确测试接地电阻</td><td rowspan="2">能够正确识别保护接地图；能够测试接地电阻</td><td rowspan="2">能够识别保护接地图；能够测试接地电阻</td></tr>
<tr><td colspan="3">接地装置的测试</td></tr>
<tr><td rowspan="3">2. 大气过电压与防雷保护（20 分）</td><td colspan="3">电气装置的防雷措施</td><td rowspan="3">能够正确识别防护图；能够正确安装防雷接地装置</td><td rowspan="3">能够正确识别防护图；能够安装防雷接地装置</td><td rowspan="3">能够识别防护图；能够安装防雷接地装置</td></tr>
<tr><td colspan="3">变电所对雷电波侵入的防护（图 7－35）</td></tr>
<tr><td colspan="3">防雷接地装置安装</td></tr>
<tr><td rowspan="2">3. 电气安全与触电急救（15 分）</td><td colspan="3">电气安全措施</td><td rowspan="2">能够正确使用电气安全用具；能够正确进行电气设备的接地保护</td><td rowspan="2">能够按规定使用电气安全用具；能够正确进行电气设备的接地保护</td><td rowspan="2">能够按规定使用电气安全用具；能够进行电气设备的接地保护</td></tr>
<tr><td colspan="3">电气设备的接地与保护</td></tr>
<tr><td colspan="4">4. 项目报告（10 分）</td><td>格式标准，内容完整、清晰，有详细记录的任务分析、实施过程，并进行了归纳总结</td><td>格式标准，内容清晰，记录了任务分析、实施过程，并进行了归纳总结</td><td>内容清晰，记录了任务分析、实施过程，并进行了归纳总结</td></tr>
<tr><td colspan="4">知识巩固测试（40 分）</td><td rowspan="7">遵守工作纪律，遵守安全操作规程，对相关知识点掌握牢固、准确、能正确理解电路的工作原理</td><td rowspan="7">遵守工作纪律，遵守安全操作规程，对相关知识点掌握一般，基本能正确理解电路的工作原理</td><td rowspan="7">遵守工作纪律，遵守安全操作规程，对相关知识点掌握牢固，但对电路的理解不够清晰</td></tr>
<tr><td colspan="4">1. 避雷针、线和带各主要应用场所</td></tr>
<tr><td colspan="4">2. 确定避雷针、线的保护范围</td></tr>
<tr><td colspan="4">3. 架空线路防雷措施</td></tr>
<tr><td colspan="4">4. 影响人体触电伤害程度的因素</td></tr>
<tr><td colspan="4">5. 电气设备起火的原因</td></tr>
<tr><td colspan="4">6. 如果发现有人触电的急救措施</td></tr>
<tr><td>完成日期</td><td colspan="3">年　月　日</td><td colspan="2">总　成　绩</td><td></td></tr>
</table>

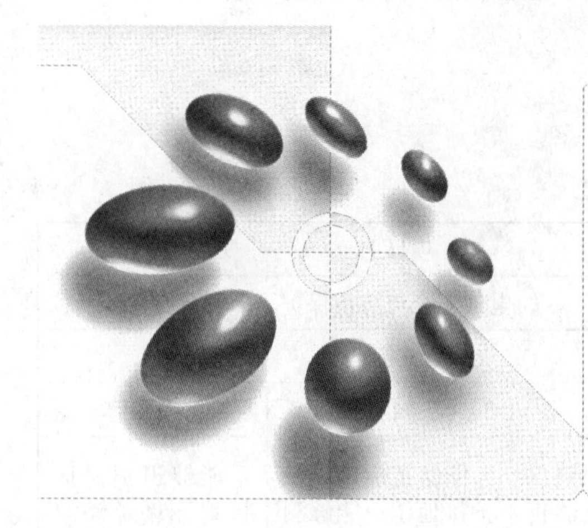

项目八　船舶电力系统组成与继电保护

【项目描述】

船舶电力系统主要任务是把其他形式的能量转换成电能，并将电能输送、分配给各处船舶用电电气设备，保证船舶安全可靠用电。本项目概述船舶电力系统的组成，详述了船舶发电机原理、配电装置功能、船用万能式自动空气断路器的操作。最后讲述船舶同步发电机与船舶电网的继电保护。通过本项目的学习，学生具体应达到以下要求：

一、知识要求

（1）熟悉船舶电力系统的组成；

（2）熟悉船舶发电机原理，配电装置功能及组成；

（3）掌握船用万能式自动空气断路器的操作；

（4）熟悉船舶同步发电机与船舶电网的继电保护。

二、能力要求

（1）能够进行船舶发电机的常见故障检修；

（2）能正确进行配电板的汇流排连接；

（3）能正确进行船用万能式自动空气断路器的操作；

（4）能够进行同步发电机与船舶电网的继电保护。

三、素质要求

（1）具有规范操作、安全操作、环保意识；

（2）具有爱岗敬业、实事求是、团结协作的优秀品质；

（3）具有分析问题、解决实际问题的能力；

（4）具有创新意识、获取新知识、新技能的学习能力。

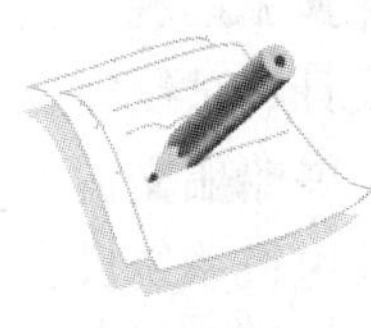

任务1　船舶电力系统组成与维护

【学习任务单】

<table>
<tr><td>学习领域</td><td colspan="2">工厂供电设备应用与维护</td></tr>
<tr><td>项目八</td><td>船舶电力系统组成与继电保护</td><td>学时</td></tr>
<tr><td>学习任务1</td><td>船舶电力系统组成与维护</td><td>6</td></tr>
<tr><td>学习目标</td><td colspan="2">1. 知识目标
（1）熟悉船舶电力系统的组成与特点；
（2）熟悉船舶电力系统的电气参数；
（3）掌握船舶发电机原理，配电装置组成。
2. 能力目标
（1）能检测船舶发电机的常见故障并能进行维护；
（2）能进行配电板的汇流排连接。
3. 素质目标
（1）培养学生在检测与连接过程中具有安全用电与操作意识；
（2）培养学生在发电机维护过程中具有团队协作意识和吃苦耐劳的精神。</td></tr>
<tr><td colspan="3">一、任务描述
根据同步发电机的起压过程和励磁调节及配电板的结构形式，能够进行船舶发电机的常见故障检修和配电板的汇流排连接。
二、任务实施
（1）学生分组，每小组4～5人；
（2）小组按任务单进行分析和资料学习；
（3）小组经过讨论确定任务结果，每小组由中心发言人陈述，经过全体同学讨论，确定正确结果；
（4）检查总结。
三、相关资源
（1）教材；
（2）教学课件；
（3）图片；
（4）船舶电力系统的组成图纸。
四、教学要求
（1）认真进行课前预习，充分利用教学资源；
（2）充分发挥团队合作精神，正确完成工作任务；
（3）团队之间相互学习，相互借鉴，提高学习效率。</td></tr>
</table>

【知识链接】

电在船上得到应用，已有一百多年的历史。从早期的用于单一照明到电力驱动、再到辅机的电力拖动而得到不断的发展，随着船舶向大型化、自动化方向发展，电力系统本身的容量也得到不断增大。20 世纪 40 年代，万吨级船舶平均容量只有 60 kW，而目前已上升到 1 500 kW 以上，自动化程度也不断提高，并朝着“高可靠性智能化”方向发展。

20 世纪 60 年代后，我国自行设计研制了新一代的舰艇和船舶。主要有导弹驱逐舰，核潜艇及万吨级远洋货轮。从仿制逐步走向自行设计、试制和生产。我国自行设计、试制完成了交流 200 kW、400 kW、1 200 kW 柴油发电机组和汽轮发电机组等。大力发展船舶交流电气设备，完成了船舶起货机用恒力矩变极变速异步电动机及控制装置、轴带发电机系统成套装置、DZ910 系列船用塑壳式自动开关设备的试制与生产。在我国自行设计制造的沿海及远洋轮船上普遍采用了交流电制，从而实现了船电交流化。

20 世纪 80 年代开始，我国实行对外开放，对内搞活的发展经济政策，积极开展了从国外引进船用电气设备制造的先进技术工作，加以消化吸收，国产船用电气设备正逐步打入国际市场。并积极开展国际交流和学术交流活动，按 IEC 标准修订我国船电设备标准，以适应船舶向大型化，自动化方向发展的需要。近年来，我国的船舶制造技术得以迅猛发展。

总之，随着船舶自动化技术的不断提高，发展的目标是把自动化船舶的研究与开发推向无人化程度，并保证机电设备处于最佳运行状态，出现异常情况时能够及时发现和排除故障。

一、船舶电力系统组成

（一）船舶电力系统组成

船舶电力系统，是指由一个或几个在统一监控之下运行的船舶电源及与之相连接的船舶电网所组成的、用以向负载供电的整体。换句话说，船舶电力系统是由电源装置、电力网和负载按照一定方式连接的整体，如图 8－1 所示。船舶电力系统是船上电能生产、传输、分

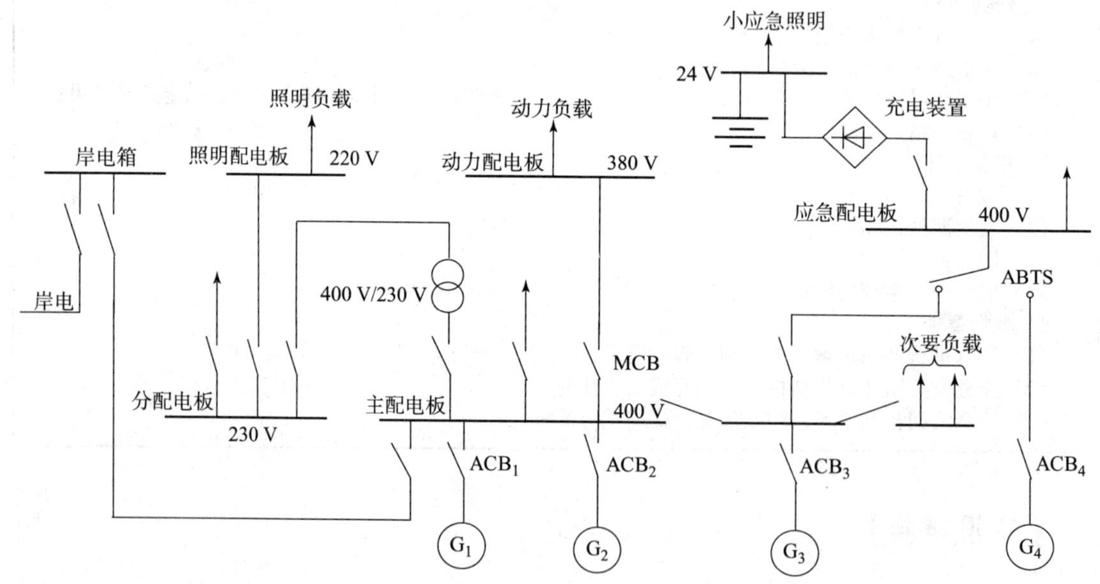

图 8－1　船舶电力系统单线示意图

G_1，G_2，G_3—主发电机；G_4—应急发电机；ACB_1，ACB_2，ACB_3，ACB_4—空气断路器；

MCB—装置式断路器；ABTS—汇流排转换接触器

配和消耗等全部装置和网络的总称。

图 8－1 为船舶电力系统单线示意图。

1. 电源装置

电源装置是将其他形式的能量（如机械能、化学能、核能）转换成电能的装置。目前船上常用的电源有发电机组和蓄电池。

2. 配电装置

配电装置主要用于控制、保护、监测和分配船舶电源产生的电力，并对船舶正常航行或应急状况下使用的电力负载进行配电的开关设备和控制设备的组合装置。可分为主配电板、应急配电板、区域配电板、分配电板、充放电板和岸电箱等。

3. 船舶电力网

船舶电力网是指向全船供电的电缆与电线组成的馈电系统的总称，其作用是把电源的电能传输给全船所有的用电设备。船舶电力网可分为动力电网、照明电网、应急电网、低压电网和弱电电网等。

4. 负载

负载又称船舶用电设备，是将电能转变为机械能、光能、热能和其他形式能的总称。可分为以下几类：

如采用电动机拖动的甲板机械设备、舱室机械设备；采用电光源的照明设备、信号设备；采用电加热的电炉、电灶等设备。

（二）船舶电力系统的特点

电力系统由于受到水上环境条件及船舶自身运行情况的影响，与陆地电力系统比较，有以下特点。

1. 容量较小

船舶电力系统电源多为单一电站，一般容量小于 2 000 kW，单机容量小于 1 000 kW。由于船舶上大的用电负载如起货机等，其功率可与发电机容量相比拟，因此电动机的启动电流引起的电网电压降较大，因而对船舶电力系统的稳定性提出了更高的要求，如：要求船用发电机的动态特性要好，有强励能力，发电机有较大的过载能力等。

2. 船舶电站与用电设备之间的距离短

船舶用电设备虽然较多，但比较集中，因此电网长度短，输送容量小，输电电压低，一般不会超过 200 m，电压小于 500 V，多采用电缆，而不采用架空线，配电装置也简单、可靠，只采用低压电器开关及控制和保护装置，除照明须配置容量不大的变压器外，并无其他的变压设备。由于船舶电站直接对用电设备供电，造成它们之间相互影响较大，电压也易于波动。

3. 船舶电气设备工作条件恶劣

船舶在水上航行，必然受到各种恶劣气候条件的影响，给船舶电气设备的正常、安全运行带来很多困难，这些困难可能造成的后果将比陆地上严重得多。环境温度高，相对湿度较大，金属部件易于腐蚀，工作稳定性差。

（三）船舶电力系统的电气参数

船舶电力系统的主要电气参数有电流等级、电压等级和频率等级等。正确地选择合适的电气参数，可以保证船舶电力系统的可靠性和稳定性。

1. 电流种类

电流种类又称电制。船舶电力系统常采用的有交流和直流两种电制。

直流电动机采用启动器后启动冲击小，可以实现大范围内的平滑调速；直流配电板上的开关电器及仪表也较交流配电板简单；直流电网传输电流时没有趋肤效应，效率较高；而且蓄电池组无须整流设备可直接充电。

但是，采用交流电制会使船舶电气设备的维修、保养工作大大简化：因为船舶电气设备主要是各种电机和电器，交流电机没有整流子，具有结构简单、体积小、重量轻、运行可靠的优点；鼠笼式异步电动机不须启动设备，控制设备少；通过变压器，可以方便地将电压变换成各种负载所需要的电压等级，使照明网络与动力网络没有直接电的联系，相互影响大为减小；交流电的采用也使岸电连接变得更加容易。

由于电子技术的迅速发展，大功率半导体器件的出现，成功地解决了曾经阻碍船舶电力系统交流化的一系列难题（调速、调压、调频和并联运行等）；使交流电制得到普及。目前，对于一般船舶，不论是货船、液货船、集装箱船、还是客船和调查船，都优先采用交流电制。

2. 额定电压等级

随着船舶大型化、自动化及舰船设备的更新和生活工作条件的改善，船舶电器的负荷急速增加，发电机的功率也必然随之增加。从而带来如下问题：

对500 V以下的电力系统来说，短路电流的增大使开关电器与保护装置的断流容量难以满足要求；大功率发电机（2 000 kW以上）和电动机（200 kW以上）在技术上是非常困难的（已接近功率极限），在经济上也不合算；使电缆的截面增大，并须多股并联，造成布线与安装上的困难。

由于上述这些原因，所以发展了船舶中压电力系统。当发电机单机容量超过2 000～2 500 kW时，可考虑采用3.3 kV电压；电动机功率超过2 000 kW以上时，也可用中压3 kV供电。

采用中压电力系统后，保护装置、接地、变压器、配电方式、开关形式、电缆端头的构造及处理方法都与500 V以下系统有很大的差别，使用时必须注意。

3. 额定频率等级

对于船舶电力系统的频率，我国“海规”规定为50 Hz，与陆用电力系统的频率标准一样。国外一些国家采用60 Hz。船舶供电系统的频率如表8－1所示。对于一些弱电设备，如无线电导航系统，则采用500 Hz和1 000 Hz的中频电源等，这些中频电源通常是由变流机组或变频器供电。

国外一些军舰为减轻电气设备的重量和尺寸，开始采用400 Hz的中频电源供电。但提高频率也带来一些不利因素，如要求制造特殊频率的电机、电器和仪表等；同时，交流阻抗加大，损耗增加，需要制造高速机械装置和高速轴承与电动机配套；此外，中频电器、变压器的工作噪声和电磁干扰较大。

表 8－1　船舶供电系统的交流电压和频率

用　　途	额定电压/V	额定频率/Hz		最高电压/V
1. 可靠固定和永久连接的动力、电热和炊具设备	三相	三相	三相	三相
	120	50	60	1 000
	220	50	60	1 000
	240	50	—	1 000
	380	50	—	1 000
	415	50	—	1 000
	440	—	60	1 000
	660	50	60	1 000
	3 000/3 300	50	60	11 000
	6 000/6 600	50	60	11 000
	10 000/11 000	50	60	
	单相	单相	单相	单相
	120	50	60	500
	220	50	60	500
	240	50	—	500
2. 固定照明，包括插座	单相	单相	单相	单相
	120	50	60	250
	220	50	60	250
	240	50	—	250
3. 用于须特别当心触电处的插座： （1）用或不用隔离变压器供电； （2）用一台安全隔离变压器仅对一个用电设备供电的场合	单相	单相	单相	单相
	24	50	60	55
	120	50	60	250
	220	50	60	250
	240	50	—	250

二、船舶发电机功能

同步发电机与直流发电机一样，也是根据电磁感应原理，将机械能转变为电能的装置。不过它所输出的电能是一种交流电能，故又称交流发电机。交流电在输送方面，可以通过变压器变压后进行高压输电，低压用电，减少线路上的电能损失；在用电方面，可以使电动机的结构简化，控制电路简单，降低了用电设备的造价。因此，交流电优于直流电，目前船上大多采用交流发电机。

（一）同步发电机的起压原理

1. 同步发电机结构

同步发电机由定子和转子两部分组成。按三相对称分布，在定子铁芯上绕有三相对称绕组；转子上也有铁芯，在铁芯上绕有一对或数对绕组，一般借助两个滑环引入直流电流，以获得固定磁极极性的磁场。

2. 同步发电机的起压与励磁

转子由原动机带动而旋转，这样转子的磁场就变成旋转磁场。当它切割定子上的三相绕组以后，根据电磁感应原理，则感应出三相交流电。

对同步发电机励磁，必须具备供给励磁电流的直流电源。这个电源可以是直流发电机，或是带整流器的交流发电机；也可以在同步发电机定子输出的交流电压上加装整流装置作为直流电源。作为励磁电源用的直流或交流发电机称为励磁机，由励磁机进行励磁的方式称为他励式，如图 8-2（a）所示，依靠发电机定子绕组中产生的交流电势，经整流后进行励磁的方式称为自励式，如图 8-2（b）所示。

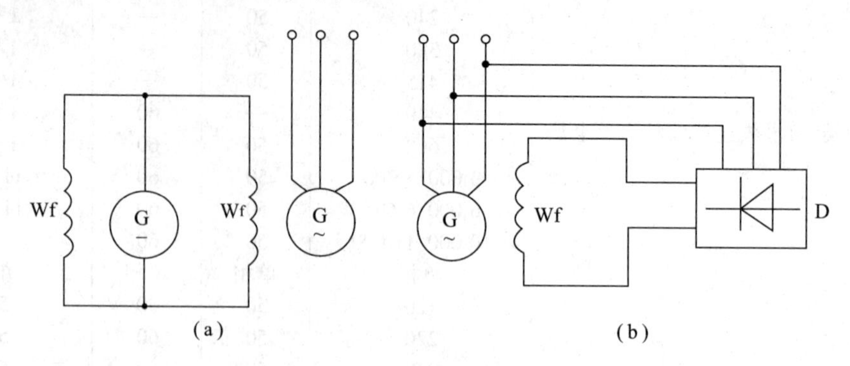

图 8-2　同步发电机励磁原理图

（a）他励式；（b）自励式

G—发电机；Wf—励磁线圈；D—整流器

采用励磁机不仅会增加同步发电机总的造价，而且维护、检修工作量大，时间常数也大。对于中小型同步发电机，额定励磁容量仅是发电机额定容量的 3% 左右，发电机本身完全有能力供给这点功率，因此，船舶同步发电机、移动式电站的同步发电机大多采用自励式的励磁方式。这样可省去励磁机，既能提高运行的可靠性，又可增加经济效益。如果采用恰当的措施，采用自励式不仅可以使同步发电机依靠剩磁自励起压，而且还可以使发电机具备自动控制励磁的能力，在一定范围内维持发电机的电压基本不变，从而改善了发电机性能。这种具有自动控制励磁能力的自励式同步发电机，一般称为自励恒压同步发电机。

3. 同步发电机的自励起压

同步发电机自励系统的线路示于图 8-3（以单线图表示）。自励是一种内反馈，整个系统并无外来输入量。在发电机的磁极上存在剩磁的条件下，当其转子即磁极以额定转速旋转时，在定子绕组中感应出具有额定频率的交流剩磁电势。这个剩磁电势经整流后加在励磁绕组上，励磁绕组内将通过不大的励磁电流，在发电机磁路中建立磁势，这样系统的输出量返回到输入端，如果磁化方向与剩磁方向相同，就可使气隙磁场得到加强，由感应产生的电势得以升高，从而增大整个系统的输出量——电枢电压，由于整流装置交流侧励磁电压就是电枢电压，因此，气隙磁场更得到增强。如此反复，发电机的端电压便上升到一定值。自励过程如图 8-4（a）所示。

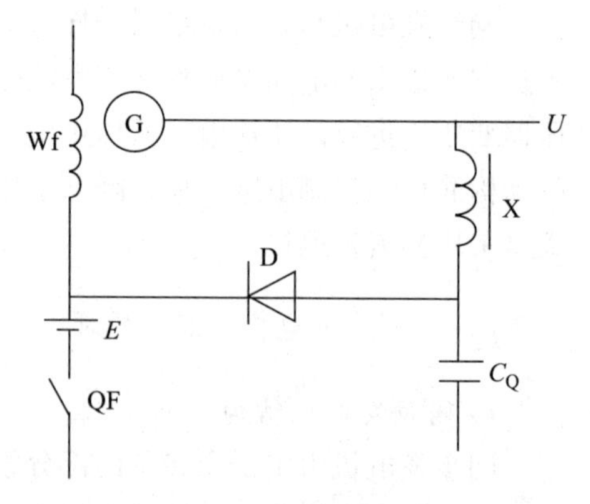

图 8-3　自励系统的单线图

Wf—励磁线圈；X—线流电抗器；D—整流管；E—蓄电池；QF—开关；C_Q—谐振电容

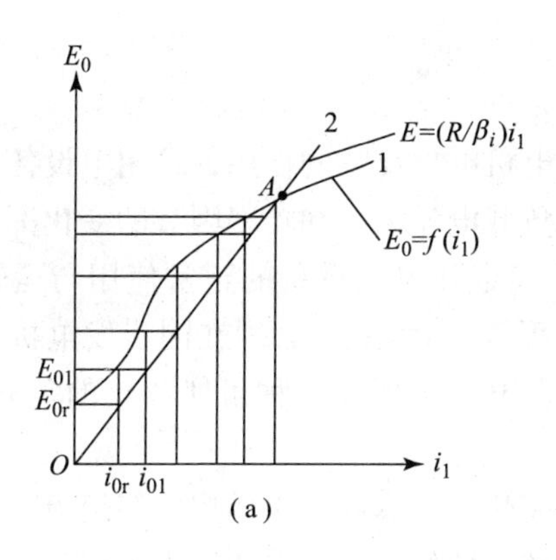

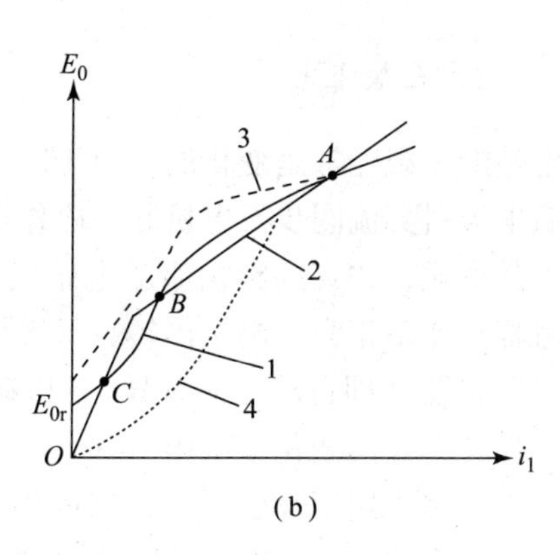

图 8－4　自励起压特性曲线

（a）理想的自励起压过程；（b）实际的自励起压过程

图中 $E_0 = R/\beta_i$，为发电机空载特性 1（E_0 为励磁电势的有效值，i_1 为励磁电流。），$E_0 = R/\beta_i$ 为不计电感的综合励磁回路与电枢回路的伏安特性 2（R 为励磁回路的等值电阻，包括直流侧励磁绕组的电阻、碳刷、滑环间接触电阻，以及整流器的电阻等，β_i 为电流整流系数）。在图中表明自励开始时，首先在电枢绕组中感应产生剩磁电势 E_{0r}。E_{0r} 作用于综合励磁回路与电枢回路的励磁系统，由 E_{0r} 产生励磁电流 i_{0r}，经整流后建立励磁磁势，增强了气隙磁场并升高了电枢电势到 E_{01}，励磁电流由 i_{0r} 增加到 i_{01}，气隙磁场得到进一步增强，自励过程就这样极其迅速、往复地进行下去，直到两特性的交点 A，过程终止。

同步发电机不能自励起压，大多由于自励条件未满足，因此若不能正常起压，需从以下几方面考虑：

（1）发电机必须有剩磁，这是自励的必要条件，新造的发电机无剩磁，长期不运行的发电机剩磁也会消失，这时可用别的直流电源进行充磁。

（2）要使自励系统成为正反馈系统，由剩磁电势所产生电流建立的励磁磁势必须与剩磁方向相同。所以整流装置直流侧的极性与对励磁绕组所要求的极性必须一致。

（3）发电机的空载特性与综合励磁回路及电枢电路的伏安特性必须有确定的交点 A，这个交点的纵坐标就是发电机的空载电压值，因为励磁回路中有半导体整流器的存在，其伏安特性是非线性的，当正向电压很低时，电阻很大，以后随电压增加，电阻减小，见图 8－4（b）中曲线 2，与空载特性 1 有三个交点 C、B、A，起压时，电压达 C 点时，便稳定下来了，这样就达不到空载额定电压，因此，必须消去 C 与 B 两点，大体可采用以下几种方法：

①提高发电机的剩磁电压，即提高空载特性的起始电压，一般采取加恒磁插片或用蓄电池临时充磁的方法来实现如图 8－4（b）中曲线 3。

②降低伏安特性 2，利用谐振起压的方法，在较小剩磁电压下即可获得较大励磁电流（相当于减少了励磁回路电阻），将图 8－4（b）中曲线 2 下降为曲线 4，由于曲线 4 的开始一段陡度小，可以顺利地起压，当起励电压接近正常空载电压时，励磁回路电阻减小，脱离了谐振，伏安特性由曲线 4 转为曲线 2，与空载特性交于 A 点，发电机便进入了正常空载运行。

③利用复励电流帮助起压，在起压时临时短接一下主电路，利用短路产生的复励电流帮助起压。

（二）自动励磁装置的功能

船舶电站的负载经常是变化的，由于同步发电机电枢反映的作用，且用电设备多为感性负载，负载电流对交流同步发电机起去磁作用，负载电流大小和功率因数的变化都会引起发电机端电压的变化，并直接影响船舶电站电压的稳定和电气设备的正常使用与运转（如继电器、接触器动作不正常、电机停转、日光灯熄灭等），为此，必须在同步发电机系统中加装自动电压调整器（即自动励磁装置），以确保发电机电压在各种可能变化的负载情况下，都能保证工作在允许的变化范围内。

直流发电机多采用积复励形式，当负载发生变化时，其磁场中的串励绕组流过的电流也随之变化，从而合成磁场便随负载变化自动地调整，使发电机端电压基本上保持不变，所以在没有特殊要求的船舶上，直流发电机一般不需装设电压自动调整器。

由于目前船舶大多采用交流配电系统，并以交流同步发电机为电源装置，故这里只对交流发电机的自动励磁装置（电压自动调整器）进行分析。

衡量电能质量好坏的指标有三个，即电压、频率和波形。电压大小是否稳定，取决于自动调节励磁装置性能的优劣；频率恒定与否，则取决于原动机容量大小与调速机构的灵敏度；波形畸变是否符合国家标准要求，很大程度上由电机设计来决定。

1. 自动励磁装置的任务

（1）在船舶电力系统正常运行情况下，要求船舶电网电压维持在某一允许范围内，为此，要求发电机端电压几乎不变。这样一来，发电机的励磁电流必须适时地做出相应的调整。这一任务是由电压自动调整器来完成的。

（2）为了保持发电机组并联运行的稳定，各并联发电机间无功功率必须进行合理地分配。这一任务也是由电压自动调整器来完成的。

（3）在船舶电力系统发生短路故障时，为了提高船舶电力系统发电机组并联运行的稳定性和继电保护装置动作的可靠性，需要励磁系统适时地进行强行励磁。这一任务也是由电压自动调整器来完成的。

2. 对自动励磁装置的基本要求

除要求结构简单、使用可靠、灵敏度高和调整的过渡过程短以外，还必须满足下述基本要求。

1）保证同步发电机端电压在允许范围内

为了保证供电质量，要求发电机突卸或突加负载时，其电压调整性能的静态指标、动态指标以及发电机组并联运行时无功功率分配的不均匀度指标，必须满足有关规范和规则的要求。

2）要求保证强行励磁

当发电机负载突然增大或电力系统发生短路时，发电机电压会突然下降很大，甚至使电力系统运行不稳定。要求强励系统应能保证在短时间内将励磁电流升高到超过额定状态的最大值，使发电机电压迅速得到恢复；同时强行励磁也能使发电机的电势和短路电流大为增加。对保证电站运行的稳定性和保证继电保护装置动作的可靠性是必要的。

3）要求合适的放大系数

电压自动调整器的放大系数是被调量的变化值与被测量的变化值的比值。一般来说，提高放大系数可以提高发电机电压自动调整器的静态特性指标；但放大系数过大时，会使调整系统不稳定，甚至会影响整个电力系统运行的稳定性。所以保证合适的放大系数是必要的。

4）保证自励同步发电机的起始励磁

在发电机组启动后，转速接近额定转速时，自动励磁装置应保证发电机在任何情况下都能够可靠起励，建立额定空载电压。对于有励磁机的他励系统来说，靠励磁机自励建立电压；对于无刷机的自励系统来说，应要求励磁装置能确保发电机自励建立电压。由于交流同步发电机的剩磁比直流发电机的剩磁少，而磁场回路的总电阻又比较大，还存在碳刷－滑环接触电阻和整流元件正向电阻这样的非线性电阻，所以交流同步发电机的自励比直流发电机的自励要困难一些。

（三）自动励磁装置的分类

船用同步发电机的自动励磁装置的类型很多，分类方法也不一致。通常可按照励磁装置的组成元件和励磁调节器的作用原理等进行分类。

1. 按照励磁装置所使用的元件分类

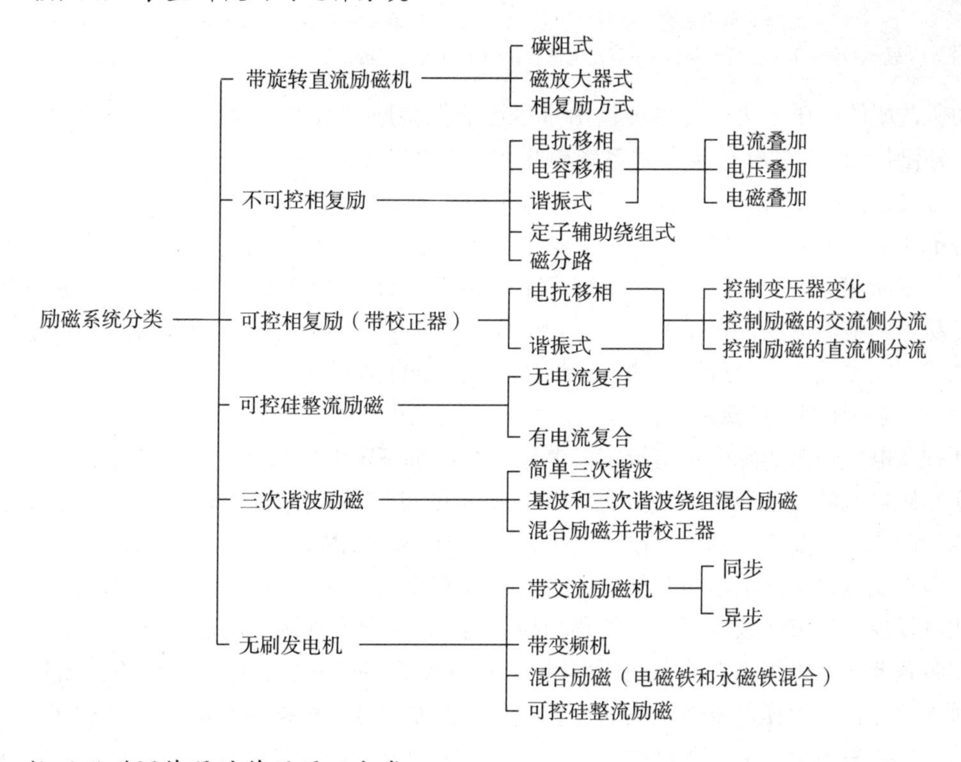

2. 按照励磁调节器的作用原理分类

1）按扰动调节的励磁调节器

按发电机负载电流 I 和功率因数 $\cos\varphi$ 的大小进行励磁电流调整的装置即属于按扰动控制的励磁调节器，其原理如图 8－5（a）所示。这里被控制量是发电机端电压，控制信号是励磁电压或励磁电流，扰动量是发电机的负载电流。

当发电机负载电流的大小与性质改变时，由于电枢反应作用，端电压会发生变化，而与此同时，由于扰动量输入到励磁调节器中，使其控制信号励磁电流随之做出相应的改变去补

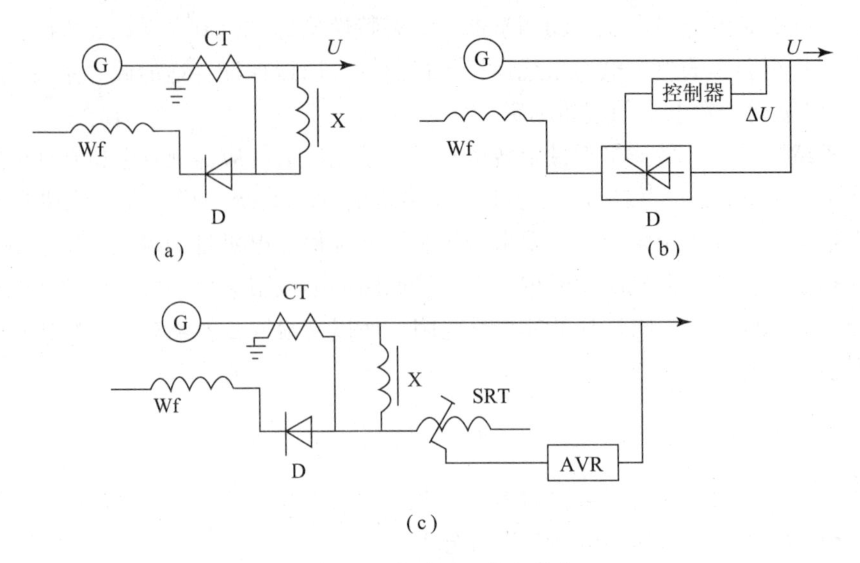

图 8－5　自动励磁装置分类

(a) 按负载电流和功率因数调节；(b) 按电压偏差调节；(c) 按复式调节

Wf—励磁线圈；D—整流电路；X—限流电抗器；CT—电流互感器；SRT—可控硅；AVR—电压校正器

偿扰动所造成的电压变化，使系统输出量尽可能保持原有水平。这种作用的机理是“利用扰动，补偿扰动”。它没有能力对系统输出量进行准确的测量，输出量对控制信号没有作用，换言之，没有任何反馈比较，控制过程不构成闭合环路，因此这种控制作用没有按输出量保持不变的要求去调节控制量，而仅是根据输出量的主要扰动去进行控制，是一个开环调节系统，故而调压精度不高，静态调压率不会小于 ±2%。但因其结构简单，可靠，动态指标好，易于调整等优点，在船上仍然得到了广泛的应用，不可控相复励自励恒压装置中的电流叠加式、电磁叠加带曲折绕组的自励恒压装置均属于这种类型。

2）按偏差控制的励磁调节器

即按发电机输出实际电压与给定值电压（发电机额定电压）的差值即电压偏差 ΔU 的大小调整励磁电流的自动装置。图 8－5（b）所示的可控硅自动励磁调节装置即属于此种类型。该励磁装置主要由三部分组成：电压检测环节、移相触发控制环节和励磁主回路。电压检测环节将发电机实际电压与基准电压进行比较获得与电压偏差成比例的直流电压信号 U_R 去移相触发控制环节，改变可控硅的移相控制角 α，从而实现调整励磁电流的目的。这种自动控制装置调压精度很高，静态调压率可小于 ±1%，在控制过程中，始终将输出量即端电压与所希望保持的值作严格而认真的比较，获得偏差信号，根据偏差信号的大小及时地调节控制信号即励磁电流，去消除这种偏差，控制系统构成了一个自己闭合的环路。这种控制作用是“检测偏差，纠正偏差”，不论什么扰动对输出量所造成的偏差都会得到纠正。

3）按复合控制的励磁调节器

图 8－5（c）所示为可控相复励系统的单线图，它实现了按负载电流的大小及性质和按电压偏差信号综合调整励磁电流以维持发电机输出电压恒定的目的。因其具有上述两种类型自动励磁调节器的优点，所以，目前在较先进的船舶上也得到了广泛的应用，许多无刷发电机励磁系统多采用这种装置。它主要由两大部分构成——相复励部分和自动电压校正器部分（AVR），前者按扰动控制，后者按偏差控制。AVR 输出与 ΔU 成比例的直流电流去控制饱

和电抗器 SRT 的电抗值，从而改变励磁电流的分流大小，实现调整励磁电流的目的。

三、船舶配电装置功能

（一）船舶配电装置功能

船舶配电装置是用来接收和分配船舶电能，并能对发电机、电网及各种用电设备进行切换、控制、保护、测量和调整等工作的设备。它是由各种开关、自动控制与保护装置、测量仪表及互感器、调节和信号指示等电气设备按一定要求组合而成的一个整体，其功能主要有：

（1）正常运行时接通和断开电路（手动或自动）；

（2）电力系统发生故障或不正常运行状态时，保护装置动作，切断故障元件或发出报警信号；

（3）测量和显示运行中的各种电气参数，例如电压、频率、电流、功率、电能、绝缘电阻等；

（4）进行某些电气参数或有关其他参数的调整，如电压、频率（转速）的调整；

（5）对电路状态、开关状态以及偏离正常工作状态进行信号指示。

（二）配电装置的种类

按照配电装置在船上不同的用途分类有：

（1）主配电板。用来控制、监视和保护主发电机的工作，并将主发电机产生的电能，通过主电网或直接给用电设备配电。

（2）应急配电板。用来控制、监视和保护应急发电机的工作，并将应急发电机产生的电能，通过主应急电网或直接给用电设备配电。

（3）蓄电池充放电板。用来控制、监视和保护充电发电机和充电整流器对蓄电池组的充电与放电工作，并将蓄电池组的电能通过低压电网或直接给用电设备配电。

（4）岸电箱。船舶停靠码头或大修时，船上发电机停止供电，将岸上电源线接到船上岸电箱，再由岸电箱送电到应急配电板和主配电板进行分配。

（5）区配电板。介于主配电板或应急配电板与分电箱（亦称分配电板或分配电箱）之间，用以向分电箱和最后支路供电的配电板。

（6）分电箱（分配电板）。将由主配电板输送来的电能向不同区域的成组用电设备进行配电，并装有保护装置。按其使用目的和使用性质，分电箱通常又分为：

—电力分电箱（或称分配电板）；

—照明分电箱（或称分配电板）；

—无线电分配电板（无线电电源板）；

—助航通信分配电板；

—专用设备分配电板（如冷藏集装箱电源板）。

（7）交流配电板。当船舶采用直流电制时，由于多数通信导航设备仍需要交流电源，所以需装设交流变流机组。交流配电板用来控制和监测交流变流机组，并给用电设备配电。

（8）电工试验板。接有全船各种电源和必要的检测仪表，专供船上检修和校验各种用电设备的配电板。

（三）配电板的结构形式

（1）防护式。较大型配电板如主配电板、应急配电板等均采用此种结构，用钢板制成，板前有面板，以便操作时不触及带电部分，板后敞开，不能防止水滴渗入，便于修理，连接电缆一般从下部开孔引入。

（2）防滴式。机舱和舵机舱中的分配电板采用此种结构，用钢板制成外壳，能防止与垂直线成15°角的下落水滴浸入。电缆多从下面引入，亦有从侧面通过套管引入的，两侧可开散热窗。

（3）防水式。这种形式的配电板适于露天或潮湿处安装，如岸电箱，它能够经受4～10 m水柱的集中水流从任何方向进行喷射15 min而不致有水滴进入，连接电缆的引入采用水密填料函。

（四）配电板的配电方式

配电板分配出去的电能必须与发电机的电源引线组成回路，因此，发电机电源引线方式不同，将决定不同的配电方式。

1）直流电制的配电方式

双线绝缘系统；一极接地的双线系统；利用船体作为回路的单线系统；中线接地但不以船体为回路的三线系统；中线接地并以船体为回路的三线系统。

2）交流电制的配电方式，三相交流电制的配电方式

三相三线绝缘系统；中点接地的三相三线系统（以船体作为中性线回路的三相三线系统）；中点接地但不以船体作为中性线回路的三相四线系统。

3）交流电制的配电方式，单相交流电制的配电方式

单相双线绝缘系统；一极接地的单相双线系统；一极以船体作为回路的单线系统。

各有关规范有些具体的规定，必须予以充分的重视。例如中国船级社《钢质海船入级与建造规范》规定：1 600总吨及1 600总吨以上的船舶动力、电热及照明系统，均不应采用利用船体作回路的配电系统。又规定钢铝混合结构的船舶，严禁铝质部分作导电回路。

对于油船、化学品船等液货船及其他特殊船舶，必须注意其配电系统的特殊要求，如油船可以采用的配电系统只限制在：直流双线绝缘系统；交流单相双线绝缘系统；交流三相三线绝缘系统。

实际上，目前交流船舶绝大多数都采用三线绝缘系统，只有个别船舶采用中性点接地的三相四线制，采用三相三线绝缘系统有许多优点：如三相照明系统与动力系统无直接电的联系。相互影响小；发生单相接地不形成短路，仍可维持电气设备短时工作；测量三相电流可用两个电流互感器和电流转换开关、一个电流表进行。

【任务实施】

（一）船舶发电机的常见故障及其处理方法

船舶常用交流同步发电机，其常见故障、产生原因及处理方法参见表8－2。

表 8－2　船舶发电机故障现象、原因与处理方法

故障现象	可 能 原 因	处 理 方 法
发电机不能起压	1. 没有剩磁	用外电源进行充磁
	2. 励磁绕组开路	检查从整流器至励磁绕组的连接是否有松动或断线，励磁绕组本身是否断线
	3. 集电环锈蚀、发黑不导电	用“00”号细砂布打磨集电环
	4. 电刷卡在刷握中或刷辫线断开	检查和修理电刷、刷握及刷辫
	5. 线性电抗器无气隙或气隙太小	调整气隙到适当大小
	6. 调压器整流元件被击穿	检查和更换击穿的整流元件
	7. 接线错误	认真检查接线，更正接线的地方
	8. 励磁绕组接反	调换励磁绕组的连接
	9. 电抗器、谐振电容器和相复励变压器之间的连线断开	检查连线，重新接好
	10. 谐振电容器短路	更换电容器
发电机电压低于额定电压	1. 移相电抗器气隙太小	调整气隙使之增大
	2. 电抗器、整流器及相复励变压器有一相开路	检查三者之间接线的松动或断线，查出后接好并紧固
	3. 整定电阻太小	调大整定电阻
	4. 转速太低	提高转速至额定值，并校核频率
	5. 发电机励磁绕组有断路	检查励磁绕组，修复或换新
	6. 电抗器或相复励变压器抽头有变动	检查并校核电压，重新抽头接线
	7. 电压表有误差	校对电压表
发电机电压高于额定电压	1. 移相电抗器气隙太大	按需要调小气隙
	2. 整定电阻的滑动触头烧坏，锈蚀，接触不良或电阻烧断	检查、修复或更新电阻
	3. 电抗器、相复励变压器抽头变动	按需要重新抽头接线
	4. 电压表有误差	校正电压表
负载增加，发电机电压大幅度下降	1. 移相电抗器、整流器、相复励变压器有一相开路	检查三者之间连线有否断开
	2. 整流器中有开路	检查整流器及连线使其接通
	3. 相复励变压器的电流绕组和电压绕组极性不一致	调换电流绕组或电压绕组，使两者的极性一致
	4. 原动机的调速器性能不良	检修调速器
	5. 定子铁芯有位移	将铁芯调回原位固定好

续表

故障现象	可 能 原 因	处 理 方 法
发电机过热	1. 长期过载	观察发电机输出电流及功率，并将其控制在额定值以下
	2. 励磁绕组或定子绕组短路	检查电机定子、转子绕组并修复短路的绕组
	3. 三相负载不平衡	检查是否有单相大功率负载或电动机单相运转
	4. 定、转子相擦	检查电机轴承和转轴转子铁芯是否松动
轴承过热	1. 轴承磨损严重	更换轴承
	2. 润滑油太多、太少或变质	检查、加油或换油，润滑油量不得超过轴承室空间的2/3
	3. 电机端盖或轴承装配不当	重新安装好
	4. 发电机组装配不良	重新安装
	5. 转轴弯曲	校正转轴

（二）配电板的汇流排连接

汇流排是配电板中用铜质裸条排制成的发电机电源引出线和电网并联线等。它具有外形美观大方，通过电流大，散热条件好，并联接头方便等优点，因此在配电板中得到广泛使用。

汇流排连接应满足以下要求：

（1）汇流排及其连接件应为铜质的，一般采用电导率为97%以上的铜材，汇流排的连接处应作防腐和氧化处理。汇流排的允许最高温度为45 ℃，汇流排连接处的温升不得高于表8－3中的规定。

表8－3　汇流排连接处允许温度

汇流排类别	环境温度为45 ℃时允许温升/℃
铜－铜	40
铜烫锡－铜烫锡	45
铜镀银－铜镀银	55

（2）汇流排和裸线的颜色应满足有关规范和规则的要求。按我国国家标准和中国船级社（CCS）的要求如下：

对直流汇流排和裸线的极性颜色规定为：

正极——红色；

负极——蓝色；

接地线——绿色和黄色间隔。

对于交流汇流排和裸线的相序颜色规定为：

第1相——绿色；

第2相——黄色；

第 3 相——褐色或紫色；

接地线——绿色和黄色间隔；

中性线——浅蓝色。

（3）汇流排在配电板内的排列，应符合有关规范和规则的规定。按我国国家标准和 CCS 的要求，应满足表 8－4 的规定排列。

（4）均压汇流排的载流能力，应不小于电站中最大发电机额定电流的 50%；交流三相四线制中中性线汇流排的截面积，应不小于相汇流排截面积的 50%。

（5）主汇流排分段：与主汇流排相连的发电机总容量超过 1 000 kW 时，主汇流排至少应分为两部分，这两部分之间可用负荷开关或自动开关连接起来。发电机及任何有 2 台设备的负载都应在这两部分上平均连接。

表 8－4　汇流排在配电板内的排列

汇流排	相序或极性	汇流排安装的相互位置			辅　图
		垂直布置	水平布置	引下线	
交流	第一相	上	前	左	配电板正视方向示意图
	第二相	中	中	中	
	第三相	下	后	右	
直流	正极	上	前	左	
	均压极	中	中	中	
	负极	下	后	右	
注：交流中性线汇流排可放在适当位置					

任务 2　船用万能式自动空气断路器继电保护

【学习任务单】

学习领域	工厂供电设备应用与维护	
项目八	船舶电力系统组成与继电保护	学时
学习任务 2	船用万能式自动空气断路器继电保护	4
学习目标	**1. 知识目标** （1）掌握万能式自动空气断路器功能； （2）掌握万能式自动空气断路器的开关保护电路； （3）掌握万能式自动空气断路器的操作方式。 **2. 能力目标** （1）能正确进行万能式自动空气断路器的操作； （2）能正确识读万能式自动空气断路器的开关保护电路。	

续表

学习领域	工厂供电设备应用与维护	
项目八	船舶电力系统组成与继电保护	学时
学习任务 2	船用万能式自动空气断路器继电保护	4
学习目标	**3. 素质目标** （1）培养学生在电气操作过程中具有安全用电意识； （2）培养学生在任务完成过程中具有团队协作意识和吃苦耐劳的精神。	
一、任务描述 根据万能式自动空气断路器功能，能够正确识读自动空气断路器的开关保护电路并进行操作。 **二、任务实施** （1）学生分组，每小组 4～5 人； （2）小组按任务单进行分析和资料学习； （3）小组经过讨论确定任务结果，每小组由中心发言人陈述，经过全体同学讨论，确定正确结果； （4）检查总结。 **三、相关资源** （1）教材； （2）教学课件； （3）图片； （4）万能式自动空气断路器的开关保护电路图。 **四、教学要求** （1）认真进行课前预习，充分利用教学资源； （2）充分发挥团队合作精神，正确完成工作任务； （3）团队之间相互学习，相互借鉴，提高学习效率。		

【知识链接】

一、万能式自动空气断路器功能

（一）作用

万能式自动空气断路器又称自动空气开关，在正常运行时，作为接通和断开主电路的开关电器；在不正常运行时，可用来对主电路进行过载、短路和欠压保护，自动断开电路。所以，万能式自动空气断路器既是一种开关电器，又是一种保护电器。

船用万能式自动空气断路器，主要是用作船舶发电机的主开关。它既作发电机主电路通断用，又作发电机的继电保护装置用。所以，它是船舶电站中一个十分重要的电器。

目前，我国生产的船用万能式自动空气断路器主要有 DW94、DW95、DW98 和引进产品 AH 型（国内编号 DW914 型）几种。

断路器与接触器、继电器都属于自动开关电器，但三者有很大的区别，如表 8－5 所示。顾名思义，断路器是用来切断故障电路的，特别是它能切断断路电流，它的通断电流能力比接触器大得多。但开关通断的次数则比接触器少得多，典型的机械寿命为数千次到一万次（电气寿命还要少一个数量级），后者的机械寿命可达数百万次。

表 8－5　三种开关电器比较

名称	触头容量	灭弧装置	频繁通断	用　　途	体积
断路器	大	有，能力强	不允许	切断大故障电流	大
接触器	大	有	允许	通断大工作电流	较大
继电器	小	无	允许	通断控制电路	小

断路器（Circuit Breaker，简称 CB）分万能式和装置式两大类。发电机主开关通常采用万能式空气断路器（Air CB，简称 ACB，又叫作框架式断路器、空气断路器），配电板上的配电开关通常采用装置式断路器（Mould-Case CB，简称 MCCB，又叫作塑壳式断路器）。

（二）结构组成

断路器由主触头系统、脱扣机构、合闸机构和传动机构等组成，如图 8－6 所示。

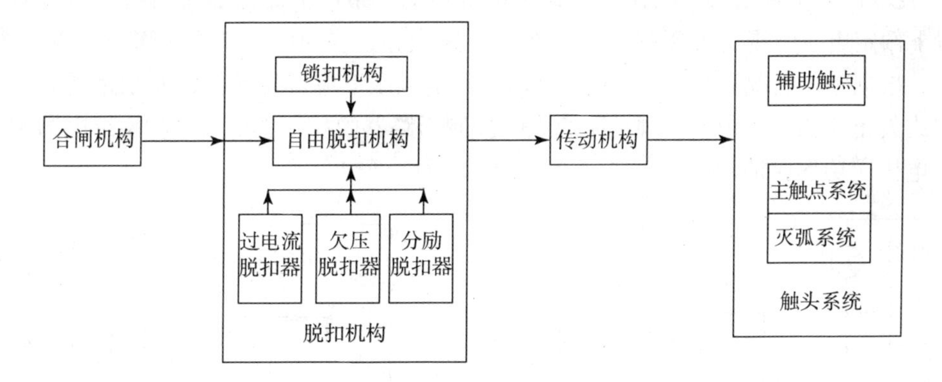

图 8－6　断路器结构框图

三相电路采用的断路器有三组主触头，有一组主触头及其灭弧装置，断路器接通后通过的电流主要流过主触头。为了避免主触头在分断电流时被电弧灼伤，除主触头外还设有预测触头和弧触头。接通电路时，它们的闭合次序是：弧触头—预测触头—主触头；在分断电路时，分断次序是：主触头—预测触头—弧触头。触头系统的设计应保证足够的电动稳定性，并具有电动力补偿作用，即短路电流产生的电动力是加强触头接触的压力。在分断电路时的电动力把电弧引向灭弧室方向。灭弧方式通常采用复合方式，既有去离子栅，也有窄缝。

（三）基本操作及其要求

合闸机构分手动和电动类。手动机构由人操作手柄完成合闸，较大容量的开关须用电动机构才能完成合闸操作。电动方式又分电动机驱动方式和电磁线圈驱动方式两种。首先由电动方式施力使合闸弹簧储能，然后根据合闸指令，瞬间发力使断路器接通。

断路器的保护功能是通过诸如过电流脱扣器、欠压脱扣器实现的。无故障时要使开关分断则可通过分励脱扣实现，各种脱扣器的示意如图 8－7 所示，图中按钮供操作人员远距离操纵脱扣用。

接线图如图 8－8、图 8－9 所示。图中过电流脱扣器用符号“I >”表示。通常过电流脱扣器具有过载延时、短路延时和特大短路瞬时脱扣的三段式保护特性。欠压脱扣器用符号

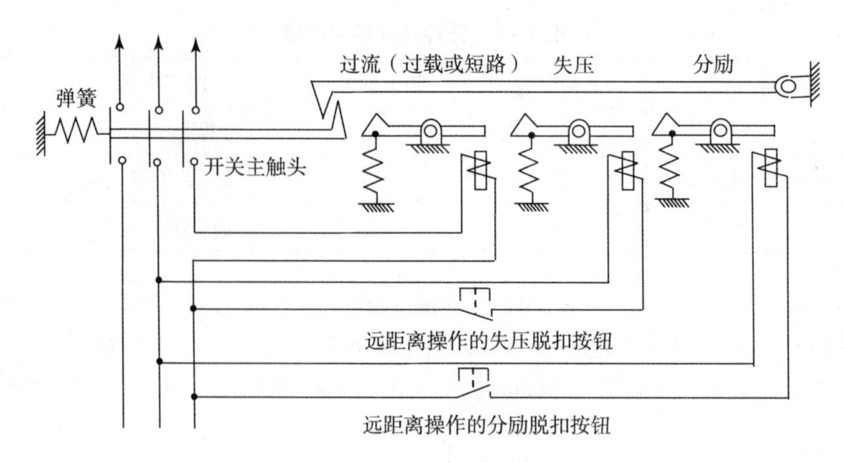

图 8－7　脱扣器示意图

“U <”表示，欠压脱扣器线圈在 75% 以上的额定电压条件下需保证短路器可靠接通，而在 40% 以下额定电压时视为失压状态，须保证可靠脱扣，在 40% ~75% 额定电压时，视为欠压状态，根据整定情况脱扣，在 75% ~110% 额定电压下应可靠动作，使断路器脱扣。分励脱扣器或欠压脱扣器可用来实现远距离人工控制断路器脱扣，也可与逆功率继电器配合用来实现发电机逆功率保护动作。

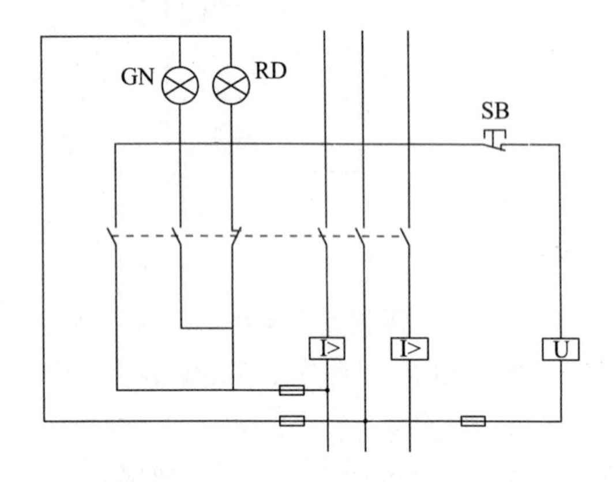

图 8－8　带欠压脱扣器接线图

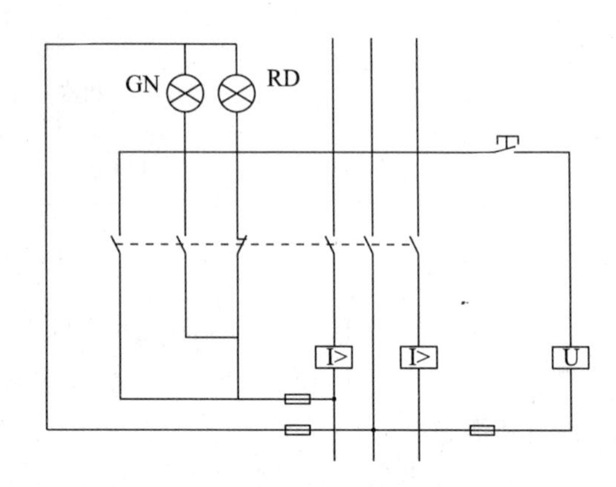

图 8－9　带分励脱扣器的断路器接线图

国产断路器型号命名的格式如下：

D[1]9[2]—[3][4]/[5][6]

其中 D 表示断路器。方格 1 如为字母 W 表示万能式，若为字母 Z 表示装置式。数字 9 表示船用。方格 2 是数字，表示产品序号，如有 4、5、8 和 14 等。方格 3 也是数字，表示断路器的额定电流，单位为安培。方格 4 是一位字符，表示派生型号，如表 8－6 所示。方格 5 是数字，表示极数，如 3 表示 3 极或 3 相。方格 6 是两位数字，表示脱扣器代号，见表 8－7。国外产品及国内近年引进产品的命名方法不同，如日本寺崎公司的万能式空气断路器有 AH 系列，装置式断路器有 TO、TG 等系列。

选择断路器时需要考虑以下主要参数：额定电压、极数、全切断时间、额定电流、脱扣器种类、过电流脱扣器额定电流、断路器分断电流能力、断路器接通电流能力、断路器允许短时电流能力等。其中电流参数多，需要进一步说明。

表 8-6　低压电器派生型号的字符含义

符　号	含　　义	符　号	含　　义
A，B，C，D	结构设计改型变化	N	可逆
F	返回，带分励脱扣	P	电磁复位
H	保护式，带缓冲装置	S	有锁位机构，手动复位，防水式，三相，三个电源，双线圈
Z	直流，自动复位，防震，重任务	TA	干热带
K	开启式	TH	湿热带
L	电流的	W	无灭弧装置
M	密封式，灭磁		

表 8-7　脱扣器代号中数字的含义

左边第一位数字含义		右边第一位数字含义	
数　字	含　　义	数　字	含　　义
0	无脱扣器	0	不带附件
1	热脱扣器	1	带分励脱扣
2	电磁脱扣器（瞬时）	2	带辅助触头
3	复式脱扣器	3	带失压脱扣
5	电磁脱扣器	4	带分励脱扣及辅助触头
6	过载长延时，短路瞬时	5	带分励脱扣及失压脱扣
7	过载长延时，短路短延时	6	带两组辅助触头
		7	带失压脱扣及辅助触头

通常断路器型号上标明的额定电流是主触头的额定电流，即主触头允许通过的最大电流值；过电流脱扣器额定电流是过电流脱扣器的额定参数，这个参数必定小于或等于断路器额定电流。生产厂对于某一断路器的额定电流，有大小不等的多种过电流脱扣器额定电流供选择。用户或设计者根据发电机额定电流的大小选择相应的过电流脱扣器额定电流。对发电机三段式过电流保护，需要整定断路器过电流脱扣器动作值，发电机保护是依发电机额定电流的倍数来考虑的，但整定习惯上是以断路器过电流脱扣额定电流值为基准，按它的倍数来整定的，因此，发电机额定电流与断路器过电流脱扣器额定电流不一致时，整定时要注意换算。

短延时脱扣器具有三个时限带，例如，寺崎脱扣器的时限带中间值为 0.42 s，上限值为 0.51 s，下限值为 0.34 s。其中中间值为标称值。同样，中间带为标称带，它的中间值为 0.27 s，上下限分别为 0.338 s 和 0.21 s。

AH 系列断路器的电子式过电流脱扣器采用运算放大器和分立元件混装，其动作精确，返回系数高。新型的 M 系列断路器的控制器采用微处理器，面板上有数字电流表及有关参数的指示，可实现自检和有关参数的通信。

二、船舶万能式自动开关继电保护

使万能式自动开关跳闸有三套办法：一是备用的手动机械脱扣跳闸；二是常用的手动按钮电磁脱扣跳闸；三是由继电保护装置动作自动控制脱扣器使开关自动跳闸。上面介绍了前两套办法，下面主要介绍第三套方法。

（一）DW98 自动开关继电保护

DW98 型自动开关采用晶体管继电保护装置作为脱扣器，图 8－10 为其保护装置的方框图。从图中可以看出，输入信号包括电流和电压两部分。电流信号又分为三种情况，即过载反时限延时；短路定时限短延时和瞬时发出跳闸信号。电压信号分为两种情况，即欠压定时限延时；无压瞬时发出跳闸信号。

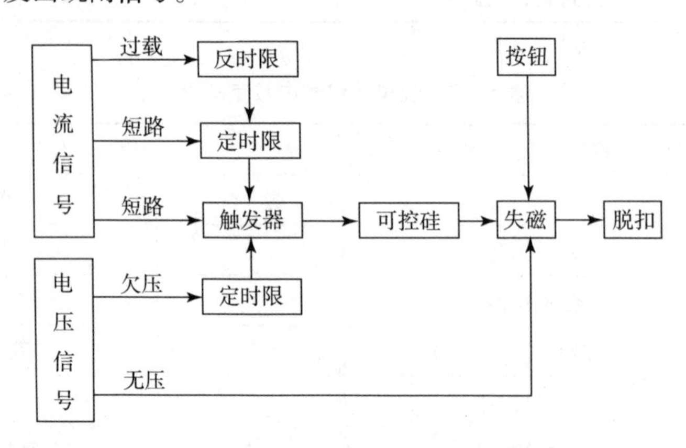

图 8－10　DW98 开关保护电路方框图

输出信号为开关自动脱扣跳闸，它接收两方面的信号。按钮跳闸为正常跳闸；可控硅和无压跳闸均属于故障自动跳闸。

由图 8－10 还可以看出，促使开关跳闸的原因具体说共有六个信号。其中五个信号属于故障信号，一个按钮信号为人工正常操作信号。因此，对不同的延时电路必须进行认真的分析和调试，以确保开关动作准确、可靠。

1. 欠压延时保护

如图 8－11 所示，发电机电压经变压器 TV_1 的第二个副边绕组降压，并经 U_1 桥式整流，R_{24}、C_8 阻容滤波，稳压管 WG_5 稳压之后，作为晶体管直流稳压工作电源。

欠压保护的电压形成和整流滤波回路：从图 8－11 中可见，发电机电压 U_{UW}，由变压器 TV_1 的第一个副边绕组降压到 15 V，经二极管 VD_{15} 半波整流，电容 C_5 滤波，电阻 R_{19}、R_{20} 分压后，在 R_{20} 上取出弱电直流电压控制信号。该电压信号与发电机电压成正比，加到后面的启动电路上。

欠压保护的启动电路和时限电路，由稳压管 WG_4，晶体管 V_5 和充电延时电容 C_6、C_7 等组成。

发电机工作于正常电压时，R_{20} 上的电压可以使 WG_4 击穿，V_5 处于饱和导通状态，因而其时限电路的延时电容 C_6 被短路。V_5 集电极电位约 0.3 V，故 VD_{17} 不能导通。此时，出口

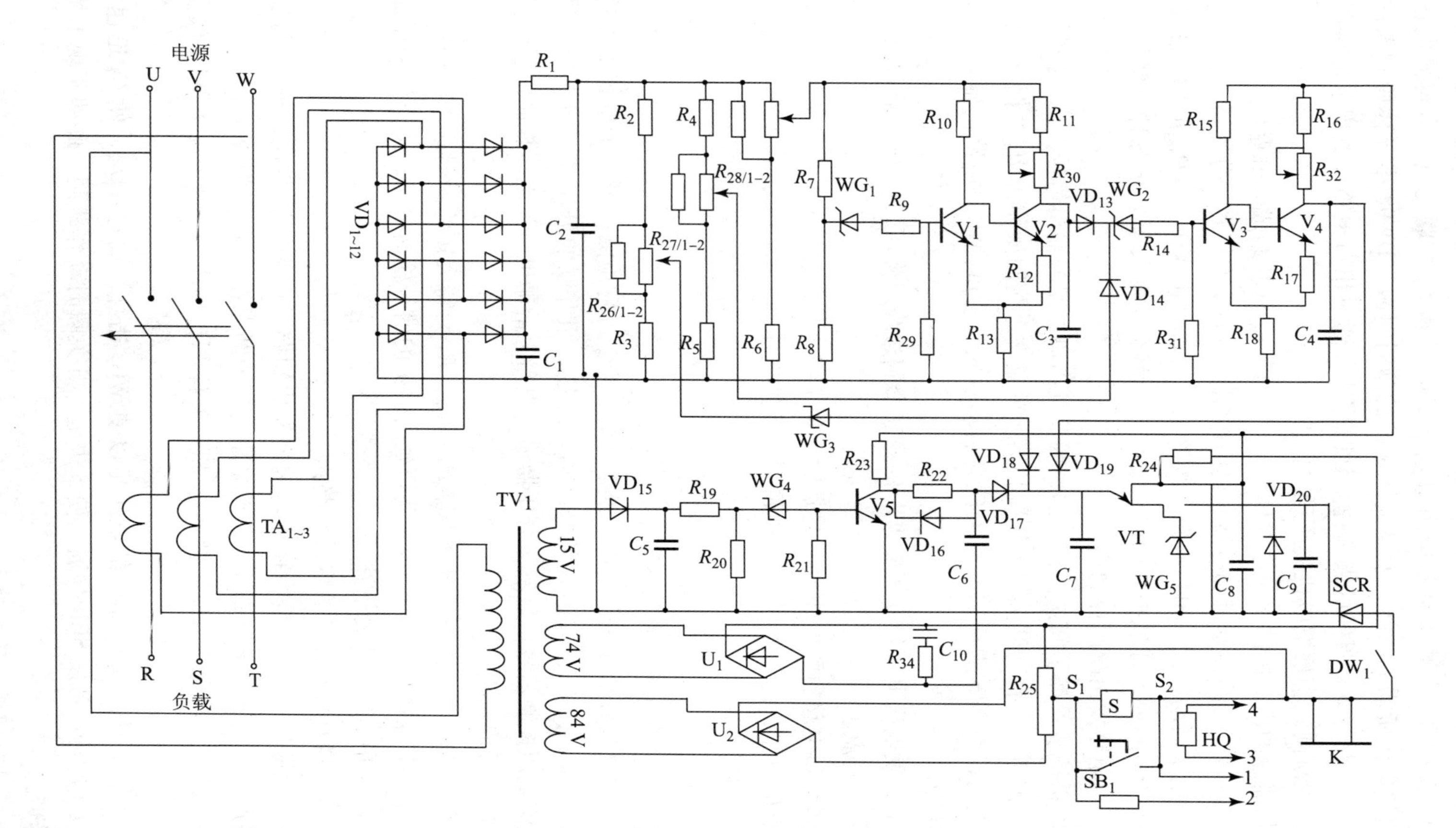

图 8-11　DW98 开关的半导体脱扣器电路原理图

电路不输出欠压信号。

当发电机电压低于欠压保护启动电压整定值，例如达65% U_e 时，R_{20}上的电压低到不足以击穿 WG_4，V_5 截止，工作电源通过电阻 R_{22}、R_{23}对 C_6 和 C_7 并联充电，电容充电达单结晶体管 VT 的峰值电压所需的时间，就是欠压保护的延时时限。DW98 半导体脱扣器的欠压延时有 0.5 s、1 s、3 s、5 s 四种可供选择。延时完毕，通过出口电路，发出欠压延时保护跳闸信号，使开关跳闸，实现发电机欠压延时保护。

半导体脱扣器总的出口电路由单结晶体管 VT 和可控硅 SCR 组成无触点出口电路。欠压延时、特大短路瞬时、短路短延时和过载长延时跳闸保护的动作信号，分别通过三个二极管 VD_{17}、VD_{18}和 VD_{19}来启动这同一出口电路，故该出口电路是由 VD_{17}、VD_{18}和 VD_{19}组成的三端“或门”控制着，只要上述保护其中之一动作时，就会使触发器发出脉冲，触发 SCR 导通，即通过该出口电路发出跳闸控制信号。

晶体管继电保护装置都是间接动作式的，因此其出口电路的输出信号，要去控制一个跳闸操作机构。由前所述，自动开关的失压脱扣器 S 就是一个跳闸操作机构，当 S 有电时，开关才有可能合上闸；而当 S 失电时，开关就会自动跳闸，故可使出口电路的输出通过控制 S，来操作自动跳闸。

正常情况下，发电机电压经变压器 VT_1 的第三个副边绕组降压，U_2 整流后，对 S 供电，其方向由 S_2 点到 S_1 点。

当保护装置出口电路的可控硅 SCR 导通时，使 74 V 电源通过 SCR 给 S 又加上一个方向从 S_1 点到 S_2 点的电压，此电压与 84 V 电源对 S 所加电压的方向相反，相互抵消，因此使 S 失压，开关自动跳闸。

2. 过电流保护

（1）过电流保护的电压形成和整流滤波回路：

发电机的三相电流分别经三个电流变换器 TA_1 ~ TA_3 进行检测，经三个单相桥式整流器 VD_1 ~ VD_{12}进行整流，由 C_1、C_2、R_1 滤波之后，通过三组并联的分压器，将电流信号最后变换成弱电直流电压控制信号。显然，分压器输出电阻上的弱电直流电压控制信号与发电机的强电交流电流信号成正比。

在电路图中，从左至右，第一组分压器 R_2、R_{26}、R_3 为特大短路瞬时跳闸保护的信号检测电路，第二组分压器 R_4、R_{27}、R_5 为短路短延时保护的信号检测电路；第三组分压器 R_{28}、R_6 为过载长延时保护的信号检测电路。

（2）特大短路瞬时跳闸保护的启动电路：

所谓“特大短路”，在这里是指接近电源处发生短路。因为短路路径特短，阻抗很小，故短路电流特别大。由于要求快速性，因此采用电流速断保护，瞬时动作跳闸。

特大短路保护的启动电路由稳压管 WG_3 和二极管 VD_{18}构成。正常情况下 WG_3 截止，保护不动作。

当发生特大短路时，由 R_{26}整定的电压足以使 WG_3 击穿。通过 VD_{18}，使 C_7 迅速充电，VT 几乎立即发出脉冲，触发 SCR 导通，使 S 失电，开关瞬时动作跳闸，此即实现了特大短路瞬时跳闸保护。

3. 短路短延时跳闸保护的启动和时限电路

在离电源较远处发生短路时，发电机也会出现较大电流。根据保护选择性的要求，首先应由发生短路那一级的保护装置动作。若该保护装置失灵拒绝动作或动作迟缓了，发电机的短路短延时保护作为前一级保护的后备保护才动作，故它们需要有一个延时时限上的配合。

短路短延时保护的启动电路和时限电路，主要由稳压管 WG_2 与晶体管 V_3、V_4 构成的射极耦合触发器式启动电路及充电延时电容 C_4 组成。短路短延时保护的控制信号从检测环节的 R_{27}、R_5 输出，经 VD_{14}、WG_2、R_{14}加到作为监控器 V_3 的基极上。

在正常情况下，电流小于短路短延时的启动电流整定值，由分压器输出的电压低于稳压管 WG_2 的击穿电压值，WG_2 截止，V_3 无基极电流，亦截止，V_4 饱和导通，C_4 上电压甚低，VD_{19}截止，故出口电路不工作。

当发生短路时，电流增大，由 R_{27}整定输出的直流控制电压使 WG_2 击穿，于是 V_3 导通，V_4 截止。由 V_4 的工作电源经电阻 R_{16}、R_{32}对 C_4 充电。当 C_4 上的电压使 VD_{19}正向导通后，C_4 与 C_7 并联而被充电。电容被充电达 VT 峰点电压的时间，即为时限电路的延时时间。当充电达 VT 峰点电压时，VT 发出脉冲，触发 SCR 导通，使 S 失压，开关跳闸，从而实现了短路短延时跳闸保护。

对短路短延时保护，调整 $R_{27/1}$的动触点，可整定起动电流值。调整 R_{32}的大小，可在（0.2 ~0.6） s 范围内整定延时时限，保护具有定时限特性。

4. 过载长延时保护的启动电路和时限电路

过载长延时跳闸保护的启动电路和时限电路，主要由稳压管 WG_1 与晶体管 V_1、V_2 构成的射板耦合触发器式启动电路及电阻 R_{11}、R_{30}、电容 C_3 构成的充电延时电路组成。

发电机过载信号，由电位器 $R_{28/1}$整定的电压取得。这一电压，一方面作为 V_1、V_2 直流工作电源；另一方面又经电阻 R_7 和 R_8 进行分压并从 R_8 上取出电压信号加到启动电路的 WG_1 和 V_1 基极上。

在发电机正常工作时，R_8 上的电压较低，稳压管 WG_1 是截止的，V_1 无基极电流，也处于截止状态，V_2 饱和导通，保护装置不动作。

当出现过载时，R_8 上的电压升高，使 WG_1 击穿，V_1 饱和导通，V_2 截止。这时候，从 $R_{28/1}$上取得的电压信号，经 R_{11}、R_{30}直接对 C_3 充电。C_3 上的电压按指数规律上升，进行延时。当 C_3 上的电压上升到足以击穿 WG_2 时，延时完毕。WG_2 被击穿后，同短路短延时保护动作过程一样，开关跳闸，从而实现了过载长延时保护。

在分析这一部分电路时，应注意：

长延时的信号是经过短延时信号的通道送出去的，但由于长延时时间远大于短延时的时间，因此，长延时的时间主要决定于 C_3 充电电路的时间常数。

对 C_3 充电的电源电压是由过电流信号变换过来的，是随过载的大小而成正比变化的电压，因此，虽然 C_3 充电电路的时间常数不变，但延时不是定时限的，过载小时延时时间长，过载大时延时时间短，这就使过载长延时保护具有反时限特性。

对过载长延时保护，调整 $R_{28/1}$的动触头，可整定过载启动值。调整 R_{30}的动触头，可在（5 ~30） s 之间整定长延时的时间。

（二）DW95 型自动开关继电保护

DW95 型自动开关也是用半导体脱扣器作为继电保护装置的，其方框图如图 8 - 12 所示，将图 8－12 与图 8－11 比较后，可以看出这两种开关的输入电路、延时电路、触发电路、可控硅电路、失压脱扣和无压脱扣等部分是相同的。所不同的有三点：

（1）采用稳压电源对过载长延时、短路短延时、短路无延时、欠压短延时及触发电路供电。可以使电路工作稳定，测试方便。

（2）增加了分励脱扣。即当电磁铁的线圈通电以后产生的电磁力吸引衔铁时，利用衔铁运动碰撞脱扣器使其跳闸。由于它的线圈是在与电源并联后通电励磁的情况下才发出跳闸指令，故称分励脱扣。因此应另接直流电源供电，用常开按钮控制，要求工作可靠。一般做成短时工作制，用作远距离遥控操作。

（3）增加了特大电流电磁脱扣。在 U、W 两相设有特大电流瞬时动作的电磁式脱扣器，即使半导体脱扣器因各种原因不能工作，此脱扣器能在 0.04 s 内迅速使开关跳闸，避免事故扩大，从而实现双重保护。

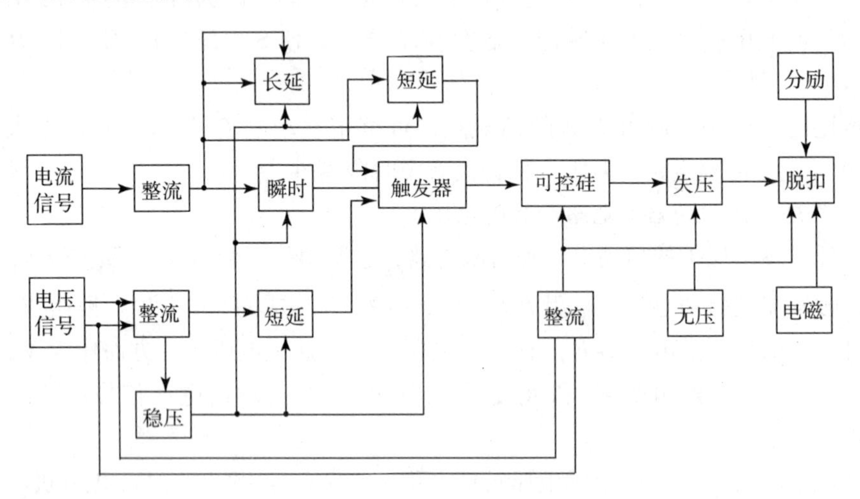

图 8－12　DW95 开关保护电路方框图

DW95 开关的电路原理图，如图 8－13 所示。其基本作用原理和分析方法，与上述 DW98 型开关半导体脱扣器基本相同。

由变压器 T_1 的第二个副边绕组提供了晶体管的直流工作电源和操作电源。

由变压器 T_1 的第三个副边绕组提供了欠压延时跳闸保护的电压控制信号。由稳压管 WG_6、三极管 V_5 和电容 C_{24} 构成了欠压延时跳闸保护的启动和时限电路。

该半导体过电流脱扣器采用过载长延时、短路短延时保护。过电流保护的信号由电流变换器 TA_1 ~ TA_3，经整流器 U_1，滤波器 C_1、R_1、C_2 所提供。由稳压管 WG_4，三极管 V_3、V_4 和电容 C_{17} 构成了短路短延时跳闸保护的启动和时限电路。由稳压管 WG_1，三极管 V_1、V_2 和电容 C_5、C_6 构成了过载长延时信号及跳闸保护的启动和时限电路。

由单结晶体管弛张振荡器 VT_1 和可控硅 SCR_1 构成了跳闸保护的无触点出口电路。它是一个由各保护输出二极管 VD_3、VD_8 和 VD_{13} 构成的三端“或门”电路所控制的装置总的出口电路。当“或门”的一端有输入时，VT_1 即振荡发出脉冲，使 SCR_1 导通。因而分励脱扣器线圈 FQ 有电，使开关跳闸。由 VT_2 和 SCR_2 构成过载长延时保护讯响出口电路。

该脱扣器的跳闸操作执行元件采用分励脱扣器 FQ。当按下分励脱扣器按钮 SB 或使 SCR_1 导通时，FQ 将通电，使开关跳闸。图中 DW_1 为开关辅助接点，SA 为微动开关。

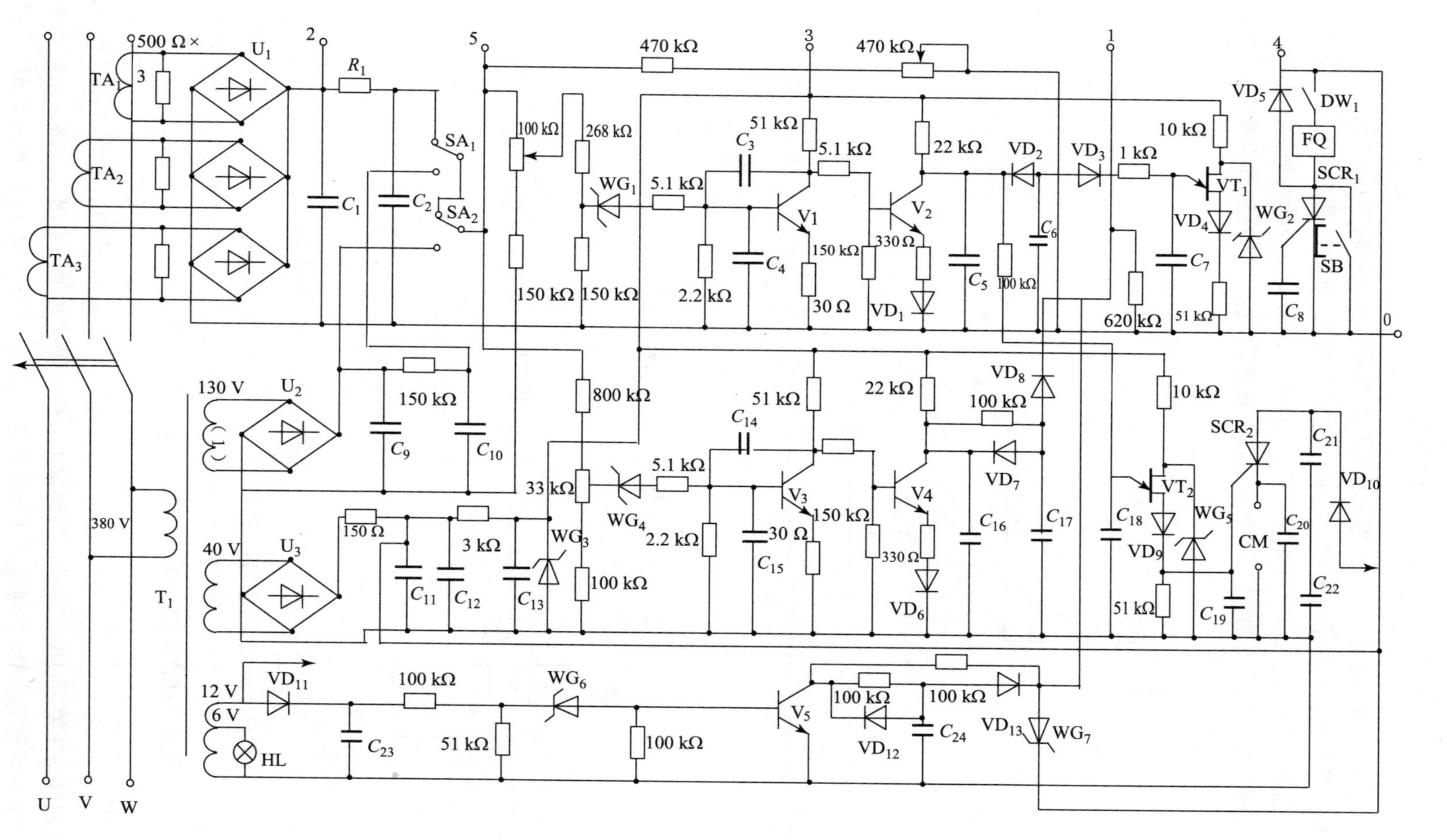

图 8－13　DW95 型开关的半导体脱扣器电路原理图

（三）电磁式失压脱扣器——欠压瞬时动作保护

图 8－14（a）为 AH 自动开关失压脱扣器原理接线图。失压线圈 YO 经整流器和电压互感器由发电机电压供电。当发电机未建压或未达到额定值前，不论是手柄或电磁操作合闸，都不能使开关合闸。当发电机电压接近额定值，YO 上电压较高，吸动衔铁时，才能合闸。当发电机电压降至欠压保护启动值时，YO 上电压达衔铁释放值，失压脱扣器动作，使自动开关自动跳闸。

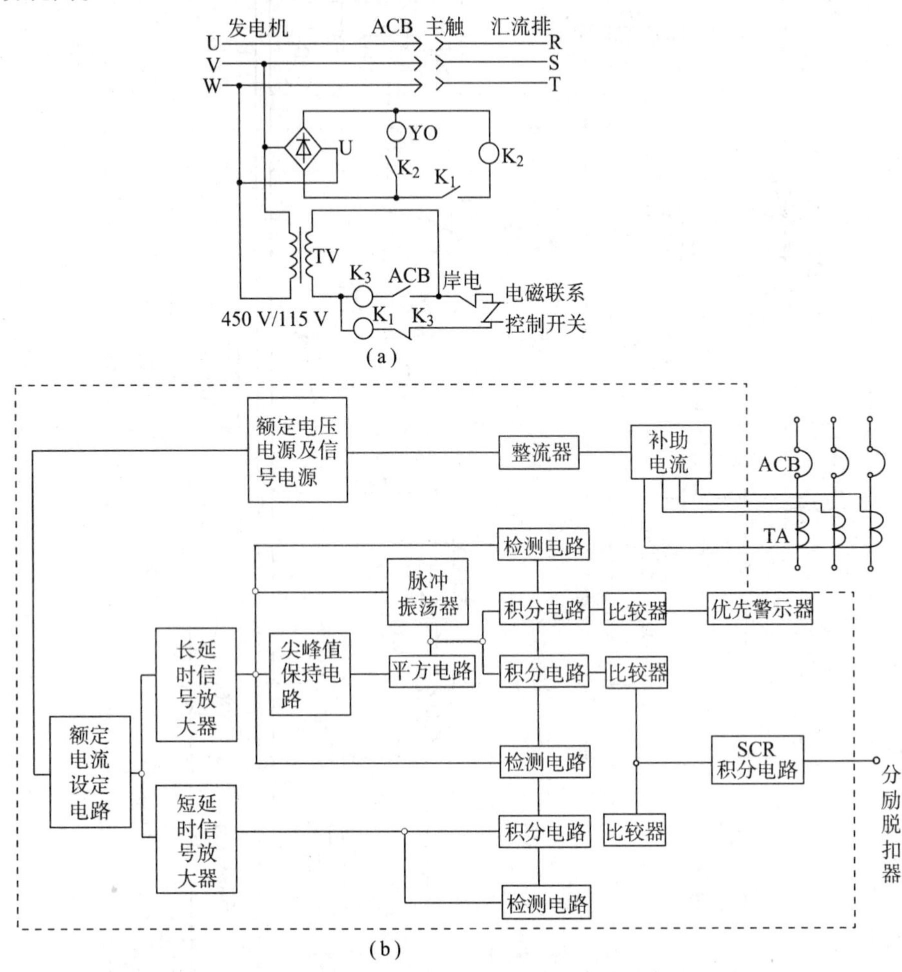

图 8－14　AH 系列电子型过电流脱扣器原理图及方框图

由图可知，AH 自动开关是采用短接 YO 的方式，使 YO 失压，失压脱扣器动作跳闸。自动开关的常开辅助接点 ACB，在合闸前断开，保证可靠合闸；在合闸后闭合，以备电磁操作跳闸或逆功率保护动作跳闸，跳闸后接点 ACB 立即断开，以免长时间短接。

（四）AH 型自动开关继电保护

DW 系列自动开关因过电流保护、短路保护、失压保护共用一个出口电路，相互干扰较大，整定值也不够稳定。AH 系列开关则克服了这一缺点，图 8－14（b）画出了 AH 系列开关电子型过电流脱扣器方框图。

AH 系列开关内的过电流保护由过电流脱扣器和短路瞬时脱扣器两部分组成。过电流脱扣器采用电子元件构成的固体电路，动作值精确、反回系数高，电子电路的直流稳压电源和电流检测信号均经接于出线的电流互感器的副边再经电流变换器后给出；执行环节由晶闸管控制分励脱扣实现。这套装置灵敏度高、动作功率小，可按需要整定合适的过载脱扣电流及延时时间。在进行调整时，注意应把自动开关抽出到“试验”位置，调节时，旋钮上的指示应对准表盘刻度，如指示调在表盘两刻度之间，则表示脱扣电流已调至最大值。AH 系列开关短路瞬时脱扣器采用单独的电磁脱扣机构，当电路发生短路、电流超过其整定值时，脱扣器瞬时动作（0.03 s）电路断开。

AH 系列自动开关除带有电磁式欠压式保护装置和过电流保护装置外，还带有晶体管欠压式保护装置、过载保护装置和短路保护装置。

【任务实施】

自动空气断路器的操作：

（一）合闸操作

自动空气开关有手动及电动或电磁合闸操作方式。

1. 手动操作合闸

手动操作合闸一般只在检查和非常情况下使用。手柄有转动和上下扳动两种形式。

1）中央手柄弹簧储能快速合闸

刀形开关闸刀直接由操作力合闸，如果操作力小且速度慢，将在电极间可能产生火花，很不安全。为了使闸刀快速合闸，不受操作力大小和速度的影响，可以利用储能弹簧释放的能量，强迫断路器的动触点快速合闸。这好像用拉弓射箭一样。当用力把弓张至一定幅度时，如突然松手，则箭即快速被射击。本断路器采用中央手柄（或电磁）操作储能合闸，如图 8－15 所示。

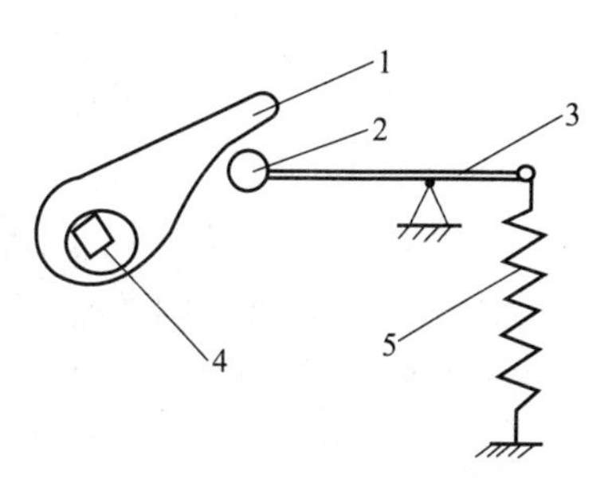

图 8－15 储能弹簧合闸原理

1—凸轮；2—滚轮；3—杠杆；4—手柄操作轴；5—储能弹簧

图中凸轮 1 由手柄操作轴 4 带动。当手柄逆时针转动至滚轮 2 上部时（如图示位置），再顺时针转动，压下滚轮 2。经滚轮 2、杠杆 3 把储能弹簧 5 拉长储能。待手柄转到一定角度时（90°左右），凸轮 1 与滚轮 2 突然分离，弹簧亦突然收缩，释放弹性位能，通过与它相连的合闸机构使开关快速合闸。

2）DW95、DW98 和 AH 型开关手柄操作合闸

DW95、DW98 和 AH 型开关的手柄操作合闸，都是采用中央手柄弹簧储能快速合闸。其机械传动机构作用原理大同小异，此处不再赘述。

DW95 和 DW98 自动开关手柄合闸操作方法：先将操作手柄反时针方向转 110°（或 90°）左右，然后再顺时针方向转一定角度，使储能弹簧储能，自由脱扣机构“再扣”。再顺时针方向转一定角度，则使储能弹簧释放能量，使开关触头瞬时闭合。

AH 型开关的手柄操作合闸方法为：先将手柄扳向下方，使储能弹簧储能，自由脱扣机

构“再扣”；再将手柄扳向上方，则使储能弹簧释放能量，即使自动开关瞬时闭合。

3）DW94 手柄操作合闸

DW94 开关是一种老式的开关。由于本开关要求合闸力矩很大，因此不能直接用手柄操作滚轮转动 90°左右储能，而采用减速机构来传动手柄的力矩。即将手柄转 38 圈左右，使储能弹簧储能，同时通过凸轮、杠杆、连杆等传动机构使脱扣器恢复至再扣（紧扣）位置，为合闸做好准备。

需要合闸时，将手柄再摇 2～4 圈，使储能弹簧释放，利用弹簧弹性位能的收缩力使开关迅速合闸。

2. 电动或电磁操作合闸

1）DW94 自动开关电动操作合闸

DW94 自动空气断路器采用电动操作合闸，其合闸操作原理接线图如图 8－16 所示。

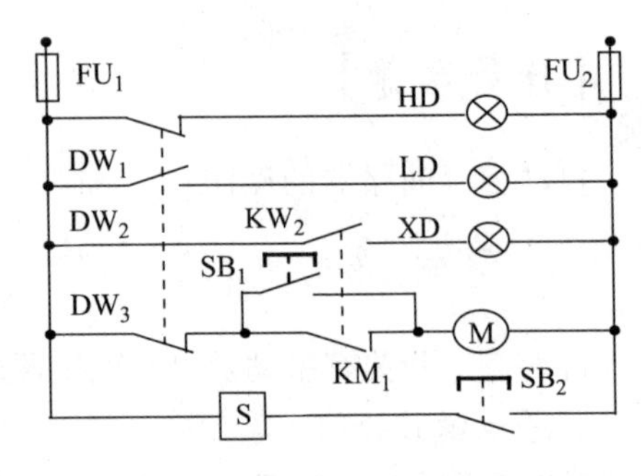

图 8－16　DW94 自动开关操作电路原理图

DW94 自动开关采用断开储能方式。当发电机电压建立之后，经 DW_1 使红色指示灯 HD 亮，并经储能常闭触头 KM_1 使失压脱扣器线圈有电，操作电动机 M 通电转动（M 转动时，相当于上述手柄操作摇 38 圈左右时的情况），直到储能弹簧储能，自由脱扣机构“再扣”，储能触头 KM_1 断开、KM_2 闭合，从而使电动机自动断电停转，并使黄色指示灯 XD 亮，表示开关之储能弹簧已储能。当需要合闸时，只要按下合闸按钮 SB_1，电动机 M 又被通电转动，通过凸轮使储能弹簧释放，通过杠杆传动机构使开关合闸。此时，开关之常闭辅助触头 DW_1 断开、DW_2 接通，M 自动断电停转，使红色指示灯 HD 熄灭，绿色指示灯 LD 亮，表示开关已闭合。由于储能开关释放，黄色指示灯熄灭，KM_1 闭合，以准备开关再断开时储能。SB_2 是分闸按钮，按下 SB_2 时可使失压脱扣器线圈断电，从而使开关断开。

2）DW95、DW98 电磁操作合闸

DW95 和 DW98 自动开关采用电磁操作、弹簧储能合闸。其电磁合闸操作的控制电路原理接线图，如图 8－17 和图 8－18 所示，两个操作电路基本相同。下面以图 8－17 所示 DW95 开关电磁合闸操作电路原理图为例，说明其动作原理如下：

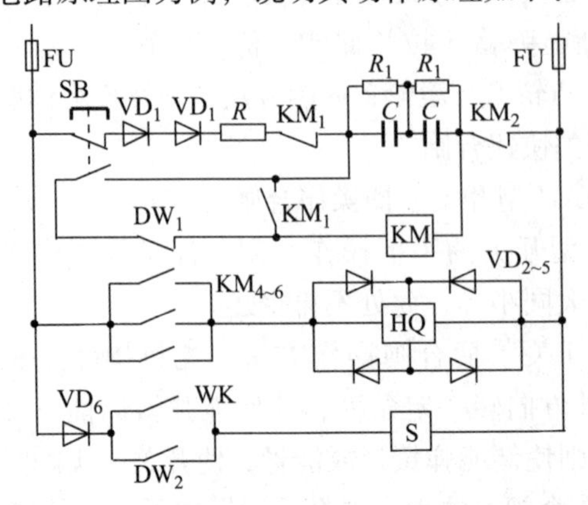

图 8－17　DW95 开关电磁合闸操作电路原理图

当发电机建压后，电源经合闸操作按 SB 的常闭触点、整流二极管 VD_1、限流电阻 R、中间继电器 KM 的常闭触点 KM_1 和 KM_2，对电容 C 进行充电，做好合闸准备。合闸时，按下合闸操作自动复位按钮 SB，其常闭触点断开，常开触点闭合，C 的充电回路被断开，已充电的 C 经 SB 的常开触点、开关的常闭辅助触点 DW_1 立即对 KM 放电。

KM 获电后立即动作，KM_1、KM_2 断开，使 C 的充电回路保持断开。KM 的常开触点 KM_3 闭合，使 KM 自保持 KM 的常开触点 KM_4 ~ KM_6 闭合，使操作电源经 KM_4 ~ KM_6 和桥式整流器 VD_2 ~ VD_5，对合闸操作电磁铁线圈 HQ 供电。HQ 获电后动作，立即将储能弹簧拉长，使弹簧储能。

由于 C 很快放电结束，因此经很短时间后，C 的电压降低至 KM 的释放电压，KM 释放。于是 KM_4 ~ KM_6 断开，使 HQ 断电。已储有位能的储能弹簧被突然释放，使自动开关合闸。

由于 KM 释放，KM_1、KM_2 闭合，C 又被充电；KM_3 断开，使 C 对 KM 的放电回路断开，这就又为下次合闸做好了准备。当开关合闸后，因为 DW_1 已断开，所以这时即使重按 SB，也不会有任何动作。

在 DW95 开关未合闸之前，当 HQ 通电吸动衔铁使储能弹簧储能的同时，压下微动开关 WK，使 WK 闭合，给失压脱扣线圈 S 通电。当合闸后，WK 又断开，但此时 DW95 开关的常开辅助触点 DW_2 已闭合，故仍可保持 S 有电。

图 8－18 与图 8－17 的作用原理基本相同，区别仅在于控制失压线圈 S 带电的方法不同。图 8－18 使其 S 带电的方法是：在 DW98 开关未合闸之前，当 HQ 通电时，由 VD_2 ~ VD_5 给 S 供电，以保证开关可靠地闭合。合闸后，S 由变压器的电源供电。

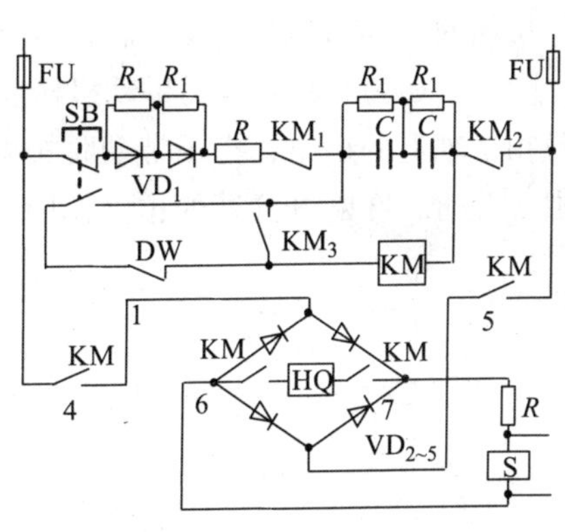

图 8－18　DW98 开关电磁合闸操作电路原理图

3）AH 型开关电磁操作合闸

AH 型开关采用电磁铁直推式合闸。其电磁铁合闸操作的控制电路原理接线图，如图 8－19 所示。动作原理如下：

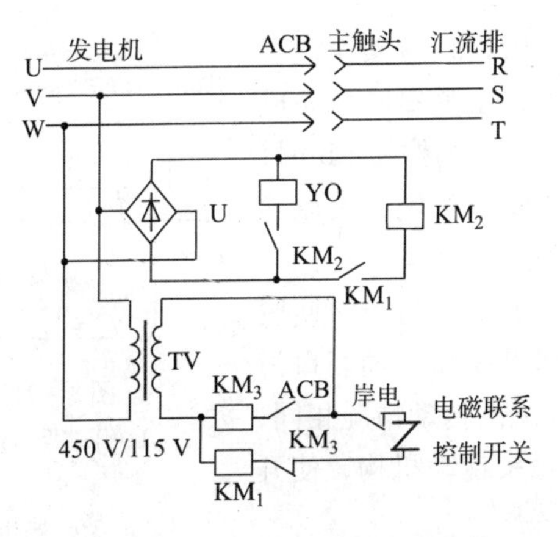

图 8－19　AH 型开关电磁合闸操作电路原理图

当发电机建立电压后，整流器 U 和电压互感器 TV 获电。合上电磁铁控制开关，则继电器 KM_1 通电，其常开触点 KM_1 闭合，控制继电器 KM_2 通电，其常开触点 KM_2 闭合。合闸线圈 YO 通电，快速将动铁芯吸上，使之与静铁芯吸合。利用动铁芯较大的质量和速度，通过电磁合闸柱销，对四连杆机构产生一较大的冲击，推动合闸机构使开关闭合。自动开关闭合后，其辅助常开触点 ACB 闭合，使继电器 KM_3 通电，其常闭触点 KM_3 断开，使继电器 KM_1 断电，其常开触点 KM_1 断开，控制继电器 KM_2 失电，其常开触点断开。从而使合闸线圈 YO 断电，电磁吸力消失，合闸动铁芯在自身重力和恢复弹簧作用下掉落，准备下次合闸。

（二）跳闸操作

自动开关一般有手动机械脱扣和按钮电磁脱扣两种操作方式。

1. 手动机械脱扣跳闸

各种类型的自动开关上都备有手动的机械脱扣按钮，采用半轴脱扣方式。当按下“分闸”按钮时，通过机械传动，使脱扣半轴传动，自由脱扣机构动作，使开关触头断开。

图 8－20 为 DW94 开关手动机械脱扣原理示意图。当按下脱扣按钮 K 时，按钮的小杆推动脱扣半轴上的搭子，搭子带动脱扣半轴顺时针方向转动，使跳扣头部沿脱扣半轴的切口滑上去。此时，在断开弹簧的拉力作用下，触头轴转动，将主触头和弧触头都断开。

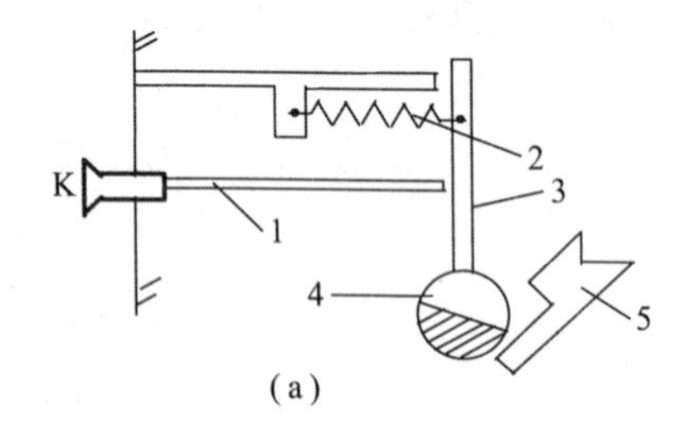

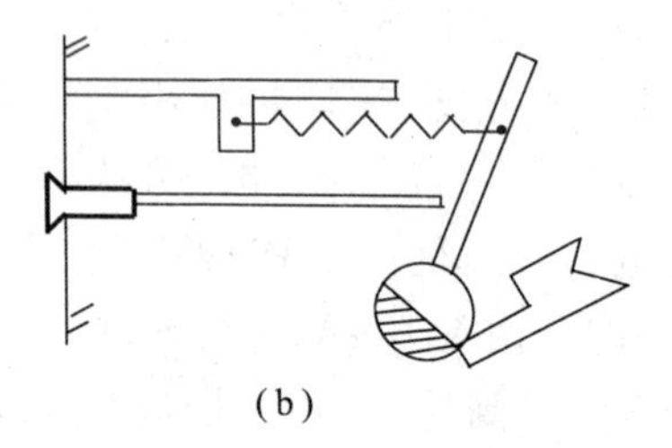

图 8－20　DW94 开关手动机械脱扣原理示意图

1—小杆；2—复位弹簧；3—搭子；4—脱扣半轴；5—跳扣头部

2. 按钮电磁脱扣

各种类型的自动开关常用的跳闸操作，一般都是通过开关中的电磁式失压脱扣器来完成的，如图 8－21 所示。当按下跳闸按钮 SB 时，使∏型电磁铁失压脱扣器线圈 S 失电，失压脱扣器电磁铁释放，并被压缩反力弹簧打开，于是，衔铁带动撞头撞击脱扣器上的搭子，使脱扣半轴转动，而使跳扣头部沿脱扣半轴切口滑上去，与上述手动机械脱扣跳闸传动情况相同，通过自由脱扣机构传动和触头传动机构，使开关触头断开。

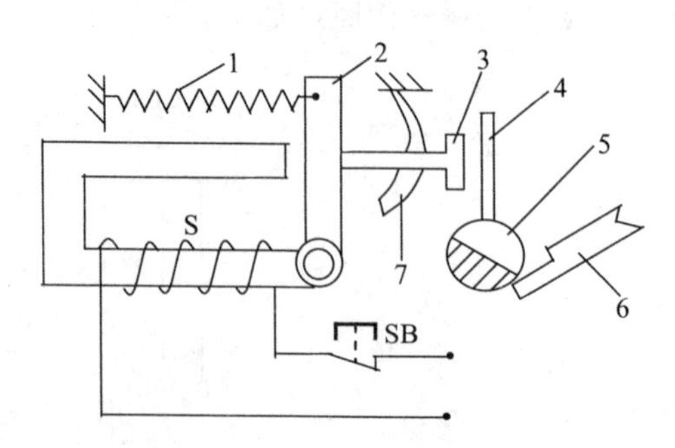

图 8－21　脱扣器原理示意图

1—压缩反力弹簧；2—衔铁；3—撞头；4—搭子；5—脱扣半轴；6—跳扣头部；7—钩子杠杆

任务3　船舶同步发电机继电保护

【学习任务单】

<table>
<tr><td>学习领域</td><td colspan="2">工厂供电设备应用与维护</td></tr>
<tr><td>项目八</td><td>船舶电力系统组成与继电保护</td><td>学时</td></tr>
<tr><td>学习任务 3</td><td>船舶同步发电机继电保护</td><td>6</td></tr>
<tr><td>学习目标</td><td colspan="2">1. 知识目标
（1）熟悉船舶电力系统的保护；
（2）掌握船舶同步发电机的继电保护；
（3）熟悉保护装置动作性与电缆的保护协调。
2. 能力目标
（1）能进行船舶同步发电机的过载、过电流或过功率保护的整定；
（2）能正确识读自动分级卸载保护装置的原理图。</td></tr>
<tr><td>学习目标</td><td colspan="2">3. 素质目标
（1）培养学生在船舶同步发电机的继电保护过程中具有安全用电意识；
（2）培养学生在任务实践过程中具有团队协作意识和吃苦耐劳的精神。</td></tr>
<tr><td colspan="3">一、任务描述
识读典型的船舶交流电力系统图，说明保护的主要内容；正确识读 ZFX－1 型半导体自动分级卸载装置接线图。
二、任务实施
（1）学生分组，每小组 4～5 人；
（2）小组按任务单进行分析和资料学习；
（3）小组经过讨论确定任务结果，每小组由中心发言人陈述，经过全体同学讨论，确定正确结果；
（4）检查总结。
三、相关资源
（1）教材；
（2）教学课件；
（3）图片；
（4）船舶同步发电机的继电保护原理图。
四、教学要求
（1）认真进行课前预习，充分利用教学资源；
（2）充分发挥团队合作精神，正确完成工作任务；
（3）团队之间相互学习，相互借鉴，提高学习效率。</td></tr>
</table>

【知识链接】

根据各种故障和不正常运行情况出现的特点，构成了各种原理不同的继电保护。根据过电流量值的大小，区分为自动卸载、过载和短路自动跳闸保护。对欠电压，则有反应电压量值改变的低电压信号或跳闸保护。对于功率倒流，则有反应功率方向改变的逆功率跳闸保护等。

典型的船舶交流电力系统如图 8-22 所示，根据其系统的组成，保护的主要内容有：

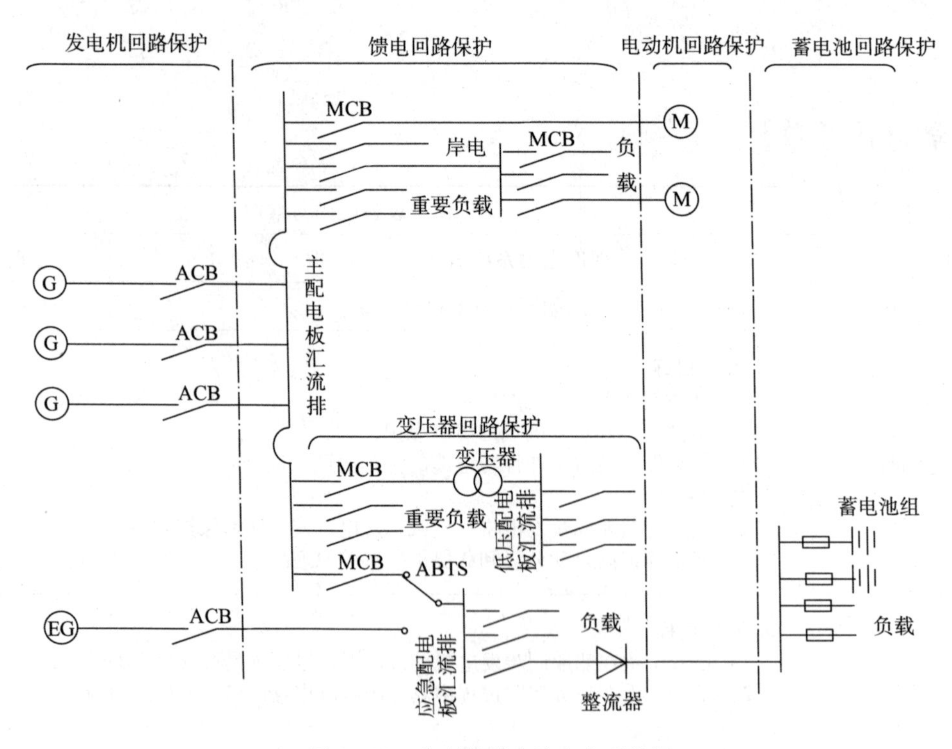

图 8-22　典型船舶交流电力系统图

G—主发电机；EG—应急发电机；M—电动机；ACB—空气断路器；MCB—装置式断路器；ABTS—汇流排转换接触器

（1）发电机回路保护；

（2）馈电回路保护；

（3）电源变压器保护；

（4）电动机回路保护；

（5）蓄电池回路保护；

（6）照明回路保护；

（7）其他保护，如电缆、仪表和电力半导体设备的保护等。

按保护的目的可以分为：

（1）过载——过电流或过功率保护；

（2）短路保护；

（3）逆功率保护；

（4）欠电压保护；

（5）自动卸载等。

一、船舶同步发电机过载保护

（一）船舶同步发电机过载原因

（1）船舶电力系统在运行中发电机的容量不能满足负载增长的需要；

（2）应几台发电机并联运行而未做并联运行时，或者当并联运行的发电机中有一台或几台发生故障而自动停机；

（3）因并联运行的发电机间的负荷分配不恰当时，都可能造成发电机的过载现象。

不论是哪种负载电流超过发电机的额定电流，负载功率超过了发电机的额定功率，对发电机组都是不利的。发电机长时间在这种不正常的状态下运行，会使发电机绝缘老化和损坏，原动机的寿命缩短和部件损坏等。应装设相应的继电保护装置，以保护发电机组。

同步发电机过载采取的保护措施：一方面要保护发电机不受损坏；另一方面还要考虑到尽量保证不间断供电。因此，当发电机过载时，首先应将一部分不重要的负载自动卸载，保证重要负载的不间断供电，应自动发出发电机过载报警信号，以警告运行人员及时处理或发出自启动指令，启动备用发电机组。若在一定时间内仍不能解除过载时，为保护发电机不被损坏，就应将发电机从汇流排上切除，并发出过载自动跳闸信号。

（二）过载保护动作的整定对船舶同步发电机过载保护的要求

发电机过电流能力为其额定电流 I_{fe} 的 1.5 倍时，在 120 s 内发电机不致烧坏，这是发电机制造出厂时，保证可以达到的技术指标。若过电流不是 1.5 倍，而是 K 倍时，则允许的过电流时间 t 为：

$$(1.5I_{fe})^2\times 120=(KI_{fe})^2t \tag{8-1}$$

$$t=\left(\frac{1.5}{K}\right)^2\times 120 \tag{8-2}$$

当过电流倍数为 K 时，即可求得在 K 倍过电流下允许的过电流时间 t。因为发电机具有一定的过载能力，所以过载时，可以允许有一定的时限来进行保护，即可“不要求立即跳闸”。

（三）过载保护动作的整定从外部系统的方面要求

（1）当相当大的电动机启动或多台电动机同时启动时，启动电流可能很大，以至超过发电机的额定电流，此时发电机的过载保护不应动作。

（2）为保证保护装置动作的可靠性，需要从时间上躲开这种暂时性的过电流现象，电动机启动电流一般在 10 s 左右即可消失，故发电机过载保护的动作时限一般要大于 10 s。另外，若在发电机远处短路时，短路电流值也可能超过发电机过载时的整定值，为保证保护装置动作的可靠性和选择性，要求发电机过载保护能从时间上躲开这种情况。所以，从系统对发电机过载保护的要求方面看，发电机过载保护必须具有一定的时限。对船舶发电机过载保护装置的启动电流和动作时限，可做如下整定。

（四）过载保护动作的整定

为保证在正常工作时保护装置不动作，应使启动电流大于发电机的额定电流 I_{fe}。为保证保护的可靠性，应使保护装置能可靠地返回，则要求返回电流大于发电机额定电流。考虑到继电器动作电流和返回电流可能有误差，故取可靠系数大于1。

船舶发电机过载保护装置动作时限的整定，主要考虑躲开大电动机或几台较大电动机同时启动的时间。一般电动机启动时间为5～10 s，所以过载保护的动作时限可整定在10～20 s。

对无分级自动卸载装置的发电机过载保护，其启动电流可整定在其额定电流值的125%～135%，延时15～20 s，过载保护装置动作，使发电机自动跳闸。

对有分级自动卸载装置的发电机过载保护，当过载达110%～120%额定值时，延时5～10 s，使自动卸载装置动作，自动卸掉部分次要负载过载达150%额定值时，延时10～20 s，过载保护装置动作，使发电机自动跳闸。

以上所说发电机过载保护的整定值，只就一般情况而言，对于具体的发电机组，应当根据设计制造和使用情况、特别是原动机的情况、环境条件和具体要求等，作具体的分析，定出实际可行的过载保护装置整定值。

船舶同步发电机的过载保护装置主要由自动分级卸载装置、万能式自动空气断路中过电流脱扣器和综合保护装置中的晶体管过电流继电器等所担当。

二、船舶同步发电机外部短路保护

发生短路的原因是维护不周、检修不良、绝缘老化、机械损伤和误操作以及停电检修时，导电物品遗放在裸体导体上以及动物触电等。

当发电机端部发生三相短路时，短路电流可达额定电流的10倍以上，此电流产生的热量和机械力可比正常值大100倍以上，对发电机有巨大的破坏作用。电压的下降，会使电动机停转，甚至发电机全部断开，导致全船停电。为了限制短路故障的破坏作用，在技术措施方面则必须装设继电保护装置，以便在故障发生后，能自动地切除故障部分，保护设备，防止事故扩大，保证非故障部分得以正常运行。

对发电机外部短路故障的判断：从发电机到短路点，出现很大的过电流，以此来检测发电机之外部短路。

处理发电机外部短路的措施原则是既要保护发电机，又要保证不中断供电。因此要着重兼顾到保护的选择性和快速性问题，视短路点的远近分别处理。如图8－23（a）所示，当D_2点发生短路时，应仅使DZ开关中的保护装置动作，把DZ开关断开，切除故障点，当D_1点发生短路时，只好尽快使DW开关中的保护装置动作，使发电机跳闸。

实现保护选择性有两个基本原则：时间原则和电流原则。时间原则是指以保护装置动作时间的不同，来保证选择性。如图8－23（b）所示，过电流保护装置GL_1和GL_2的动作时限分别为t_1和t_2，使$t_1>t_2$。电流原则是指以保护装置动作的电流值的不同，来保证选择性。如图8－22（c）所示，电流速断保护装置SD_1的启动电流为$I_{qd.SD1}$，过电流保护装置GL_2的启动电流为$I_{qd.GL2}$，使$I_{qd.SD1}>I_{qd.GL2}$。

从原理上讲按时间原则或电流原则都能实现保护的选择性，但由于船舶输电线路短，线路阻抗较小，电网各段短路电流都很大，因此按电流原则实现选择性保护往往有困难，而按时间原则实现选择性保护，则整定比较容易，而且比较可靠。但是，完全按时间原则实现选择往往又影响快速性要求和使保护装置复杂，甚至是不可能的。所以，在一个系统中，常常

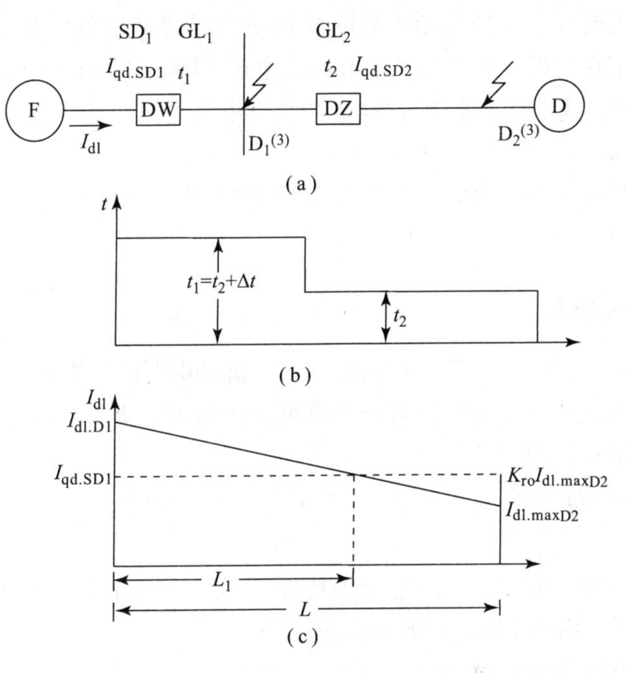

图 8－23　外部短路的继电保护

是采用时间和电流原则混合的方法来满足保护选择性和快速性的。

对于船舶发电机外部短路保护，我国《钢质海船建造规范》作了规定；对于船舶发电机外部短路保护一般应设有短路短延时和短路瞬时动作保护。短路短延时保护的启动电流整定为 3～5 倍的发电机额定电流，动作时限整定为 0.2～0.6 s，作用于发电机跳闸。短路瞬时保护的启动电流整定为 5～10 倍的发电机额定电流，瞬时动作于发电机跳闸。

船舶发电机的外部短路保护装置是由万能式自动空气断路器中的过电流脱扣器或综合保护装置中的晶体管过电流继电器等所承担。

三、船舶同步发电机欠压保护

发电机欠压保护的任务就是当发电机在低电压时，保证发电机合不上闸或从电网上自动断开。发电机欠压保护，还可作为发电机外部短路的后备保护，因发电机外部短路的，也必定要出现欠压现象。

船舶发电机欠压保护的启动电流，应按躲过最低可能的工作电压进行整定：

$$U_{qb}=\frac{U_{g.\min}}{K_{ko}K_{fh}} \tag{8-3}$$

式中，U_{qb}为启动电压整定值；$U_{g.\min}$为最低工作电压；K_{ko}为可靠系数；K_{fh}为返回系数。

当电力系统中突然有较大负载增加，如有较大电动机或多台自启动电动机启动或发生暂时性短路和并车冲击电流时，发电机电压也可能有很大的下降，但这是正常或暂时情况，发电机欠压保护不应动作。因此，在整定发电机欠压保护的启动电压值应当考虑到对保护动作可靠性的要求。可以用整定启动电压值或动作时限的方法，来躲过这些不应使保护动作的欠压情况。

对于船舶发电机的欠压保护整定，我国《钢质海船建造规范》规定为：对带时限的发电机欠压保护，整定在当发电机电压低于其额定电压70%～80%时，延时1.5～3 s，动作于跳闸。对不带时限的发电机欠压保护，整定在当发电机电压低于其额定电压的40%～75%时，瞬时动作于跳闸。

船舶发电机的欠压保护装置由万能式自动空气断路器中的失压脱扣器或综合保护装置中的晶体管低电压继电器等所承当。

四、发电机逆功率保护

发电机并联运行过程中，某发电机故障，发电机将由向电网输出有功功率的状态改变为吸收电网的有功功率状态，这种现象称为发电机逆功率运行状态。逆功率保护要规定保护的启动值及保护动作的延时时间。

通常整定起始值范围为发电机额定功率的8%～15%；当原动机是汽轮机时，为2%～6%。

延时时间在3～10 s范围内，通常保护特性具有反时限特性，如逆功10%时延时10 s，逆功50%时延时1 s，逆功100%时瞬时断开。

发电机逆功率保护通常由逆功率继电器来检测逆功率，并且具有延时功能，配合发电机主开关的失压脱扣器或分励脱扣器来实现保护动作。相关规范要求当供电电压下降50%的额定值时，逆功率保护不能失效。

五、岸电保护

船舶停靠码头时，可接岸电向船上负载供电，以延长船舶发电机使用时间。但要确认船舶发电机已与船舶电网分离并且岸电接入时与船舶电网的相序一致。船舶发电机与电网分离后接岸电由发电机开关与岸电开关的联琐来保证。船舶电网与岸电接口部分的岸电箱上有相序指示灯，指示两者相序关系是否准确。

相序指示灯的相序判断：

负序继电器和断路器配合，可实现岸电相序接错保护和缺相保护功能。电路图如图8－24（a）所示。

由电阻R_1、R_2和电容C_1、C_2构成一个负序电压滤过器，岸电电压经电压互感器TV接入，从m、n两点输出电压U_{mn}。当岸电相序正确时，U_{mn}为0，继电器部分不动作；当相序不正确或缺相时，$U_{mn}\neq 0$，引起继电器动作，使岸电开关Q断开。其原理分析如下：

设图8－24（b）中R_1、C_1加上电压U_{ab}正比于岸电线电压U_{AB}，而R_2、C_2上加上电压U_{BC}正比于岸电线电压U_{BC}，流过的电流分别为I_A和I_C，电流分别超前于它的电压。因此可知，每一部分的电容电压滞后于电阻电压90°。矢量关系于图8－23（b）中、右部，有：

$$U_{ab} = U_{R1} + U_{C1} \quad (8-4)$$

$$U_{bc} = U_{R2} + U_{C2} \quad (8-5)$$

输出端m，n分别在矢量三角形的直角顶点处。当R、C变化时，m和n的变化轨迹构成半圆弧。

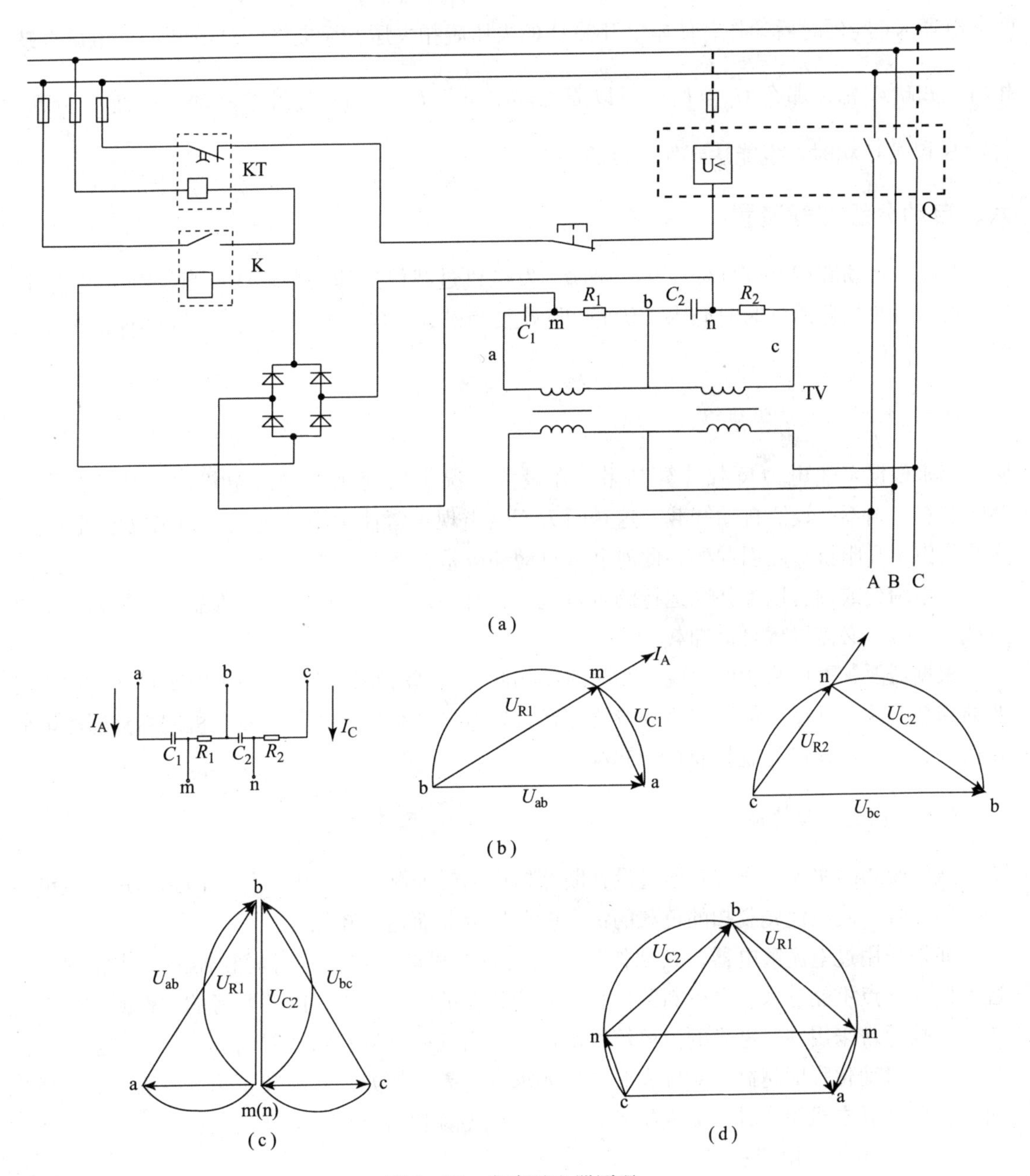

图 8－24　负序继电器原理

（a）线路图；（b）负序电压虑过器矢量关系；（c）加正序电压时；（d）加负序电压时

当滤过器由正常电压供电时，两个半圆弧关系如图 8－24（c）所示，这时应满足 $U_{mn}=0$ 的条件。因为 $U_{mn}=U_{R1}+U_{C2}$，所以应满足 $U_{R1}=-U_{C2}$，或者说 m 点与 n 点应在矢量图上重合，即在两半圆轨迹的交点处，所以有 $\frac{R_1}{X_{C1}}=\frac{X_{C2}}{R_2}=\sqrt{3}$。根据关系正确选择各元件值，且通常选 $R_1=X_{C2}$。

当滤过器由负序电压供电时，矢量关系如图 8－24（d）所示。由几何关系分析可知，此时 U_{mn} 为 U_{ca} 的 1.5 倍。这个电压经单相桥式整流后使继电器 K 的常开触点闭合，又使时间继电器 KT 经延时后动作，使岸电开关 Q 的失压脱扣失压，而最终使 Q 分断。当电源有缺相时，如缺 A 相，那么 $U_m = U_b$，所以 $U_{mn} = U_{C2} = \frac{\sqrt{3}}{2}U_{bc}$，同样使继电器动作而使 Q 分断。若缺 B 相或 C 相时，也能达到保护目的。

六、自动分级卸载装置

发电机自动卸载又称优先脱扣，是属于发电机过载保护的一种形式。当发电机过载时，在其长延时脱扣器的延时时间内，优先切除次要负载，使发电机消除过载，从而保证重要负载的连续供电。

（一）自动卸载的设置

如果根据全船电力负载计算结果，在最大工况下仅使用一台发电机时，其负载率在85%左右，则不必设置自动卸载。这是因为不会出现正常使用中的过载，如果发电机过载，多数是由于高阻抗短路引起的，此时利用自动卸载是无济于事的。

对于两台或两台以上并联运行的发电机，若有一台发电机故障，很可能使运行的发电机过载，所以，必需设置自动卸载。

根据需要，可以采用延时脱扣和瞬时脱扣两种。延时脱扣可以避免因暂态过载造成不必要的卸载；瞬时动作一般不需要等待检测运行发电机过载，比如利用发电机用断路器故障脱扣信号，立即实现优先脱扣而自动卸载。

（二）优先脱扣特性

优先脱扣的实现，通常是通过设在断路器内的辅助触点或发电机保护回路的过电流继电器检测信号，使应优先脱扣的负载的馈电断路器分断而达到卸载。

如果采用过电流继电器，其动作特性应与发电机断路器长延时脱扣器的动作特性相接近，但动作点不能进入发电机断路器长延时脱扣器的动作区域之内，两者的动作时间延时应协调，故通常采用同一型号的过电流继电器，并由同一电流互感器引出。

船舶自动化程度越高，对优先脱扣的要求也越高。例如，某集装箱船设有废气涡轮发电机组和柴油发电机组，并按无人机舱要求，其优先脱扣信号来自下列故障：

（1）发电机过电流；

（2）并联运行时，任一台发电机用空气断路故障脱扣；

（3）并联运行时，任一台发电机的原动机应急停车；

（4）涡轮发电机的涡轮机蒸汽调节阀开度过大；

（5）主机应急停车。

对于无人机舱的船舶，当优先脱扣装置动作时，应发出报警，而且备用发电机机组应同时自动启动、自动投入运行、再自动给已优先切断的负载供电。

某船故障优先脱扣的流程图如图 8－25 所示。

通常对发电机过电流时的优先脱扣采用延时动作，以减少不必要的切除负载，保证最大限度地给负载供电。而对于可能造成发电机停机或解列的故障而导致运行发电机的过

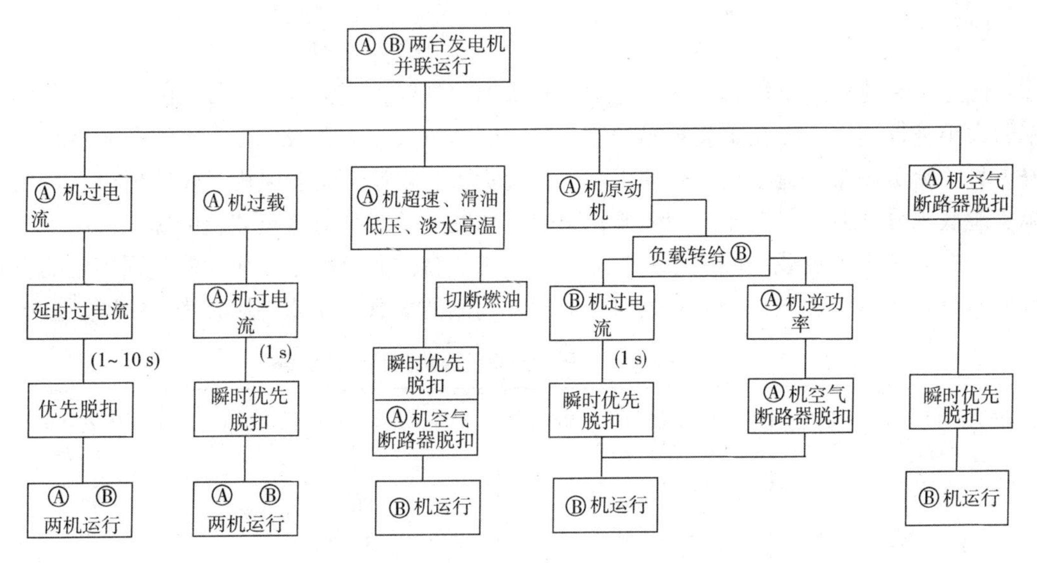

图 8－25　两台发电机并联运行时故障优先脱扣流程图

载，采用瞬时优先脱扣，其脱扣时间不大于 0.1 s，这是根据发电机和原动机的过载能力决定的。

（三）优先脱扣过电流继电器的整定

优先脱扣过电流继电器的整定值包括动作电流值和延时时间两个方面。

1. 动作电流的整定

动作电流的整定通常是以发电机过载保护的长延时整定电流为基础，日本某公司设计标准为长延时整定值的 82%～96% 可调。例如，某集装箱船发电机的额定电流为 770 A，其优先脱扣过电流继电器整定为 0.90 倍的长延时脱扣器整定电流，则：

长延时整定电流 = 770 × 1.1 = 847（A）

优先脱扣整定电流 = 847 × 0.9 = 762（A）

优先脱扣整定电流为发电机额定电流的 99%。

2. 延时时间的整定

不仅要求该过电流继电器的动作电流整定值与发电机过载保护的长延时整定电流相协调，而且延时时间的整定也应很好协调。在实际设计中，长延时脱扣器的延时通常整定为 15～30 s，所以，优先脱扣的过电流继电器的延时，通常整定值应小于 15 s。有关公司标准为 5～10 s 和 5～12 s。

根据船舶电站发电机的容量和台数，考虑非重要负载的性能和大小，也可以采用分级脱扣卸载，以求最大限度地给负载供电。各级脱扣是利用延时的时间差来实现的。例如，长延时脱扣器的延时为 20 s，若分三级脱扣时，建议延时时间整定为：

第一级脱扣延时：5 s；

第二级脱扣延时：10 s；

第三级脱扣延时：15 s。

（四）优先卸载范围

优先切断的非重要负载，在规范中没有明确的规定，通常是根据负载的性质，再根据功率的大小进行调整。如某集装箱船的优先脱扣切断负载分为2级，第一级切断的负载为：机修工具、厨房设备、造水机、绞缆机、一台起货机、空调、货舱风机、住舱风机、日用淡水泵、舱底水分离泵、舱底压载扫舱泵；第2级切断的负载为冷藏集装箱电源。

优先切断多少负载，取决于并联运行发电机的台数和负载率。比如两台同容量的发电机并联运行，当一台发电机故障解列时，其优先切断的负载，希望控制在表8－8范围内。

表8－8　在不同负载率下应优先切断的负载

两台并联运行时的负载率/%	一台脱扣后另一台的负载率/%	优先切断后的负载率/%	必须优先切断的负载/%
50	100	80	20
60	120	80	40
70	140	80	60
80	160	80	80
90	180	90	90

【任务实施】

（一）典型船舶交流电力系统图认识

典型船舶交流电力系统如图8－22所示。

（1）说明系统的组成。

（2）说明系统保护的主要内容。

（3）按保护的目的可以分为哪几种。

（二）ZFX－1型半导体自动分级卸载装置自动分级卸载接线图认识

图8－26为ZFX－1型半导体自动分级卸载保护装置的原理图。该装置具有如下功能：一级定时限卸载保护、二级定时限卸载保护、发电机过载反时限跳闸保护以及发电机欠压定时限跳闸保护，由此可见，该装置可作发电机的过载和欠压继电保护装置。

1. 主要环节

（1）电源变压器T_4：输入电压为单相110 V。降压以后输出，既是本装置的工作电源，又是欠压保护的信号源。

（2）电流信号变换器T_1、T_2、T_3：每相变换器的输入绕组有四个。其中W_1为独立原边绕组，另三个绕组因由A、B、C三相电流引入叠加，故统称为零序绕组W0。由图可看出，每个变换器的初级绕组均由三相零序绕组W0与某相电流绕组W_1组成。变换器的次级绕组为W_2。

当三相负载电流对称时，三相零序绕组的合成电流为零。故次级输出由初级W_1中流过的电流决定。经整流后，仍能取得相应直流信号电压。

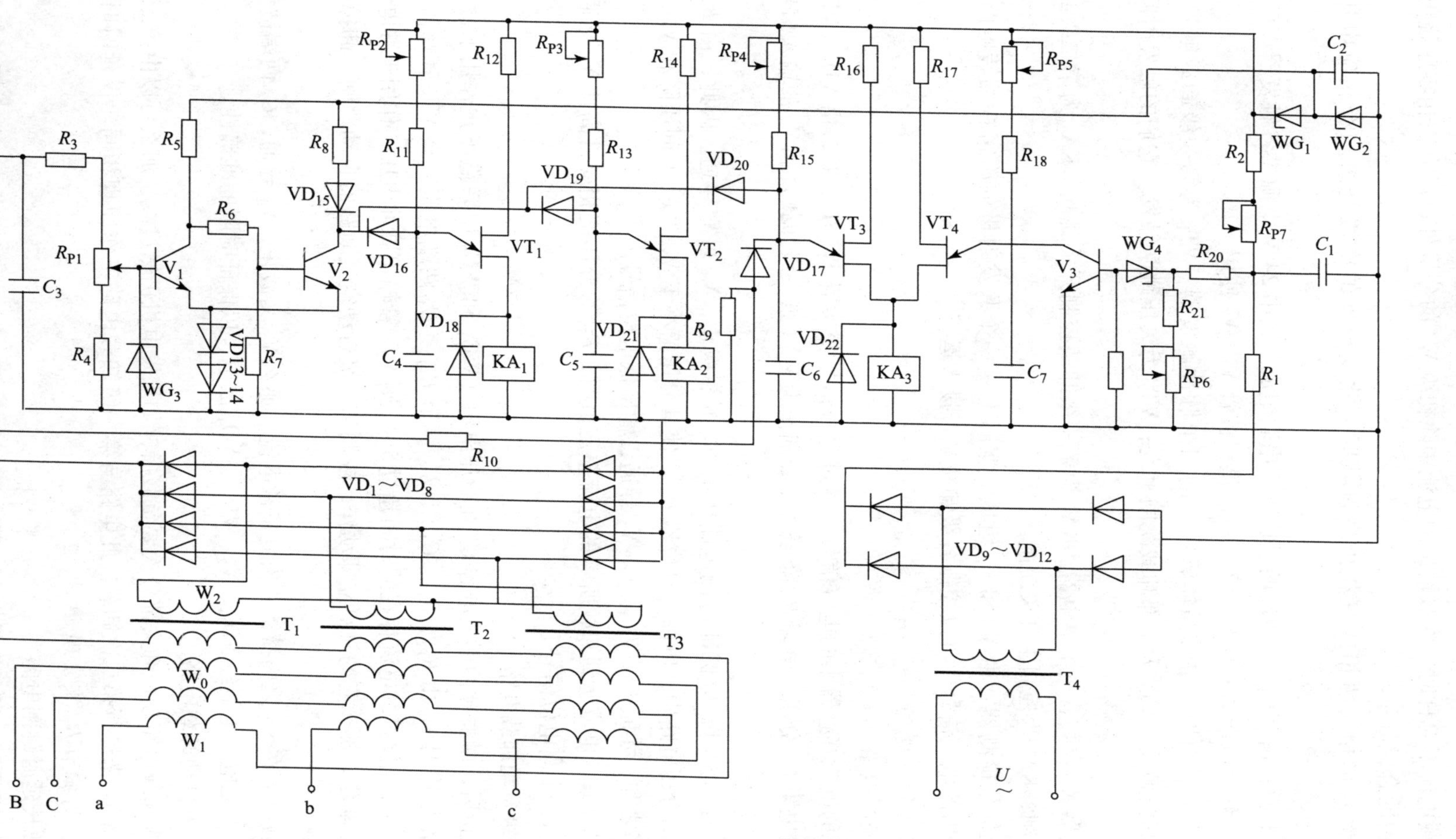

图 8－26　ZFX－1 型半导体自动分级卸载保护装置的原理图

当三相负载电流不对称时，次级输出的电流中除初级 W_1 的分量外，尚有三相零序绕组流过不对称电流的合成分量。

因此，无论是单相、两相或三相出现过载时，此变换器的次级绕组均有相应电压输出。

（3）稳压电源：由 WG_1 与 WG_2 两只稳压管串联组成。其中 24 V 电源供各触发器 VT_1、VT_2、VT_3、VT_4 和继电器 KA 使用。12 V 电源供三极管 V_1、V_2 使用。

（4）触发器：共有四个单结晶体管组成的四个脉冲触发器。VT_1 为第一级卸载触发；VT_2 为第二级卸载触发；VT_3 为全部卸载跳闸触发；VT_4 为欠压跳闸触发。它们的触发时间是可调节的。

（5）继电器 KA：共有三个继电器。KA_1 为第一级卸载控制开关跳闸；KA_2 为第二级卸载控制开关跳闸；KA_3 为控制主开关跳闸。

（6）电流信号检测器：由 V_1 和 V_2 组成。实际上是一个共发射极的施密特翻转电路。由此检测器输出的电压信号，可以控制各级卸载是否投入运行。

2. 电路的工作原理

1）电流检测电路

从发电机的电流互感器来的电流信号，通过电流信号变换器 T_1、T_2、T_3，由 $VD_1 \sim VD_8$ 整流后，经过电阻 R_{P1} 分压，电阻 R_{10} 降压后，分别作为 V_1（第一级卸载）和 V_2 的输入信号使用。

发电机正常工作时，应保证检测电路中的 V_1 可靠截止，V_2 可靠导通。因此，由 R_3、R_{P1}、R_4 组成的分压电路中，应调节电位器 R_{P1}，使其分压值小于 V_1 的 e、b 间压降和 VD_{14}、VD_{13} 的管压降之和，才能确保 V_1 截止，V_2 导通，输出低电位信号。

当发电机过载，电流达到卸载所需的电流整定值时，R_{P1} 的分压值相应升高使 V_1 导通，V_2 截止。输出一个高电位信号。

2）第一级自动卸载电路

当 V_2 截止后，触发脉冲形成电容 C_4 在稳压电源（WG_1 和 WG_2 串联稳压）作用下被充电。充电电路为定时限，由 R_{P2}、R_{11}、C_4 组成。调节 R_{P2} 使 C_4 两端电压升至 VT_1 管峰值电压的时间为 5 s。只要过载电流存在的时间超过 5 s，则 VT_1 管输出脉冲电压，作用于继电器 KA_1，使 KA_1 动作，那么它的触点立即动作，控制第一级自动空气断路器自动跳闸。卸掉一部分次要负载。

如果过载电流在 5 s 之内撤销，恢复正常电流。那么 V_1 又截止，V_2 导通，C_4 两端被 V_2 短接，则 C_4 上充电，电能经 VD_{16}、V_2、VD_{14}、VD_{13} 放电，以保证时限的准确性。

3）第二级自动卸载电路

当第一级卸载电路动作卸去部分次要负载后，如果发电机仍然过载，那么可以由第二级自动卸载电路 V_2 来进行第二次卸载。此电路与第一级卸载电路工作原理相同。仅延时时间整定为 10 s，可调节 R_{P3} 来实现。

4）过载长延时跳闸电路

若第二级卸载后，发电机仍出现过载，只有通过 VT_3 电路，延时 15 s，使主开关跳闸。长延时 15 s 的整定，由 R_{P4} 来完成。

3. 欠压保护电路

1）电压检测电路

由 C_1 两端的滤波电压供电，经 R_{20}、R_{21}、R_{P6} 组成的分压电路进行分压。由电阻 R_{21} 和 R_{P4} 两端取出的电压信号与稳压管 WG_4 的击穿电压相比较。

当发电机电压正常时，分压值大于 WG_4 击穿电压，WG_4 被击穿。当发电机电压降至额定电压的60%～70%时，则分压值低于 WG_4 击穿电压，WG_4 将电路阻断。

2）欠压保护电路

在正常电压作用下，WG_4 被击穿，V_3 导通，电容 C_7 被 V_3 短接而不能充电。

当欠压至60%～70% U_e 时，WG_4 阻断电路，V_3 由导通变为截止。此时稳压电源经 R_{P5}、R_{18} 对 C_7 充电。当 C_7 两端电压达到 VT_4 的峰值电压时，则电容 C_7 经 VT_4 管向 KA_3 放电，使 KA_3 动作，主开关自动跳闸。C_7 充电的时间由调节电阻 R_{P5} 来完成。一般延时1～3 s。

4. 短路电流保护电路

由反时限充电电路 R_{10}、VD_{17}、C_6 及分压电路 R_{10}、R_9 组成大电流信号检测器。

当发电机短路或严重过载时，变换器输出的电流信号很强，使 C_6 很快充电完毕，使 VT_3 工作，输出电流给 KA_3，KA_3 动作后主开关立即跳闸。其延时时间很短，一般在1 s以内。

图中 VD_{16}、VD_{19}、VD_{20} 三只二极管，既起前后级的隔离作用，又起放电通路的作用。即当电容 C_4、C_5、C_6 上积累的暂时过载留下的电荷，可通过 VD_{16}、VD_{19}、VD_{20} 及 V_2 迅速放掉。防止造成误卸载。

5. 三相绝缘系统的绝缘监测

船舶电网和电气设备绝缘性能降低或损坏会造成漏电，是触电、火灾及电气设备损坏等事故发生的重要原因。对于油轮和运载可燃性气体或化学物品的船舶来说，电气绝缘需要严格地监测。

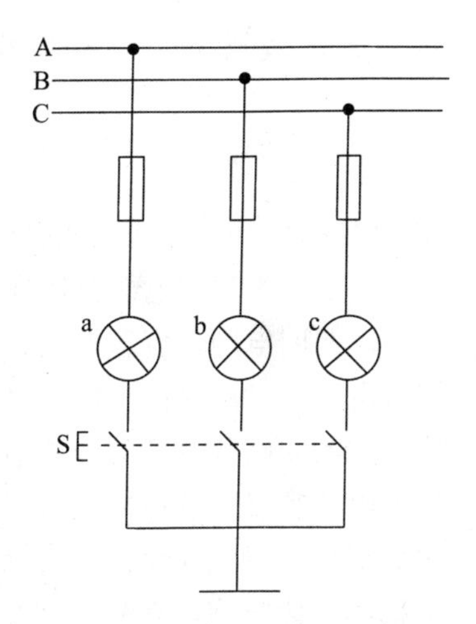

图8－27　接地监视指示器

由于船舶电网几乎总是带电的，因此电网不能采用普通的摇表来测量电网对地的绝缘程度。通常有以下几种方法：

1）指示灯法

指示灯法如图8－27所示，当电网正常时，按下按钮，三灯亮度相同，若A相线路上某点接地，按下按钮，a灯短路不发光，另两相灯所受的电压从相电压上升为线电压，两灯异常亮；若A相线路漏电，索然a灯还能发光，但三灯间亮度有显著区别，从而可指示出线路绝缘情况；但三相线路绝缘均下降，情况就不易辨别。所以，这种方法又叫单接地检测。

2）兆欧表法

兆欧表法如图8－28所示，兆欧表由表头部分和附加装置两部分组成，附加装置提供直流电源，电源一端接表头，另一端经开关接入电网，再经电网的绝缘电阻到地与表头构成直流回路。表头指针偏转越大，说明电网绝缘电阻越小，即漏电电流越大。表上刻度直接用绝缘电阻值标注。由于指示随电网电压而变化，影响测量精度，改进的附加装置提供直流稳压电源效果较好。

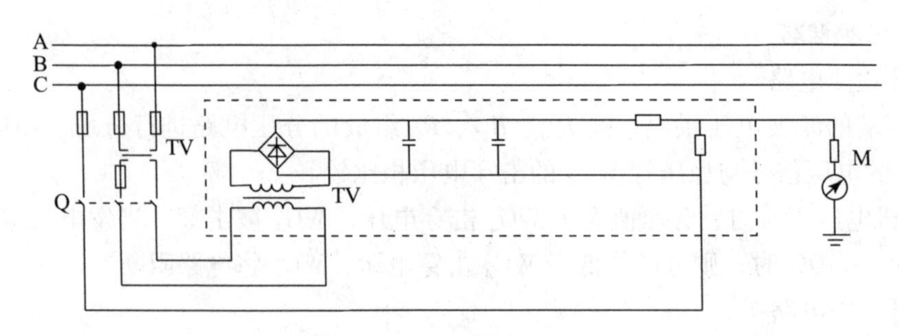

图 8－28　船用兆欧表原理

3）电网绝缘监测仪

电网绝缘监测仪监测的基本原理与兆欧表相同，主要扩展功能是检测值低于整定值时能发出声光报警信号。另外，报警整定值在一定范围内可调，以适应不同系统对检测的需要，并能保证一定的精度。《钢质海船入级与建造规范》规定："用于电力、电热和照明的绝缘配电系统，不论是一次系统还是二次系统，均应设有连续监测绝缘电阻，且能在绝缘电阻异常低时发生听觉或视觉报警信号的绝缘电阻监测报警器。"可见，只有电网绝缘监测仪方法是符合规范要求的。

【知识拓展】

七、保护装置动作性与电缆的保护协调

（一）船舶电缆保护

电网是全船电缆电线的总称。电网是联系发电机、主配电板、分配电板和负荷间的中间环节，是将电源的电能输送到负荷端的媒体。船舶电网根据其所连接的负荷性质可分为动力电网、照明电网、应急电网、低压电网、弱电电网等。

电缆有过载保护和短路保护两种。电缆通常可不设计专用的过载保护，这是因为，馈线式电网的线路分成三部分：第一部分是发电机到主汇流排之间的电缆，这一段电缆的截面是按发电机容量来选择的，若其过载即说明发电机过载，因此，电缆的这种过载可由发电机的过载保护装置实现保护。第二部分是用设备到分配电板之间的电缆，或用电设备直接到主配电板的一段电缆。其截面是按用电设备的额定电流来选择的，因此这一段线路若过载，可由用电设备的过载保护装置实现保护。第三部分是主配电板到分配电板之间的电缆。这一段电缆供电负载不止一个，当个别设备过载时不致引起这段电缆的过载，而大多负载同时过载的可能性极少，况且负载段已设有保护，所以这一段也可以不设过载保护。

各设备已有短路保护，因此，与设备相连的电缆与设备的短路保护共用一套保护装置。但由于在主配电板到分配电板之间的线路存在短路的可能性，则要设置短路保护装置，通常采用装置式断路器。

从发电机到主配电板，再到分配电板，直到用电设备设有三级短路保护，如图 8－29（a）所示。为了保证系统供电的可靠性，这三级短路保护的选择性配合显得尤为重要，通常有两种保护整定原则：时间原则和电流原则。

1. 时间原则

时间原则是根据各级保护装置动作延时的差异来实现保护选择性的。如图 8－29（a）所示使 $t_1 > t_2 > t_3$，这样，尽管短路电流可能同时启动这三个保护，但由时间保证 Q_{31} 先动作，切除了故障，使 Q_1 和 Q_2 “返回”而不再动作；同理，当 k_2 点短路时，即只有 Q_{21} 动作。为了保证上级保护动作后能可靠地返回，时间差（$t_2 - t_3$）和（$t_1 - t_2$）不能太小。另一方面，为了保证快速性，时间差也不能太大。

应用时间原则整定各级保护的动作可以保证选择性，但也存在与保护的快速性要求有矛盾的问题。

2. 电流原则

电流原则考虑到对短路故障保护的快速性要求，使各级保护均瞬时动作，而保护的选择性则从各级保护整定的动作值（电流值）的差异上体现出来。如图 8－29（a）所示情况下，按电流原则整定时，开关 Q_1、Q_{21} 和 Q_{31} 的整定动作电流值分别为 $I_1 > I_{21} > I_{31}$。为了保证可靠性，每一级保护电流值还须同时满足：

（1）小于被保护线路中最小的短路电流值，即线路末端短路电流值；

（2）大于下级保护线路最短的变化曲线，如图 8－29（b）所示。

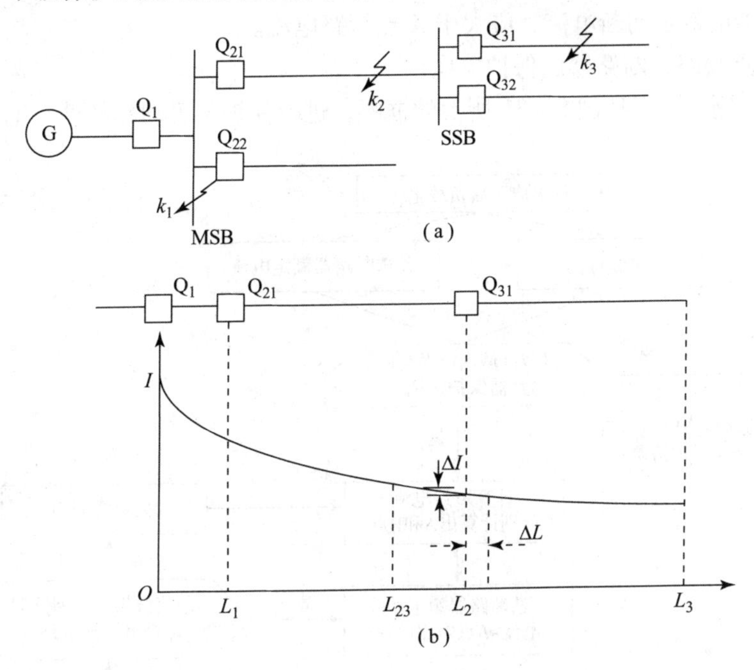

图 8－29　线路过电流保护整定说明图

设 Q_{31} 处短路电流为 I（L_3），开关 Q_{21} 的整定电流为 I_2。为了保护 $L_2 \sim L_3$ 线路段，I_2 应小于 I（L_3）；由于 L_2 附近的短路电流值差别不大，当 $L_2 + \Delta L$ 处短路时，就可能引起 Q_{21} 误动作，不能保证选择性。于是要适当增加 I_2，这样，Q_{21} 实际保护的线路段为 $L_1 \sim L_{23}$，而线路段 $L_{23} \sim L_3$ 没有受到保护，称为保护不灵敏区。上述分析反映了按电流原则整定保护时，选择性与灵敏性间存在矛盾。

综上所述，单独使用时间原则或电流原则均不很理想，实际的做法是混合使用上述两种原则。发电机主开关 Q_1 采用万能式空气断路器是一个典型例子。它的短路延时保护与下级

Q_2、Q_3 是按时间原则进行整定的，它的特大短路瞬动保护则是按电流原则进行整定。

（二）保护装置动作性与电缆的保护协调

1. 保护装置动作性与电缆的保护协调的基本原则

保护装置动作性与电缆的保护协调，是以电流在电缆导体中发热为依据的。也就是说，在低电流的过电流区域内，虽然电缆通以过电流，但在保护装置（例如断路器）的过载保护元件（例如断路器长延时脱扣装置）动作时，电缆的实际温度不能超过其允许的最高温度；在短路电流区域内，在保护装置短路故障的时间内，短路电流引起电缆严重发热的 I^2t 值，不能大于电缆的允许 I^2t 值。

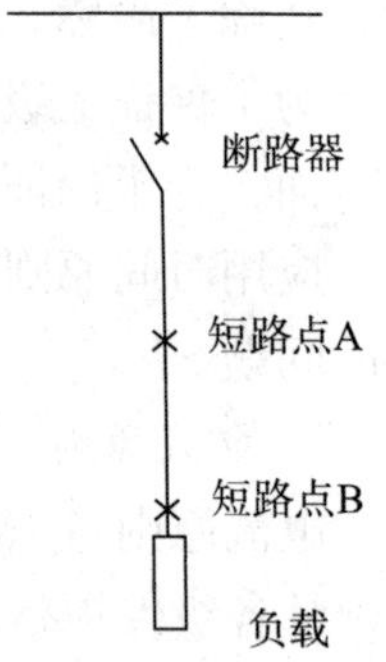

断路器
短路点A
短路点B
负载

图 8－30　选择断路器与电缆协调

以图 8－30 为例说明，保护协调的原则如下：

（1）电缆的工作环境最高温度至少应比电缆导体的最高工作温度低 10 ℃。

（2）修正后的电缆允许电流，应与其负载电流相适应。

（3）如果负载侧设有过载保护，在过载区域内，断路器应保护电缆。

（4）断路器的额定切断电流，应大于 A 点短路电流。

（5）在 B 点短路，断路器应保护电缆。

根据上述原则，可以按图 8－31 所示的框图，进行保护装置动作特性与电缆的保护协调设计。

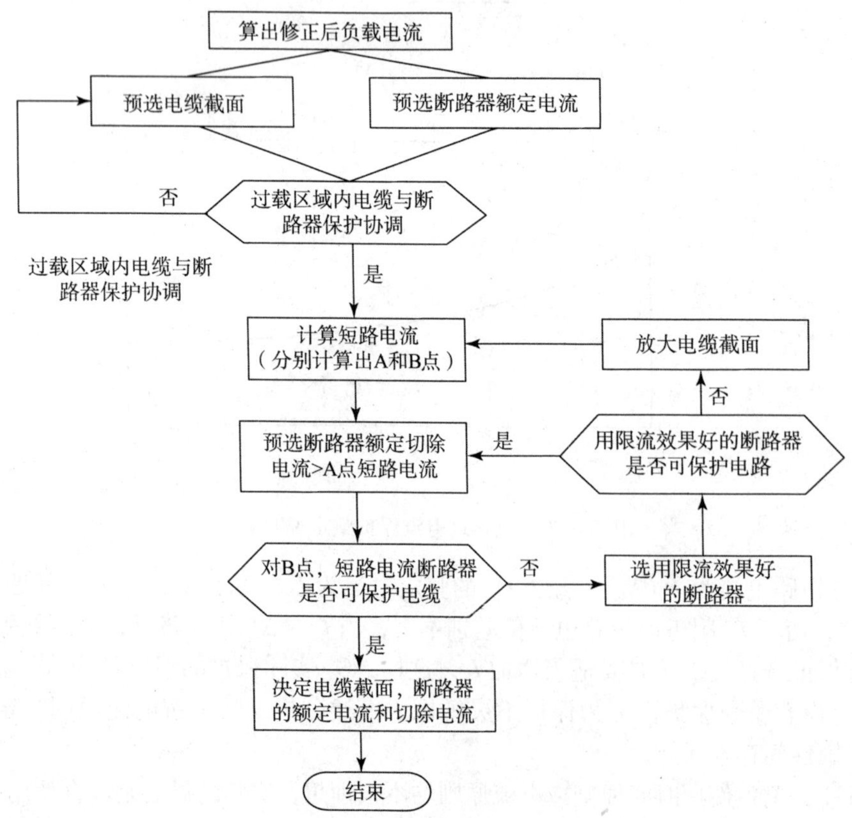

图 8－31　断路器与电缆的保护协调设计框图

2. 过载区域的保护协调

如果负载侧已设有过载保护，而短路器又是主配电板上的馈电开关，则该断路器可以不考虑过载保护。否则，应该考虑断路器的过载保护装置要保护电缆。

确切计算应根据断路器的过载保护装置动作电流 I 和延时动作时间 t，来校核 I^2t 值是否在电缆允许的 I^2t 值之内，或者利用焦耳热法或电阻法计算电缆的温升是否在允许范围之内。

由于电缆的过载能力较大，所以，通常认为，只要修正后的电缆载流量大于过载保护装置的动作电流，便可以实现在过载区域内断路器和电缆的保护协调。

3. 短路区域的保护协调

电缆通过短路电流时，会引起热损伤和电动力的损伤，因此，在短路区域对电缆的保护，应包括上述两方面。然而，船内电缆多是采用紧固敷设，所以，不易引起机械损伤，故通常仅考虑热损伤。

铜导体电缆的允许 I^2t 值，可利用下述公式计算：

$$I^2t = \int i^2\mathrm{d}t = S^2 \times 5.05 \times 10^4 \times \log e^{\frac{234+T}{234+T_0}} \tag{8-6}$$

式中，S 为电缆导体截面（mm^2）；T_0 为电缆导体初始温度（℃）；T 为短路后电缆的最高允许温度（℃）。

显而易见，若电缆的铜导体最高允许温度 T 为 150 ℃，在电缆通过允许电流状态 T_0 = 60 ℃时发生短路，则式（8－6）可变为：

$$I^2t = 14\ 000S^2 \tag{8-7}$$

其单位为 $\mathrm{A}^2\cdot\mathrm{s}$。

另外，已知乙丙橡胶和交联聚乙烯绝缘的铜导体电缆的允许工作温度为 85 ℃，最高允许温度为 230 ℃。故也可以将式（8－6）化成式（8－8），计算上述电缆的允许 I^2t 的值。

$$I^2t = 19\ 000S^2 \tag{8-8}$$

其单位为 $\mathrm{A}^2\cdot\mathrm{s}$。

短路区域断路器与电缆的保护协调，可以根据电缆通过的短路电流大小和断路器切除短路故障的时间，求出电缆在短路时承受的 I^2t 值是否小于电缆允许的 I^2t 值来判断。

由于实际设计中，并不是逐点计算各负载端的短路电流，所以无法估算电缆通过的短路电流，故通常的设计原则为：电缆的允许 I^2t 大于断路器的 I^2t。

断路器的 I^2t 值在产品样本中不提供，必须向制造厂索取。设计时，可以根据断路器的短时电流定额来计算求得。

在考虑短路区域断路器与电缆的保护协调时，应注意下述各点：

（1）由于断路器安装点的短路电流小于断路器的额定切断电流。

（2）在推算出短路电流比较大，而负载电流比较小的回路中，为了限制电缆的温度，往往要把按负载电流选定的电缆截面适当加大。

（3）通常认为，电缆截面大于 30 mm^2，或额定电流大于 100 A 时，其选定电缆的允许 I^2t 值极大，在短路区域与断路器的保护协调易于满足。电缆的允许 I^2t 值比断路器的 I^2t 值大得多。

【项目考核】

项目考核单

学生姓名	班级	学号	教师姓名	项目八
				船舶电力系统组成与继电保护

技能训练考核内容（60分）		考核标准		
		优	良	及格
1. 船舶电力系统组成与维护（15分）	船舶电力系统（图8－1） 船舶发电机的常见故障及其处理方法	能够正确识别系统图；能够正确检测发电机的故障、确定处理方法	能够正确识别系统图；能够检测发电机的故障、确定处理方法	能够识别系统图；能够检测发电机的故障、确定处理方法
2. DW95型自动开关继电保护（15分）	DW95型开关保护电路方框图（图8－12） DW95型开关的半导体脱扣器电路原理图（图8－13） 自动空气开关合闸操作方式	能够正确识别方框图、原理图；能够正确操作自动空气开关合闸	能够正确识别方框图、原理图；能够操作自动空气开关合闸	能够识别方框图、原理图；能够操作自动空气开关合闸
3. 船舶同步发电机继电保护（20分）	船舶同步发电机过载保护 ZFX－1型半导体自动分级卸载保护装置的原理图 电网对地绝缘程度测量	能够正确识别原理图；能够正确测量电网对地绝缘程度	能够正确识别原理图；能够测量电网对地绝缘程度	能够识别原理图；能够测量电网对地绝缘程度
4. 项目报告（10分）		格式标准，内容完整、清晰，详细记录了任务分析、实施过程，并进行了归纳总结	格式标准，内容清晰，记录了任务分析、实施过程，并进行了归纳总结	内容清晰，记录的任务分析、实施过程比较详细，并进行了归纳总结
知识巩固测试（40分）		遵守工作纪律，遵守安全操作规程，对相关知识点的掌握牢固、准确，正确理解电路的工作原理	遵守工作纪律，遵守安全操作规程，对相关知识点的掌握一般，基本能正确理解电路的工作原理	遵守工作纪律，遵守安全操作规程，对相关知识点的掌握牢固，但对电路的理解不够清晰
1. 船舶电力系统保护的主要内容				
2. 万能式自动空气短路器的用途				
3. 船舶同步发电机保护的主要目的				
4. 船舶同步发电机过载保护的要求				
5. 自动分级卸载装置的优先脱扣特性				
6. 船舶电网的保护包括的内容				
完成日期	年　月　日	总成绩		

附　录

附表1　用电设备组的需要系数、二项式系数及功率因数参考值

用电设备组名称	需要系数 K_d	二项式系数		最大容量设备台数 x[①]	$\cos\varphi$	$\tan\varphi$
		b	c			
小批生产的金属冷加工机床电动机	0.16~0.2	0.14	0.4	5	0.5	1.73
大批生产的金属冷加工机床电动机	0.18~0.25	0.14	0.5	5	0.5	1.73
小批生产的金属热加工机床电动机	0.25~0.3	0.24	0.4	5	0.6	1.33
大批生产的金属热加工机床电动机	0.3~0.35	0.26	0.5	5	0.65	1.17
通风机、水泵、空压机及电动发电机组电动机	0.7~0.8	0.65	0.25	5	0.8	0.75
非联锁的连续运输机械及铸造车间整砂机械	0.5~0.6	0.4	0.4	5	0.75	0.88
联锁的连续运输机械及铸造车间整砂机械	0.65~0.7	0.6	0.2	5	0.75	0.88
锅炉房和机加、机修、装配等类车间的吊车（$\varepsilon=25\%$）	0.1~0.15	0.06	0.2	3	0.5	1.73
铸造车间的吊车（$\varepsilon=25\%$）	0.15~0.25	0.09	0.3	3	0.5	1.73
自动连续装料的电阻炉设备	0.75~0.8	0.7	0.3	2	0.5	1.73
实验室用小型电热设备（电阻炉、干燥箱等）	0.7	0.7	0	—	1.0	0
工频感应电炉（未带无功补偿装置）	0.8	—	—	—	0.35	2.68
高频感应电炉（未带无功补偿装置）	0.8	—	—	—	0.6	1.33
电弧熔炉	0.9	—	—	—	0.87	0.57
点焊机、缝焊机	0.36	—	—	—	0.6	1.33
对焊机、铆钉加热机	0.35	—	—	—	0.7	1.02
自动弧焊变压器	0.5	—	—	—	0.4	2.29
单头手动弧焊变压器	0.35	—	—	—	0.35	2.68
多头手动弧焊变压器	0.4	—	—	—	0.35	2.68
单头弧焊电动发电机组	0.35	—	—	—	0.6	1.33
多头弧焊电动发电机组	0.7	—	—	—	0.75	0.88
生产厂房及办公室、阅览室、实验室照明[②]	0.8~1	—	—	—	1.0	0

续表

用电设备组名称	需要系数 K_d	二项式系数		最大容量设备台数 x①	$\cos\varphi$	$\tan\varphi$
		b	c			
变配电所、仓库照明②	0.5～0.7	—	—	—	1.0	0
宿舍、生活区照明②	0.6～0.8	—	—	—	1.0	0
室外照明、应急照明②	1	—	—	—	1.0	0

注：①如果用电设备组的设备总台数 $n<2x$ 时，则最大容量设备台数取 $x=n/2$，且按“四舍五入”修约规则取整数。例如，某机床电动机组 $n=7<2x=2\times5=10$，故取 $x=7/2\approx4$。

②这里的 $\cos\varphi$ 和 $\tan\varphi$ 值均为白炽灯照明数据。如为荧光灯照明，则 $\cos\varphi=0.9$，$\tan\varphi=0.48$；如为高压汞灯、钠灯等照明，则 $\cos\varphi=0.5$，$\tan\varphi=1.73$。

附表 2　爆炸和火灾危险环境的分区

分区代号	环境特征
0 区	连续出现或长期出现爆炸性气体混合物的环境
1 区	在正常运行时可能出现爆炸性气体混合物的环境
2 区	在正常运行时不可能出现爆炸性气体混合物的环境，或即使出现也仅是短时存在的爆炸性气体混合物的环境
10 区	连续出现或长期出现爆炸性粉尘的环境
11 区	有时会将积留下的粉尘扬起而偶然出现爆炸性粉尘混合物的环境
21 区	具有闪点高于环境温度的可燃液体，在数量和配置上能引起火灾危险的环境
22 区	具有悬浮状、堆积状的可燃粉尘或可燃纤维，虽不可能形成爆炸混合物，但在数量和配置上能引起火灾危险的环境
23 区	具有固体状可燃物质，在数量和配置上能引起火灾危险的环境

附表 3　爆炸危险环境钢管配线的技术要求

项目		钢管明敷线路用绝缘导线的最小截面			接线盒、分支盒、挠性连接管	管子连接要求
		电力	照明	控制		
爆炸危险区域	1 区	铜芯线 2.5 mm^2 及以上	铜芯线 2.5 mm^2 及以上	铜芯线 2.5 mm^2 及以上	隔爆型	对 ϕ25 mm 及以下的钢管螺纹旋合不应少于 5 扣，对 ϕ32 mm 及以上的不应少于 6 扣，并应有锁紧螺母
	2 区	铜芯线 1.5 mm^2 及以上、铝芯线 4 mm^2 及以上	铜芯线 1.5 mm^2 及以上、铝芯线 2.5 mm^2 及以上	铜芯线 1.5 mm^2 及以上	隔爆型、增安型	对 ϕ25 mm 及以下的钢管螺纹旋合不应少于 5 扣，对 ϕ32 mm 及以上的不应少于 6 扣

附表4 部分电力装置要求的工作接地电阻值

序号	电力装置名称	接地的电力装置特点		接地电阻值
1	1 kV 以上大电流接地系统	仅用于该系统的接地装置		$R_E \leqslant \frac{2\ 000\ V}{I_k^{(1)}}$ 当 $I_k^{(1)} > 4\ 000$ A 时 $R_E \leqslant 0.5\ \Omega$
2	1 kV 以上小电流接地系统	仅用于该系统的接地装置		$R_E \leqslant \frac{250\ V}{I_E}$ 且 $R_E \leqslant 10\ \Omega$
3		与 1 kV 以下系统共用的接地装置		$R_E \leqslant \frac{120\ V}{I_E}$，$R_E \leqslant 10\ \Omega$
4	1 kV 以下系统	与总容量在 100 kV · A 以上的发电机或变压器相连的接地装置		$R_E \leqslant 10\ \Omega$
5		上述（序号 4）装置的重复接地		$R_E \leqslant 10\ \Omega$
6		与总容量在 100 kV · A 及以下的发电机或变压器相连的接地装置		$R_E \leqslant 10\ \Omega$
7		上述（序号 6）装置的重复接地		$R_E \leqslant 10\ \Omega$
8	避雷装置	独立避雷针和避雷器		$R_E \leqslant 10\ \Omega$
9		变配电所装设的避雷器	与序号 4 装置共用	$R_E \leqslant 4\ \Omega$
10			与序号 6 装置共用	$R_E \leqslant 10\ \Omega$
11		线路上装设的避雷器或保护间隙	与电机无电气联系	$R_E \leqslant 10\ \Omega$
12			与电机有电气联系	$R_E \leqslant 5\ \Omega$
13	防雷建筑物	第一类防雷建筑物		$R_{sk} \leqslant 10\ \Omega$
14		第二类防雷建筑物		$R_{sk} \leqslant 10\ \Omega$
15		第三类防雷建筑物		$R_{sk} \leqslant 30\ \Omega$

注：R_E 为工频接地电阻；R_{sk} 为冲击接地电阻；$I_k^{(1)}$ 为流经接地装置的单相短路电流；I_E 为单相接地电容电流。

附表5 土壤电阻率参考值

土壤名称	电阻率/（Ω · m）	土壤名称	电阻率/（Ω · m）
陶黏土	10	砂质黏土、可耕地	100
泥炭、泥灰岩、沼泽地	20	黄土	200
捣碎的木炭	40	含砂黏土、砂土	300
黑土、田园土、陶土	50	多石土壤	400
黏土	60	砂、沙砾	1 000

附表 6　垂直管形接地体的利用系数值［敷设成一排时（未计入连接扁钢的影响）］

管间距离与管子长度之比 a/l	管子根数 n	利用系数 η_E	管间距离与管子长度之比 a/l	管子根数 n	利用系数 η_E
1	2	0.83～0.87	1	5	0.67～0.72
2		0.90～0.92	2		0.79～0.83
3		0.93～0.95	3		0.85～0.88
1	3	0.76～0.80		10	0.56～0.62
2		0.85～0.88			0.72～0.77
3		0.90～0.92			0.79～0.83

附表 7　垂直管形接地体的利用系数值［敷设成环形时（未计入连接扁钢的影响）］

管间距离与管子长度之比 a/l	管子根数 n	利用系数 η_E	管间距离与管子长度之比 a/l	管子根数 n	利用系数 η_E
1	4	0.66～0.72	1	20	0.44～0.50
2		0.76～0.80	2		0.61～0.66
3		0.82～0.86	3		0.68～0.73
1	6	0.58～0.65	1	30	0.41～0.47
2		0.71～0.75	2		0.58～0.63
3		0.78～0.82	3		0.66～0.71
1	10	0.52～0.58	1	40	0.38～0.44
2		0.66～0.71	2		0.56～0.61
3		0.74～0.78	3		0.64～0.69

参 考 文 献

[1] 刘介才．工厂供电［M］．第5版．北京：机械工业出版社，2008.

[2] 刘介才．工厂供电［M］．第4版．北京：机械工业出版社，2004.

[3] 庄福余．船舶供配电设备［M］．哈尔滨：哈尔滨工程技术大学出版社，2006.

[4] 刘介才．供配电技术［M］．第2版．北京：机械工业出版社，2005.

[5] 曾德君．配电网新设备新技术问答［M］．北京：中国电力出版社，2002.

[6] 陈小虎．工厂供电技术［M］．第2版．北京：高等教育出版社，2006.

[7] 李俊，遇桂琴．供用电网络及设备［M］．第2版．北京：中国电力出版社，2007.

[8] 王厚余．低压电气装置的设计、安装和检验［M］．北京：中国电力出版社，2003.

[9] 中国航空工业规划设计研究院．工业与民用配电设计手册［M］．第3版．北京：中国电力出版社，2005.

[10] 刘介才．安全用电实用技术［M］．北京：中国电力出版社，2006.

[11] 电气标准规范汇编（含修订本）［S］．北京：中国计划出版社，1999—2008.

[13] 刘介才．工厂供电［M］．第2版．北京：机械工业出版社，2008.

[14] 苏文成．工厂供电［M］．第2版．北京：机械工业出版社，1990.

[15] 中国建筑工业出版社．电气装置工程施工及验收规范汇编［S］．北京：中国建筑工业出版社，2000—2008.

[16] 中国电力企业联合会标准化中心．电力工业标准汇编［S］．北京：中国电力出版社，1996—2008.

[17] 国家电网公司．国家电网公司电力安全工作规程（试行）［M］．北京：中国电力出版社，2005.